国防科技大学建校70周年系列著作

装备试验适应性序贯设计与评估

段晓君　陈　璇　肖意可　著

科学出版社

北　京

内容简介

针对装备性能在"全数字试验→半实物试验→外场实装试验"多个不同阶段递进环节中的试验设计与评估问题，本书将统计理论前沿问题与装备试验鉴定背景有效结合，以响应模型为核心技术主线，按照"探索性适应性设计→指标适应性评估→适应性序贯设计与评估"的试验设计流程指导，构建了基于响应模型的装备试验适应性序贯设计与评估理论方法框架. 本书围绕"中间验证"试验和"摸边探底"试验分别提供了相应的适应性序贯设计与评估方法，并具体给出了案例应用与验证.

本书主要面向装备研制单位、试验鉴定部门、科研院所及应用单位的工程技术人员，也可供其他领域从事大型工程项目设计和评估的技术或管理人员参考.

图书在版编目（CIP）数据

装备试验适应性序贯设计与评估 / 段晓君，陈璇，肖意可著. — 北京：科学出版社，2024.12

(国防科技大学建校 70 周年系列著作)

ISBN 978-7-03-078261-8

Ⅰ. ①装… Ⅱ. ①段… ②陈… ③肖… Ⅲ. ①武器装备–武器试验–试验设计 ②武器装备–综合评价 Ⅳ. ①TJ06

中国国家版本馆 CIP 数据核字（2024）第 059282 号

责任编辑：李静科 李 萍 / 责任校对：高辰雷
责任印制：陈 敬 / 封面设计：无极书装

科学出版社出版
北京东黄城根北街 16 号
邮政编码：100717
http://www.sciencep.com
北京中石油彩色印刷有限责任公司印刷
科学出版社发行 各地新华书店经销
*
2024 年 12 月第 一 版 开本：720×1000 1/16
2024 年 12 月第一次印刷 印张：21 3/4
字数：423 000

定价：148.00 元

（如有印装质量问题，我社负责调换）

序

国防科技大学从 1953 年创办的著名“哈军工”一路走来，到今年正好建校 70 周年，也是习主席亲临学校视察 10 周年.

七十载栉风沐雨，学校初心如炬、使命如磐，始终以强军兴国为己任，奋战在国防和军队现代化建设最前沿，引领我国军事高等教育和国防科技创新发展. 坚持为党育人、为国育才、为军铸将，形成了“以工为主、理工军管文结合、加强基础、落实到工”的综合性学科专业体系，培养了一大批高素质新型军事人才. 坚持勇攀高峰、攻坚克难、自主创新，突破了一系列关键核心技术，取得了以天河、北斗、高超、激光等为代表的一大批自主创新成果.

新时代的十年间，学校更是踔厉奋发、勇毅前行，不负党中央、中央军委和习主席的亲切关怀和殷切期盼，当好新型军事人才培养的领头骨干、高水平科技自立自强的战略力量、国防和军队现代化建设的改革先锋.

值此之年，学校以“为军向战、奋进一流”为主题，策划举办一系列具有时代特征、军校特色的学术活动. 为提升学术品位、扩大学术影响，我们面向全校科技人员征集遴选了一批优秀学术著作，拟以“国防科技大学迎接建校 70 周年系列学术著作”名义出版. 该系列著作成果来源于国防自主创新一线，是紧跟世界军事科技发展潮流取得的原创性、引领性成果，充分体现了学校应用引导的基础研究与基础支撑的技术创新相结合的科研学术特色，希望能为传播先进文化、推动科技创新、促进合作交流提供支撑和贡献力量.

在此，我代表全校师生衷心感谢社会各界人士对学校建设发展的大力支持！期待在世界一流高等教育院校奋斗路上，有您一如既往的关心和帮助！期待在国防和军队现代化建设征程中，与您携手同行、共赴未来！

国防科技大学校长 [signature]

2023 年 6 月 26 日

前 言

装备试验，是为了检验武器装备能力而开展的试验活动. 其中，试验设计与试验评估是装备试验的重要环节，为研制单位验证设计思想和检验生产工艺、试验单位定型装备、部队列装使用提供科学的决策依据. 随着装备作战效能的探索、体系能力的发掘需求，装备试验除了对指标进行对标考核外，还需要探究装备的应用规律、作用机理，这对现有装备试验的设计与评估工作提出了新的挑战. 自一百多年前 Fisher 首次提出试验设计(design of experiments, DOE)以来，这种用于研究和处理多因子与响应变量的科学统计方法在各行各业都获得了成功. 过去十年中，国外试验鉴定机构一直在推广将DOE作为装备试验的首选方法，通过合理地挑选试验条件，安排尽可能少的试验次数，对试验数据进行统计分析，得到精确的响应模型来预测被试装备的性能.

装备试验的实施类型通常包括全数字试验、半实物试验和外场实装试验，现有均匀设计、正交设计、裂区设计等方法通常应用于单阶段试验中. 考虑到因子空间描述不充分、约束关系不清楚、机理模型缺乏、样本量有限等原因，基于响应函数的DOE方法在装备外场实装试验中应用较少. 在装备试验评估方面，由于外场实装试验样本量少，全数字试验与半实物试验的仿真可信度不能完全有效保证，以及二者的样本量过大有时会“淹没”外场试验样本，因此不同阶段试验数据到底能不能融、应该怎么融、如何保证评估有效性与稳健性等问题没有确切的定论. 此外，目前试验设计与评估方法均主要针对同一个试验阶段，贯穿三类不同试验阶段之间的一体化试验设计与试验评估方面的理论研究较少.

结合长期以来在装备试验鉴定工作中的实践积累，作者秉承前沿探索结合问题驱动的“顶天立地”思想，致力于将统计理论前沿问题与装备试验鉴定背景有效结合，对国内外相关学术前沿成果加以创新与应用，针对装备试验性能指标试验设计与评估中的挑战，提出了新的基于响应模型的装备试验适应性序贯设计与评估理论方法框架. 其中，结合响应模型研究约束条件下的定性定量多阶段试验设计与评估、基于高低精度响应模型的序贯试验设计、带不同系统偏差的多源数据融合的无偏估计、数据模型双驱动的多源数据评估等，不仅是装备试验鉴定中亟须解决的实践应用问题，同时也是统计学领域前沿热点研究方向.

本书尝试针对“全数字试验→半实物试验→外场实装试验”多个不同阶段递进环节面临的试验设计与评估问题，以响应模型为核心技术主线，从“无机理模型的新型装备研制→有机理模型的装备改进”两个角度出发，按照“探索性适应性设计→指标适应性评估→适应性序贯设计与评估”的 DOE 流程指导，基于响应函数研究其中的试验设计与评估方法，增强不同试验阶段之间的耦合性，为装备试验设计与评估提供一种新思路.

全书共分为 8 章. 第 1 章介绍了装备试验设计与评估的特点、国内外研究现状、装备性能试验相关概念与分类、适应性序贯设计与评估内涵分析及流程，使读者对装备试验适应性序贯设计与评估有一个总体的理解与认知. 第 2—4 章主要提供了“中间验证”试验的适应性设计与评估方法，分别介绍了单阶段试验样本量确定及多阶段试验样本量规划方法、单阶段试验适应性评估方法和多阶段试验适应性融合评估方法. 第 5—7 章主要提供了“摸边探底”试验的适应性序贯设计与评估方法，分别介绍了单阶段探索性试验设计、单阶段适应性序贯试验设计和多阶段高低精度试验适应性序贯设计方法. “摸边探底”试验的融合评估方法可采用第 3—4 章的适应性评估方法，不再重述. 第 8 章介绍了适应性序贯设计与评估的具体案例应用. 另外，为增加可读性，每章最后给出了相关知识点的延展阅读. 希望本书能够帮助读者把基于响应模型的试验设计思想贯穿于装备全寿命周期的试验鉴定过程中，助力装备研发过程、列装后能力形成和使用过程中的能力增长.

本书的出版得到了国家自然科学基金项目(No. 11771450, No. 12101608)的资助. 在研究与撰写过程中，我们得到了军委装备发展部相关单位的指导. 同时，国防科技大学试验鉴定领域专家王正明教授与武小悦教授提供了重要的意见与建议. 此外，多家协作单位的技术人员给予了宝贵的意见与支持. 对于所有给予帮助和支持的个人和单位，我们在此致以崇高的敬意和衷心的感谢.

本书由段晓君负责全书设计与统稿，段晓君、陈璇、肖意可撰写. 晏良、黄彭奇子、刘波、贾锴、刘博文、吕聪聪、龚卓、刘家伟、徐珽、刘泽犾、贾源源等参与了案例实现与书稿排版校对.

由于作者的理论水平和实践经验有限，不妥之处在所难免，敬请各位读者批评指正.

作　者

2023 年 9 月于长沙

目　　录

第 1 章　装备试验设计与评估概述

装备试验中的设计与评估是装备试验鉴定工作的重要组成部分和关键环节. 试验设计是装备试验任务的起点, 试验评估是装备试验任务的落脚点, 两者都是装备试验的总体工作, 是关系装备试验质量和成败的关键环节, 是进行装备状态鉴定和进入后续试验阶段的前提条件, 长久以来一直受到装备研制、管理、使用和试验鉴定等相关部门的高度关注[1].

本章主要围绕为什么基于响应模型的试验设计(design of experiments, DOE)思想对装备试验开展适应性序贯设计与评估研究的问题进行阐述. 本书通过分析装备试验设计与评估的特点, 梳理国内外现有试验设计与评估方法, 总结了目前装备试验设计与评估中的问题、难点与解决思路; 对现有"一体化试验设计与评估" "序贯试验设计" "适应性设计" "多阶段融合评估"的概念与思想进行剖析, 揭示了本书提出的"装备试验适应性序贯设计与评估"概念的内涵; 基于响应模型的 DOE 思想, 展示了装备试验适应性序贯设计与评估的流程及全书总体框架.

1.1　装备试验设计与评估的特点

装备试验是为了满足装备研制和作战使用需求, 采取规范的组织形式, 按照规定的程序和条件, 对装备的技术方案、关键技术、战术技术性能、作战效能和作战适用性等进行验证、检验和考核的活动. 装备试验对于发现装备问题缺陷、掌握装备的性能效能底数, 严把装备鉴定定型关, 确保装备实用、好用、耐用具有重要的作用[2].

装备的研制过程是一个通过"设计→试验→改进设计→再次试验"活动多次反复迭代、逐步验证的过程. 在这样的迭代过程中, 试验类型主要是装备的性能验证试验, 其主要目的是验证装备的设计思想、设计方案的正确性和协调性, 暴露设计中存在的问题和缺陷, 改进装备的设计方案.

装备试验类型通常可分为实装试验、数字化试验、数实结合试验三类. 其中, 实装试验又分为静态试验、动态试验; 数字化试验又分为全数字仿真试验、半实物仿真试验; 数实结合试验即数字化试验与实装试验的结合.

实装试验是获取装备信息必不可少的手段. 然而多系统组成的大型装备系统往往涉及若干种相关子系统, 且体系级性能试验对抗需要红蓝双方的部队和装备,因此在靶场全部进行实装试验是不现实的. 数字化试验技术可以改进系统工程过程, 更好地规划实装试验, 呈现那些在实装试验中难以验证的系统属性, 并提供实装试验中其他系统的替代品、提供体系级性能试验的可行方案. 当实装试验或者数字化试验资源不能单独构建试验环境时, 可采用数实结合试验(内外场联合试验)来共同构建试验环境完成试验. 数实结合试验可充分发挥实装试验和内场试验的各自优点, 基于内外融合、虚实结合的联合试验环境, 集成优化内外场各种试验资源, 完成对装备全面的试验, 提高试验效益, 具有比单独使用任一种方式更强大的试验能力.

装备试验设计是根据试验目的和要求, 在统筹考虑试验时间、试验经费、试验设施、试验装备、试验的政治军事影响等约束条件的前提下, 以提高被试系统战技性能、作战效能和保障效能指标评估精度和可信度为目标, 运用数理统计学原理和方法, 研究如何合理地选取试验样本, 控制试验中各种因素及其水平的变化, 制定出优化可行的试验方案的过程. 试验设计工作包括对装备整个寿命周期内一系列试验任务的规划和安排, 也包括对某一项具体试验任务的规划和安排. 本书所指的试验设计, 主要是针对装备内外场联合试验中性能指标鉴定的具体试验任务来讨论试验设计的通用型方法.

装备试验评估是对试验所获得的数据进行科学分析与综合之后, 对装备性能做出的评估结果的过程[3]. 本书所指的试验评估主要基于装备数实结合试验中性能试验设计与统计评估的基本原理和方法, 也可参照用于部分装备作战试验鉴定当中.

1.2 国内外试验设计与评估方法综述

1.2.1 试验设计方法

试验设计作为统计学科的一个分支, 由 20 世纪 20 年代 Fisher 首次提出, 之后其理论和应用得到了充分的发展. 20 世纪 40 年代由日本统计学家田口玄一提出的正交设计是试验设计中具有里程碑意义的方法. 以此为基础的三次设计法在工业领域迅速推广, 获得了极大的经济效益. 自 20 世纪 70 年代初著名数学家华罗庚教授大力推广优选法, 以及 1978 年方开泰和王元为解决飞航导弹研制中的问题创建均匀设计以来, 国内试验样本选取(即统计试验设计)的研究取得了长足的进步. 作为一门由应用推动的统计学科, 试验设计随后也发展产生了因子设计、稳健设计、回归设计、计算机试验设计等众多有特色的分支. 试验设计的研究范围覆盖了计算机试验设计与建模、基于参数模型的最优设计、均匀试验设计、混料试验设计等内容[4-7].

装备试验性能指标评估，面临全数字仿真试验、半实物仿真、地面静态、机载挂飞、实装飞行等不同阶段的试验. 其中，全数字仿真试验、半实物仿真试验统称为内场试验，地面静态、机载挂飞、实装飞行试验统称为外场试验. 面临不同类型的试验，其设计方法要与试验实践相结合，如有些试验涉及定性因素，有些试验的样本空间有特定约束，有些试验涉及无穷维因素或函数因素，有些试验同时产生多个响应，有些试验具有多种精确度或可信度，有些试验可以同时进行多批次，有些试验的因素受到多种限制，等等. 上述多种试验的设计方法，有些需要结合响应曲面模型，有些只关注采样点在空间的分布. 因此，针对装备试验设计方法，本书将其大体分为模型无关和模型相关的两类试验设计方法[4]. 下面分别对其主要研究方法的国内外研究现状进行综述.

1.2.1.1　模型无关的试验设计方法

经典的均匀设计、正交设计、分层抽样、拉丁超立方体采样、基于 min-max 或 max-min 准则的空间填充设计等均为模型无关试验设计，它们与产生响应的模型无关，只关注采样点在试验空间中分布的统计特性，在多阶段嵌套设计、多阶段均匀设计，以及 Bayes 优化的初始试验设计样本点选取问题中使用较多. 下面针对装备试验设计中涉及的相关问题，介绍其对应的与模型无关的试验设计方法.

1. 定性和定量因素结合的试验设计

在计算机试验设计中，McKay 等[8]提出的拉丁超立方体设计(Latin hypercube design, LHD)，具有最优一维投影均匀性，是重要的空间填充设计之一. 对于$n\times p$的设计D，若其每一列均满足在任意区间$(0,1/n],(1/n,2/n],\cdots,((n-1)/n,1]$中有且只有一个设计点，则称$D$为拉丁超立方体设计. 大多数计算机试验的输入，一般考虑输入的因素都是定量因素. 然而，一些计算机试验中要求输入的因素是定性的. 以数据中心热管理为例，用于研究温度分布的计算流体力学通常包含定性因素，如“热空气回风口位置”和“动力装置类型”[48]. 生物工程中对全膝关节置换的磨损机制的研究[51]使用了带有“假体设计”和“力模式”等定性因素的膝关节模型. 受这类计算机试验的启发，Qian[9]提出了分片拉丁超立方体设计(sliced Latin hypercube design, SLHD)，该设计将拉丁超立方体设计分为几片，每分片都是拉丁超立方体设计，整体也是拉丁超立方体设计. SLHD 在含有定量和定性因素的计算机试验中应用广泛，其每分片对应定性因素的一个水平组合. 除此之外，SLHD 在模型验证、交叉验证等中也有应用. He 等[30]研究了 SLHD 的大样本性质，给出了分片设计的中心极限定理，从理论上说明了空间填充性的合理性. 当定性因子的个数和水平数增加时，分片拉丁超立方体设计的试验次数呈指数增长，实际的试验成本难以承受，因此 SLHD 只适用于定性因素个数较少的情况. 另外一种容纳定性定量因素的试验设计方法是 Deng 等[13]提出的边际耦合设计(marginally coupled design, MCD). 一个边际耦合设计由两个子设计组成, 记为D_1和D_2, D_1是关于定性因素的设计矩阵, D_2是关于定量因素的设计矩阵. 边际耦合设计有两个特征: 一是所有定量因素的设计点组成一个拉丁超立方体设计; 二是任意定性因素每个水平的定量因素的设计点组成一个小的拉丁超立方体设计. 该设计可以大大降低试验次数, 以容纳更多定性因素的试验. MCD 的变体在其他文献中也有所体现. He 等[14]构建了当所有定性因素都有两个水平时的边际耦合设计, 为边际耦合设计提供了更有效的构建方法, 并得出了理论结果. 为使试验运行规模更灵活, Joseph 等[15]扩展了 MaxPro 准则, 用于设计具有不同类型因素的计算机实验, 包括连续、名义、离散数字和序数输入变量. 他们提出的设计能够容纳大量的定性因素, 具有良好的空间填充特性.

从 SLHD 的定义看出, SLHD 需要满足每分片设计的试验点数是相同的, 这在现实情形中会受到限制. 如考虑两种情形:

(i) 在同一个数学问题中, 不同的计算精度和不同复杂度的代码都可以作为一个代理模型. 复杂度较高的模型, 计算速度相对较慢, 试验成本较高.

(ii) 一些试验中心, 在同一个试验目标中有时间和预算的要求.

在这两种情况下, 不同的计算复杂度和不同的试验要求, 都需要 SLHD 每分片的试验点数不一样. 可以给复杂度较高的模型较少的试验点、复杂度较小的模型较多的试验点, 这样每个模型运行结束的时间差异不是特别大, 可以满足试验的一些需求. 在过去已有研究的基础上, Kong 等[16]给出了结构灵活的分片设计(flexible sliced design, FSD), 即分片设计的每片试验次数不等, 但整个设计并不是拉丁超立方体设计. Xu 等[17]构造了一种广义 SLHD, 该设计每分片具有不同的试验点数, 然而其仅可构造两分片的广义 SLHD. Zhang 等[18]提出了一种构造具有任意分片大小的广义分片拉丁超立方体设计(flexible sliced Latin hypercube design, FSLHD)的新方法, 并提出了描述整个设计和分片设计空间填充性的组合空间填充测量方法(combined space-filling measurement, CSM), 基于 CSM 测量方法得到了最优的 FSLHD.

2. 约束空间内的试验设计

一般情况下, 绝大多数关于定性定量两类因素的试验设计的研究, 都是在试验区域为超立方体$[0, 1]^s$ 或者可以通过简单的变换转变为超立方体的情况下考虑的. 但是很多工程实际情况并非如此, 而是经常需要考虑在一些不规则的试验区域内生成设计点, 此时许多现有的设计方法将会失效, 对于后续的优化设计造成极大的不便. 均匀设计旨在在某种准则下尽可能均匀地分配设计点. 不规则区域下的均匀设计主要涉及均匀性度量和构造方法两个方面. 已经提出的不规则区域下的均匀性准则有中心化复合偏差(central composite discrepancy, CCD)[19]、离散混合偏差(discrete mixture discrepancy, DMD)[20]、极大极小距离(maximin distance)

准则[21]、ϕ_p 准则[22]等. 其中 CCD 不是固定在一个点, 而是选择区域中的每个点为中心进行分割计算的, 这使得其适用于各种各样的不规则区域, 但是同时也增加了计算的时间成本; DMD 专门适用于试验区域为离散点集的情况, 计算表达式相对简单, 更容易计算; 至于极大极小距离准则和 ϕ_p 准则, 它们既能用于度量规则区域内设计的均匀性, 也能衡量不规则区域内设计的均匀性.

不规则区域下均匀设计的构造方法, 大致可以分为优化算法和确定性方法两类[12]. 对于优化算法而言, 由于在连续区域中寻找最优设计是一个非确定性多项式困难(non-deterministic polynomial hard, NP-hard)问题, 故许多文献都是在离散的不规则区域内求解的. 基于 CCD 准则, Lin 等[23]和 Chen 等[24]分别提出用门限接受法(threshold accepting, TA)、离散粒子群优化(discrete particle swarm optimization, DPSO)算法去搜寻灵活区域内的低偏差设计. Chen 等[25]以极大极小距离为准则, 通过 DPSO 的三个变体形式, 实现了不规则区域下具有非塌陷性(noncollapsing)和空间填充性(space-filling)的离散最优试验设计. Draguljić 等[26]在有界非矩形区域上引入了一种构造非塌陷和空间填充性设计的算法, 但是仅仅考虑了线性约束. 至于确定性方法, Zhang 等[27]通过逆 Rosenblatt 变换(inverse Rosenblatt transformation, IRT)得到了不规则区域内基于 CCD 偏差的近似均匀设计, IRT 可以将规则区域内的均匀设计投影至任意不规则的连续紧区域. 文献 [20] 受 IRT 的启发, 又提出了离散逆 Rosenblatt 变换 (discrete inverse Rosenblatt transformation, IRT-D), IRT-D 可以将单位超立方体中均匀分布的点投影至离散的不规则试验区域. 与优化算法相比, 确定性方法得到的均匀设计结果是确定的, 而且由于不需要迭代过程, 其耗时通常更短; 优化算法虽然耗时相对较长, 但理论上可以比确定性方法获得均匀性更好的设计.

3. 多精度嵌套试验设计

面向高低精度的试验, 通常采用一定准则, 使得高低精度样本点满足嵌套关系. Qian[28]提出了多精度试验的嵌套拉丁超立方体设计, 保证所有高精度点为低精度点的子集; He 等[29]给出了几种嵌套正交拉丁超立方体设计的构造方法, 在满足高低精度样本设计的同时也具有更好的空间填充性. Qian 与 He[30] 证明了嵌套拉丁超立方体设计的中心极限定理. 基于空间填充设计的思想, Rennen, Husslage 等[31,32]提出了嵌套极大极小拉丁超立方体设计. 此外, 引入了一些新的准则, 如 Haaland 和 Qian[33]基于$(t,\ s)$-序列提出了新型的嵌套拉丁超立方体设计; Chen 等[34]构造了参数选择灵活的嵌套设计.

根据某试验点响应值的大小可以对其附近试验区域的响应进行推测, 从而在更加感兴趣的区域进行序贯试验. 如 DIRECT 算法将试验空间分割成多个矩形[35,36], 并在每个矩形的中心设计试验. 在 Lipschitz 连续的假设下, 根据试验的响应值以及对应矩形的大小, 选择若干个潜在最优试验区域. 然后将这些感兴趣的区域进一步分割成更小的矩形，并在其中心继续设计试验．在其之后，多种类似方法应运而生，它们主要集中于三类研究方向：第一类着重研究新的分割方法[37-40]；第二类重点研究潜在最优区域的选择方式[37,38,41,43-48]，第三类专注于将试验区域的分割与局部探索相结合的混合型试验设计方法[39,48-49]．

1.2.1.2 模型相关的试验设计方法

与模型相关的试验设计需要考虑到相关的模型先验信息或者在 Bayes 框架下“边试验边评估”的序贯迭代优化设计．下面针对多种试验问题，介绍其对应的与模型相关的试验设计方法．

1. 基于先验模型的最优设计

最优设计的目的即在试验区域 X 中，基于已有统计模型求解特定统计准则的最优解．在经典参数最小二乘回归模型中，传统的最优回归设计是基于 Fisher 信息矩阵的泛函展开的，包括 A-最优准则、D-最优准则、E-最优准则、T-最优准则[4]；基于模型预测方差的泛函构造的 G-最优准则、I-最优准则、V-最优准则[50]也是最优设计的重要组成部分．此外，针对高维参数回归模型的离散最小二乘问题的试验设计方法得到了长足发展．例如，Narayan 和 Zhou[51]构造了 Weil 样本来保证相应的离散最小二乘问题的稳定性和收敛性；Guo 等[52]则基于 Christoffel 权函数和 Fekete 点，利用贪婪算法构造了一种条件数渐近最优的试验设计方案．

2. 定性和定量因素结合的试验设计

定性定量因素结合的试验亦可以通过构建高斯过程模型进行设计．高斯过程模型(Gaussian process model, GP 模型，也称为 Kriging 模型)是一种被广泛应用的代理模型技术．大部分学者关注的是输入变量为定量因素的计算机代码，但实际应用中，计算机代码可能同时包含定量因素和定性因素．对于这样的计算机试验，直接用标准 GP 模型进行建模是不合适的，这是因为定性因素的不同水平组合之间可能没有明确的距离度量方式[53]．一种简单的建模方式是针对定性因素的每一个水平组合单独构造一个高斯过程模型，当不同的输出响应之间没有相关性时，这种方法是可行的，但若定性因素不同水平组合的响应之间相互关联时，Zhang 等[54]指出该方法可能会降低预测精度．将定性和定量因素同时纳入高斯过程模型中，有如下两个挑战：为定性因素构造合适的协方差结构、明确定性因素相关性函数和定量因素相关性函数之间的关系[11]．Qian 等[12]为定性因素提出了一个非限制性相关性结构，并在估计时采用半定优化以确保相关性结构的正定性．之后 Zhou 等[55]为了克服复杂的估计过程，将超球面分解应用于互相关矩阵，从而能自动保证相关性结构的正定性．Zhang 等[56]认为当定性因素的水平组合数很大时，Qian 和 Zhou 等研究的方法不再准确或不可行，于是提出了一种稀疏的协方差结构，目的是将协方差矩阵中不重要的项缩小为 0，从而减少了待估计参数数目. Han 等[10]引入了层次 Bayes 高斯过程模型. Li 等[57]使用不可分离的协方差作为互相关结构，并提出一种成对建模的方法以减轻参数估计带来的负担. 上面所考虑的定量因素和定性因素之间的相关性都是乘法的形式, Deng 等[11]认为这种形式在适应定性因素对计算机试验结果的复杂影响上可能不够灵活，所以提出了一种加性的高斯过程模型，其主要思想是采用加法形式量化每一个定性因素对输出的贡献，同时假设定性因素相关性函数和定量因素相关性函数之间是乘性的关系. Zhang 等[58]介绍了一种方法，将每个定性因素映射为潜在的定量变量，从而将含定性定量因素的高斯过程模型转化为只含有定量因素的标准高斯过程模型.

3. 含时变因素与无穷维模型的试验设计

对于函数因素，Morris[59]将函数因素视作无限维输入，并将原 Kriging 模型的输入从有限维拓展到无限维以适应时变因素. 此外，在计算不同输入的协方差时，将原 Kriging 模型中有限维距离的加权和改造为函数的加权积分，以此作为函数空间中的距离进行 Maximin 试验设计. 随后，Morris[60]又进一步给出了 Maximin 设计的距离上界，同时给出了在函数空间中构造 Maximin 设计的具体方式. 除了针对时变因素的预测模型研究外，还有针对时变因素灵敏度的相关研究工作[61]，以及针对时变因素进行序贯设计的研究[62].

关于无穷维模型试验设计的研究可以分为以下两类:

(1) “先截尾再设计”的方法. 首先利用函数逼近的方法(如正交级数)表示半参数模型中的非参数部分，并把半参数模型截尾成参数模型，然后利用参数模型求解的最优设计方法. 这类方法的缺点是截尾后的模型存在误差，而分析截尾阶数趋于无穷(即模型误差趋于 0)时最优设计的收敛性质极其困难.

(2) 首先定义无穷维模型的最优设计准则，到设计求解算法时再利用函数表示方法离散化无穷维参数. 这类方法不存在模型误差，不需要分析极限性质，但直接构造最优性准则需要较深的数学知识，往往只有当响应模型为参数的线性算子时才能得到较好的结果，求解过程中离散化时也需要处理好截断误差与样本随机误差之间的均衡.

4. 单精度序贯试验设计

序贯试验设计是模型相关试验设计的另一个重要领域. 有效的序贯试验设计能够将有限的试验点安排在对试验目的更有利的区域，从而达到更好的试验效果. 单次序贯试验设计就是在每次序贯中仅进行一次试验的序贯试验设计，Deschrijver 等[63]和 Liu 等[64]指出，好的序贯设计策略必须考虑两个方面：局部开发和全局探索.

局部开发，是指在试验者更感兴趣的区域进一步试验. 根据不同的试验目的，识别感兴趣区域的方式也不一样. 如果试验目的是优化试验响应及其对应的输入，那么感兴趣的区域应该是目前试验所得到的最小或最大响应点的附近；如果试验目的是找到能够产生特定输出的输入的集合，那么感兴趣的区域应该是目前试验所得到的响应值与特定值最接近的试验点区域；如果试验目的是更精准地预测响应，那么感兴趣的区域应该是预测偏差较大的区域. 局部开发的意义在于，让试验更多地集中在能达成试验目的的区域，使得试验结果更加精确可靠.

全局探索，是指在试验者之前没有试验过的区域进行进一步试验. 无论试验者用什么方法对试验数据进行建模分析，模型与实际的试验总是有偏差的. 如果序贯试验的过程中只考虑局部开发，那么试验往往会集中于一个有偏差的区域附近. 为了解决这个问题，必须在试验比较稀缺的区域补充试验，避免遗漏掉可能存在的感兴趣的区域. 因此，全局探索通常会结合某些距离标准.

综上，单次序贯试验设计的策略可以总结如下:

$$X_{\text{seq}} = \underset{X \in \mathrm{X}}{\arg\max}\, \text{Score}(\text{local}(X), \text{global}(X)) \tag{1.1}$$

Score 是定义在试验空间上的得分函数，用来度量在每个试验点进行试验的价值，且 Score 是局部开发价值 local(X)和全局探索价值 global(X)的函数，下一步试验点即试验空间中得分函数最大的试验点. 得分函数是一个抽象的概念，多种文献中提出的方法均是利用其最大化进行序贯设计.

高效全局优化(efficient global optimization, EGO)算法以优化为目的实行单次序贯试验. EGO 算法的基本思想是，在建立代理模型后计算每个试验点对优化目标的提升，得分函数便是该提升的期望(expected improvement, EI). 随后，Jones[65]提出了用提升的概率(probability improvement, PI)作为得分函数的设计，Srinivas 等[66]提出了用置信下界(lower confidence bounding, LCB)作为得分函数的设计.

在以全局拟合为目的的试验中，为了提高拟合精度，常选择预测方差作为得分函数[68]. 除此之外，Shewry 和 Wynn[67]选择熵准则作为得分函数；Jin 等[68]指出熵准则和方差准则在单次序贯的策略下是一致的；Beck 和 Guillas[69]还采用了试验空间上的互信息作为得分函数. 以上单次序贯设计策略均基于 Kriging 模型给出预测，因此是一种依赖于 Kriging 模型的构建方法. 如果在 Kriging 模型中使用基于距离的平稳核生成协方差矩阵，那么协方差的结构在整个区域上相同，由此得到的序贯设计实质上是空间填充设计. 为了解决这个问题，Xiong[70]采用了非平稳的 Kriging 模型，Gramacy 和 Lee[71]则采用了树结构高斯过程(tree-structured Gaussian process, TGP)对不同子区域分别建模，这些都使得序贯设计能够在试验空间上有侧重地进行. Liu 等[72]通过交叉验证(cross validation)的方法给出了模型误差的度量；Lam 和 Notz[73]在全局拟合的试验目的下提出一个新的 EI 函数；Lin 等[74]还对 Kriging 模型中的方差进行了调整，综合考虑了距离信息以及模型的误差信息.

5. 单精度批量序贯试验设计

批量序贯试验设计需要在每次序贯给出多个试验点进行试验，与单次序贯试验设计类似，这些序贯试验点同样需要依据数据分析结果适应试验目的. 与此同时，这些序贯试验点还需要具有一定的空间填充性，避免无意义的聚集，这也是批量序贯试验的难点和重要研究内容. 与使用单次序贯方法相比，批量序贯试验更容易进行数据分析和预测建模，而且在某些情况下，只有批量的序贯试验才具有可行性和分析意义. 近年来，批量序贯试验的思想已应用于解决许多实际问题.

对于以全局拟合为目的的试验而言，批量序贯试验设计相对简单，且其试验目的为空间填充，不会产生聚集情形. Loeppky 等[75]研究并比较了多种空间填充准则下的批量序贯试验设计，包括极大极小距离、加权极大极小距离、熵、积分均方误差和最大均方误差等准则. 结果显示，批量序贯试验策略比完全序贯策略执行得更好，特别地，基于距离和熵的策略可不使用观察到的输出确定批量试验点的位置. 之后，Williams 等[76]和 Atamturktur 等[77]在考虑模型成熟度的基础上，对多种空间填充准则下的批量序贯设计进行了研究.

同单次序贯试验设计的一般方法类似，批量序贯试验设计也包括最大化得分函数的辅助优化过程. 由于批量序贯试验设计要同时求解多个试验点，该辅助优化问题的维数增加，Williams 等[76]使用了改进的交换算法[79]，每次仅将其中一个试验点与得分函数最高的点进行交换，这种方法有助于提升构造批量序贯试验设计的效率.

对于以优化为目的的试验，批量序贯试验设计遇到较多困难. 最早研究这类批量序贯试验设计的论文是文献[78]，批量序贯试验设计的提出是因为使用 EI 准则进行单次序贯试验通常并不现实. 其一，序贯的次数较多导致时间成本较高. 其二，单次序贯试验中只有少数几次序贯可以提高优化结果. 因此，批量序贯设计的思想是，令每次序贯在更多的试验点进行以减少序贯次数，而不是用更多次的序贯以减少总试验次数.

为方便分批取样，Welch 等[78]首先引入了多点期望改进(multi-points expected improvement, MPEI)，该期望的计算涉及高维积分且难以实现. 为解决该问题，Ginsbourger 等[81]使用了类似的 q-EI 准则，给出了 q=2 时的显性表达式，并提出一种欺骗性的贪婪算法，在 q>2 时快速地选择 MPEI 较高的批量序贯设计. Ponweiser 等[80]提出了一种解决优化问题的批处理方法，称为多重广义期望改进(multiple generalized expected improvement, MGEI)算法，将标准化的广义期望改进 $\mathrm{GEI}(X)=E[I^{g}(X)]^{1/g}$ 作为参考，根据不同的 g 选择不同试验点进行批量序贯试验. MGEI 旨在找出两个相互竞争目标之间的共同点：提高全局模型的准确性和开发潜在最优区域. g 较大时的目标是更加全局化地探索设计空间，g 较小时的目标是局部开发.

目前，基于 Bayes 优化批量序贯试验设计的策略有两种. 一种策略是对采集函数不断更新优化得到批量试验设计点集. 除刚刚提到的 q-EI 外，Thomas 等[82]

利用欺骗性的贪婪算法提出了基于 LCB 的批量 LCB(BLCB)算法. González 等[83]利用局部惩罚函数(LP)修改获取函数, 通过不断更新采集函数, 获得批量试验样本点. 另一种策略是不更新采集函数, 直接通过优化算法获得一批较优试验点集, 如 ALS 与 EI 和 LCB 结合, 分别为 ALS-EI 和 ALS-LCB[84].

Taddy 等[88]用两种算法联合起来定位全局最优, 该算法基于树结构高斯过程 TGP, 是高斯过程的拓展. TGP 不是将整个设计空间建模为一个单一的 Kriging 模型, 而是将整个区域划分, 每个子区域都有其各自的 Kriging 模型. Devabhaktuni 和 Zhang[85]、Shahsavani 和 Grimvall[86]与 Braconnier 等[87]也同样使用了这种划分子区域的方式进行批量序贯试验设计, 将试验空间分割为几个超矩形, 在每个超矩形上分别执行单次序贯策略, 从而达到空间填充的目的. 但这种方法存在几个问题: 其一, 子区域的单次序贯试验点有可能出现在区域的边界附近, 且与相邻区域的单次序贯试验点聚集; 其二, 这样的划分强制每个子区域都有且只有一个序贯试验点, 这对探索价值较高或较低的子区域都是不合理的; 其三, 也是最重要的一点, 批量序贯试验点的数量是由子区域的数目决定的, 这与批量序贯试验的初衷相违背.

6. 多精度序贯试验设计

现实情况中, 设计人员除了可以获得精确描述某一问题的分析模型之外, 往往也可得到多种非精确模型. 这里使用“可信度”(fidelity)表示描述原问题的准确程度, 度量分析模型包含物理规律的多少及假设条件与真实情况接近多少的程度. 近似模型的构建是一个自底向上的过程, 如果完全依赖高可信度(high fidelity, HF)分析模型, 耗费的资源较高; 若仅仅依赖低可信度(low fidelity, LF)分析模型, 近似模型的模型性能和响应逼真度又无法保证. 因此, 如何利用高/低可信度分析模型的各自优势, 建立变可信度近似模型(multi-fidelity surrogate modeling, MFS 模型), 在保证优化结果的前提下, 将计算成本降至最低、计算效率最大化, 实现在小样本基础上建立具有较高准确度的近似模型, 是复杂装备试验设计及相关工程应用领域亟须解决的难题.

变可信度近似模型的核心思想是使用大量低可信度样本建模来反映函数的正确变化趋势, 并采用少量高可信度样本来对之进行修正, 从而大幅减少构造高可信度近似模型所需调用高可信度分析模型的计算次数(或高可信度分析模型样本点数), 提高建模和优化效率. 基于变可信度近似的设计优化关键技术主要包含三个方面: 模型构建、试验设计和优化设计. 其中, 模型构建和试验设计关注的核心分别是如何有效地融合高/低可信度分析模型的数据以及如何在设计空间中对高/低可信度样本进行有效布点. 值得说明的是, 面向变可信度近似的试验设计是一个对象为低可信度和高可信度分析模型的两层试验设计, 即研究关键主要是如何确定高/低可信度的样本点在各自设计空间中的位置以及它们之间的联系, 主要分为一次性试验设计方法和序贯试验设计方法. 其中, 不论高/低可信度样本点是否嵌套, 一次性试验设计方法是指试验设计中将所有可用资源一次性用于获取所有样本点, 以具备更好的空间填充性为改进标准; 而序贯试验设计旨在充分利用建模过程中获得的信息指导变可信度近似模型样本点的选取, 即如何选择高/低可信度样本点, 用于序贯更新变可信度近似模型, 来实现最优空间位置和资源分配比. 与从空间填充角度的面向变可信度近似模型的试验设计不同, 基于变可信度近似模型的复杂装备优化设计的核心问题是优化策略的研究, 即如何在优化过程中定位和转换高/低可信度的分析模型, 以达到降低计算成本、缩短设计周期的目的, 即引入序贯采样的思想, 逐步提升近似模型某一方面的性能(快速收敛到最优值或者减小模型误差).

基于变可信度近似模型的优化设计方法主要有两种模式: 静态模型法和动态模型法. 两者的区别在于, 优化过程中变可信度近似模型是否更新. 由于基于物理试验的优化设计中对样本点的响应往往一次性完成, 试验条件的苛刻限制导致序贯地进行物理试验较为困难, 更常采用静态模型法, 即在优化设计前, 构建准确度满足要求的变可信度近似模型, 优化过程中近似模型不再更新. 与之相反, 动态模型法, 即在优化之前构建初始的变可信度近似模型, 随着优化的进行, 采用近似模型管理策略更新变可信度近似模型. 通常情况下, 该方法获得真实解所需的样本点要少于静态模型法. 当前, 基于变可信度近似模型的优化设计中常用的近似模型管理策略主要包含置信域方法和高效全局优化方法. 在基于置信域的优化中, 优化过程控制在当前设计点附近一个可信的范围内进行, 当前近似质量可以用置信度来量化, 即优化主要在当前设计点四周完成. 尽管基于置信域优化策略获得了收敛性证明, 但优化时需在设计点周围完成, 因此得到的可能是局部而非全局最优解.

1.2.2　试验评估方法

针对装备试验评估而言, 目前对指标进行评估可以分为两个方向: 一是基于数据驱动的参数估计与假设检验; 二是基于模型驱动的指标预测. 下面分别对两个方向的现状进行概述.

1.2.2.1　基于数据驱动的参数估计与假设检验

装备试验评估往往需要建立模型, 而模型参数估计与假设检验的准确性和稳健性直接影响到装备评估的准确性. 装备外场实装试验的数据最为可靠, 但样本量少. 因此基于小样本实装数据对模型参数进行估计与假设检验是一个迫在眉睫的科学问题. 主要从两方面入手. 一方面, 根据少量的实测数据, 采用一些针对小样本的科学研究方法进行评估, 如采用 Bayes 估计, 基于先验信息, 再对模型中的参数进行估计和假设检验[89]. 另一方面, 针对已有的实装高精度数据, 通过试验设计方法采样, 或通过仿真和半实物试验来补充样本进行参数估计和假设检验[90-92]. 下面列举一些相关的具体研究.

针对雷达有限测速范围的挑战, 文献[93]通过 Bayes 方法和互相关理论, 估计了装备地面真实速度(true-speed-over-ground, TSOG), 并调整了雷达装备系统参数. 对球形压痕试验(spherical indentation test, SIT)确定拉伸性能计算成本高且耗时问题, 文献[94]采用基于数据库应用的强度特性估计方法, 提高了计算的准确性和稳定性. 针对基于物理系统对装备进行物理模型的参数估计问题, 文献[95]根据原始数据与试验数据相比较, 计算标准偏差以及进行函数相关性估计, 提高了电力系统中参数估计的准确性和响应时间. 对样本数据量不足的实际问题, 文献[96]采用分数阶模型和递归最小二乘法进行指标参数估计, 有效解决了数据样本量的问题, 大大提高了估计精度. 针对探地雷达(ground penetrating radar, GPR)装备复杂几何形状导致的信息收集问题, 文献[97]基于统计学习的优化算法评估装备性能, 使用仿真样本与真实数据进行比较, 验证了方法的有效性. 文献[98]将机器学习方法应用于装备性能评估的参数估计, 利用先进的网络优化工具, 收集试验数据以训练初始学习模型. 找到影响装备性能的关键参数, 优化估计模式. 针对如何准确测量车辆的重心高度(CG 高度), 以改善车辆控制并确保行车安全的问题, 文献[99]采用改进的目标检测 YOLO(you only look once)算法以及 AdaBoost 回归, 基于机器视觉的数据驱动方法来估计车辆重心高度. 对如何提高工业零件和结构的无损检测精度, 特别是对于内部不连续性的检测问题, 文献[100]利用收集的数据进行不确定性估计, 有效解决了装备的实用性与可用性问题.

从假设检验的角度而言, 有文献依据合成孔径雷达实验数据, 通过合理假设协方差, 进行假设检验, 并进行广义似然比检验来验证定理[101]. 文献[102]采用广义似然方法, 通过假设杂波返回路径的复合高斯分布, 依据二次数据在杂波估计中应用定点估计算法, 对自适应波形进行了性能评估. 雷达图像识别应用中, 文献[103]通过假设检验判断样本的均匀性, 对试验结果进行定性和定量的评估和分析. 针对复杂时变特征的装备性能评估, 如无线链路的性能估计, 文献[104]提出了一种假设检验估计器(hypothesis test estimator, HTE), 可以有效减少估计的可变性. 对于雷达装备性能评估, 如噪声和毫米波信道特征的估计, 文献[105]提出了一种基于极限后验 Bayes 和极大似然估计理论的方法, 利用试验数据验证了所提方法的有效性. 基于数据驱动的假设检验在机器学习领域的广泛应用, 有效实现了准确性和可靠性的高效评估, 文献[106]提出了一种完全数据驱动的空间自适应去噪无损评估算法. 此外, 基于自组织方向感知数据的自主模型进行假设检验的特征提取与选择, 可以降低装备试验成本[107].

通过考虑宏观的场景设定, 基于博弈论对装备进行评估也逐渐引起了关注.

基于博弈双方的理性策略，双方在一定的约束条件下满足自身的最大化受益. 将博弈论应用于雷达探测、跟踪、目标检测、抗干扰等[108-114]装备性能评估，可以有效提升对抗条件下装备性能评估的准确性.

针对装备试验评估的具体应用，已经有较为成熟的性能评定方法，如导弹的射程能力评定、命中精度评定、射击密集度评定等，其评定方法有点估计法、区间估计法、序贯检验法、序贯网图检验法、Bayes 估计及检验方法等[7,115].

由于装备外场实装试验次数一般较少，作为统计方法，小子样统计理论得到了较大的发展与应用. 近年小子样技术研究的主要成果包括 Bayes 小样本统计试验方法及应用理论和百分统计学. 利用百分统计学理论[116]可以充分开发试验数据中的共性信息，在统计精度一定的条件下，可以减少试验样本量，该方法已成功应用于材料性能测试、可靠性分析、寿命估计等方面.

Bayes 方法[7,115,117,118]在试验鉴定中的应用极为广泛，包括 Bayes 试验鉴定的方案设计原则、Bayes 序贯截尾方案、Bayes 双子样序贯估计等. 文献[7]在先验分布的稳健性、先验信息的运用及先验概率的计算等方面，建立了先验信息的可信度的概念，研究了不同总体、不同可信度的先验信息与实装试验信息的融合方法；另外，为适应“试试看看，看看试试”的试验分析需要，提出检验和序贯估计相联合的分析方法，还将变化的试验过程用多维动态参数的分层模型描述，并给出动态参数的 Bayes 融合估计. 文献[118]针对小子样问题，将先验费用和试验费用引入损失函数中，分析了先验信息和样本量对 Bayes 决策的影响. 考虑到分布总体在试验修正过程中的改变，文献[118]引入继承因子并将其视为随机变量，合理地考虑产品在设计和改进过程中的各种信息，还研究了动态参数的估计问题等. 考虑到必须有效利用系统组成部件及分系统的试验数据，扩大信息量，并综合确定先验及权重，相应方法有信息熵法、物理等效方法、信息散度等，还有利用相对熵法、最大熵法、上下限函数法和蒙特卡罗最大熵法等将不同概率分布融合成一个概率分布，以及不同的信息折合方法.

文献[119]论述了 Bayes 序贯试验方法中弃真和采伪风险的计算，给出了经典的两类风险、基于先验分布加权的平均风险和 Bayes 序贯方法中两类风险这三者之间的递推计算关系，进一步明确了决策常数的计算公式. 一般而言在有效利用先验信息的前提下，其所需样本量比传统序贯方法要小. Müller 等[120]提出了一种基于仿真的 Bayes 序贯设计，其对概率模型和效用函数只假设了最小的约束，故具有广泛的适用性，并且通过具体示例说明.

对于装备试验而言，其性能指标评估一般采用全数字仿真、半实物仿真、外场实装等多阶段试验的方式[121-125]. 它们的统计特性并不完全一致，可以将其看作由不同信源所产生的异总体样本. 针对上述多源数据的融合评估问题，文献[121,122]讨论了分布参数可变情况下的 Bayes 估计，采用线性模型的方法建立分布参数的回归模型，给出了相应的多层 Bayes 估计结果，用于解决可靠性增长、精度增长等多阶段试验分析问题，并将其视为实现变动统计的重要方法；文献[123]将存在多阶段试验信息的设备精度评估称为异总体(diverse population)统计问题，并指出解决异总体统计的关键在于"抓住异总体之间相互差异的本质，将异总体试验信息以及工程实践中的许多有用信息进行集成融合"；文献[124,125]等探讨了变动统计所研究的主要问题以及解决问题的基本思想和一般规律，详细叙述了变动统计方法在可靠性增长试验评估和武器系统性能评估中的具体应用，归纳提出了实现变动统计的三种基本方法：基于约束关系的多总体融合估计与统计推断、基于线性模型的变动总体建模与预测、基于 Bayes 方法的多源信息融合.

对于装备试验的假设检验问题，检验型方法包括事先固定子样的抽样方法和事先不固定子样的序贯方法，主要检验正品概率与部分组件的正品率. 较为常用的是序贯检验方法和 Bayes 假设检验方法. 序贯检验方法[126-132]除了常用的序贯概率比检验(sequential probability ratio test, SPRT)方法和截尾 SPRT 方法外，还有改进的序贯后验加权检验(sequential posterior odd test, SPOT)方法和截尾 SPOT 方法. 此外还有 Bayes 假设检验方法的改进型，如 Bayes 序贯检验、Bayes 截尾序贯检验、序贯网图检验等方法. 作为 SPRT 检验法的改进，序贯网图检验法就是为克服原有 SPRT 方法无法控制最大样本量等问题这些缺点而提出的，将检验问题拆分为多组假设检验问题，同时使用 Wald 的序贯概率比检验，对原来的检验问题作出判断，这样使得停时取有限值，且使上界尽可能小. 序贯网图检验法可以在风险相当情况下，有效降低试验样本量.

1.2.2.2　基于模型驱动的指标预测

对装备试验指标进行建模也是需要研究的一个方向，需要构建代理模型(surrogate model, SUMO)作为原系统的近似模型. 其本质上是关于输入变量和目标函数关系的数学表达或者算法描述，其将复杂的系统模型及其关系描述为可计算的模型，从而辅助实现相应目标，能够对指标进行合理预测. 一般地，代理模型问题的数学定义如下：$y = M(x) = f(x) + \varepsilon,\ \varepsilon \sim N(0, \sigma^2)$，其中 M 为实际系统，可以是一次系统试验，也可以是一段仿真程序. 代理模型的目的即用已知具体数学表达形式的 $f(x)$来代理真实系统 $M(x)$得到相应输入的响应. SUMO 在文献中同时也被称作元模型(meta-model)、缩减模型(reduced model)、仿真器(emulator)或响应面(response surface). 代理模型是一类数据驱动(data-driven)的方法，常用的代理模型包括：多项式回归模型(polynomial regression model, PRM)、人工神经网络(artificial neural networks, ANN)、多元自适应回归样条(multivariate adaptive regression splines, MARS)、径向基函数(radial basis functions, RBF)、支持向量机(support vector machine, SVM)、多项式混沌展开(polynomial chaos expansions,

PCE)、Kriging / 高斯过程(Gaussian process, GP)等等. 在 20 世纪初提出的多项式回归模型, 可以用于处理非线性关系, 但是在实际应用当中存在过拟合和欠拟合的问题, 极大限制了多项式回归模型的应用, 为了解决这些问题, 人们提出了岭回归和 Lasso 回归等回归方法. 最近几年, 深度学习技术的发展对回归模型的发展产生了巨大的影响. 人工神经网络模型可以用于处理极为复杂的非线性关系. Galván 等[133,134]梳理了神经网络目前的研究进展以及未来会面临的挑战, 并对使用进化算法(EA)进行人工神经网络(ANN)的体系结构配置的最新技术进行了全面的调查、讨论和评估, 描述了如何将主要的 EA 范式应用于多个 ANN 的配置和优化. Capra 等[135]介绍了深度神经网络(deep neural networks, DNN)和 Spiking 神经网络(SNN)这两种受大脑启发的模型的关键特性, 然后分析了产生高效和高性能设计的关键技术. 激活函数是提高神经网络性能的重要基础, Lin 等[136]提出了一种具有可调激活函数的新型调制窗径向基函数神经网络(MW-RBFNN), 与基本的 RC-RBF 神经网络相比, MW-RBFNN 由于其形状是可调的激活函数而提高了逼近能力. 此外, MW-RBFNN 的计算量远小于高斯径向基函数神经网络(GRBFNN)的计算量, 因为它是紧支持的. 文献[136]给出了 MW-RBFNN 的训练算法, 并证明了其逼近能力, 还证明了调制指数对神经网络性能的调节机制, 并给出了 MW-RBFNN 中调制指数的调节算法, 分析了 MW-RBFNN 的计算复杂度. 最后通过典型应用实例说明了该方法的有效性. 对支持向量机模型的研究, Caraka 等[137]讨论了多变量双层广义线性模型这一原理在支持向量机中的实现, 并给出了应用示例. Zhao 等[138]针对支持向量机(SVM)模型在实际应用过程中出现许多输入数据不确定的情况. 将不确定性理论与支持向量机理论相结合, 提出了一种新的支持向量机模型. 将不确定数据视为一个不确定集, 建立了具有不确定约束的 SVM 模型并验证了模型可行性.

代理模型可分成单精度代理模型和多精度代理模型, 对多精度代理模型, 文献[139]综述了多精度代理模型的研究进展, 总结了多精度代理模型的三种常用的构造方法, 包括基于标度函数的构造方法、基于空间映射的构造方法以及 Co-Kriging 多精度代理模型构造方法. 基于标度函数的方法主要思想是建立高低精度分析模型之间的标度函数(加法函数、乘法函数或者混合函数), 再将标度函数和低精度分析模型融合以构建多精度代理模型. 标度函数的选择是该方法的关键, Song 等[140]提出一种基于径向基函数的多精度代理模型, 探究了高低精度模型之间的关系. Fernández-Godino 等[141]提出一种基于线性回归的多精度代理模型. 基于空间映射的多精度代理模型构建方法的主要思想[142,143]是找到合适的映射关系, 将不同精度的数据进行匹配. Co-Kriging 变可信度近似建模方法, 主要基于 Bayes 理论, 以低精度模型提供规律, 通过对高精度样本点进行插值, 构建变可信度近似模型. 为提高建模效率, Bertram 等[144]解决了 Co-Kriging 模型中协方差矩阵和极大似然估计的理论问题.

本书的工作主要基于高斯过程模型，对该模型进行简介如下. GP 模型在工程中也被称作 Kriging 模型，最早由 Krige 提出，之后被 Matheron 推广并得到广泛关注. Kriging 模型的提出是为了解决线性估计误差不独立的问题，其利用基于空间距离的相关函数对随机场进行插值. Rasmussen 和 Williams 将目标函数看作高斯过程中的一个特定样本，即将高斯(随机)过程视为关于该响应函数的概率分布，则关于函数的任意有限样本服从多维高斯分布. 他们将 GP 的相关理论应用到机器学习领域，并同时探讨了 GP 模型与其他模型之间的关系，例如正则化方法、再生核希尔伯特空间(reproducing kernel Hilbert space, RKHS)以及 SVM 等. 与多项式模型不同，GP 模型是典型的非参数模型，其性能由超参数(即核函数的参数)来控制. 一般情况下，对于高斯过程超参数的学习通常选择极大似然估计(maximum likelihood estimation, MLE)或者贝叶斯信息准则(Bayesian information criterion, BIC)作为其估计；在一些对参数不确定性敏感程度较高的应用中，通常利用马尔可夫链蒙特卡罗(Markov chain Monte-Carlo, MCMC)方法对超参数的后验分布进行采样[145-149].

GP 模型在工程和机器学习领域得到了广泛的应用，然而它仍然具有一定的局限性. 首先，GP 模型的计算复杂度过高，在数值求解上主要集中在对协方差矩阵的求逆上，其计算复杂度为 $O(N^3)$. 另一个局限性体现在其性能与协方差函数(covariance function, 也称为核函数, kernel function)强相关. 例如，广泛使用的高斯核函数，实际上对函数进行了非常光滑的假设，因此 GP 模型针对非光滑函数或者非连续函数的预测往往会失效. 针对该限制，通过选取不同的核函数在一定程度上能够缓解该问题，例如，Matérn 核函数对于三角函数的逼近效果要比高斯核函数的效果好. 核函数设计(kernel function design)已经成为 GP 模型中的热点和难点. 此外，文献[150-152]提出了一种加性与乘性综合的高斯过程模型.

1.2.3　问题与挑战

总体而言，对于试验设计方法的理论研究相对已经比较成熟，但多偏向于单一试验类型下的试验设计，对于序贯设计的理论研究多针对具体模型讨论，关于模型未知下的序贯设计以及多阶段试验类型下的试验设计方法研究仍然相对较少. 当前，装备试验中的应用也多局限于经典试验设计方法，如均匀设计、正交设计、拉丁方设计等. 这些设计方法多适用于均匀散布的试验样本空间，对于试验实施所需要的最小样本量并没有明确要求，也没有利用到先验的效应机理模型.

对于试验评估方法而言，Bayes 融合评估方法在多阶段试验类型下的装备试验性能指标评估已经取得了较为广泛的应用. 但是，全数字仿真、半实物仿真等大样本试验数据到底能不能直接与小样本外场实装试验数据融合，会不会产生

“淹没”现象，到底应该如何有效融合才能保证评估结论的有效性和鲁棒性，才能够获得研制方和使用方的一致认可，这些问题涉及的理论尚未解决. 此外，关于如何有效利用先验效应机理模型，根据试验数据最终建立装备试验性能指标与响应因素之间的经验公式，使研制方与使用方对结果进行有效预测，对这些问题的解决方法仍有待继续研究.

因此，本书针对以上问题，基于响应模型的 DOE 流程思想，提出了针对装备试验的适应性序贯设计与评估方法，构建了整体的结构框架.

1.3　适应性序贯设计与评估内涵分析

针对性能试验、作战试验多阶段的试验鉴定问题，美国阿诺德工程开发中心(Arnold engineering development center, AEDC)提出一体化试验设计，它是在美国原有的分别试验方法和联合试验方法的基础上经改进发展而来的，是一种宏观意义上的试验鉴定技术. 本质上，一体化试验与鉴定方法是在分别试验各项内容基础上排除冗余试验项目，统一形成综合性的试验与鉴定计划，通过必要数量的实物试验，以证明武器装备符合技术规范要求，并验证其作战效能与作战适用性的一种试验方法. 所有试验与鉴定单位之间紧密配合、互相合作、共享信息和数据，并要求按照计划阶段逐次建立数据库. 正确运用一体化试验方法，将实物试验数量和其他资源的消耗减少，或者是在实物试验数量和资源消耗不变的情况下将风险降低[117,121].

美国阿诺德工程开发中心提出的一体化试验设计是宏观上的试验与鉴定方法，是抽象的一体化设计理念. 为了将一体化设计思想落地到实际多阶段试验中，研究者根据试验进展提出了以数学模型参数估计和模型筛选为目的的序贯试验设计方法.

序贯试验设计是进行试验时，样本量不预先固定，每步试验由一定的决策准则来决定是否需要进行下一次试验，直到达到某终止规则的试验方法. 相对单阶段设计而言，序贯设计有很多优点：①不需要事先确定训练点数；②可以根据之前试验点的信息确定重要区域或判别不重要的因素，避免将采样点浪费在不必要的区域，从而减少采样点数.

序贯设计的决策准则可分为：①不基于响应的准则，如规定两类风险的边界、在不规则区域多采样等；②基于响应的准则，如在预测误差较大的区域多采样、在预测模型误差(MSE)较大的区域多采样等；③基于响应模型的准则，如在不确定性较大的区域多采样、在响应模型极值点采样等. 对于基于响应模型决策准则的序贯设计，当响应模型未知时，需要依据序贯点动态调整响应模型，进而动态更新决策准则，从而不断调整后续试验设计点，此即以参数估计和模型筛选为目的的序贯试验设计方法.

依据前期试验结果不断调整后续试验的设计方法类似还有适应性设计(adaptive design). 适应性设计是指在试验开始之后, 在不破坏试验整体性与有效性的前提下, 依据前期试验所得的部分结果调整后续试验方案, 及时发现与更正试验设计之初不合理的假设, 从而减少研究成本, 缩短研究周期的一大类研究设计方法的总称. 该概念兴起于临床试验领域, 随着精准医学概念的深入, 临床中通常通过适应性设计来寻找更精准的治疗对象亚群, 改变后续试验中的研究对象选择标准.

基于响应模型准则的适应性设计与经典序贯设计的区别在于: 基于响应模型决策准则的序贯设计, 其决策准则的动态更新是由前期试验结果对响应模型的动态估计所带来的, 而适应性设计对后续试验方案的调整不仅是前期试验结果对试验目标动态估计所带来的, 还可以是试验目标的改变所带来的. 因而, 本书所研究的适应性序贯试验设计, 是对序贯设计的一种拓展, 是面向"全周期"试验中, 装备性能从无先验信息到有先验信息, 从无响应模型、有低精度响应模型到有高低精度响应模型, 从"中间验证"到"摸边探底"目标动态适应的一种序贯设计.

1.4 装备性能试验相关概念与分类

装备性能是指装备固有的基本属性或特性. 只有装备性能达到一定水平时, 才能由试验人员使用装备完成预期的作战任务, 从而实现装备的效能. 装备性能是装备实现作战效能和适用性的基础.

根据装备性能试验目的的不同, 通常可将其分为性能对比试验、因素筛选试验、性能表征试验、性能优化试验和性能验证试验 5 种类别. 针对这些不同目的类型的性能试验, 分别有不同的试验设计和评估方法可供选用. 表 1.1 给出了不同性能试验的类别与试验目标.

表 1.1 不同性能试验分类与目标

试验类别	试验目标
性能对比试验	比较装备的功能性能是否发生改变
因素筛选试验	当因素过多时, 筛选对试验结果有显著影响的因素, 为后续试验的因素提供选择依据
性能表征试验	构建响应曲面, 用于预测和评估装备在不同工作条件、环境条件下的性能变化特性
性能优化试验	找出使装备达到性能底数的工作条件和环境条件
性能验证试验	验证装备功能性能指标是否达到了研制要求的值

装备试验性能指标通常可分为非随机性指标和随机性指标两大类. 其中, 非随机性指标通常指通过分析装备总体方案、工作状态、分系统或设备技术参数可

确定的指标，如导弹制导体制、发射方式、弹头数、雷达工作频率等；随机性指标一般指装备受工作状态、环境因素、对抗条件等影响较大的指标，如导弹命中精度、抗干扰概率、舰船平均无故障修复时间等.

非随机性指标通常属于装备研制的技术要求，利用达标性评估方法进行鉴定即可，该方法首先确定装备试验性能指标阈值，根据阈值判断是否满足研制要求. 本书重点针对随机性指标开展试验鉴定评估的理论方法研究和仿真案例验证.

根据随机性指标最终评估目的的不同，其性能试验可分为“中间验证”和“摸边探底”两大类. 中间验证是指根据装备研制总要求或试验总案，在典型对抗作战场景下选定试验点进行重复性试验，完成随机性指标在对抗作战条件下的试验鉴定. 摸边探底则指根据研制总要求或试验总案规定的对抗作战环境与边界条件，设计对抗作战环境多种因素的组合，获得装备待考核随机性指标的性能底数.

结合装备性能试验类别、性能指标的分类，可构建装备性能试验指标体系，如图 1.1 所示. 其中装备性能试验指标测量以导弹为例进行说明.

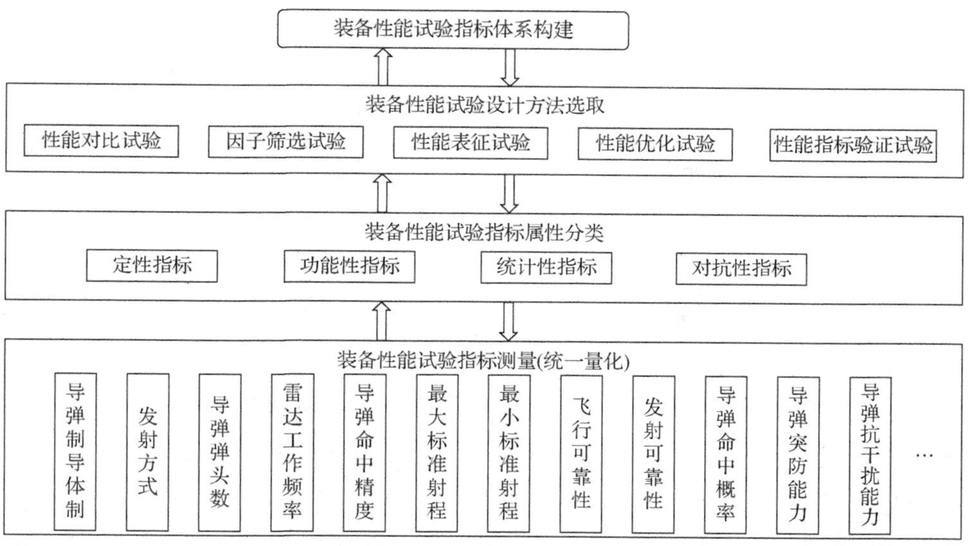

图 1.1　装备性能试验指标体系

1.5　适应性序贯设计与评估流程

根据装备试验性能指标属性、最终评估目的的分类，装备性能试验适应性序贯设计与评估的基本流程及方法如图 1.2 所示. 具体实施步骤如下:

(1) 明确装备需要考核的性能指标，选择需要实装试验进行考核的性能指标.

(2) 分析待考核性能指标的属性类别，特别要区分“中间验证”与“摸边探底”. 其

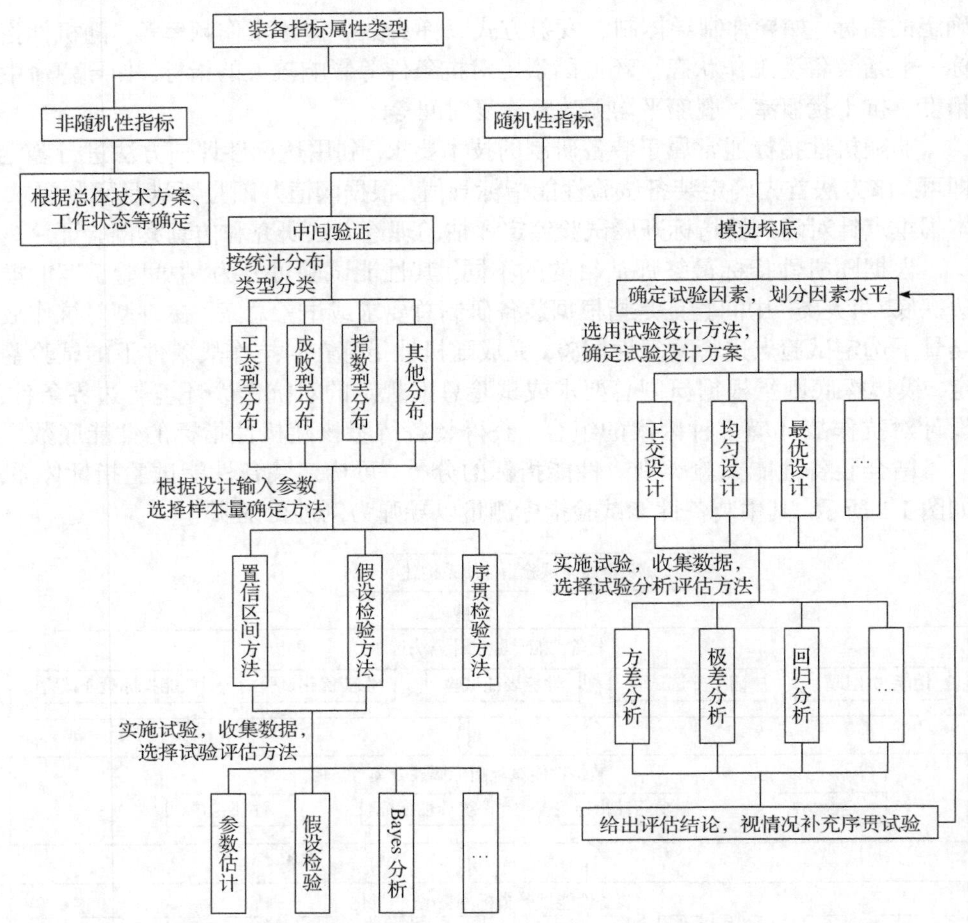

图 1.2　装备性能试验适应性序贯设计与评估的基本流程方法

中“中间验证”试验以独立同分布样本为基础，“摸边探底”试验以多因素设计为基础.

(3) 对于“中间验证”试验，进一步明确指标的分布类型，可分为正态型、成败型、指数型和其他类型. 正态型指服从正态分布类型的指标，如导弹落点纵向偏差、射程等；成败型指服从二项分布的指标，如命中概率、抗干扰概率、可靠性等；指数型指服从指数分布的指标，如装备无故障间隔时间、故障修复时间等. 不服从上述 3 种类型的指标统一归类为其他类型.

(4) 确定指标的分布类型后，根据研制总要求、立项报告或试验总案等材料中规定的对于性能指标的具体要求，作为样本量确定的输入参数.

(5) 根据分布类型以及输入参数，选择适用的样本量确定方法，计算样本量结果，如置信区间方法、给定风险的假设检验方法等.

(6) 确定样本量后，组织实施试验，收集数据，选择适用的试验评估方法，给出评估结论, 如参数估计、假设检验、Bayes 分析等.

(7) 对于“摸边探底”试验, 以装备对抗作战场景为依据, 分析梳理影响指标的重要因素, 根据影响程度的大小或实际对抗场景, 确定各类因素的水平.

(8) 确定影响因素、划分因素水平后, 选择适用的试验设计方法, 确定试验设计方案, 如正交设计、均匀设计、最优设计等.

(9) 确定试验方案后, 组织实施试验, 收集数据, 选择适用的试验分析评估方法, 如方差分析、回归分析等, 给出评估结论, 并视情况补充序贯试验.

本书所指的“适应性”主要包含以下几个方面:

(1) 针对随机性指标考核的最终目的, 可自适应选择“中间验证”或“摸边探底”试验评估流程框架.

(2) 针对“中间验证”试验, 可依据指标的不同统计分布类型, 按照置信区间精度、两类风险等不同输入要求自适应选用样本量确定方法; 按照参数估计、假设检验等不同评估手段自适应选用指标评估方法.

(3) 针对“摸边探底”试验, 按照试验设计的思想, 可根据性能指标从无先验到有先验, 从无响应模型、低精度响应模型到高低精度响应模型, 选用交迭递进的自适应序贯试验设计方法.

(4) 不管是“中间验证”还是“摸边探底”试验, 均可根据试验大纲或总案要求, 选用单阶段或者多阶段的适应性试验设计与评估方法.

总体而言, 本书从装备性能试验适应性序贯设计与评估的基本流程出发, 以系统分析集成与试验设计的思想为指导, 服务装备研制定型部门和试验鉴定实施单位. 针对“全数字试验→半实物试验→外场实装试验”多个不同阶段递进环节面临的单阶段和多阶段试验设计与评估问题, 以响应模型为核心技术主线, 从“无机理模型的新型装备研制→有机理模型的装备改进”两个角度出发, 按照“探索性适应性设计→指标适应性评估→适应性序贯设计与评估”的 DOE 流程指导, 根据性能指标评估目的, 分别介绍了单阶段试验、多阶段融合试验情形下的“中间验证”试验与“摸边探底”试验的适应性序贯设计与评估方法.

第 2—4 章主要介绍了“中间验证”试验的适应性设计与评估方法, 总体框架与内容设计如图 1.3 所示.

第 2 章主要介绍了试验样本量确定方法. 本章的试验样本量指的是在给定同一试验条件下的样本量重复试验次数. 分别介绍了单阶段试验下基于置信区间精度、给定两类风险要求、给定联合要求、基于 Bayes 试验损失四种情况下的最小试验样本量确定方法, 以及多阶段试验样本量规划方法.

第 3 章为单阶段试验适应性评估环节, 针对参数估计和假设检验两类问题分别介绍了无先验信息的经典统计估计方法、经典假设检验方法, 序贯概率比检验方法, 以及含先验信息的 Bayes 评估方法, Bayes 假设检验方法、Bayes 序贯检验方

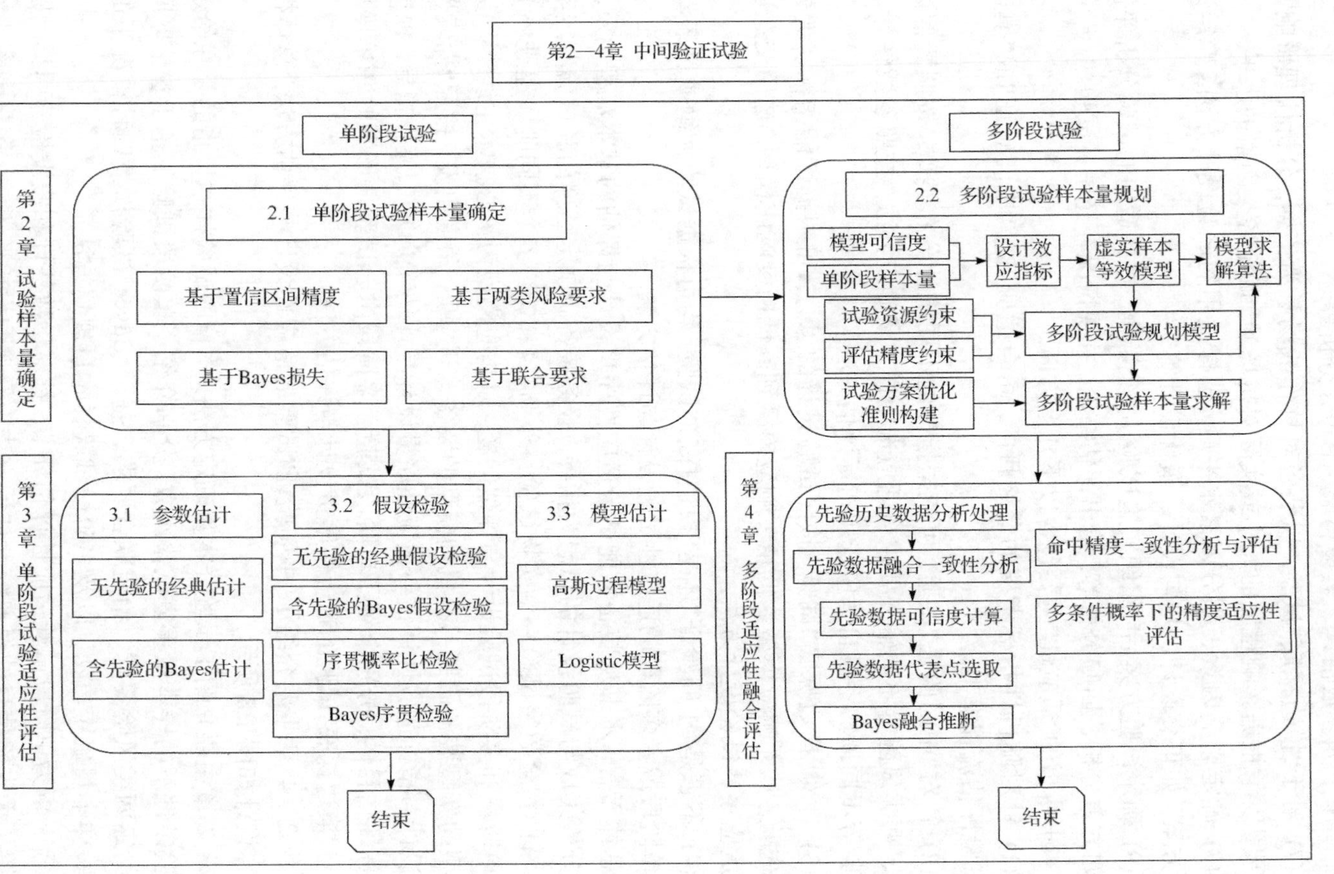

图1.3 第2—4章“中间验证”试验设计与评估总体框架

法; 针对建立评估模型或寻找最优值为目标, 根据精度型指标和概率型指标, 分别介绍了高斯过程模型和 Logistic 模型的单精度响应曲面模型估计方法.

第 4 章为多阶段试验数据适应性融合评估, 主要介绍了 Bayes 数据融合评估主要思想、对先验历史数据的分析处理、先验数据融合一致性分析、先验数据可信度计算、防止内场(全数字仿真、半实物仿真)试验样本过多导致"淹没"外场小样本情况下的先验数据代表点选取、融入先验代表点的 Bayes 融合推断方法、命中精度一致性分析与评估方法, 以及多条件概率下的精度适应性评估方法.

第 5—7 章主要介绍了"摸边探底"试验的适应性序贯设计与评估方法, 总体框架与内容设计如图 1.4 所示.

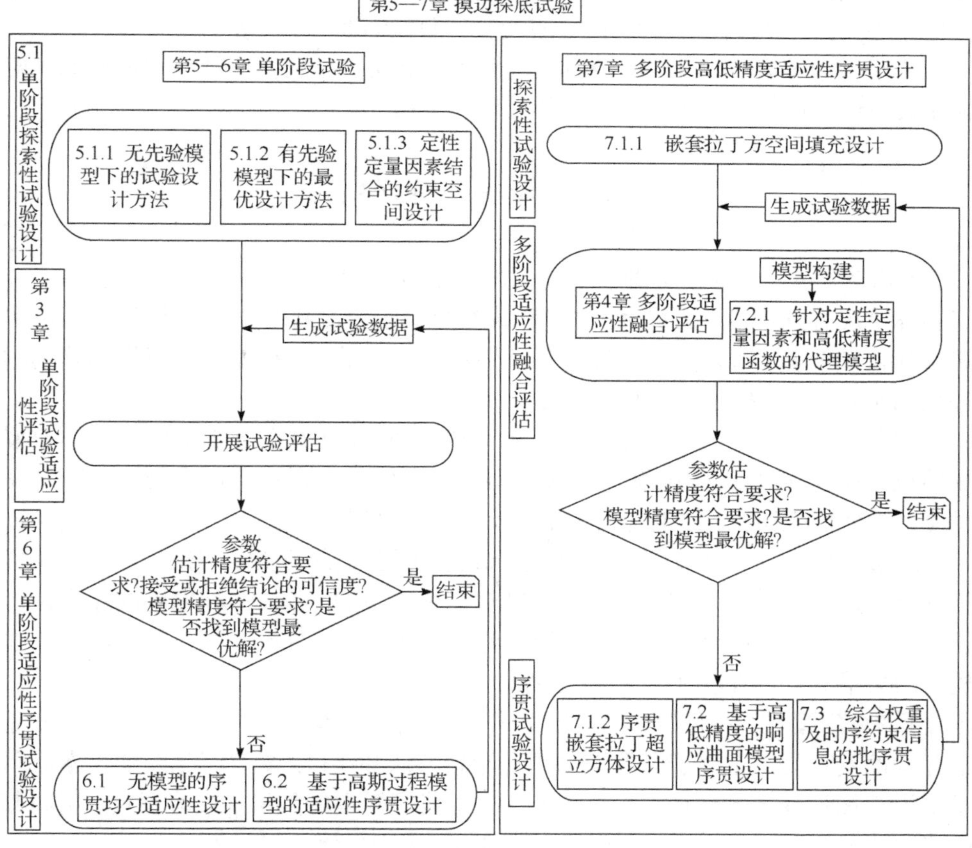

图 1.4 第 5—7 章"摸边探底"试验设计与评估总体框架

第 5 章为单阶段探索性试验设计, 针对无机理模型情形, 在试验设计环节, 研究了正交设计、均匀设计、拉丁方设计等经典试验设计方法的应用及其优缺点, 并围绕装备试验中定型定量因素并存且试验空间域等有约束的问题, 研究了基于离散逆 Rosenblatt 变换和分片离散粒子群优化(S-DPSO)算法的试验设计方法；针对有先验模型情形，重点研究了最优试验设计方法及应用. "摸边探底"试验的评估方法可类似采用第 3—4 章的单/多阶段适应性评估方法.

第 6 章为单阶段适应性序贯试验设计，根据评估目标，分别提出了以提高参数估计精度为目标的序贯均匀适应性设计方法和以建立评估模型或寻找最优值为目标的基于高斯过程模型的适应性序贯设计方法.

第 7 章为多阶段高低精度试验适应性序贯设计. 在多阶段探索性试验设计中，针对无机理模型情形，提出了嵌套拉丁方空间填充设计方法. 基于高低精度的适应性序贯设计中，针对无机理模型情形，提出了嵌套序贯设计方法. 以建立评估模型或寻找最优值为目标，分别介绍了基于高低精度的响应曲面模型序贯设计与评估方法，以及综合权重及时序约束信息的批序贯设计与评估方法.

最后，按照 DOE 的流程，在第 8 章中对装备的性能指标评估案例按照适应性序贯设计与评估思想进行了具体的验证与应用.

1.6 延展阅读——幸存者偏差

幸存者偏差，指的是当取得信息的渠道，仅来自于幸存者时，此信息可能会与实际情况存在偏差. 另译为"生存者偏差"或"存活者偏差"，是一种常见的逻辑谬误和认知偏差，即只能看到经过某种筛选而产生的结果，而没有意识到筛选的过程，因此忽略了被筛选掉的关键信息.

幸存者偏差最早来源于第二次世界大战期间，美国哥伦比亚大学统计学教授亚伯拉罕·沃尔德根据美国海军要求，运用其在统计方面的专业知识给出关于"飞机应该如何加强防护，才能降低被炮火击落的概率"的建议.

通过统计发现主要受损部位集中在机翼，所以军方的初步结论是应当减少机腹的装甲加强机翼的装甲. 这个结论显然是不客观的，造成这种偏差的原因是机腹中弹的飞机大多数都坠毁了，统计结论产生了偏差，故沃尔德建议更应该加强机腹的装甲. 这个偏差即为"幸存者偏差".

只考察了幸存者所满足的特征，并不能得出一个有说服力的结论. 归根到底，幸存者偏差就是一个由于获取信息不全导致的认知错误. 幸存者偏差的根本原因是逻辑学和统计学的谬误，本质是统计时忽略了样本的随机性和全面性，用局部样本代替了总体随机样本，从而对总体的描述出现偏倚.

一般而言，幸存者偏差的产生有以下 3 个前提. ①抽样统计不均匀. 如果能全部检查样本区域，了解到完整的事实，得出的结论自然不会有偏差. ②被调查的总体分布不均匀. 如果总体分布均匀，抽样统计通常可避免幸存者偏差. ③抽样时总体中的一个或一个以上的具有不同分布的群体没有被包括在抽样框内.

在装备试验设计与评估中，要想使最后装备试验性能指标评估结果尽可能准确，在前期的试验设计中就要尽力避免“幸存者偏差”现象的出现. 如果没有任何机理模型或先验信息，则在试验设计中应该尽可能将样本均匀地分布到整个样本空间；如果具备一定的机理模型和先验信息，则应该根据已知信息在试验设计中尽量在指标变化剧烈的空间内选点，尽量提升模型预测的准确度.

1.7　延展阅读——沃尔德轶事

亚伯拉罕・沃尔德(Abraham Wald, 1902—1950)，美籍罗马尼亚裔统计学家. 统计决策理论的创立者，序贯分析的奠基人，先就读于克罗日大学，1927 年进入维也纳大学学习统计学与经济学，师从门格尔，于 1931 年获博士学位，1938 年到美国后在哥伦比亚大学工作，先后被任命为副教授与教授，1946 年任命为新建立的数理统计系的管理者.

沃尔德从 20 世纪 30 年代初就致力于数理统计学的研究和特殊统计问题的解决，对统计学做出了重要贡献，其第一个重要成就即为统计决策理论.

1939 年，沃尔德在其一篇关于《统计估计与假设检验理论》的论文中，采用了一种一般的数理结构(单样本)做决策，非常全面地概括了估计(包括点估计和区间估计)和假设检验. 他引入了多元决策空间、损失函数、风险函数、极小极大原则和最不利先验分布等重要概念，提出了一般的判决问题. 对统计决策理论的研究，在其 1950 年的《统计决策函数论》专著中，更加系统化和趋于成熟. 这部著作，将其早期的研究融合进了 Bayes 决策原理和最小最大解，以及他晚期关于决策函数的研究中，将现代统计学中的两大部分以及序贯分析理论结合起来，纳入一个统一的数学框架中，形成了“决策函数论”.

沃尔德在统计学方面的第二个重要成就是序贯分析. 在第二次世界大战期间，为了改善军备服务，美国成立了国家科学研究和发展局. 1942 年，该局招募了一些著名数学家来帮助工作，提供咨询，并在纽约州立大学建立了一个战时应用数学小组来研究解决有关数学方面的问题. 沃尔德所在的哥伦比亚大学统计研究小组在研究军需产品检验方面隶属于这个战时应用数学小组. 在军需产品检验中，他发现传统的统计抽样试验要分很多步骤，每一个步骤取得的统计数据却只与最后结论有关，而每个步骤之间没有关系. 为了节省人力、物力、财力，他首次研究提出了著名的序贯概率比检验(SPRT)法，并研究了这种检验方法的各种特性，如计算两类错误概率及平均样本量等.

沃尔德对数理统计有独特贡献，人们往往将他与 20 世纪最杰出的统计学家罗纳德・费希尔(Ronald A. Fisher, 1890—1962)和杰孜・奈曼(Jerzy S. Neymann, 1894—1981)相提并论.

第 2 章　试验样本量确定

装备试验类型通常可分为全数字仿真、半实物仿真、地面静态、平台挂飞、外场实装等多个阶段. 在装备研制、定型、鉴定过程中, 经常会针对其中某个单阶段试验或联合多个阶段开展试验鉴定. 因此, 单/多阶段装备试验的设计与评估是需要解决的一个重要问题.

按照装备试验性能指标“中间验证”的思路流程指导, 第 2 章主要研究试验样本量确定问题. 针对单阶段装备试验, 一般可以根据置信区间精度要求、两类风险要求、联合要求和 Bayes 试验损失等不同需求给出相应的试验样本量确定方法.

与单阶段相比, 多阶段的试验样本量确定需要考虑各个阶段试验中的样本量规划问题, 即如何考量各阶段试验与外场实装试验的差异, 不能简单将外场实装试验所需要的样本量 1 : 1 分配到各阶段, 而要综合考量各阶段模型的可信度, 结合成本、精度等约束条件, 合理分配试验样本量. 针对上述问题, 可基于设计效应指标、虚实样本折合模型和一体化试验规划模型给出多阶段试验样本量规划方法.

2.1　单阶段试验样本量确定

试验样本量确定是整个试验设计得以实施的重要前提. 目前, 针对单个阶段的试验样本量确定, 其常用方法主要是针对基于置信区间精度、基于两类风险要求、基于给定联合要求, 以及基于 Bayes 试验损失的研究[7]. 下面对这些方法进行一一介绍.

2.1.1　基于置信区间精度的样本量确定

给定置信水平要求的试验样本量确定, 是通过计算获得满足置信区间估计精度要求的最小样本量, 此时满足给定置信水平 γ ($\gamma = 1-\alpha$, α 为显著性水平). 通常, 装备试验要求获得性能指标的置信上限或置信下限, 给定置信上(下)限要求的试验样本量确定, 即针对研制任务书规定的战术技术指标的最低可接受值设计试验方案, 给出判断装备技术指标是否满足要求的准则. 即为确保装备试验性能指标参数 θ 估计的准确性, 希望样本量 n 可以满足($\hat{\theta}_L$ 和 $\hat{\theta}_U$ 分别为给定的置信下限和置信上限):

$$P\left(\theta \geqslant \hat{\theta}_L\right) \geqslant \gamma \quad 或 \quad P\left(\theta \leqslant \hat{\theta}_U\right) \geqslant \gamma \tag{2.1}$$

2.1.1.1　正态分布性能指标基于置信水平的样本量确定

有些情况下，会直接给出正态分布性能指标的置信水平要求，如要求指标性能不低于某个值时的置信水平为 90%. 该部分主要解决此种情况下的样本量估计.

1. 给定单侧置信下限要求下的样本量确定

记某装备正态分布类性能指标为 μ，要求其在置信水平 γ 下不低于 μ_L. 假设指标服从正态分布 $N(\mu,\sigma^2)$，则 μ 在置信水平 γ 下的单侧置信下限为

$$\bar{X} - S \times \frac{t_\alpha(n-1)}{\sqrt{n}} \tag{2.2}$$

其中，$\bar{X}$ 为样本均值，S 为样本标准差，$t_\alpha(n-1)$ 为自由度为 $(n-1)$ 的 t 分布的 α 分位点.

试验样本量的确定就是选择最小试验数 n，判断准则为：当由 n 计算得到的置信下限不低于 μ_L 时，则认为指标达到要求，否则认为指标未达到要求.

对公式进行整理，得

$$\bar{X} - S \times \frac{t_\alpha(n-1)}{\sqrt{n}} \geqslant \mu_L \Rightarrow \frac{\bar{X} - \mu_L}{S} \geqslant \frac{t_\alpha(n-1)}{\sqrt{n}} \tag{2.3}$$

定义 $\dfrac{\bar{X} - \mu_L}{S}$ 为变异比值，则不同变异比值与样本量的关系如表 2.1 所示.

表 2.1　不同置信水平下正态分布类性能指标的变异比值与试验次数的对应关系

置信水平	试验次数								
	2	3	4	5	6	7	8	9	10
0.99	22.501	4.021	2.27	1.676	1.374	1.188	1.06	0.965	0.892
0.98	11.239	2.799	1.741	1.341	1.125	0.987	0.89	0.816	0.758
0.97	7.48	2.25	1.475	1.163	0.989	0.874	0.792	0.73	0.68
0.96	5.597	1.917	1.303	1.043	0.894	0.795	0.723	0.668	0.624
0.95	4.464	1.686	1.177	0.953	0.823	0.734	0.67	0.62	0.58
0.94	3.707	1.513	1.078	0.882	0.765	0.685	0.626	0.58	0.543
0.93	3.163	1.376	0.998	0.822	0.716	0.643	0.588	0.546	0.512
0.92	2.754	1.264	0.929	0.771	0.673	0.606	0.556	0.516	0.484
0.91	2.434	1.17	0.871	0.726	0.636	0.573	0.527	0.49	0.46
0.90	2.176	1.089	0.819	0.686	0.603	0.544	0.5	0.466	0.437
0.89	1.964	1.018	0.773	0.65	0.572	0.517	0.476	0.444	0.417

续表

置信水平	试验次数								
	2	3	4	5	6	7	8	9	10
0.88	1.786	0.955	0.731	0.617	0.544	0.493	0.454	0.423	0.398
0.87	1.634	0.898	0.693	0.586	0.518	0.47	0.433	0.404	0.38
0.86	1.503	0.847	0.657	0.558	0.494	0.449	0.414	0.386	0.363
0.85	1.388	0.8	0.625	0.532	0.472	0.429	0.396	0.369	0.348
0.84	1.286	0.757	0.594	0.507	0.451	0.41	0.378	0.353	0.333
0.83	1.196	0.717	0.566	0.484	0.43	0.392	0.362	0.338	0.319
0.82	1.114	0.68	0.539	0.462	0.411	0.375	0.346	0.324	0.305
0.81	1.04	0.645	0.513	0.441	0.393	0.358	0.331	0.31	0.292
0.80	0.973	0.612	0.489	0.421	0.375	0.342	0.317	0.296	0.279
0.79	0.912	0.581	0.466	0.402	0.359	0.327	0.303	0.283	0.267
0.78	0.855	0.552	0.444	0.383	0.342	0.312	0.289	0.271	0.255
0.77	0.802	0.524	0.423	0.365	0.327	0.298	0.276	0.259	0.244
0.76	0.753	0.497	0.402	0.348	0.311	0.285	0.264	0.247	0.233
0.75	0.707	0.471	0.382	0.331	0.297	0.271	0.251	0.235	0.222
0.74	0.664	0.447	0.363	0.315	0.282	0.258	0.239	0.224	0.212
0.73	0.623	0.423	0.345	0.299	0.268	0.246	0.228	0.213	0.201
0.72	0.585	0.4	0.327	0.284	0.255	0.233	0.216	0.203	0.191
0.71	0.548	0.378	0.309	0.269	0.241	0.221	0.205	0.192	0.182
0.70	0.514	0.356	0.292	0.254	0.228	0.209	0.194	0.182	0.172

置信水平	试验次数								
	11	12	13	14	15	16	17	18	19
0.99	0.833	0.785	0.744	0.708	0.678	0.651	0.627	0.605	0.586
0.98	0.711	0.672	0.639	0.61	0.585	0.562	0.542	0.524	0.508
0.97	0.639	0.605	0.576	0.551	0.528	0.509	0.491	0.475	0.46
0.96	0.587	0.557	0.53	0.507	0.487	0.469	0.453	0.439	0.426
0.95	0.546	0.518	0.494	0.473	0.455	0.438	0.423	0.41	0.398
0.94	0.513	0.487	0.464	0.445	0.428	0.412	0.398	0.386	0.374
0.93	0.483	0.459	0.438	0.42	0.404	0.39	0.377	0.365	0.354
0.92	0.458	0.435	0.415	0.398	0.383	0.37	0.357	0.346	0.336
0.91	0.435	0.413	0.395	0.379	0.364	0.352	0.34	0.33	0.32
0.90	0.414	0.394	0.376	0.361	0.347	0.335	0.324	0.314	0.305
0.89	0.395	0.375	0.359	0.344	0.332	0.32	0.31	0.3	0.292
0.88	0.377	0.359	0.343	0.329	0.317	0.306	0.296	0.287	0.279
0.87	0.36	0.343	0.328	0.315	0.303	0.293	0.283	0.275	0.267
0.86	0.344	0.328	0.314	0.301	0.29	0.28	0.271	0.263	0.256

续表

置信水平	试验次数								
	11	12	13	14	15	16	17	18	19
0.85	0.33	0.314	0.3	0.289	0.278	0.268	0.26	0.252	0.245
0.84	0.316	0.301	0.288	0.276	0.266	0.257	0.249	0.241	0.235
0.83	0.302	0.288	0.276	0.265	0.255	0.246	0.239	0.231	0.225
0.82	0.289	0.276	0.264	0.254	0.244	0.236	0.229	0.222	0.215
0.81	0.277	0.264	0.253	0.243	0.234	0.226	0.219	0.212	0.206
0.80	0.265	0.253	0.242	0.233	0.224	0.217	0.21	0.203	0.198
0.79	0.254	0.242	0.232	0.223	0.215	0.207	0.201	0.195	0.189
0.78	0.242	0.231	0.222	0.213	0.205	0.198	0.192	0.186	0.181
0.77	0.232	0.221	0.212	0.203	0.196	0.19	0.184	0.178	0.173
0.76	0.221	0.211	0.202	0.194	0.187	0.181	0.175	0.17	0.165
0.75	0.211	0.201	0.193	0.185	0.179	0.173	0.167	0.162	0.158
0.74	0.201	0.192	0.184	0.177	0.17	0.165	0.16	0.155	0.151
0.73	0.191	0.183	0.175	0.168	0.162	0.157	0.152	0.147	0.143
0.72	0.182	0.174	0.166	0.16	0.154	0.149	0.144	0.14	0.136
0.71	0.172	0.165	0.158	0.152	0.146	0.141	0.137	0.133	0.129
0.70	0.163	0.156	0.149	0.144	0.139	0.134	0.13	0.126	0.122

进行装备试验性能指标的评估时，假设已知该性能指标的平均值 $\overline{X}$=36.5，S=3.5，此时要求 $\mu_L=34$，计算变异比值等于 0.7143. 查表 2.1 可知，在置信水平 80%下，3 次试验即可达标；在置信水平 95%下，则需 8 次试验才可达标.

2. 给定单侧置信上限要求下的样本量确定

记装备正态分布类性能指标为 μ，要求其在置信水平 γ 下不高于 μ_U. 假设指标服从正态分布 $N(\mu,\sigma^2)$，则 μ 在置信水平 γ($\gamma=1-\alpha$，α 为显著性水平)下的单侧置信上限为

$$\bar{X}+S\times\frac{t_\alpha(n-1)}{\sqrt{n}} \tag{2.4}$$

其中，$\bar{X}$ 为样本均值，S 为样本标准差，$t_\alpha(n-1)$ 为自由度为 $(n-1)$ 的 t 分布的 α 分位点.

试验样本量的确定就是选择最小试验数 n，判断准则为：当由 n 计算得到的置信上限不高于 μ_U 时，则认为装备性能达到要求，否则认为装备试验性能指标未达到要求.

对公式进行整理，得

$$\bar{X}+S\times\frac{t_{\alpha}(n-1)}{\sqrt{n}}\leqslant\mu_U\Rightarrow\frac{\mu_U-\bar{X}}{S}\geqslant\frac{t_{\alpha}(n-1)}{\sqrt{n}} \tag{2.5}$$

定义 $\frac{\mu_U-\bar{X}}{S}$ 为变异比值，则不同变异比值与样本量的关系与表 2.1 一致. 只是此时表中取值为变异比值的上限，即变异比值若不超过上限，则认为此时试验次数达标.

3. 给定双侧规范限要求下的样本量确定

若装备的性能指标服从正态分布类型，在此对其均值 μ 的置信区间估计进行说明.

假设某正态型性能指标偏差服从正态分布 $N(\mu,\sigma^2)$，离散程度对应于方差 σ^2 且未知，则 μ 的置信水平 γ ($\gamma=1-\alpha$，α 为显著性水平)的区间估计为

$$\left[\bar{X}-S\times\frac{t_{\alpha/2}(n-1)}{\sqrt{n}},\ \bar{X}+S\times\frac{t_{\alpha/2}(n-1)}{\sqrt{n}}\right] \tag{2.6}$$

其中，$\bar{X}$ 为样本均值，S 为样本标准差，$t_{\alpha/2}(n-1)$ 为自由度为 $(n-1)$ 的 t 分布的 $\alpha/2$ 分位点.

于是，给定置信区间宽度 d 要求时，试验总样本量 n 为满足下式的最小整数:

$$n\geqslant\left(2\cdot S\times\frac{t_{\alpha/2}(n-1)}{d}\right)^2 \tag{2.7}$$

然而，上式左右两边均有未知量 n，且标准差 S 也是未知的，因此其计算较为困难. 实际中可以通过历史数据估计 S，再逐步计算不同 n 的取值以找到满足条件的样本量.

这种根据历史数据估计未知参数可能不够准确，将引起置信区间宽度的不确定性，从而导致样本量的不确定. 不过，这种不确定性对试验样本量估计结果的影响不大. 因此，即使无法准确知道预期方差的变异性，上述计算结果也是可以接受的.

也可将(2.7)式变为

$$n\geqslant\left(2\cdot\frac{t_{\alpha/2}(n-1)}{\varepsilon}\right)^2 \tag{2.8}$$

其中，$\varepsilon=\frac{d}{S}$ 为相对误差限，相对误差限代表在规定条件下，相互独立的试验结果之间的一致程度.

因此，在给定相对误差限时，可以做出如下样本量的判断. 利用正态型的样本量计算公式，不同绝对误差限和置信度水平下的样本量下限如表 2.2.

表 2.2　给定相对误差限时，正态分布性能指标样本量与置信水平的对应关系

置信水平	相对误差限										
	0.2	0.3	0.4	0.5	0.6	0.7	0.8	0.9	1	1.1	1.2
0.99	668	299	170	110	78	58	46	37	31	26	23
0.98	545	244	139	90	64	48	38	30	25	22	19
0.97	474	213	121	79	56	42	33	27	22	19	16
0.96	425	191	109	71	50	38	29	24	20	17	15
0.95	387	174	99	64	46	34	27	22	18	16	14
0.94	357	160	91	59	42	32	25	20	17	15	13
0.93	331	149	85	55	39	29	23	19	16	14	12
0.92	309	139	79	52	37	28	22	18	15	13	11
0.91	290	130	74	48	34	26	20	17	14	12	11
0.90	273	123	70	46	32	24	19	16	13	11	10
0.89	258	116	66	43	31	23	18	15	13	11	9
0.88	244	110	63	41	29	22	17	14	12	10	9
0.87	231	104	59	39	28	21	17	14	11	10	9
0.86	220	99	57	37	26	20	16	13	11	9	8
0.85	209	94	54	35	25	19	15	12	10	9	8
0.84	199	90	51	34	24	18	14	12	10	9	8
0.83	190	86	49	32	23	17	14	11	10	8	7
0.82	182	82	47	31	22	17	13	11	9	8	7
0.81	174	78	45	29	21	16	13	10	9	8	7
0.80	166	75	43	28	20	15	12	10	9	7	7
0.79	159	72	41	27	19	15	12	10	8	7	6
0.78	152	69	39	26	19	14	11	9	8	7	6
0.77	146	66	38	25	18	14	11	9	8	7	6
0.76	140	63	36	24	17	13	10	9	7	6	6
0.75	134	60	35	23	16	13	10	8	7	6	6
0.74	129	58	33	22	16	12	10	8	7	6	5
0.73	123	56	32	21	15	12	9	8	7	6	5
0.72	118	53	31	20	15	11	9	7	6	6	5
0.71	114	51	30	20	14	11	9	7	6	5	5
0.70	109	49	28	19	14	10	8	7	6	5	5

例如，当性能指标的置信水平 γ 至少达到 0.9 的要求，通过先验分析已知参数 μ 的估计相对误差限 ε 小于 0.5，此时根据表 2.2 的对应关系，可以得到此时样本量至少达到 46. 如果在试验成本充裕的条件下建议试验方尽可能多地进行内场

试验以保证充足的样本量.

2.1.1.2　二项分布性能指标基于置信水平的样本量确定

1. 基于单侧置信水平的样本量确定

对服从二项分布的装备试验性能指标, 如可靠度、命中概率等, 将该指标记为 p , 要求其在置信水平 γ 下不得低于 $\hat{p}_L$, 试验样本量的确定就是选择最小试验数 n 和试验失败数 f .

判断准则为: 当 n 次试验中失败次数小于等于 f 时, 则认为性能指标达到要求, 否则认为指标未达到要求.

设在置信水平 γ 下, 根据 2.1.1.1 节提出的算法, 计算得到 p 的置信下限 p_L , 计算失败数 f、置信水平 γ 下所需的样本量 n, 可分为如下两种情况:

(a) 若给定失效数 $f=0$, 则 n 为满足下式的最小正整数

$$n \geqslant \ln(1-\gamma)/\ln p_L \tag{2.9}$$

(b) 给定 $f>0$, 由于 n 取正整数, 选择满足下式要求的最小正整数 n,

$$\sum_{i=0}^{f} \mathrm{C}_n^i p_L^{n-i}(1-p_L)^i \leqslant 1-\gamma \tag{2.10}$$

或根据单侧置信区间进行计算, 其置信下限为

$$p_L = \frac{s \cdot F_\alpha(2s, 2f)}{f + s \cdot F_\alpha(2s, 2f)} \tag{2.11}$$

根据以上计算, 可以给出要求失败数为 0 的情况下, 在不同置信下限时, 置信度与最小样本量的关系, 如表 2.3 所示.

表 2.3　要求失败数为 0 时, 试验次数与 p 置信下限及置信水平的对应关系

置信水平	给定置信下限									
	0.76	0.78	0.8	0.82	0.84	0.86	0.88	0.9	0.92	0.94
0.99	17	19	21	24	27	31	37	44	56	75
0.98	15	16	18	20	23	26	31	38	47	64
0.97	13	15	16	18	21	24	28	34	43	57
0.96	12	13	15	17	19	22	26	31	39	53
0.95	11	13	14	16	18	20	24	29	36	49
0.94	11	12	13	15	17	19	23	27	34	46
0.93	10	11	12	14	16	18	21	26	32	43
0.92	10	11	12	13	15	17	20	24	31	41
0.91	9	10	11	13	14	16	19	23	29	39
0.90	9	10	11	12	14	16	19	22	28	38

续表

置信水平	给定置信下限									
	0.76	0.78	0.8	0.82	0.84	0.86	0.88	0.9	0.92	0.94
0.89	9	9	10	12	13	15	18	21	27	36
0.88	8	9	10	11	13	15	17	21	26	35
0.87	8	9	10	11	12	14	16	20	25	33
0.86	8	8	9	10	12	14	16	19	24	32
0.85	7	8	9	10	11	13	15	19	23	31
0.84	7	8	9	10	11	13	15	18	22	30
0.83	7	8	8	9	11	12	14	17	22	29
0.82	7	7	8	9	10	12	14	17	21	28
0.81	7	7	8	9	10	12	13	16	20	27
0.80	6	7	8	9	10	11	13	16	20	27
0.79	6	7	7	8	9	11	13	15	19	26
0.78	6	7	7	8	9	11	12	15	19	25
0.77	6	6	7	8	9	10	12	14	18	24
0.76	6	6	7	8	9	10	12	14	18	24
0.75	6	6	7	7	8	10	11	14	17	23
0.74	5	6	7	7	8	9	11	13	17	22
0.73	5	6	6	7	8	9	11	13	16	22
0.72	5	6	6	7	8	9	10	13	16	21
0.71	5	5	6	7	8	9	10	12	15	21
0.70	5	5	6	7	7	8	10	12	15	20

若试验允许失败 1 次，则可以根据情况 (b) 给出存在失败的情况下，在不同置信下限时，置信度与最小样本量及失败数的关系，如表 2.4 所示.

表 2.4　允许 1 次失败时，试验次数与 p 置信下限及置信水平的对应关系

置信水平	给定置信下限									
	0.76	0.78	0.8	0.82	0.84	0.86	0.88	0.9	0.92	0.94
0.99	18	20	22	25	28	32	38	45	57	76
0.98	16	17	19	21	24	27	32	39	48	65
0.97	14	16	17	19	22	25	29	35	44	58
0.96	13	14	16	18	20	23	27	32	40	54
0.95	12	14	15	17	19	21	25	30	37	50
0.94	12	13	14	16	18	20	24	28	35	47
0.93	11	12	13	15	17	19	22	27	33	44

续表

置信水平	给定置信下限									
	0.76	0.78	0.8	0.82	0.84	0.86	0.88	0.9	0.92	0.94
0.92	11	12	13	14	16	18	21	25	32	42
0.91	10	11	12	14	15	17	20	24	30	40
0.9	10	11	12	13	15	17	20	23	29	39
0.89	10	10	11	13	14	16	19	22	28	37
0.88	9	10	11	12	14	16	18	22	27	36
0.87	9	10	11	12	13	15	17	21	26	34
0.86	9	9	10	11	13	15	17	20	25	33
0.85	8	9	10	11	12	14	16	20	24	32
0.84	8	9	10	11	12	14	16	19	23	31
0.83	8	9	9	10	12	13	15	18	23	30
0.82	8	8	9	10	11	13	15	18	22	29
0.81	8	8	9	10	11	13	14	17	21	28
0.8	7	8	9	10	11	12	14	17	21	28
0.79	7	8	8	9	10	12	14	16	20	27
0.78	7	8	8	9	10	12	13	16	20	26
0.77	7	7	8	9	10	11	13	15	19	25
0.76	7	7	8	9	10	11	13	15	19	25
0.75	7	7	8	8	9	11	12	15	18	24
0.74	6	7	8	8	9	10	12	14	18	23
0.73	6	7	7	8	9	10	12	14	17	23
0.72	6	7	7	8	9	10	11	14	17	22
0.71	6	6	7	8	9	10	11	13	16	22
0.7	6	6	7	8	8	9	11	13	16	21

可以根据不同的允许失败次数、置信水平及置信下限，计算最优样本量要求.

2. 基于先验信息和置信区间的样本量确定

为确保装备试验性能指标参数θ估计的准确性，希望θ的置信区间$\left[\hat{\theta}_L, \hat{\theta}_U\right]$的宽度不超过$d$，即选择满足如下要求的最小样本量$n$：

$$P(\hat{\theta}_U - \hat{\theta}_L \leqslant d) \geqslant \gamma \tag{2.12}$$

在得到多源先验信息的 Bayes 融合评估结果后，也就是获得二项分布的参数估计结果后，可以在此基础上利用置信水平要求对样本量进行分析.

此时，对于给定的概率 p 值，可以确定任意希望的允许误差所需要的样本量. 令 e 代表所希望达到的允许绝对误差(即置信区间半宽度要求)，即

$$Z_{\alpha/2} \cdot \sqrt{\frac{p(1-p)}{n}} \leqslant e \tag{2.13}$$

由此可以推导出允许绝对误差要求为 e 时，样本量的确定公式如下:

$$n \geqslant \frac{(Z_{\alpha/2})^2 \cdot p(1-p)}{e^2} \tag{2.14}$$

其中，$Z_{\alpha/2}$ 为标准正态分布的 $\alpha/2$ 分位数.

根据上述概率指标的样本量公式以及先验信息算出如命中成功率 p 为 0.8 后，不同置信区间半宽度和置信度水平下的样本量下限如表 2.5 所示.

表 2.5　当已知先验信息 $p = 0.8$ 时，样本量与绝对误差和置信水平的对应关系

置信水平	绝对误差 e										
	0.1	0.12	0.14	0.16	0.18	0.2	0.22	0.24	0.26	0.28	0.3
0.99	107	74	55	42	33	27	22	19	16	14	12
0.98	87	61	45	34	27	22	18	16	13	12	10
0.97	76	53	39	30	24	19	16	14	12	10	9
0.96	68	47	35	27	21	17	14	12	10	9	8
0.95	62	43	32	25	19	16	13	11	10	8	7
0.94	57	40	29	23	18	15	12	10	9	8	7
0.93	53	37	27	21	17	14	11	10	8	7	6
0.92	50	35	26	20	16	13	11	9	8	7	6
0.91	46	32	24	18	15	12	10	8	7	6	6
0.90	44	31	23	17	14	11	9	8	7	6	5
0.89	41	29	21	16	13	11	9	8	7	6	5
0.88	39	27	20	16	12	10	8	7	6	5	5
0.87	37	26	19	15	12	10	8	7	6	5	5
0.86	35	25	18	14	11	9	8	7	6	5	4
0.85	34	24	17	13	11	9	7	6	5	5	4
0.84	32	22	17	13	10	8	7	6	5	5	4
0.83	31	21	16	12	10	8	7	6	5	4	4
0.82	29	20	15	12	9	8	6	5	5	4	4
0.81	28	20	15	11	9	7	6	5	5	4	4
0.80	27	19	14	11	9	7	6	5	4	4	3

续表

置信水平	绝对误差 e										
	0.1	0.12	0.14	0.16	0.18	0.2	0.22	0.24	0.26	0.28	0.3
0.79	26	18	13	10	8	7	6	5	4	4	3
0.78	25	17	13	10	8	7	5	5	4	4	3
0.77	24	17	12	10	8	6	5	5	4	3	3
0.76	23	16	12	9	7	6	5	4	4	3	3
0.75	22	15	11	9	7	6	5	4	4	3	3
0.74	21	15	11	8	7	6	5	4	4	3	3
0.73	20	14	10	8	7	5	5	4	3	3	3
0.72	19	13	10	8	6	5	4	4	3	3	3
0.71	18	13	10	7	6	5	4	4	3	3	2
0.70	18	12	9	7	6	5	4	3	3	3	2

2.1.2　给定两类风险要求的样本量确定

2.1.2.1　基于平均风险准则的两类风险计算

在装备指标检验中, 为了保护生产方与使用方的利益, 将生产方弃真风险 α 与使用方采伪风险 β 设置为某一特定值, 通过计算选择同时满足假设检验中两类风险要求的最小样本量或最短试验时间, 即给定两类风险要求的试验样本量确定. 根据两类风险中关于平均风险准则的计算, 可以推导得出弃真风险的计算公式如下:

$$\alpha(\Psi)=P(Z\in D_1\mid R\in\Theta_0)=\frac{P(Z\in D_1,R\in\Theta_0)}{P(R\in\Theta_0)} \tag{2.15}$$

其中, Z 为性能试验的决策变量, D_1 为判断装备试验性能指标不符合要求的拒绝域, R 为性能指标的接受域, Θ_0 为性能指标满足试验要求的取值范围.

由(2.15)式可见, 弃真风险的物理含义为: 装备的性能指标本来是达到要求的, 但是根据抽样结果, 依据决策准则, 却做出拒绝原假设的判断的概率. 其数学含义为: 在装备的性能指标满足要求的前提下, 根据试验方案中的约束和决策准则做出拒绝原假设的判断的概率.

采伪风险的计算公式如下:

$$\beta(\Psi)=P(Z\in D_0\mid R\in\Theta_1)=\frac{P(Z\in D_0,R\in\Theta_1)}{P(R\in\Theta_1)} \tag{2.16}$$

其中，D_0 为判断指标的性能指标符合要求的接受域，Θ_1 为性能指标不满足试验要求的取值范围.

由(2.16)式可见，采伪风险的物理含义为：装备性能本来不满足要求，但是根据抽样结果，依据决策准则，却做出了接受原假设的判断. 其数学含义为：在性能指标不满足要求的前提下，做出接受原假设的判断的概率.

2.1.2.2　基于 Bayes 检验的正态分布性能指标样本量计算

本节重点介绍基于 Bayes 检验的正态分布性能指标样本量计算，分为简单假设和复杂假设两种情况. 简单假设指原假设 H_0 和备择假设 H_1 中，待估参数 μ 均设为不同的固定值(μ_0 和 μ_1)；复杂假设指原假设 H_0 和备择假设 H_1 中，待估参数 μ 在其取值范围内处于对立的区间(例如，$\mu \geqslant \mu_0$ 和 $\mu < \mu_0$). 简单假设情况下计算相对简单，但对于原假设和备择假设中参数 μ_0 和 μ_1 取值的确定存在争议，不同取值往往会带来不同的结论；复杂假设情况下，积分计算相对复杂，但由于原假设和备择假设取值区间的对立，这种对立往往代表了生产方与使用方的利益冲突，计算结论也比较明确.

1. 基于简单假设的 Bayes 检验方法

针对服从正态分布的性能指标作简单统计假设:

$$H_0 : \mu = \mu_0 \tag{2.17}$$

$$H_1 : \mu = \mu_1 = \mu_0 + \varepsilon = \lambda \mu_0 > \mu_0 \tag{2.18}$$

$\lambda = \mu_1 / \mu_0$ 为鉴别比.

定义如下损失函数:

$$L(\theta, \alpha_i) = \begin{cases} C_{ii}, & \theta \in \mu_i, \\ & \qquad i, j = 0,1 \\ C_{ij}, & \theta \in \mu_j, \end{cases} \tag{2.19}$$

其中，α_i 为采纳 $H_i\ (i=0,1)$的行为. 假定由历史信息及专家经验判断，得到先验分布为 $P(H_0) = \pi_0$，$P(H_1) = 1 - \pi_0 = \pi_1$. 可知 Bayes 决策的临界区域为

$$D_1 = \left\{ X \left| \frac{P(H_1 \mid X)}{P(H_0 \mid X)} > \frac{C_{10} - C_{00}}{C_{01} - C_{11}} \right. \right\} = \left\{ X \left| \frac{\pi_1 \prod_{i=1}^{n} P(X_i \mid \mu_1)}{\pi_0 \prod_{i=1}^{n} P(X_i \mid \mu_0)} > \frac{C_{10} - C_{00}}{C_{01} - C_{11}} \right. \right\} \tag{2.20}$$

记

$$Y=\frac{\pi_1\prod_{i=1}^{n}P\left(X_i\mid\mu_1\right)}{\pi_0\prod_{i=1}^{n}P\left(X_i\mid\mu_0\right)}=\frac{\pi_1\prod_{i=1}^{n}\left(2\pi\sigma^2\right)\exp\left\{\frac{1}{2\sigma^2}\left(x_i-\mu_1\right)^2\right\}}{\pi_0\prod_{i=1}^{n}\left(2\pi\sigma^2\right)\exp\left\{\frac{1}{2\sigma^2}\left(x_i-\mu_0\right)^2\right\}}$$

$$=\frac{\pi_1}{\pi_0}\exp\left\{\frac{1}{2\sigma^2}\left[n\left(\mu_1^2-\mu_0^2\right)-2\sum_{i=1}^{n}x_i\left(\mu_1-\mu_0\right)\right]\right\} \tag{2.21}$$

则可以推出下式

$$D_1=\left\{\left(n,\sum_{i=1}^{n}x_i\right)\middle|\sum_{i=1}^{n}x_i>A\right\} \tag{2.22}$$

其中，$A=\frac{\left(\mu_0+\mu_1\right)n}{2}+\frac{\sigma^2}{\left(\mu_1+\mu_0\right)}\ln\frac{C_{10}-C_{00}\pi_0}{C_{01}-C_{11}\pi_1}$. D_1是采纳H_1的区域. 记$D_0=\overline{D_1}$，因此D_0是采纳H_0的区域.

由于X服从$N(\mu,\sigma^2)$，则得到基于简单假设的两类风险为

$$\alpha(n)=\int_{H_0}P\left(X\in D_1|\theta\in H_0\right)\mathrm{d}F^{\pi}(\theta)=\pi_0\int_{A}^{+\infty}\frac{1}{\sqrt{2\pi n\sigma^2}}\exp\left\{\frac{\left(x-n\mu_0\right)^2}{2n\sigma^2}\right\}\mathrm{d}x$$

$$=\pi_0\left(1-\Phi\left(\frac{\sqrt{n}\left(\mu_0-\mu_1\right)}{2\sigma}-\frac{\sigma}{\sqrt{n}\left(\mu_1-\mu_0\right)}\ln\frac{\left(C_{10}-C_{00}\right)\pi_0}{\left(C_{01}-C_{11}\right)\pi_1}\right)\right) \tag{2.23}$$

$$\beta(n)=\int_{H_1}P\left(X\in D_0|\theta\in H_1\right)\mathrm{d}F^{\pi}(\theta)=\pi_1\int_{-\infty}^{A}\frac{1}{\sqrt{2\pi n\sigma^2}}\exp\left\{\frac{\left(x-n\mu_1\right)^2}{2n\sigma^2}\right\}\mathrm{d}x$$

$$=\pi_1\Phi\left(\frac{\sqrt{n}\left(\mu_0-\mu_1\right)}{2\sigma}-\frac{\sigma}{\sqrt{n}\left(\mu_1-\mu_0\right)}\ln\frac{\left(C_{10}-C_{00}\right)\pi_0}{\left(C_{01}-C_{11}\right)\pi_1}\right) \tag{2.24}$$

以上为加入先验信息π_0，π_1的两类风险. 一般来说，在无信息先验的条件下，有$\pi_0=\pi_1=0.5$. 代入前述 Bayes 估计量，可以算出所需样本量.

然而，很多时候待检验的性能指标并不会给出确定值，而是会给出一个置信下限或上限，因此需要结合复杂假设进行 Bayes 检验.

2. 基于复杂假设的 Bayes 检验方法

根据性能指标服从正态分布的情况，可以构建统计假设，并推导了正态型指标统计验证试验方案中决策临界值的计算方法. 在样本量分析中，装备的某些性能指标，服从正态分布$N(\mu,\sigma^2)$，可以假设其中方差σ^2已知. 因此对于装备性能的分析，可转化为对性能指标期望μ的假设检验. 令统计假设为

$$H_0: \mu \geqslant \mu_0, \quad H_1: \mu < \mu_0 \tag{2.25}$$

上式中，μ_0 一般取值为研制任务书中规定的指标要求.

根据统计学理论，在给定原假设和备择假设的条件下，试验中获得的样本量越大，统计推断的结果就越可信，对应的两类风险(弃真、采伪风险)也越小.

在此基础上，对参数 μ 进行假设检验. 记

$$\Theta_0 = \{\mu \mid \mu \geqslant \mu_0\}, \quad \Theta_1 = \{\mu \mid \mu < \mu_0\} \tag{2.26}$$

其中，$\Theta = \Theta_0 \cup \Theta_1$，为参数空间. 按照后验期望损失最小的原则可得决策不等式:

$$\frac{P(H_1 \mid X)}{P(H_0 \mid X)} \underset{\text{acc } H_1}{\overset{\text{acc } H_0}{\lessgtr}} 1 \tag{2.27}$$

其中，acc H_0 表示接纳原假设，acc H_1 表示接纳备择假设.

假设 μ 的先验分布 $\pi(\mu)$ 为正态分布 $N(\theta_N, \tau_N^2)$，其中参数 (θ_N, τ_N^2) 可以在基于复合等效可信度和正态-逆 Gamma 分布的 Bayes 融合估计中求得. 也可以通过先验分布确定的相关计算方法得到，详见 4.2.2 节.

根据融合样本 $X = \{x_1, x_2, \cdots, x_n\}$，可得似然函数:

$$L(X \mid \mu) = \prod_{i=1}^{N} \frac{1}{\sqrt{2\pi\sigma^2}} \exp\left[-\frac{(x_i - \mu)^2}{2\sigma^2}\right] \tag{2.28}$$

由 Bayes 公式，可得其后验分布为

$$\pi(\mu \mid X) = \frac{L(X \mid \mu) \cdot \pi(\mu)}{\int_\Theta L(X \mid \mu) \cdot \pi(\mu) \mathrm{d}\mu} \tag{2.29}$$

由于 $N(\theta_N, \tau_N^2)$ 是 μ 的共轭分布，所以 $\pi(\mu|X)$ 仍为正态分布，记为 $N(\theta_{\text{post}}, \tau_{\text{post}}^2)$. 根据前述理论可知

$$\theta_{\text{post}} = \frac{\theta_N \sigma^2 + n\bar{X}\tau_N^2}{\sigma^2 + n\tau_N^2}, \quad \tau_{\text{post}}^2 = \frac{\sigma^2 \tau_N^2}{\sigma^2 + n\tau_N^2} \tag{2.30}$$

其中，$\bar{X} = \frac{1}{n}\sum_{i=1}^{n} x_i$.

考虑到假设检验，有

$$P(H_1 \mid X) = \int_{-\infty}^{\mu_0} f(\mu \mid \theta_{\text{post}}, \tau_{\text{post}}^2) \mathrm{d}\mu$$

$$P\left(H_0 \mid X\right)=\int_{\mu_0}^{\infty} f\left(\mu \mid \theta_{\text{post}}, \tau_{\text{post}}^2\right) \mathrm{d}\mu \tag{2.31}$$

上式中，$f\left(\mu \mid \theta_{\text{post}}, \tau_{\text{post}}^2\right)$为正态分布$N\left(\theta_{\text{post}}, \tau_{\text{post}}^2\right)$的密度函数.

令A为

$$A=\frac{\mu_0-\theta_{\text{post}}}{\sqrt{\tau_{\text{post}}^2}}=\frac{\mu_0-\dfrac{\theta_N \sigma^2+n\bar{X}\tau_N^2}{\sigma^2+n\tau_N^2}}{\sqrt{\dfrac{\sigma^2\tau_N^2}{\sigma^2+n\tau_N^2}}}=\frac{(\mu_0-\theta_N)\sigma^2+\left(n\mu_0-n\bar{X}\right)\tau_N^2}{\sigma\tau\sqrt{\sigma^2+n\tau_N^2}} \tag{2.32}$$

则$P\left(H_1|X\right)=\Phi\left(A\right)$，$P\left(H_0|X\right)=1-\Phi\left(A\right)$，$\Phi\left(A\right)$是标准正态分布的分布函数. 从而有

$$\frac{P\left(H_1 \mid X\right)}{P\left(H_0 \mid X\right)}=\frac{\Phi\left(A\right)}{1-\Phi\left(A\right)} \tag{2.33}$$

易知当$A=0$时，$\Phi\left(A\right)=1-\Phi\left(A\right)=0.5$. 可得如下决策不等式:

$$A \underset{\text{acc } H_1}{\overset{\text{acc } H_0}{\lesseqgtr}} 0 \tag{2.34}$$

从而可得原假设的拒绝域为

$$D_1=\left\{X \left| \frac{(\mu_0-\theta_N)\sigma^2+\left(n\mu_0-n\bar{X}\right)\tau_N^2}{\sigma\tau_N\sqrt{\sigma^2+n\tau_N^2}}>0\right.\right\} \tag{2.35}$$

即

$$D_1=\left\{X \mid (\mu_0-\theta_N)\sigma^2+\left(n\mu_0-n\bar{X}\right)\tau_N^2>0\right\} \tag{2.36}$$

由上式可得接受备择假设H_1的抽样结果$\bar{X}$应满足

$$\bar{X}<\frac{(\mu_0-\theta_N)\sigma^2}{n\tau_N^2}+\mu_0 \tag{2.37}$$

定义决策临界值为$M=\dfrac{(\mu_0-\theta_N)\sigma^2}{n\tau_N^2}+\mu_0$.

从而有

$$D_1=\left\{X \mid \bar{X}<M\right\} \tag{2.38}$$

进一步计算可得采纳原假设 H_0 的区域 D_0 为

$$D_0=\left\{X \mid \bar{X} \geqslant M\right\} \tag{2.39}$$

根据平均风险准则, 两类风险分别是

$$\alpha(n)=P\left(X \in D_1 \mid \mu \in \Theta_0\right)=P\left(\bar{X}<M \mid \mu \geqslant \mu_0\right)=\frac{P\left(\bar{X}<M, \mu \geqslant \mu_0\right)}{P\left(\mu \geqslant \mu_0\right)}$$

$$=\int_{-\infty}^{M} \int_{\mu_0}^{\infty} \frac{\sqrt{n}}{2\pi\sigma\tau_N} \mathrm{e}^{-\frac{n(\bar{X}-\mu)^2}{2\sigma^2}-\frac{(\mu-\theta_N)^2}{2\tau_N^2}} \mathrm{d}\bar{X} \mathrm{d}\mu \Big/ \int_{\mu_0}^{\infty} \frac{1}{\sqrt{2\pi}\tau_N} \mathrm{e}^{-\frac{(\mu-\theta_N)^2}{2\tau_N^2}} \mathrm{d}\mu \tag{2.40}$$

$$\beta(n)=P\left(X \in D_0 \mid \mu \in \Theta_1\right)=P\left(\bar{X} \geqslant M \mid \mu<\mu_0\right)=\frac{P\left(\bar{X} \geqslant M, \mu<\mu_0\right)}{P\left(\mu<\mu_0\right)}$$

$$=\int_{M}^{\infty} \int_{-\infty}^{\mu_0} \frac{\sqrt{n}}{2\pi\sigma\tau_N} \mathrm{e}^{-\frac{n(\bar{X}-\mu)^2}{2\sigma^2}-\frac{(\mu-\theta_N)^2}{2\tau_N^2}} \mathrm{d}\bar{X} \mathrm{d}\mu \Big/ \int_{-\infty}^{\mu_0} \frac{1}{\sqrt{2\pi}\tau_N} \mathrm{e}^{-\frac{(\mu-\theta_N)^2}{2\tau_N^2}} \mathrm{d}\mu \tag{2.41}$$

若加先验概率, 则假设检验风险为

$$\alpha_\pi=\int_{\mu_0}^{\infty} \alpha \cdot \pi(\mu) \mathrm{d}\mu \tag{2.42}$$

$$\beta_\pi=\int_{-\infty}^{\mu_0} \beta \cdot \pi(\mu) \mathrm{d}\mu \tag{2.43}$$

3. 算例

1) 简单假设条件下算例分析

已知装备系统性能指标先验概率的情况下(假设先验概率 $\pi_0=0.6, \pi_1=0.4$, $\sigma^2=0.7$), 各种样本量及两类风险结果如表 2.6 所示.

表 2.6　无先验和有先验时的总试验次数与两类风险结果的关系

总试验次数	第一类风险(无先验)	第二类风险(无先验)	第一类风险(加先验)	第二类风险(加先验)
1	0.3466	0.3466	0.1091	0.2190
2	0.2885	0.2885	0.1071	0.1692
3	0.2473	0.2473	0.0981	0.1398
4	0.2151	0.2151	0.0887	0.1190
5	0.1889	0.1889	0.0799	0.1029
6	0.1670	0.1670	0.0719	0.0899

续表

总试验次数	第一类风险(无先验)	第二类风险(无先验)	第一类风险(加先验)	第二类风险(加先验)
7	0.1483	0.1483	0.0647	0.0791
8	0.1323	0.1323	0.0584	0.0701
9	0.1183	0.1183	0.0527	0.0623
10	0.1061	0.1061	0.0476	0.0556
11	0.0954	0.0954	0.0430	0.0498
12	0.0859	0.0859	0.0390	0.0446
13	0.0775	0.0775	0.0353	0.0401
14	0.0700	0.0700	0.0320	0.0362
15	0.0633	0.0633	0.0291	0.0326

假设当要求装备试验性能指标 $\mu_0 = 13.2$，鉴别比 $\lambda = 1.05$，α，β 不超过 0.2 时，无先验信息条件下，最小样本量是 5；若此时加入先验信息，最小样本量减少为 2.

从以上结果可以看出，加入先验概率，可以有效降低两类风险取值；即在相同样本量下，有效降低两类风险取值. 此外，也可以通过反查表来确定最小试验次数.

2) 复杂假设条件下算例分析

已知装备性能先验分布的情况下 ($X \sim N(15.1061, 0.6690)$)，给出统计假设：$H_0: X \geqslant 13.2$，$H_1: X < 13.2, \sigma^2 = 0.7$. 不同样本量及两类风险结果如表 2.7 所示.

表 2.7 无先验和有先验时的总试验次数与两类风险结果的关系

总试验次数	第一类风险(无先验)	第二类风险(无先验)	第一类风险(加先验)	第二类风险(加先验)
1	0.0001	0.4871	0.0002	0.0096
2	0.0004	0.4344	0.0007	0.0086
3	0.0006	0.3839	0.0011	0.0076
4	0.0007	0.3437	0.0013	0.0068
5	0.0007	0.3121	0.0015	0.0062
6	0.0008	0.2867	0.0016	0.0057
7	0.0008	0.2660	0.0016	0.0053
8	0.0008	0.2487	0.0016	0.0049
9	0.0008	0.2341	0.0016	0.0046
10	0.0008	0.2215	0.0016	0.0044

续表

总试验次数	第一类风险(无先验)	第二类风险(无先验)	第一类风险(加先验)	第二类风险(加先验)
11	0.0008	0.2106	0.0016	0.0042
12	0.0008	0.2010	0.0016	0.0040
13	0.0008	0.1925	0.0016	0.0038
14	0.0008	0.1849	0.0016	0.0037
15	0.0008	0.1780	0.0016	0.0035

假设要求装备试验性能指标 $X \geqslant 13.2$，α，β 不超过 0.2 时，无先验信息条件下，最小样本量是 13，而且两类风险极不平衡，因此需要较大样本才能验证指标；若此时加入先验信息 $X \sim N(15.1061, 0.6690)$，最小样本量减少为 1.

从以上结果可以看出，在装备试验性能指标评估中加入先验信息，可以有效降低两类风险取值. 即在相同样本量下，有效降低两类风险取值. 此外，也可以通过反查表来确定最小试验次数.

2.1.2.3　基于 Bayes 检验的二项分布性能指标样本量计算

1. 基于简单假设的 Bayes 检验方法

对于简单统计假设:

$$\Theta_0 = \{\theta = p_0\}, \quad \Theta_1 = \{\theta = p_1 = \lambda p_0\} \tag{2.44}$$

其中 $\lambda = p_1 / p_0$，也被称为鉴别比.

假定先验概率为

$$P(\theta = p_0) = \pi_0, \quad P(\theta = p_1) = \pi_1 \tag{2.45}$$

则简单假设的后验概率为

$$\pi(\Theta_0 \mid X) = \frac{\pi_0 P(X \mid \Theta_0)}{\pi_0 P(X \mid \Theta_0) + \pi_1 P(X \mid \Theta_1)} \tag{2.46}$$

$$\pi(\Theta_1 \mid X) = \frac{\pi_1 P(X \mid \Theta_1)}{\pi_0 P(X \mid \Theta_0) + \pi_1 P(X \mid \Theta_1)} \tag{2.47}$$

其中，$P(X \mid \Theta) = \prod_{i=1}^{n} p^{X_i} (1-p)^{1-X_i}$.

拒绝域为

$$\frac{\pi(\Theta_0 \mid X)}{\pi(\Theta_1 \mid X)} = \frac{\pi_0}{\pi_1} \cdot \left(\frac{p_0}{p_1}\right)^{S_n} \cdot \left(\frac{1-p_0}{1-p_1}\right)^{n-S_n} = \frac{\pi_0}{\pi_1} \cdot \lambda^{-S_n} \cdot d^{-(n-S_n)} > 1 \tag{2.48}$$

即$S_n < K$. 其中，$S_n = \sum_{i=1}^{n} X_i$，$d = \dfrac{1-p_1}{1-p_0}$，$K = \left[\dfrac{\ln(\pi_0/\pi_1) - n\ln d}{\ln\lambda - \ln d}\right]$.

两类假设检验风险:

$$\alpha = \pi_0 \cdot P\left(x \in W \mid H_0\right) = \pi_0 \cdot \sum_{i=0}^{K} \mathrm{C}_n^i p_0^i (1-p_0)^{n-i} \tag{2.49}$$

$$\beta = \pi_1 \cdot P\left(x \in \overline{W} \mid H_1\right) = \pi_1 \cdot \sum_{i=K+1}^{n} \mathrm{C}_n^i p_1^i (1-p_1)^{n-i} \tag{2.50}$$

以上为加入先验信息π_0，π_1的两类风险. 一般来说，在无信息先验的条件下，有$\pi_0 = \pi_1 = 0.5$. 通常，检验风险只与原假设和备择假设以及样本量相关. 在实际做假设检验时，应先预估检验风险，将风险控制在合理范围内时确定参数λ，从而确定原假设和备择假设. 一旦开始假设验证，生产方和试验方不得修改原假设和备择假设.

与正态分布的简单假设类似，很多时候待检验的性能指标并不会给出确定值，而是会给出一个置信下限或上限，因此需要结合复杂假设进行 Bayes 检验.

2. 基于复杂假设的 Bayes 检验方法

依据 Bayes 理论，结合两类风险的约束，建立了针对成败型指标的样本量设计模型. 基于平均风险准则，给出二项分布性能指标统计验证试验方案中两类风险的计算公式. 对成败型装备的性能指标进行验证，一般情况下可转化为对其成功率 p 的验证，装备的 p 越高，则其性能指标越高；反之，则其性能指标越低. 为此，可以建立如下统计假设:

$$H_0: p \geqslant p_0, \quad H_1: p < p_0 \tag{2.51}$$

其中，成功率 p 的取值范围在区间[0,1]上，p_0是 p 的门限值，$p \geqslant p_0$表示装备的性能指标合格，$p < p_0$表示装备的性能指标不合格.

成败型指标的样本量设计试验一般通过性能指标一次抽样检验来完成，其决策法则为: 随机抽取一个容量为 n 的样本，对抽样得到的样本进行试验，规定一个最大可接受失效数 c，其中有 r 个失败，如果$r \leqslant c$，认为该批装备试验性能指标合格；如果$r \geqslant c+1$，认为该批装备试验性能指标不合格.

对二项分布样本量设计方案来说，包含两个因素，试验的抽样样本量和最大允许失效数. 其中，试验方案中的抽样样本量是研制方和使用方主要考虑的因素(这和试验的成本有着很大的关系)，因此是试验方案的主要因素；而最大允许失效数仅构成了对成败型指标进行判断的决策依据，是一次抽样检验方案中的辅助因素. 对二项分布性能指标统计验证试验方案进行设计，其核心就是选择满足试验要求的抽样样本量和最大允许失效数.

在试验方案中，根据成败型指标的概率特征，当成功率为 p 时，由经典统计方法可得试验当中作出拒绝和接受原假设的概率为

$$\begin{cases} P(y>c\mid p)=1-\sum_{i=0}^{c}\mathrm{C}_n^i(1-p)^i p^{n-i}, \\ P(y\leqslant c\mid p)=\sum_{i=0}^{c}\mathrm{C}_n^i(1-p)^i p^{n-i} \end{cases} \tag{2.52}$$

在上式中，y 表示抽样检验中的实际失效数.

根据 Bayes 假设检验理论，设 p 的先验分布为共轭先验分布，即 $\pi(p)$ 为 Beta 分布，记为 Beta(a, b)，概率密度函数为

$$\pi(p\mid a,b)=\frac{\Gamma(a+b)}{\Gamma(a)\Gamma(b)}p^{a-1}(1-p)^{b-1} \tag{2.53}$$

其中，a 和 b 是两个超参数，可由复合等效可信度计算得出，分别代表折算的成功数和失败数.

则由平均风险准则的计算方法，第一类风险为

$$\alpha(n,c)=P(y>c\mid p\geqslant p_0)=\frac{P(y>c,p\geqslant p_0)}{P(p\geqslant p_0)}\frac{\int_{\Theta_0}P(y>c\mid p)\pi(p\mid a,b)\mathrm{d}p}{\int_{\Theta_0}\pi(p\mid a,b)\mathrm{d}p}$$

$$=\frac{\int_{p_0}^{1}\left\{1-\sum_{i=0}^{c}\mathrm{C}_n^i(1-p)^i p^{n-i}\right\}p^{a-1}(1-p)^{b-1}\mathrm{d}p}{\int_{p_0}^{1}p^{a-1}(1-p)^{b-1}\mathrm{d}p} \tag{2.54}$$

同理，第二类风险为

$$\beta(n,c)=P(y\leqslant c\mid p\leqslant p_0)=\frac{P(y\leqslant c,p\leqslant p_0)}{P(p\leqslant p_0)}\frac{\int_{\Theta_1}P(y\leqslant c\mid p)\pi(p\mid a,b)\mathrm{d}p}{\int_{\Theta_1}\pi(p\mid a,b)\mathrm{d}p}$$

$$=\frac{\int_{0}^{p_0}\sum_{i=0}^{c}\mathrm{C}_n^i(1-p)^{i+b-1}p^{n-i+a-1}\mathrm{d}p}{\int_{0}^{p_0}p^{a-1}(1-p)^{b-1}\mathrm{d}p} \tag{2.55}$$

从以上公式可以看出，两类风险是 n 和 c 的函数，而试验方案中的两个因素 n 和 c 对两类风险的影响是不一样的.

若加先验概率，则假设检验风险为

$$\alpha_\pi = \int_{p_0}^{1} \alpha \cdot \pi(p)\mathrm{d}p \tag{2.56}$$

$$\beta_\pi = \int_{0}^{p_0} \alpha \cdot \pi(p)\mathrm{d}p \tag{2.57}$$

3. 算例

1) 简单假设条件下算例分析

已知装备指标先验概率的情况下(假设先验概率 $\pi_0 = 0.6,\ \pi_1 = 0.4$)，当装备试验性能指标 $p_0 = 0.9$，鉴别比 $\lambda = 0.9$ 时，各种样本量及两类风险结果如表 2.8 所示.

表 2.8　无先验和有先验时的总试验次数与两类风险结果的关系

总试验次数	无先验的决策门限	第一类风险(无先验)	第二类风险(无先验)	有先验的决策门限	第一类风险(加先验)	第二类风险(加先验)
1	0	0.0500	0.4050	0	0.0600	0.3240
2	1	0.0950	0.3281	1	0.1140	0.2624
3	2	0.1355	0.2657	2	0.1626	0.2126
4	3	0.1720	0.2152	2	0.0314	0.3337
5	4	0.2048	0.1743	3	0.0489	0.3030
6	5	0.2343	0.1412	4	0.0686	0.2720
7	6	0.2609	0.1144	5	0.0898	0.2418
8	6	0.0934	0.2665	6	0.1121	0.2132
9	7	0.1126	0.2335	7	0.1351	0.1868
10	8	0.1320	0.2034	8	0.1583	0.1627
11	9	0.1513	0.1763	8	0.0537	0.2602
12	10	0.1705	0.1521	9	0.0665	0.2376
13	11	0.1893	0.1308	10	0.0803	0.2156
14	12	0.2077	0.1121	11	0.0950	0.1945
15	12	0.0920	0.2182	12	0.1104	0.1746

假设当装备指标 $p_0 = 0.9$，鉴别比 $\lambda = 0.9$，α，β 不超过 0.2 时，无先验信息条件下，最小样本量是 11；若此时加入先验信息，最小样本量减少为 9.

从以上结果可以看出，加入装备试验性能指标的先验概率，可以有效降低两类风险取值，即在相同样本量下，有效降低两类风险取值. 此外，也可以通过反查表来确定最小试验次数. 同时，随着鉴别比的提升，即最低 p 点估计的提升，两类风险在增加.

2) 复杂假设条件下算例分析

已知装备试验性能指标先验概率的情况下(先验信息满足 Beta(4,1)), 给出统计假设: $H_0: p_0 \leqslant p < 1$, $H_1: 0 < p < p_0$, $p_0 = 0.9$. 各种样本量及两类风险结果如表 2.9 所示.

表 2.9　无先验和有先验时的总试验次数与两类风险结果的关系

总试验次数	无先验的决策门限	第一类风险(无先验)	第二类风险(无先验)	有先验的决策门限	第一类风险(加先验)	第二类风险(加先验)
1	0	0.0050	0.4050	0	0.0172	0.2952
2	0	0.0003	0.5670	0	0.0011	0.4133
3	0	0.0000	0.6500	2	0.0482	0.1196
4	0	0.0000	0.7000	3	0.0622	0.0861
5	0	0.0000	0.7333	4	0.0753	0.0646
6	5	0.0255	0.0683	5	0.0876	0.0498
7	6	0.0288	0.0538	6	0.0991	0.0392
8	7	0.0319	0.0430	7	0.1098	0.0314
9	8	0.0349	0.0349	8	0.1199	0.0254
10	9	0.0376	0.0285	9	0.1294	0.0208
11	10	0.0402	0.0235	10	0.1383	0.0172
12	11	0.0426	0.0196	11	0.1466	0.0143
13	12	0.0449	0.0163	11	0.0524	0.0424
14	13	0.0471	0.0137	12	0.0584	0.0367
15	14	0.0491	0.0116	13	0.0645	0.0319

假设该装备试验性能指标 $H_0: p_0 \leqslant p < 1$, $H_1: 0 < p < p_0$, $p_0 = 0.9$, 并且 α, β 不超过 0.2 时, 无先验信息条件下, 最小样本量是 6; 若加入先验信息, 最小样本量减少为 3.

2.1.3　给定联合要求的样本量确定

针对给定置信水平和两类风险的情况有联合要求时, 比如装备性能验证试验中, 需要选用假设检验与置信水平相结合的途径来描述装备的性能指标真值. 这种情况下, 在选择试验方案时, 通常在可行的试验方案中选择同时满足两类要求的最小样本量的试验方案.

2.1.3.1 正态分布性能指标联合样本量计算

以正态型试验为例说明联合试验样本量确定问题. 设检验风险要求为 α, β, 置信水平要求为 γ, μ 值不低于 μ_L, 则求解满足下式要求的 n:

$$\begin{cases} \int_{-\infty}^{M}\int_{\mu_0}^{\infty}\frac{\sqrt{n}}{2\pi\sigma\tau_N}\mathrm{e}^{-\frac{n(\bar{X}-\mu)^2}{2\sigma^2}-\frac{(\mu-\theta_N)^2}{2\tau_N^2}}\mathrm{d}\bar{X}\mathrm{d}\mu \Big/ \int_{\mu_0}^{\infty}\frac{1}{\sqrt{2\pi}\tau_N}\mathrm{e}^{-\frac{(\mu-\theta_N)^2}{2\tau_N^2}}\mathrm{d}\mu \leqslant \alpha, \\ \int_{M}^{\infty}\int_{-\infty}^{\mu_0}\frac{\sqrt{n}}{2\pi\sigma\tau_N}\mathrm{e}^{-\frac{n(\bar{X}-\mu)^2}{2\sigma^2}-\frac{(\mu-\theta_N)^2}{2\tau_N^2}}\mathrm{d}\bar{X}\mathrm{d}\mu \Big/ \int_{-\infty}^{\mu_0}\frac{1}{\sqrt{2\pi}\tau_N}\mathrm{e}^{-\frac{(\mu-\theta_N)^2}{2\tau_N^2}}\mathrm{d}\mu \leqslant \beta, \\ \bar{X}-S\times\frac{t_{1-\gamma}(n-1)}{\sqrt{n}} \leqslant \mu_U \end{cases} \tag{2.58}$$

对上式的求解可按如下步骤进行:

(1) 首先根据 α, β, γ, μ_L 要求, 迭代计算选择可行的方案, 通常可行方案可能有多个.

(2) 在所有可行方案中选择满足置信水平要求的最小的试验样本量 n, 即为试验方案.

(3) 若所有可行方案都不能满足置信水平要求, 则需要调整装备性能要求.

对于给定置信区间, 或者置信上限水平的服从正态分布指标, 可以参考上述内容求解.

下面举例进行具体说明:

在无先验信息的情况下, 已知要求装备试验性能指标下限为 13.2, $R \geqslant 0.95$, 且置信水平不低于 70%, 两类风险 α,β 均小于 0.2.

首先, 参考 2.1.1.1 节提出的算法, 可以计算得出当 $R \geqslant 0.95$, 且置信水平不低于 70%时, $K_L = u_{0.99} = 2.3263$, 可知达到要求的样本量为 5.

接着, 根据 2.1.2.2 节中提出的复杂假设检验算法, 在无先验信息条件下, 满足两类风险 α,β 均小于 0.2 的最小样本量为 13.

联合两者得到, 需满足提出条件时, 最小样本量为 13.

2.1.3.2 二项分布性能指标联合样本量计算

设检验风险要求为 α, β, 置信水平要求为 γ, 则求解满足下式要求的 (n, f) 组合:

$$
\begin{cases}
\dfrac{\displaystyle\int_{p_0}^{1}\left[1-\sum_{i=0}^{c}\mathrm{C}_n^i(1-p)^i p^{n-i}\right]p^{a-1}(1-p)^{b-1}\,\mathrm{d}p}{\displaystyle\int_{p_0}^{1}p^{a-1}(1-p)^{b-1}\,\mathrm{d}p}\leqslant\alpha,\\[2ex]
\dfrac{\displaystyle\int_{0}^{p_0}\sum_{i=0}^{c}\mathrm{C}_n^i(1-p)^{i+b-1}p^{n-i+a-1}\mathrm{d}p}{\displaystyle\int_{0}^{p_0}p^{a-1}(1-p)^{b-1}\,\mathrm{d}p}\leqslant\beta,\\[2ex]
\displaystyle\sum_{i=0}^{c}\mathrm{C}_n^i(1-p_L)^i p_L^{\,n-i}\leqslant 1-\gamma
\end{cases}
\tag{2.59}
$$

对上式的求解可按如下步骤进行:

(1) 首先根据 α, β, γ, p_L 要求, 查表或迭代计算选择可行的方案(n, c), 注意此处(n, c)的可行方案可能有多个.

(2) 在所有可行方案中选择满足置信水平要求的最小的试验样本量 n, 即为试验方案.

(3) 若所有可行方案都不能满足置信水平要求, 则需要调整装备性能要求.

下面以装备可靠度指标举例进行具体说明:

在无任何先验信息的情况下, 已知要求可靠度 $p_0 \geqslant 0.9$, 且置信水平不低于 70%, 试验不允许失败, 两类风险 α, β 均小于 0.2.

首先, 参考 2.1.1.2 节提出的算法, 计算得到当可靠度 $p_0 \geqslant 0.9$ 的置信水平不低于 70%时, 试验不允许失败, 最小样本量为 12.

接着, 根据 2.1.2.3 节中提出的复杂假设检验算法, 满足两类风险 α, β 均小于 0.2 的最小样本量为 5.

联合两者得到, 需满足提出条件时, 最小样本量为 12.

2.1.4 基于 Bayes 试验损失的样本量确定

将试验损失作为衡量试验方案优劣的指标, 并将其引入到装备试验性能指标的统计验证试验设计中. 不仅考虑了试验过程中的费用损失, 而且将试验实施后依据试验结果进行假设检验时所产生的两类风险损失也考虑进去, 使得对试验方案的评估更加科学合理.

2.1.4.1 基于 Bayes 试验损失的样本量设计模型

根据研制双方的装备试验性能指标要求, 针对性能参数 T, 结合现场的试验条件, 通常可建立如下统计假设:

$$H_0:T\in\Theta_0,\quad H_1:T\in\Theta_1 \tag{2.60}$$

其中，Θ_0 表示 T 满足要求时的取值范围，Θ_1 表示 T 不满足要求时的取值范围. $\Theta_0\cup\Theta_1=\Theta$，$\Theta_0\cap\Theta_1=\varnothing$，$\Theta$ 为 T 的取值范围.

对验证试验而言，确立了统计假设，就要制定一种决策法则，以便根据试验结果对装备试验性能指标进行统计推断，这也是试验设计的一项非常重要的任务.

对于 Bayes 方法的假设检验，通常是基于 0-1 损失函数，选择使得后验期望损失最小的检验假设. Bayes 假设检验的基本理论如下:

首先要确立 T 的先验分布 $\pi(T)$，然后结合由现场试验数据得到的似然函数 $L(T\mid Z)$ (Z 表示现场试验数据)，运用 Bayes 公式，计算 T 的后验分布，如下:

$$\pi\left(T\mid Z\right)=\frac{L(T\mid Z)\pi(T)}{\int_{\Theta}L(T\mid Z)\pi(T)\mathrm{d}T} \tag{2.61}$$

引入损失函数:

$$L(T,a_i)=\begin{cases}C_{ii}, & T\in\Theta_i,\\ C_{ij}, & T\in\Theta_j,\end{cases}\quad i,j=0,1 \tag{2.62}$$

其中，a_i 表示采纳 $H_i\left(i=0,1\right)$ 的行为.

采纳 H_0 的后验期望损失为

$$\begin{aligned}E^{\pi(T|Z)}\left(L\left(T,a_0\right)\right)&=\int_{\theta}L\left(T,a_0\right)\pi\left(T\mid Z\right)\mathrm{d}T\\&=\int_{\Theta_0}C_{00}\pi\left(T\mid Z\right)\mathrm{d}T+\int_{\Theta_1}C_{01}\pi\left(T\mid Z\right)\mathrm{d}T\\&=C_{00}P\left(H_0\mid Z\right)+C_{01}P\left(H_1\mid Z\right)\end{aligned} \tag{2.63}$$

采纳 H_1 的后验期望损失为

$$\begin{aligned}E^{\pi(T|Z)}\left(L\left(T,a_1\right)\right)&=\int_{\theta}L\left(T,a_1\right)\pi\left(T\mid Z\right)\mathrm{d}T\\&=\int_{\Theta_0}C_{10}\pi\left(T\mid Z\right)\mathrm{d}T+\int_{\Theta_1}C_{11}\pi\left(T\mid Z\right)\mathrm{d}T\\&=C_{10}P\left(H_0\mid Z\right)+C_{11}P\left(H_1\mid Z\right)\end{aligned} \tag{2.64}$$

按照后验期望损失最小的原则，Bayes 决策不等式为

$$\frac{P\left(H_1\mid Z\right)}{P\left(H_0\mid Z\right)}\ \underset{\text{acc }H_1}{\overset{\text{acc }H_0}{\lessgtr}}\ \frac{C_{10}-C_{00}}{C_{01}-C_{11}} \tag{2.65}$$

其中，acc H_i 表示接纳 H_i.

假设装备试验性能指标统计验证试验的试验方案为 Ψ，进行统计检验所造成的生产方风险和使用方风险分别为 α_Ψ，β_Ψ，则根据试验中存在的相关损失，可建立如(2.66)式所示的试验损失评估函数:

$$f(\Psi)=f_1(\Psi)+f_2(\alpha_\Psi)+f_3(\beta_\Psi) \tag{2.66}$$

其中，

$f(\Psi)$：表示实施试验方案 Ψ 所造成的总的试验损失，包括抽样试验的费用和试验风险造成的损失.

$f_1(\Psi)$：表示实施试验方案 Ψ 的过程中所造成的费用损失，主要包括每次试验所需要的初始费用(试验环境的构造、试验人员的培训、试验结果的观察以及试验数据的分析整理等)和试验所需要的样品的成本(包括：试验单位装备的制造成本、运输成本，以及试验残骸的回收费用等).

$f_2(\alpha_\Psi)$：表示依据试验方案 Ψ 进行假设检验时，由于弃真风险所造成的生产方的损失. 主要包括：生产方的研制费用、使用方放弃采购等所造成的损失等.

$f_3(\beta_\Psi)$：表示依据试验方案 Ψ 进行假设检验时，由于采伪风险所造成的使用方损失. 主要包括：装备使用过程中的维护保障、任务延迟损失等.

对于风险期望损失的计算，目前还没有比较成熟的方法. 从定性分析的角度来看，风险越大，决策失误的概率越大，由此所造成的期望损失也就越大，风险期望损失与风险成正比. 另外，由于相应数据缺乏，可假设风险的期望损失与风险成线性正比关系. 在本书中，是在考虑试验方案所造成的损失时，将风险期望损失的理念引入试验设计.

根据该目标函数，选择满足试验要求，且试验损失最小的试验方案，就是当前最优的试验方案. 为此，可建立如下的性能指标统计验证试验设计模型:

$$\begin{gathered}\min f(\Psi)=f_1(\Psi)+f_2(\alpha_\Psi)+f_3(\beta_\Psi)\\ \text{s.t.}\begin{cases}\alpha_\Psi\leqslant\alpha_0,\\ \beta_\Psi\leqslant\beta_0,\\ L_1\beta_0\leqslant f_1(\Psi)\leqslant L_2\end{cases}\end{gathered} \tag{2.67}$$

在约束条件中，α_0，β_0 是装备的研制方与使用方共同协商指定的两类风险的要求. L_2 是试验方所能承担的最高试验成本费用，L_1 是进行试验至少要付出的费用，也就是启动一次性能试验的费用.

对于给定的试验方案 Ψ，整个试验流程中所需要的试验成本，包括抽样样品的成本、试验装备的损耗、试验人员的薪酬等都是可以精确计算的. 但是对于试验方案所产生的决策风险，则是不确定的，可以通过概率论与数理统计的相关理论，计算两类风险发生的概率，然后根据两类风险发生后对生产方和使用方所造成的损失，估算两类风险所带来的期望损失.

对于一个装备试验性能指标验证试验方案来说，综合评估其试验成本和试验风险所带来的期望损失，就可以全方位评估试验方案的损失. 即通过试验设计模型，选择满足试验的约束条件(包括两类风险的约束、置信水平的约束等)，而且试验损失最小的试验方案，就是最优的样本设计试验方案.

2.1.4.2 正态分布性能指标的样本量计算

对于正态型指标的装备试验性能指标统计验证试验设计而言，其主要目的是寻找进行试验的样本量 n. 而该试验方案的费用损失，就是从上述的推导过程来看，一定的抽样样本量所消耗的费用，整个试验流程所消耗的固定费用(与试验的抽样样本量无关的费用)，以及依据该决策法则对装备试验性能指标进行统计检验所造成的两类错误对研制方和使用方所造成的期望损失. 为此，可以建立如下的试验损失评估函数，对正态型指标的指标验证试验方案的费用损失进行估计:

$$\text{Loss}(n) = C_1 + C_2 n + C_3 nM + C_4 \alpha(n) + C_5 \beta(n) \tag{2.68}$$

其中，

Loss(n) 表示试验方案的损失，包括考虑试验的实施所需要的费用和两类风险所造成的期望损失.

C_1 表示进行正态型指标的验证试验所需要的初始试验费用，包括试验场地建设费用、人员培训费用、管理费用等.

C_2 表示参与正态型指标验证试验的每台设备或者装备所需的费用，包括设备费用、燃料消耗费用、试验与管理人员费用等.

C_3 表示在装备的统计验证试验过程中，每台装备在单位时间的试验成本费用.

C_4 表示正态型指标的验证试验方案在决策犯弃真错误时，对生产方所造成的期望损失，包括指标的重新设计与生产延误等.

C_5 表示正态型指标的验证试验方案在决策犯采伪错误时，对使用方所造成的期望损失，包括装备使用过程当中的维护保障、任务延迟损失等.

n 表示试验样本数.

M 表示待试装备平均寿命的决策阈值，是 n 的函数，在制定试验方案时，对装备进行统计验证试验的样本量可以确定为 n，但是装备的寿命 x 是一个变量，总的试验时间是无法预测的. 一般情况下，参与抽样检验的装备性能是合格的，即使不合格，与标准值的差距也不会太大．虽然总的试验时间不能计算，但是性能指标验证试验方案中 n 不一样，对应的 M 也不一样．为此，在对抽样样本量为 n 的试验方案的损失进行评估时，可以选用待试装备的平均寿命的决策阈值来进行判断．

$\alpha(n)$ 和 $\beta(n)$ 分别是正态型指标统计验证试验方案弃真风险和采伪风险．

因此，综合考虑试验设计中两类风险的约束，并使得试验损失最小，即可构建如下所示的非线性约束规划的样本量计算模型：

$$
\min \mathrm{Loss}(n) = C_1 + C_2 n + C_3 nM + C_4\alpha(n) + C_5\beta(n)
$$

$$
\text{s.t.}\begin{cases} \alpha(n) \leqslant \alpha_0, \\ \beta(n) \leqslant \beta_0, \\ n_0 \leqslant n \leqslant N \end{cases} \tag{2.69}
$$

在上述模型中，α_0 和 β_0 是装备的研制方和使用方根据装备性能特点、研制成本以及在部队使用中所担负的主要任务等因素，共同协商制定的装备试验性能指标假设检验的风险要求．N 表示试验方根据研制经费的配额、试验条件等客观因素所能承受的装备性能抽样检验的最大样本量，n_0 表示根据统计验证试验的需要，反映装备性能信息至少需要的样本量．

在求解该模型时，只涉及一个因素 n，所以，最优试验方案的求解就是对最优样本量进行计算，最优试验样本量的计算步骤如下：

(1) 根据装备的研制要求，建立 H_0 和 H_1．

(2) 确定性能指标统计验证试验设计的 α_0，β_0，n_0 和 N．

(3) 用 n_1 来表示最优试验样本量，并进行初始化，令 $n_1 = 0$，$\mathrm{Loss}(n_1) = \max$，其中，max 为远远大于一般试验方案损失的一个值，主要是为了比较选拔试验损失最小的试验方案．

(4) 根据现场的试验条件，初始化性能指标统计验证试验方案的样本量，令 $n = n_0$．

(5) 根据 Bayes 决策法则，对于样本量为 n 的样品，推导其性能指标平均值的阈值 M．

(6) 根据平均风险准则，计算 $\alpha(n)$ 和 $\beta(n)$．如果以抽样样本量为 n 的试验方案不满足约束，则令 $n = n+1$，返回第 5 步，否则进入下一步．

(7) 对以 n 为抽样样本量的试验方案的损失进行评估，即计 $\mathrm{Loss}(n)$，若 $\mathrm{Loss}(n) < \mathrm{Loss}(n_1)$，则更新最优试验样本量，令 $n_1 = n$，否则，若 $\mathrm{Loss}(n) \geqslant \mathrm{Loss}(n_1)$，不更新最优试验样本量．

(8) 若 $n < N$, 令 $n = n + 1$, 返回第 5 步. 若 $n = N$, 计算完毕, 输出最优试验样本量为 n_1.

以 n_1 为最优试验样本量的试验方案就是损失最小的试验方案, 然后安排组织试验, 对试验结果进行处理, 对装备性能进行分析评价.

2.1.4.3 二项分布性能指标的样本量计算

结合成败型指标的实际情况, 综合考虑试验成本和风险的期望损失, 可以建立成败型装备试验性能指标统计验证试验方案的试验损失评估函数:

$$\mathrm{Loss}(n,c) = C_1 + C_2 n + C_4 \alpha(n,c) + C_5 \beta(n,c) \tag{2.70}$$

其中,

$\mathrm{Loss}(n,c)$: 二项分布性能指标统计验证试验方案的损失, 包括由于试验的实施所需要的费用和两类风险所造成的期望损失;

C_1, C_2, C_4 和 C_5 的含义与式(2.68)中类似, 在这里不再赘述;

$\alpha(n,c)$: 二项分布性能指标统计验证试验方案实施过程中实际的弃真风险;

$\beta(n,c)$: 二项分布性能指标统计验证试验方案实施过程中实际的采伪风险.

根据该试验损失函数, 结合研制方和使用方共同协商制定的对统计验证试验约束条件(如两类风险的约束), 就可以建立如下的成败型装备试验性能指标统计验证试验设计模型:

$$\begin{gathered}
\min \ \mathrm{Loss}(n,c) = C_1 + C_2 n + C_4 \alpha(n,c) + C_5 \beta(n,c) \\
\text{s.t.} \begin{cases} \alpha(n,c) \leqslant \alpha_0, \\ \beta(n,c) \leqslant \beta_0, \\ n_0 \leqslant n \leqslant N, \\ 0 \leqslant c \leqslant c_{\max} \end{cases}
\end{gathered} \tag{2.71}$$

在上述模型中, α_0 和 β_0 表示性能指标参数服从二项分布的装备研制方和使用方共同协商制定的两类风险的上限. N 表示试验方所能承受的最大样本量, n_0 表示根据指标性能试验分析理论的需要, 要反映装备试验性能指标信息至少需要的样本量. $c_{\max}$ 表示在给定 n 的情况下, 按照 Bayes 决策法则推出的 c 的取值的最大值.

成败型装备性能抽样检验方案(n, c)中 n 确定以后, 紧接着就是选择满足决策法则和风险约束的最大允许失效数 c. 按照后验期望损失最小的原则, 可以得出假设检验的决策不等式为

$$A=\frac{P(H_1 \mid X)}{P(H_0 \mid X)} \underset{\text{acc } H_1}{\overset{\text{acc } H_0}{\lesseqgtr}} 1 \tag{2.72}$$

式中，A 为后验概率比，acc H_0 表示接纳原假设，acc H_1 表示接纳备择假设，$X=(x_1,x_2,\cdots,x_n)$ 为投入试验的抽样样本，$x_i=0$ 表示第 i 个样本试验失败，$x_i=1$ 表示第 i 个样本试验成功，$\sum_{i=1}^{n} x_i$ 表示 n 次试验中的成功次数，令 $y=n-\sum_{i=1}^{n} x_i$ 表示 n 次试验中的失败次数. 取成功率 p 的先验分布为 Beta 分布，记为 Beta(a, b).

根据 Bayes 公式，结合现场的试验数据 $X=(x_1,x_2,\cdots,x_n)$ 和先验分布，可以推导出成功率 p 的后验分布为

$$\pi(p \mid X)=\text{Beta}(a+n-y, b+y) \tag{2.73}$$

在一次成败型抽样检验方案中，接受 H_0 时的失败数 y 要小于等于 c，取失败数最大的情况进行讨论，即令

$$y=c$$

则基于抽样检验结果的后验概率为

$$\begin{cases} P(H_0 \mid X)=1-I_{p_0}(a+n-c, b+c), \\ P(H_1 \mid X)=I_{p_0}(a+n-c, b+c) \end{cases} \tag{2.74}$$

其中，$I_{p_0}(a+n-c, b+c)$ 为不完全 Beta 函数，其计算公式为

$$I_{p_0}(a+n-c, b+c)=\frac{\int_0^{p_0} p^{a+n-c-1}(1-p)^{b+c-1}\,\mathrm{d}p}{\int_0^1 p^{a+n-c-1}(1-p)^{b+c-1}\,\mathrm{d}p} \tag{2.75}$$

结合式(2.72)，对于不同的 c，后验概率比 A 为

$$A(c)=\frac{P(H_0 \mid X)}{P(H_1 \mid X)}=\frac{\int_0^{p_0} p^{a+n-c-1}(1-p)^{b+c-1}\,\mathrm{d}p}{\int_{p_0}^1 p^{a+n-c-1}(1-p)^{b+c-1}\,\mathrm{d}p} \tag{2.76}$$

可以证明：对于给定的 n，a，b 和 p_0，后验概率比 $A(c)$ 是 c 的单调递增函数. 即当 $\pi(p)$，p_0，n 确定以后，c 越大，$A(c)$ 也就越大. 从而 c 的临界值 $c_{\max}$ 必然满足下式:

$$\frac{P\left(H_1 \mid \left(n, c_{\max}\right)\right)}{P\left(H_0 \mid \left(n, c_{\max}\right)\right)} < 1 \tag{2.77}$$

$$\frac{P\left(H_1 \mid \left(n, c_{\max}+1\right)\right)}{P\left(H_0 \mid \left(n, c_{\max}+1\right)\right)} > 1 \tag{2.78}$$

其中，$\left(n, c_{\max}\right)$和$\left(n, c_{\max}+1\right)$分别表示抽样样本量为 n，接收数为$c_{\max}$和$c_{\max}+1$的抽样样本. 对于给定的 n，通过上式就可以计算出 c 的临界值$c_{\max}$，进而可确定 c 的取值范围.

对于成败型指标的装备试验性能指标统计验证试验设计，主要任务就是选择试验损失最小的 n 和 c，模型的求解步骤如下:

(1) 建立成功率 p 的统计假设 H_0 和 H_1；

(2) 根据指标的试验要求，确定假设检验的α_0，β_0，n_0 和 N;

(3) 初始化最优试验方案为$\left(n_1, c_1\right)=(0,0)$，令 $\text{Loss}(n,c)=\max$，max 为一远远超过试验损失的数;

(4) 根据成败型装备的特点以及 Bayes 统计验证试验方案的决策法则，初始化抽样样本量 $n=n_0$；

(5) 依据公式计算当样本量取 n 时, c 的临界值$c_{\max}$；

(6) 初始化 $c=0$;

(7) 若$c \leqslant c_{\max}$，则直接进入下一步，否则进入第 10 步;

(8) 参考平均风险准则，计算$\alpha(n,c)$和$\beta(n,c)$，若不满足约束(2.71)，令 $c=c+1$，返回上一步，若满足约束，则进入下一步;

(9) 如果$\text{Loss}(n,c)<\text{Loss}\left(n_1, c_1\right)$，则令$\left(n_1, c_1\right)=(n,c)$，且 $c=c+1$，返回第 7 步;

(10) 若 $n<N$，令 $n=n+1$，返回第 5 步，若 $n \geqslant N$，终止计算，输出最优试验方案$\left(n_1, c_1\right)$.

按照上述计算步骤所求得的最优试验方案，安排组织试验，对试验结果进行整理分析，并对装备试验性能指标进行判断.

2.2 多阶段试验样本量规划

本节旨在通过一种合理的虚实样本折合模型，将全数字仿真、半实物仿真、地面静态、平台挂飞等样本转换为外场实装试验样本，将内外场一体化试验等效为外场实装试验.

若采用线性折合模型，将内场虚拟试验样本 n_s 折合成外场实装试验样本 n_e,

即 $n_e=kn_s$, $k<1$. 显然, 只要 $k\neq 0$, 不管 k 取值多大, 当 $n_s\to\infty$ 时, $n_e\to\infty$. 根据样本量 n 与边缘密度函数 $m_n(x_n;\ \pi)$的关系(随着样本量 n 的增大, 密度函数 $m_n(x_n;\ \pi)$的形状会变得越来越尖锐, 由其计算得到的 $E[\cdot]$ 和 $P(\cdot)$ 也越来越小, 平均后验方差准则、平均长度准则以及长度概率准则对应的判别量也都将越来越小)可知, 线性折合模型下, 只要内场虚拟试验样本量足够大, 后验的指标评估就能达到任意期望的精度要求. 在虚拟试验数据可信度较低时, 这样的评估结果显然是不可靠的, 甚至是错误的, 考虑到在实际生产生活中, 边际效用递减规律广泛发挥着作用, 虚拟试验数据的使用也应受到此规律的支配, 折合时, 随着虚拟试验样本量增大, 单个虚拟试验样本的贡献减小, 而折合成的总实物试验样本量趋于定值. 为此, 引入试验的设计效应指标, 并基于设计效应等效性来构建内外场样本等效折合模型[153].

2.2.1　设计效应指标

试验的设计效应是综合考虑试验的可信度与样本量的一种指标. 设计效应具有以下特点:

(1) 该指标与内场仿真样本量和可信度均成正比, 并且在一定的可信度下随仿真样本量的增大趋于一个受可信度约束的有限值;

(2) 在内场仿真样本量一定的条件下, 可信度越高的内场仿真试验具有的试验效应指标也越大.

应用不同的 Bayes 样本量确定准则, 应选取相适应的设计效应指标用于不同试验样本之间的等效折算.

对于平均后验方差准则, 假设某种试验方法具有可信度 $c\in[0,1]$, 应用该试验方法获得样本量为 n 的数据 x, 取待估参数 θ 的平均后验方差作为后验估计性能, 则根据 x 对兴趣参数 θ 进行后验估计时, 试验效应指标定义为

$$D_E(n\,|\,c)=c\exp\left(-E\left[\operatorname{var}(\theta\,|\,x)\right]\right),\quad c\in[0,1] \tag{2.79}$$

其中, $E\left[\operatorname{var}(\theta\,|\,x)\right]$ 表示由试验数据 x 得到的参数 θ 的平均后验方差. $c=1$ 对应于外场实装的样本数据, 若 $n\to\infty$, 有 $E\left[\operatorname{var}(\theta\,|\,x)\right]\to 0$, $D_E\to 1$. 数字仿真、半实物仿真、静态模拟、平台挂飞等试验样本数据对应的 $c<1$, 即使 $n\to\infty$, $E\left[\operatorname{var}(\theta\,|\,x)\right]\to 0$, 试验效应指标也只能趋近 c, 即 $D_E\to c$. 所以, 对于外场实装试验, 一定存在一个有限大的样本量 n 与虚拟试验的样本量 $n\to\infty$时具有相同的设计效应.

对于平均长度准则, 假设某种试验方法具有可信度 $c\in[0,1]$, 应用该试验方法获得样本量为 n 的数据 x, 取待估参数 θ 的$(1-\alpha)$最大后验密度可信集区间平均长度 $E[L_\alpha(x)]$ 作为后验估计性能, 则根据 x 对兴趣参数 θ进行后验估计时, 试

验效应指标定义为

$$D_E\left(n\mid c\right)=c\exp\left(-E\left[L_\alpha\left(x\right)\right]\right),\quad c\in\left[0,1\right] \tag{2.80}$$

若 $n\to\infty$，也有 $E[L_\alpha(x)]\to 0$, $D_E\to c$.

2.2.2 虚实样本折合模型

虚实样本折合模型是指全数字仿真、半实物仿真、地面静态、平台挂飞等样本转换为实装样本的模型. 这里所谓的虚实样本折合中的“虚”实际上是广义的“虚”，折合后的等效实装样本应该与折合前的虚拟试验样本具有相同的设计效应，基于设计效应等效的虚实样本折合模型如下.

如果虚拟试验样本量 n_s 与实装样本量 n_e 满足等式

$$D_E\left(n_s\mid c=c_0\right)=D_E\left(n_e\mid c=1\right) \tag{2.81}$$

c_0 为虚拟试验样本的可信度，定义 n_e 为虚拟试验样本量 n_s 的等效实装样本量.

求解虚拟试验样本量 n_s 的等效实装样本量没有解析解，下面给出其查表解算步骤.

(1) 计算 $E\left[L_\alpha\left(r_s\mid n_s\right)\right]$ 随样本量 n_s 变化的关系曲线.

(2) 计算 $c=1$ 和 $c=c_0$ 对应的设计效应曲线，前者为实装试验设计效应曲线，后者为虚拟试验设计效应曲线.

(3) 在 $c=c_0$ 的虚拟试验设计效应曲线上查找虚拟试验样本量 n_s 对应的设计效应 $D_E(n_s\mid c=c_0)$，然后在实装试验设计效应曲线上反向查找设计效应值 $D_E(n_s\mid c=c_0)$ 对应的实装试验样本量 n_e，n_e 即虚拟试验样本量 n_s 折合后的等效实装样本量.

当实装试验样本量 n_e 为 1 时，在实装试验设计效应曲线上存在一个最低的设计效应 $D_{E\min}$. 以此设计效应值为参考，作水平线，称为等效截止线，等效截止线与虚拟试验设计效应曲线的交点对应的虚拟试验样本量 n_s，称为等效截止样本量.

当虚拟试验样本量 $n_s<n_z$ 时，认为在当前虚拟试验数据可信度下，样本量太小以至于等效实装样本量小于 1，虚拟试验样本提供的关于参数的信息量太小，可忽略不计，此时，取等效样本量 $n_e=0$.

当虚拟试验数据可信度 $c<D_{E\min}$ 时，虚拟试验设计效应曲线在等效截止线之下. 认为在当前虚拟试验数据可信度下，虚拟试验数据基本不可信，甚至可能提供关于参数的错误信息，因此，不管虚拟试验样本量多大，取等效样本量 $n_e=0$.

当虚拟试验数据可信度 $c\geqslant D_{E\min}$，且虚拟试验样本设计效应在等效截止线之上时，按照上文计算方法进行等效折合.

2.2.3　一体化试验规划模型

对于不同的 Bayes 样本量确定准则，需构建不同的非线性整数规划方程.

1. 平均长度准则

对于平均长度准则，构建非线性整数规划方程如下

$$\min J(n)=E\left[L_{\alpha}\left(x_{s}\right)\right]$$

$$\text{s.t.}\begin{cases}\sum_{i=1}^{K} n_{s}^{i} C_{s}^{i}+n_{r} C_{r} \leqslant T, \\ D_{E}\left(n_{s}^{i} \mid c=c_{0}^{i}\right)=D_{E}\left(n_{e}^{i} \mid c=1\right), \quad i=1, \cdots, K, \\ n_{t} \leqslant \sum_{i=1}^{K} n_{e}^{i}+n_{r}=n, \\ 1 \leqslant n_{r} \leqslant N_{r}, \\ 0 \leqslant n_{s}^{i} \leqslant N_{s}^{i}, \quad i=1, \cdots, K\end{cases} \tag{2.82}$$

其中，$J(n)$是优化目标函数，表示一体化试验中参数 θ 的$(1-\alpha)$最高后验概率密度(highest posterior density, HPD)置信区间的平均长度，平均长度越小，参数 θ 的估计精度越高；T 表示总试验经费，C_s^i 表示第 i 种试验方式单位样本平均试验成本，C_r 表示单位实装样本平均试验成本，n_s^i 表示第 i 种试验方式的试验次数，n_r 表示实装试验次数，n_e^i 表示样本量为 n_s^i 的第 i 种试验方式等效实装试验样本量，n 表示实装试验样本量和等效实装试验样本量之和，即经过等效折合后，一体化试验所能等效的最大实装样本量；n_t 表示满足评估精度的最小样本量；满足 c_0^i 表示第 i 种试验方式试验数据可信度.

2. 平均方差准则

对于平均方差准则，构建非线性整数规划方程如下

$$\min J(n)=E\left[\operatorname{var}\left(\theta \mid x_{s}\right)\right]$$

$$\text{s.t.}\begin{cases}\sum_{i=1}^{K} n_{s}^{i} C_{s}^{i}+n_{r} C_{r} \leqslant T, \\ D_{E}\left(n_{s}^{i} \mid c=c_{0}^{i}\right)=D_{E}\left(n_{e}^{i} \mid c=1\right), \quad i=1, \cdots, K, \\ n_{t} \leqslant \sum_{i=1}^{K} n_{e}^{i}+n_{r}=n, \\ 1 \leqslant n_{r} \leqslant N_{r}, \\ 0 \leqslant n_{s}^{i} \leqslant N_{s}^{i}, \quad i=1, \cdots, K\end{cases} \tag{2.83}$$

这里优化目标函数 $J(n)$为一体化试验中兴趣参数 θ 的平均后验方差，平均后验方差越小，兴趣参数 θ 的估计精度也将越高.

3. 长度概率准则

对于长度概率准则，则构建非线性整数规划方程如下

$$\min J(n) = P\left(L_\alpha\left(x_n\right) \geqslant l\right)$$

$$\text{s.t.}\begin{cases} \sum_{i=1}^{K} n_s^i C_s^i + n_r C_r \leqslant T, \\ D_E\left(n_s^i \mid c = c_0^i\right) = D_E\left(n_e^i \mid c = 1\right), \quad i = 1, \cdots, K, \\ n_t \leqslant \sum_{i=1}^{K} n_e^i + n_r = n, \\ 1 \leqslant n_r \leqslant N_r, \\ 0 \leqslant n_s^i \leqslant N_s^i, \quad i = 1, \cdots, K \end{cases} \tag{2.84}$$

$L_\alpha(x_n)$表示一体化试验中兴趣参数 θ 的 $(1-\alpha)$ HPD 置信区间长度.

求解上述一体化试验规划模型属于非线性整数规划问题，可采用分支定界法、边际分析法、随机定向搜索法、函数填充法，以及蚁群、遗传等智能算法进行求解，获取内外场试验样本配比方案.

边际分析法核心是边际效益递减规律，对于试验项目构建的经费约束下的一体化试验规划模型，边际效益可定义为单位费用所增加的实装样本量，虚拟试验和实装试验的边际效益计算式分别为

$$M_s\left(n_s^i\right) = 1\Big/\left[\Delta n_s\left(n_e^i\right) C_s^i\right]$$

$$M_r = 1/C_r \tag{2.85}$$

其中 $M_s\left(n_s^i\right)$ 表示第 i 种试验等效虚拟样本量从 $(n_s^i - 1)$ 增加到 n_s^i 时的边际效益. $\Delta n_s\left(n_e^i\right)$表示等效实装样本量从 $(n_e^i - 1)$ 增加到 n_e^i 时，对应的虚拟试验样本增加量. 利用边际分析法求解的步骤如下:

(1) 设置 n_e^i 初始值为 1，n_r 初始值为 0，计算实装试验边际效益 M_r；

(2) 计算等效样本量 n_e^i 对应的虚拟试验样本量 n_s^i 、边际效益 $M_s\left(n_s^i\right)$ 和虚拟试验费用 $T_s^i = n_s^i C_s^i$；

(3) 若 $\sum_{i=1}^{K} T_s^i < T$ 且存在 $M_s\left(n_s^i\right) \geqslant M_r$，记 $M_{s\max} = \max\left\{M_s\left(n_s^i\right)\right\}$，选择 $M_{s\max}$ 对应的第 i 种试验方式，令 $n_e^i = n_e^i + 1$，转至步骤(2);

(4) 若 $\sum_{i=1}^{K} T_s^i < T$ 且 $M_s\left(n_s^i\right) \leqslant M_r$，则对应第 i 种试验方式，令 $n_e^i = n_e^i - 1$，转至步骤(3)；若对所有的 i，$M_s\left(n_s^i\right) \leqslant M_r$，求取满足 $\sum_{i=1}^{K} n_s^i C_s^i + n_r C_r < T$ 约束下的最大整数 n_r，以上解算得到的 $\left(n_s^1, \cdots, n_s^K, n_r\right)$ 作为模型的解.

若 $\sum_{i=1}^{K} T_s^i \geqslant T$，选择最后增加的第 i 种试验方式，即 $n_e^i = n_e^i - 1$，以上解算得到的 $\left(n_s^1, \cdots, n_s^K, n_r\right)$ 作为模型的解.

应用边际分析法求解经费约束下的一体化试验规划模型的核心都是虚拟边际效益的计算，而求解虚拟边际效益的关键又是求解 $\Delta n_s\left(n_e^i\right)$，其表示等效实装样本量从 $n_e^i - 1$ 增加到 n_e^i 时，对应虚拟试验样本增加量，因此，分别解算出等效样本量为 $n_e^i - 1$ 和 n_e^i 对应的虚拟样本量 $n_s\left(n_e^i - 1\right)$ 和 $n_s\left(n_e^i\right)$，然后两者相减即为 $\Delta n_s\left(n_e^i\right)$. 具体计算过程如下:

(1) 计算 $D_E\left(n_e^i \mid c = 1\right)$；

(2) 设置初始值 $n_s\left(n_e^i\right) = n_s\left(n_e^i - 1\right) + 1$；

(3) 计算 $D_E\left(n_s(n_e^i) \mid c = c_0\right)$，若 $D_E\left(n_s\left(n_e^i\right) \mid c = c_0\right) < D_E\left(n_e^i \mid c = 1\right)$，则 $n_s\left(n_e^i\right) = n_s\left(n_e^i\right) + 1$，重复(3)，反之，转至(4)；

(4) 计算 $\Delta n_s\left(n_e^i\right) = n_s\left(n_e^i\right) - n_s\left(n_e^i - 1\right)$.

2.2.4　试验成本约束下的样本量分配案例

以导弹精度试验样本量配比案例进行研究，主要是为了使样本量分配方案花费成本最低，同时又满足导弹精度的要求. 因为要确定仿真和现场试验的样本量大小，经典样本量确定方法无法解决不同试验项目、试验方式组合下的样本量比例分配问题，所以，采用 Bayes 样本量确定准则对其进行处理.

假设仿真样本的标准差 $s_0 = 1.2$，分别取固定幂指数 $\delta_f = 0.5$ 和随机幂指数 $\delta \sim \mathrm{Beta}(2,2)$，图 2.1 给出了均值 μ 的先验方差 $\mathrm{var}(\mu \mid D_0)$ 与仿真样本量 n_0 的关系.

图 2.1 中，实线对应固定幂指数，即 $\delta_f = 0.5$；虚线对应随机幂指数 $\delta \sim \mathrm{Beta}(2,2)$.

在图 2.1 中可以看出，随着仿真样本量的增大，$\mathrm{var}(\mu \mid D_0)$ 逐渐趋于 0. 可见，在大样本量的仿真试验中，可直接满足 Bayes 样本量确定方法准则. 但实际上却有着很大的差异，因为它的仿真可信度很低时同样有很高的评估风险. 因此，应当考虑仿真样本量这个因素，从而设计出相应的试验指标.

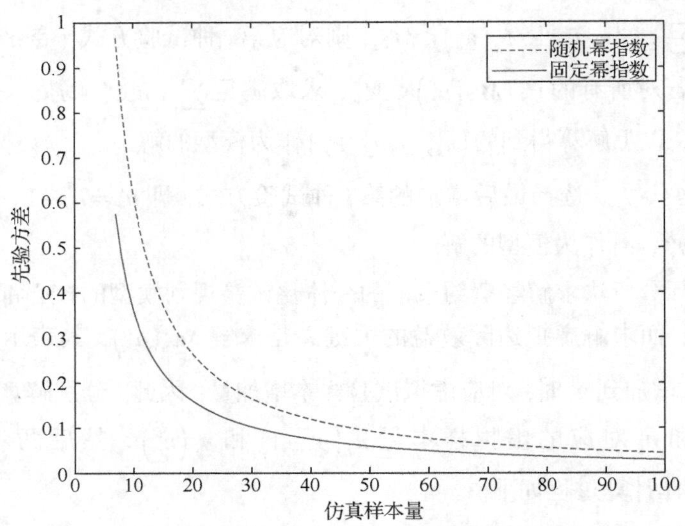

图 2.1 先验方差与仿真样本量的关系

仿真和实装试验数据服从方差齐性假设时，给定样本标准差 $s_r = s_0 = 1.2$，图 2.2 给出了不同仿真可信度下的修正幂指数 δ_m 与仿真样本量 n_0 的关系. 可见，修正幂指数 δ_m 随仿真样本量 n_0 的增大而减小，且其等效样本量随 n_0 的增加趋于有限值. 而且，同样的仿真样本量下，可信度 C_0 越高，修正幂指数 δ_m 越大.

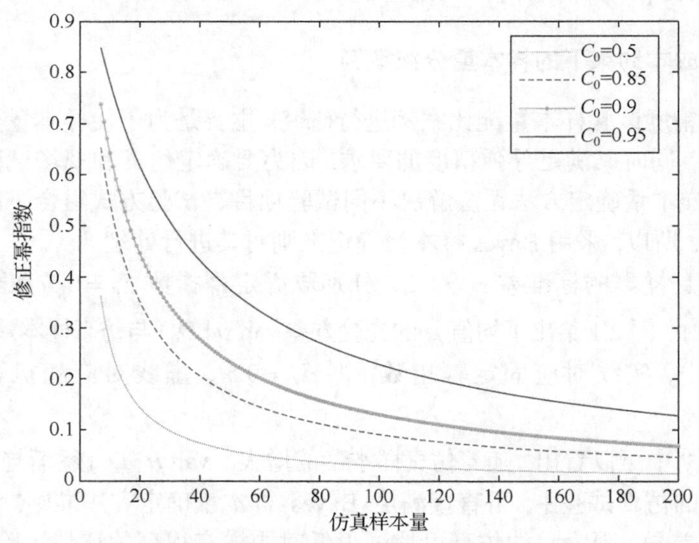

图 2.2 修正幂指数与仿真样本量的关系

为了进一步分析修正幂先验框架下仿真样本量 n_0 与待估参数 μ 的先验方差

$\mathrm{var}(\mu | D_0)$ 之间的关系，分别计算在固定可信度 $C_f = 0.5$ 和随机可信度 $C \sim \mathrm{Beta}(2,2)$ 时，由修正幂先验得到待估参数先验方差. 图 2.3 给出了它们之间的关系曲线. 从图中可以看出，基于修正幂指数 δ_m 得到的先验方差随仿真样本量 n_0 的增加趋于正值，不会出现仅由大样本量的仿真数据就能满足评估精度要求的矛盾.

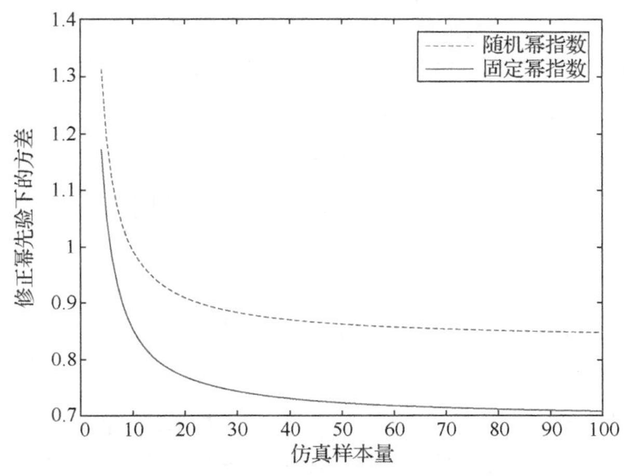

图 2.3　修正幂先验下的方差与仿真样本量的关系

例 2.1　对于表 2.10 给出的仿真和实装试验基本情况，设导弹精度试验的总经费预算不超过 $T_c = 20000$，并希望在该预算下得到最优的评估精度，样本量优化设计目标是使待估参数(落点均值 μ)的平均后验方差最小，求仿真和实装试验的最优样本量分配方案.

表 2.10　仿真和实装试验的基本情况

类型	单位样本消耗	预估的落点标准差 s_0	试验可信度(C_0)
仿真试验	50	1.2	0.80~0.95
实装试验	2000	—	1.0

应用遍历求解算法可以得到在试验总成本 T_c 的约束下，落点均值 μ 的评估精度最优的导弹精度试验样本量分配方案. 表 2.11 中给出了不同仿真可信度(SC)对应的最优样本量分配方案(SSA)、仿真试验的等效样本量(ESS)、Bayes 样本量确定方法的平均后验方差(APV_i)和传统实装试验样本量确定方法的平均后验方差(APV_f).

表 2.11 成本约束下的最优导弹精度试验样本量方案

SC	SSA		ESS	APV_i	APV_f
C_0	n_0	n	n_r	$E\left[\mathrm{var}(\mu\mid D_0,D)\right]$	$E\left[\mathrm{var}(\mu\mid D)\right]$
0.80	80	8	6.9659	0.1690	0.16
0.85	80	8	8.9669	0.1275	0.16
0.90	80	8	12.6516	0.0914	0.16
0.95	160	16	24.8609	0.0531	0.16

对比 APV_i 和 APV_f 可见，当 $C_0 \geqslant 0.85$ 时，APV_i 小于 APV_f，说明 C_0 较大时，Bayes 样本量确定方法具有更好的评估精度. 而且，随着 C_0 的增加，SSA 方案中仿真样本量 n_0 所占的比例和 ESS 越来越大，APV_i 越来越小，说明参数的评估精度越来越高.

2.3 小　结

本章重点针对装备试验单个阶段下初始试验样本量确定和样本量规划进行研究. 在样本量确定方面，从最终的需求出发，分别给出了置信区间精度、两类风险、联合要求，以及 Bayes 试验损失 4 种需求下的最小样本量确定方法，并重点针对服从正态分布和二项分布两种类型的性能指标样本量分别进行了研究.

在多阶段试验的样本量规划配比方面，基于模型可信度和单阶段样本量确定理论建立了设计效应指标，构建了虚实样本折合模型，并结合试验资源与评估精度约束条件，构建一体化试验规划模型，在此基础上进行多阶段样本量分配方案的优化求解.

2.4 延展阅读——坦克数量问题的矩估计与极大似然估计

在第二次世界大战期间，为了进行更加精准的战略部署，盟军需要弄清楚德军坦克的总数. 最后，盟军利用现有情报和统计学知识，轻松估计出了德军的坦克总数.

原来，德国人素以严谨著称，就连德军坦克的编号，都是从最小的数字 1 开始进行连续编号，不同的坦克编号不同. 在战争进行过程中，盟军缴获了一些德军坦克，并记录了它们的生产编号. 统计学家将缴获的德军坦克编号作为样本观测数据，获得了这些样本编号的平均值 $\bar{x}$. 假设德军带有编号的坦克总数是 N,

意味着德军坦克最大编号也就是 N. 由于德军坦克是从 1 开始编号的, 可得到, 德军所有坦克的编号的平均值就是$(N+1)/2$. 根据统计学中样本能够反映总体性质的基本原理, 以及"样本均值依概率收敛于总体均值"的大数定律思想, 可以说明, 在盟军缴获的德军坦克中, 这些编号的平均值, 就相当于德军所有坦克编号的平均值, 因此可以得到等式$(N+1)/2=\bar{x}$, 进一步得到德军坦克数量的估计 $\hat{N}=2\bar{x}-1$. 从战后收集到的德军信息来看, 发现盟军通过估计得到的德军坦克总数与实际生产的坦克数量非常接近, 充分体现了统计学中用样本估计总体的魅力. 上述估计之所以能够成功, 一个不能忽视的关键信息就是, 样本均值与总体均值是相近的, 推广至可利用样本矩去估计总体矩, 这种参数估计方法称为矩估计.

除了矩估计之外, 统计学中还有另外一种常用的参数估计方法——极大似然估计. 其核心思想可以用一句话概括: 已经发生的事件应该就是最有可能发生的事件.

以一个例子说明极大似然估计思想. 一个老兵与一个新兵的射击命中率分别为 0.8 与 0.4, 他们面向各自的靶纸打 3 发子弹, 现随机取出其中一张靶纸, 若靶纸上的弹孔分别是 0, 1, 2, 3 个, 问该靶纸更有可能是谁的?

记靶纸上的弹孔数为 X, 则 X 服从二项分布, 其分布律为

$$f(X;\theta)=\mathrm{C}_3^X\cdot\theta^X\cdot(1-\theta)^{3-X}\quad(X=0,1,2,3,\ \theta=0.8,0.4)$$

按照上述分布律, 可以分别计算出不同弹孔数下靶纸是老兵或者新兵事件的概率, 如图 2.4 所示. 图中横坐标表示靶纸的弹孔数, 虚线中的点表示靶纸在不同弹孔数下属于老兵事件的概率, 实线中的点表示靶纸在不同弹孔数下属于新兵事件的概率. 根据极大似然估计思想, 谁的概率更大, 靶纸属于谁的可能性就越高, 因此很容易得出如下结论: 如果弹孔数为 0 或 1, 靶纸更有可能是新兵的; 如果弹孔数为 2 或 3, 靶纸更有可能是老兵的.

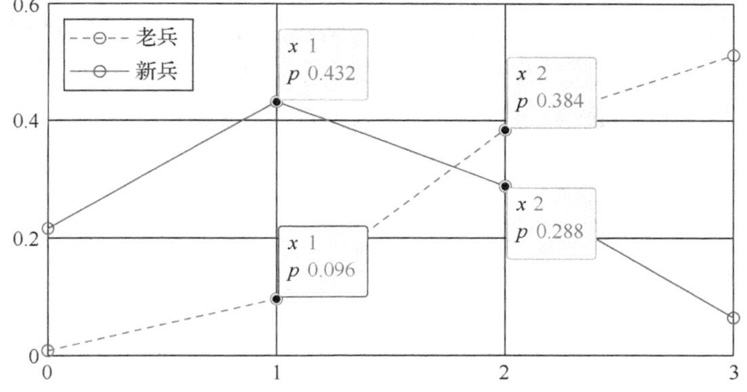

图 2.4　不同弹孔数下靶纸属于老兵或新兵的概率

再回到德军坦克总数估计问题，如果采用极大似然估计方法，可分析出在盟军缴获德军坦克编号中的最大值 $x_{\max}$，就相当于德军所有坦克数量，因此得到估计结果为 $\hat{N}=x_{\max}$. 可以通过仿真验证矩估计与极大似然估计的效果. 按照资料显示，第二次世界大战期间德国共生产了 1355 辆虎式坦克，假设盟军缴获 50 辆德军坦克，则每次仿真从 1～1355 中随机抽取 50 个数字，分别计算 $2\bar{x}-1$ 和 $x_{\max}$，共仿真 10 次，得到结果如图 2.5 所示. 图中横向实线表示真值 1355，曲折实线为 10 次仿真得到的矩估计结果，虚线为 10 次仿真得到的极大似然估计结果. 可以看出，采用极大似然估计得到的结果相对而言更为稳健.

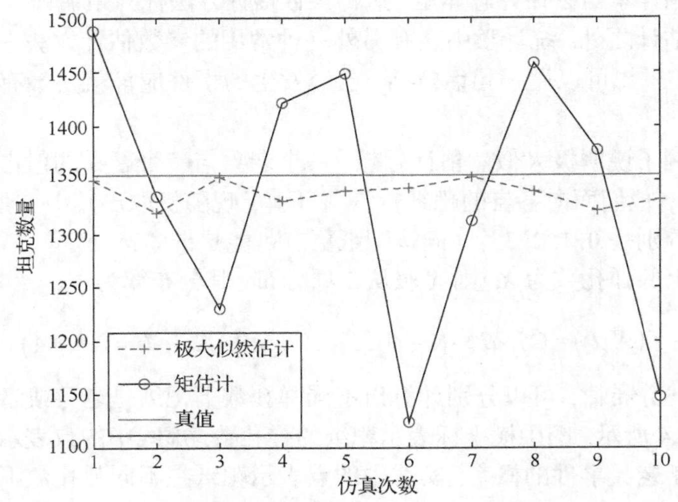

图 2.5　坦克数量问题的矩估计和极大似然估计仿真结果

需要注意的是，样本能够准确估计总体必须有一个前提，那就是抽样得到的样本能够反映总体的相关性质. 如果考虑到双方博弈的影响，不考虑实际情况的前提下，仅根据统计学知识利用样本估计总体，也有可能得到适得其反的效果. 历史上也有很多利用伪装数据获得战斗胜利的案例，例如三国时期的“空城计”、战国时期的孙膑马陵战庞涓过程中的“增兵减灶”策略等.

第 3 章　单阶段试验适应性评估

针对装备指标“中间验证”考核问题，如果仅采用全数字仿真、半实物仿真、地面静态、平台挂飞、外场实装中的某一阶段实施试验，在采集获得该阶段试验数据后，需要对单阶段试验下的装备指标开展评估，这是本章所要研究的问题. 根据评估目标的不同，通常可分为参数估计、假设检验和模型构建三大类，本章分别针对上述评估目标介绍了适应性评估方法.

针对参数估计问题，介绍了无先验信息下的经典统计方法和含先验信息的 Bayes 评估方法. 针对假设检验问题，介绍了无先验信息的经典假设检验和序贯概率比检验方法、含先验信息的 Bayes 假设检验和 Bayes 序贯检验方法. 在参数估计和假设检验中都针对服从正态分布和服从二项分布的两类指标进行了重点阐述. 针对模型构建问题，按照服从正态分布和服从二项分布的两类指标，分别介绍了基于高斯过程模型和 Logistic 模型的响应曲面模型估计方法.

3.1　装备试验性能指标的参数估计

装备试验性能指标常见于两类：一类是精度型指标，如导弹射程等；另一类是概率型指标，如导弹命中概率等. 对应两种不同类型，通常认为两类指标分别服从正态分布和二项分布，在此基础上对指标进行评估.

对于参数估计而言，常用的方法可分为经典统计和 Bayes 估计两种. 经典统计方法适用于大样本数据, Bayes 估计方法适用于小样本数据. 两者的区别主要在于经典统计方法仅根据样本数据进行分析，而 Bayes 估计还充分利用了先验信息. 本节主要按照两种参数估计方法，分别介绍了两类常见装备试验性能指标的点估计和区间估计.

3.1.1　无先验信息的经典统计估计方法

对于单阶段试验数据而言，如果样本数量较大，此时可以通过经典统计估计方法对装备试验性能指标进行参数估计. 下面分别介绍经典统计估计中的点估计和区间估计方法.

3.1.1.1　指标的点估计方法

指标的点估计方法主要有矩估计法和极大似然法[128].

1. 矩估计法

矩是一种特殊类型的期望值，它可用于描述随机变量相对于坐标轴原点的平均偏差(原点矩)，也可用于描述随机变量相对于其期望值的平均偏差(中心矩).

设 X 为随机变量，若 $E(X^i)$ $(i=1,2,\cdots)$ 存在，则称 $E(X^i)$ 为 X 的 i 阶原点矩. 若存在 $\mu=E(X)$，且 $E((X-\mu)^i)$ $(i=1,2,\cdots)$ 存在，则称 $E((X-\mu)^i)$ 为 X 的 i 阶中心矩. 对于样本 $X_1,X_2,\cdots,X_n$，称 $\frac{1}{n}\sum_{j=1}^{n}X_j^i$ $(i=1,2,\cdots)$ 为样本的 i 阶原点矩，称 $\frac{1}{n}\sum_{j=1}^{n}(X_j-\bar{X})^i$ $(i=1,2,\cdots)$ 为样本的 i 阶中心矩，其中 $\bar{X}=\frac{1}{n}\sum_{j=1}^{n}X_j$.

样本来自于总体，能够在一定程度上反映总体的特征. 多数总体的参数可用矩或矩的函数表示. 例如，正态分布的期望 μ 为一阶原点矩，方差 σ^2 为二阶中心矩. 矩估计法用样本矩作为相应的总体矩的估计，用样本矩的函数作为相应的总体矩的函数的估计，在此基础上估计总体分布中的未知参数.

设总体 X 的分布函数 $F(x\mid\theta)$ 包含 k 个参数 $\theta=(\theta_1,\theta_2,\cdots,\theta_k)$，矩估计方法是将样本的 k 阶矩作为总体 k 阶矩的估计，然后求解总体分布中未知参数的方法. 矩估计方法的步骤如下:

(1) 计算总体 X 的前 k 阶原点矩 $E(X^i)$，$i=1,2,\cdots,k$，其中

$$E(X^i)=\int_{\Sigma}x^i\mathrm{d}F(x\mid\theta) \tag{3.1}$$

式中 Σ 为 X 取值范围(定义域).

(2) 计算样本的前 k 阶原点矩 $\hat{E}(X^i)$，$i=1,2,\cdots,k$，其中

$$\hat{E}(X^i)=\frac{1}{n}\sum_{j=1}^{n}x_j^i \tag{3.2}$$

式中 $x_1,x_2,\cdots,x_n$ 为样本观测值.

(3) 将式(3.1)和式(3.2)联合求解(即求解如下方程组)，可得 $\theta=(\theta_1,\theta_2,\cdots,\theta_n)$ 的估计，记为 $\hat{\theta}=(\hat{\theta}_1,\hat{\theta}_2,\cdots,\hat{\theta}_n)$.

$$E(X^i)=\hat{E}(X^i),\quad i=1,2,\cdots,k \tag{3.3}$$

例如，对于导弹命中概率的估计，设飞行成功导弹数为 s，命中目标导弹数为 m. 设导弹的命中次数服从二项分布 $B(n,p)$，其中 p 表示命中概率，为未知参数. 根据二项分布本质为 n 重伯努利分布 $B(1,p)$，则总体的一阶原点矩为 p，样本的一阶原点矩为 m/s. 由矩估计方法，可得命中概率 p 的估计为 $\hat{p}=m/s$.

例 3.1　某火炮射击 3 发的射程分别为 11485m, 11500m, 11560m, 求火炮的实际射程.

解　实际射程就是总体的数学期望, 用平均值对它进行估计

$$\hat{\mu} = \hat{E}(X) = \frac{1}{3}(11485 + 11500 + 11560) = 11515$$

实际射程的估计为 11515m.

2. 极大似然法

设从总体中抽取容量为 n 的样本, 样本试验结果为 $x_1, x_2, \cdots, x_n$. 在一次抽样中会出现这样的试验结果, 那么就说明总体的特征有利于该类试验结果的出现. 也就是说, 该类试验结果与未出现的其他试验结果相比, 在概率上有较大的可能性出现. 这就是极大似然法的出发点, 也称为似然原理.

极大似然法是基于上述似然原理对总体参数进行估计的方法, 其步骤如下.

(1) 计算似然函数.

似然函数代表了 $x_1, x_2, \cdots, x_n$ 出现的可能性. 当总体分布为连续型时,似然函数是 n 维随机变量 $X_1, X_2, \cdots, X_n$ 的密度函数在样本观测值 $x_1, x_2, \cdots, x_n$ 点的密度函数值. 当总体分布为离散型时, 似然函数是 n 维随机变量 $X_1, X_2, \cdots, X_n$ 在样本观测值 $x_1, x_2, \cdots, x_n$ 点的概率值.

当总体的分布是连续型时, 记总体的密度函数为 $f(x|\theta)$, 分布函数为 $F(x|\theta)$.

对于完全样本, 似然函数定义为

$$L(\theta|x) = \prod_{i=1}^{n} f\left(x_i|\theta\right) \tag{3.4}$$

对于不完全样本, 如可靠性试验中的定时或者定数截尾试验, 记 $x_1, x_2, \cdots, x_r$ 为失效试验数据, $x_{r+1}, x_{r+2}, \cdots, x_n$ 为截尾时装备的试验时间, 则似然函数定义为

$$L(\theta|x) = \prod_{i=1}^{r} f\left(x_i|\theta\right) \prod_{i=r+1}^{n} \left(1 - F\left(x_i|\theta\right)\right) \tag{3.5}$$

当总体的分布是离散型时, 定义似然函数为

$$L(\theta|x) = \prod_{i=1}^{n} P\left(x_i|\theta\right) \tag{3.6}$$

式中 $P\left(x_i|\theta\right)$ 表示 θ 给定时取值为 x_i 的概率.

由于似然函数中存在未知变量 θ, 所以似然函数可能有多种取值.

极大似然法选择使得似然函数达到极大值的 θ 值作为估计值.

(2) 由于 $L(\theta|x)$ 的极值点与 $\ln L(\theta|x)$ 的极值相同(因为 $\ln x$ 为关于 x 的单调递增函数), 所以可通过对 $\ln L(\theta|x)$ 的求解, 获得 θ 的估计. 解下述方程组

$$\frac{\partial L(\theta|x)}{\partial\theta_i}=0 \quad 或 \quad \frac{\partial\ln L(\theta|x)}{\partial\theta_i}=0,\quad i=1,2,\cdots,k \tag{3.7}$$

即可得到 $\theta=(\theta_1,\theta_2,\cdots,\theta_n)$ 的估计，记为 $\hat{\theta}=(\hat{\theta}_1,\hat{\theta}_2,\cdots,\hat{\theta}_n)$.

有时矩估计与极大似然估计的结果是一致的.

例 3.2　$X_1,X_2,\cdots,X_n$ 是来自正态总体 $N(\mu,\sigma^2)$ 的样本，$x_1,x_2,\cdots,x_n$ 是试验结果的观测值. 试用极大似然法估计总体参数 $\theta=(\mu,\sigma^2)$.

解　结合式(3.4)，可得似然函数为

$$L(\theta|x)=\prod_{i=1}^{n}f\left(x_i|\theta\right)=\prod_{i=1}^{n}\frac{1}{\sqrt{2\pi\sigma^2}}\exp\left(-\frac{\left(x_i-\mu\right)^2}{2\sigma^2}\right)$$

对数似然函数为

$$\ln L(\theta|x)=-\frac{n}{2}\ln(2\pi)-\frac{n}{2}\ln\left(\sigma^2\right)-\sum_{i=1}^{n}\frac{\left(x_i-\mu\right)^2}{2\sigma^2}$$

求关于 μ, σ^2 的偏导数，并令其等于 0，得

$$\frac{\partial\ln L(\theta|x)}{\partial\mu}=\sum_{i=1}^{n}\frac{\left(x_i-\mu\right)}{\sigma^2}=0$$

$$\frac{\partial\ln L(\theta|x)}{\partial\sigma^2}=-\frac{n}{2\sigma^2}+\sum_{i=1}^{n}\frac{\left(x_i-\mu\right)^2}{2\sigma^4}=0$$

解方程，得到 μ, σ^2 的极大似然估计为

$$\hat{\mu}=\frac{1}{n}\sum_{i=1}^{n}x_i,\quad \hat{\sigma}^2=\frac{1}{n}\sum_{i=1}^{n}\left(x_i-\hat{\mu}\right)^2$$

3.1.1.2　指标的区间估计方法

在装备试验中，经常遇到对精度、射程等参数的范围进行估计，这就需要采用区间估计方法. 区间估计只给出了参数 θ 的可能取值范围，并没有明确指出 θ 究竟可能取哪一个值. 从这一点看，区间估计似乎没有点估计那样清晰，但是区间估计的好处是它能够说明对估计结果的把握程度.

区间估计可按如下步骤进行:

(1) 构造关于 θ 的统计量(也称为枢轴量) $\hat{\Theta}$，该统计量是关于 θ 与试验样本的随机变量，如正态分布在方差 σ^2 已知的条件下，θ (正态分布的期望)的统计量为样本均值 $\bar{X}$；对于指数分布失效率 λ 的估计，统计量为 $2\lambda T$ (T 为样本总的试验时间).

(2) 根据上述统计量，对于给定的置信水平$1-\alpha$，根据置信上限、置信下限或置信区间要求，进行区间估计.

在区间估计中，在同样的置信水平下，置信区间越短说明区间估计的精度越高，因此在估计时应尽可能选择统计量的最大密度可信区间，即设I为所求的置信区间，g为统计量，f_A为统计量的密度函数，则对于任意的$g_1 \in I$，$g_2 \notin I$，满足下式的I称为最大密度可信区间

$$f_A(g_1) \geqslant f_A(g_2) \tag{3.8}$$

最大密度可信区间可用图 3.1 表示，若图中区间 $[A,B]$ 内所包含的分布的面积为$1-\alpha$，则区间 $[A,B]$ 即为最大密度可信区间.

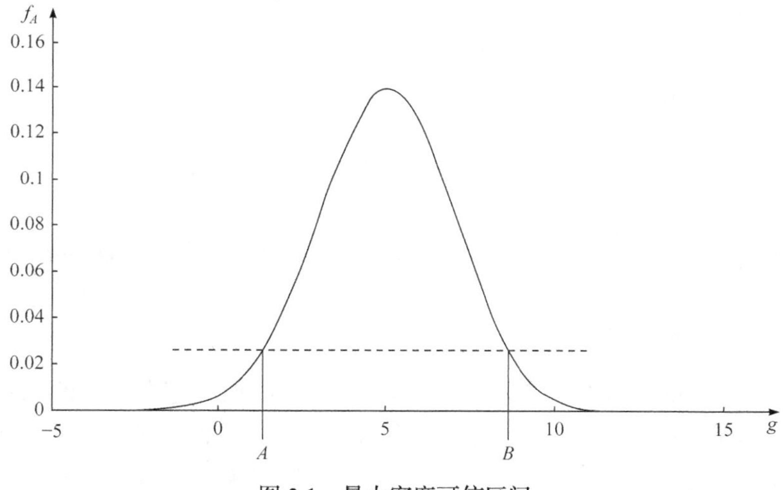

图 3.1　最大密度可信区间

在实际的计算过程中，为简化计算，通常选择等尾置信区间，即选择这样的$\hat{\theta}_1$，$\hat{\theta}_2$，使得

$$P\left(\hat{\theta} \leqslant \hat{\theta}_1\right) = \alpha / 2, \quad P\left(\hat{\theta} \geqslant \hat{\theta}_2\right) = \alpha / 2 \tag{3.9}$$

例 3.3　某火炮射程试验，射击了 3 组，每组 7 发，测得平均射程$\bar{x} = 10500\text{m}$，射击散布的均方差估计值为$\bar{\sigma} = 100\,\text{m}$. 求置信水平为 95%的射程区间估计.

解　数学期望μ和均方差的点估计分别是

$$\bar{x} = \frac{1}{N}\sum_{i=1}^{m} n_i \bar{x}_i, \quad \bar{\sigma} = \sqrt{\frac{\sum_{i=1}^{m}(n_i - 1)\bar{\sigma}_i^2}{\sum_{i=1}^{m}(n_i - 1)}}$$

其中 $N=\sum_{i=1}^{m} n_i$.

构建统计量 $T=\dfrac{\bar{X}-\mu}{\bar{\sigma}/\sqrt{N}}$ 服从自由度为 $\upsilon=\sum_{i=1}^{m}(n_i-1)$ 的 t 分布.

根据置信水平 $1-\alpha$，利用 t 分布表确定界限，使

$$P\left(|T|>t_{\alpha/2}\right)=\alpha,\quad P\left(|T|\leqslant t_{\alpha/2}\right)=1-\alpha$$

即

$$P\left(\left|\frac{\bar{X}-\mu}{\bar{\sigma}/\sqrt{N}}\right|\leqslant t_{\alpha/2}\right)=1-\alpha$$

$$P\left(\bar{X}-t_{\alpha/2}\frac{\bar{\sigma}}{\sqrt{N}}\leqslant\mu\leqslant\bar{X}+t_{\alpha/2}\frac{\bar{\sigma}}{\sqrt{N}}\right)=1-\alpha$$

故置信水平为 $1-\alpha$ 的数学期望 μ 的置信区间为

$$\left(\bar{X}-t_{\alpha/2}\frac{\bar{\sigma}}{\sqrt{N}},\quad \bar{X}+t_{\alpha/2}\frac{\bar{\sigma}}{\sqrt{N}}\right)$$

其中 $t_{\alpha/2}\dfrac{\bar{\sigma}}{\sqrt{N}}=t_{0.025}\dfrac{100}{\sqrt{21}}=2.1\times\dfrac{100}{\sqrt{21}}=46\mathrm{m}$，故射程区间估计为(10454m, 10546m).

3.1.2　含先验信息的 Bayes 估计方法

对于单阶段试验数据而言，如果样本数量较小，而且存在一定的先验数据或先验信息，此时通过 Bayes 估计方法能有效利用先验和样本对装备试验性能指标进行参数估计. 下面分别介绍正态分布参数和二项分布参数的 Bayes 估计方法.

3.1.2.1　正态分布参数的 Bayes 估计

记 $\left(X_1^{(1)},X_2^{(1)},\cdots,X_{n_1}^{(1)}\right)$ 为第一阶段试验所获得的样本，则 (μ,D) 的后验密度为

$$\pi\left(\mu,D\mid\bar{X}^{(1)},u^{(1)}\right)\propto N\left(\bar{X}^{(1)},D/n_1\right)\cdot\Gamma^{-1}\left(\alpha_1,\beta_1\right)$$

其中，$\Gamma^{-1}\left(\alpha_1,\beta_1\right)$ 表示以 α_1，β_1 为分布参数的逆 Gamma 分布密度函数，此处先验分布运用无先验信息时的 $\pi(\mu,D)\propto 1/D$，故有

$$\begin{cases}\alpha_1=\sum\limits_{i=1}^{n_1}\left(X_i^{(1)}-\bar{X}^{(1)}\right)^2\Big/2=n_1u^{(1)}/2,\\ \beta_1=\left(n_1-1\right)/2\end{cases}\tag{3.10}$$

和

$$\begin{cases}\mu_1 = \bar{X}^{(1)}, \\ \eta_1 = 1/n_1\end{cases} \tag{3.11}$$

其中,

$$\begin{cases}\bar{X}^{(1)} = \dfrac{1}{n_1}\sum_{i=1}^{n_1} X_i^{(1)}, \\ u^{(1)} = \dfrac{1}{n_1}\sum_{i=1}^{n_1}\left(X_i^{(1)} - \bar{X}^{(1)}\right)^2\end{cases}$$

同理, 当进行第二阶段试后验, 得样本$\left(X_1^{(2)}, X_2^{(2)}, \cdots, X_{n_1}^{(2)}\right)$, 则

$$\pi\left(\mu, D \mid \bar{X}^{(2)}, u^{(2)}\right) \propto N(\mu_2, \eta_2 D)\cdot\Gamma^{-1}(\alpha_2, \beta_2) \tag{3.12}$$

其中,

$$\begin{cases}\eta_2 = \dfrac{\eta_1}{1+n_2\eta_1} = \dfrac{1}{n_1+n_2}, \\ \mu_2 = \dfrac{n_2\bar{X}^{(2)} + \mu_1/\eta_1}{n_2 + 1/\eta_1}\end{cases}$$

$$\begin{cases}\alpha_2 = \alpha_1 + \dfrac{n_2 u^{(2)}}{2} + \dfrac{n_2\left(\bar{X}^{(2)} - \mu_1\right)^2}{2\left(n_2\eta_1 + 1\right)}, \\ \beta_2 = \beta_1 + n_2/2\end{cases}$$

一般地, N 个阶段之后, 有

$$\pi\left(\mu, D \mid \bar{X}^{(N)}, u^{(N)}\right) \sim N(\mu_N, \eta_N D)\cdot\Gamma^{-1}(\alpha_N, \beta_N) \tag{3.13}$$

其中 μ_N, η_N 以及 α_N, β_N 可由递推公式运算而得.

这样, μ 的后验边缘密度为

$$\pi\left(\mu \mid \bar{X}^{(N)}, u^{(N)}\right) = \int_0^{+\infty} \pi\left(\mu, D \mid \bar{X}^{(N)}, u^{(N)}\right)\mathrm{d}D$$

而 D 的后验边缘密度为

$$\pi\left(D \mid \bar{X}^{(N)}, u^{(N)}\right) = \int_{-\infty}^{+\infty} \pi\left(\mu, D \mid \bar{X}^{(N)}, u^{(N)}\right)\mathrm{d}\mu$$

在平均损失函数之下, μ 和 D 的 Bayes 估计分别为

$$\begin{cases}\hat{\mu} = E\left[\mu \mid \bar{X}^{(N)}, u^{(N)}\right], \\ \hat{D} = E\left[D \mid \bar{X}^{(N)}, u^{(N)}\right]\end{cases}$$

在此基础上，可以对装备试验性能指标进行评估.

需要补充的是，$\beta_1=(n_1-1)/2$ 是为了满足估计的无偏性，但是仅仅保证无偏性，对于 D 的估计不一定是最优的.

将前一阶段的数据作为后续阶段的先验信息，可以得到多阶段试验之下的 Bayes 递推估计，为了方便描述，把 D 记作方差，即 $D=\sigma^2$. 设 $X_1,X_2,\cdots,X_n$ 是来自正态分布 $N(\mu,D)$ 的样本，$\bar{X}$ 表示样本均值:

$$\bar{X}=\sum_{i=1}^{n}X_i$$

$\hat{D}$ 和 $\tilde{D}$ 是 D 的估计:

$$\hat{D}=\frac{1}{n}\sum_{i=1}^{n}\left(X_i-\bar{X}\right)^2,\quad \tilde{D}=\frac{1}{n-1}\sum_{i=1}^{n}\left(X_i-\bar{X}\right)^2$$

显然，$\tilde{D}$ 是 σ^2 的无偏估计，下面我们用均方误差来比较这两个估计量 $\hat{D}$ 和 $\tilde{D}$ 的优劣

$$\mathrm{MSE}(\hat{D})=E(\hat{D}-D)^2=\mathrm{var}\,(\hat{D})+(E(\hat{D})-D)^2=\frac{2N-1}{N^2}D^2$$

$$\mathrm{MSE}(\tilde{D})=E(\tilde{D}-D)^2=\mathrm{var}\,(\tilde{D})+(E(\tilde{D})-D)^2=\frac{2}{N-1}D^2$$

可以看出 $\mathrm{MSE}(\tilde{D})>\mathrm{MSE}(\hat{D})$，所以说无偏估计不一定是最优的. 因此，对于小子样问题，即使取 $\beta_1=(n_1-1)/2$ 可以使 D 的估计是无偏估计，但是 $\beta_1=n_1/2$ 时，对于 D 的估计更加稳健.

1. μ 的 Bayes 估计

当 Bayes 估计 $\alpha^*(X)=E(\theta\,|\,X)$ 时，可使 $E\left[\left(\theta-\alpha^*(X)\right)^2\middle|X\right]=\min$，故可求得 μ 和 D 的 Bayes 点估计为

$$\begin{cases}\hat{\mu}_B=\mu_N,\\ \hat{D}_B=\alpha_N/(\beta_N-1)\end{cases}$$

此外，为求 μ 的后验分布密度，只需将 $(\mu,\ D)$ 联合密度对 D 积分，因 $D>0$，故

$$h(\mu\,|\,X)\propto\int_0^{+\infty}D^{-(\beta_N+3/2)}\mathrm{e}^{-\left[\alpha_N+(\mu-\mu_N)/(2\eta_N)\right]}\mathrm{d}D$$

可以利用 Gamma 函数的两个等式:

$$\begin{cases}\Gamma(\alpha)/b^{\alpha}=\int_0^{+\infty}t^{\alpha-1}\mathrm{e}^{-bt}\mathrm{d}t, & b>0,\\ \Gamma(\alpha)/b^{-\alpha}=\int_0^{+\infty}s^{-(\alpha+1)}\mathrm{e}^{-b/s}\mathrm{d}s, & b>0\end{cases}\tag{3.14}$$

求出

$$h(\mu\,|\,X)\propto\left[\alpha_N+\frac{(\mu_N-\mu)^2}{2\eta_N}\right]^{-(2\beta_N+1)/2}\tag{3.15}$$

即

$$\begin{aligned}h(\mu\,|\,X)&=C\cdot\left[\alpha_N+\frac{(\mu_N-\mu)^2}{2\eta_N}\right]^{-(2\beta_N+1)/2}\\&=C_1\cdot\left[2\alpha_N\eta_N(2\beta_N+1)+(2\beta_N+1)\frac{(\mu_N-\mu)^2}{2\eta_N}\right]^{-(2\beta_N+1)/2}\end{aligned}\tag{3.16}$$

其中 C 为常数, 令

$$y=(\mu_N-\mu)\Big/\sqrt{S_N^2/[n_1(n_1+1)]}$$

其中

$$S_N^2=2\alpha_N\eta_N(2\beta_N+1)$$
$$n_1=2(\beta_N+1)$$

于是

$$p\{Y<Y_0\,|\,X\}\propto\int_{Y<Y_0}\left[1+t^2/(n_1-1)\right]\mathrm{d}t$$

即 Y 服从自由度为 (n_1-1) 的 t 分布.

从而可得, μ 的 $(1-\alpha)$ 置信区间为

$$\left[\mu_N-\frac{t_{1-\alpha/2}\cdot S_N}{\sqrt{n_1(n_1-1)}},\ \mu_N+\frac{t_{1-\alpha/2}\cdot S_N}{\sqrt{n_1(n_1-1)}}\right]$$

当 $n_1\gg 1$ 时, t 分布非常接近于正态分布, 即 μ 的 $(1-\alpha)$ 的置信区间为

$$\left[\mu_N-\frac{Z_{1-\alpha/2}\cdot S_N}{\sqrt{n_1(n_1-1)}},\ \mu_N+\frac{Z_{1-\alpha/2}\cdot S_N}{\sqrt{n_1(n_1-1)}}\right]$$

2. D 的 Bayes 估计

本节之前已述 D 的点估计, 此处介绍 D 的区间估计. 联合密度函数对 μ 积

分，就可求得 D 关于 X 的后验密度 $h(D\mid X)$．利用正态分布的性质：

$$\int_{-\infty}^{+\infty} \mathrm{e}^{-\frac{n(\mu_1-\mu)}{2D}} \mathrm{d}\mu = \sqrt{2\pi D/n} \tag{3.17}$$

得到

$$h(D\mid X) \propto D^{-1/2} \cdot D^{-\beta_N+1} \cdot \mathrm{e}^{-\alpha_N/D} \cdot D^{1/2} = D^{-\beta_N+1} \cdot \mathrm{e}^{-\alpha_N/D} \cdot D^{1/2}$$

显然，D 服从逆 Gamma 分布．由于逆 Gamma 分布无表可查，可令

$$y = 2\alpha_N / D$$

则 $\mathrm{d}D = -2\alpha_N / y^2 \mathrm{d}y$，记 $n_2 = 2\beta_N + 2$，有

$$p\{Y < Y_0 \mid X\} = C_2 \cdot \int_{Y<Y_0} y^{\frac{n_2-2}{2}-1} \cdot \mathrm{e}^{-\frac{y}{2}} \mathrm{d}y$$

即 Y 服从自由度为 (n_2-2) 的 χ^2 分布．

从而可得 Y 的 $(1-\alpha)$ 置信区间为

$$\left[\chi^2_{\alpha/2}(n_2-2),\ \chi^2_{1-\alpha/2}(n_2-2)\right]$$

可得 D 的 $(1-\alpha)$ 置信区间

$$\left[\frac{2\alpha_N}{\chi^2_{\alpha/2}(n_2-2)},\ \frac{2\alpha_N}{\chi^2_{1-\alpha/2}(n_2-2)}\right]$$

当 $n_2 \gg 1$ 时，$\sqrt{2Y}$ 渐近服从正态分布 $N\left(\sqrt{2(n_2-2)-1},1\right)$，即 $\sqrt{2Y} \sim N\left(\sqrt{2n_2-5},1\right)$．则 $\sqrt{2Y}$ 的置信区间为

$$\left[\sqrt{2n_2-5} - Z_{1-\alpha/2},\ \sqrt{2n_2-5} + Z_{1-\alpha/2}\right]$$

可得 D 的 $(1-\alpha)$ 的置信区间为

$$\left[4\alpha_N\Big/\left(\sqrt{2n_2-5}+Z_{1-\alpha/2}\right)^2,\ 4\alpha_N\Big/\left(\sqrt{2n_2-5}-Z_{1-\alpha/2}\right)^2\right]$$

3.1.2.2　二项分布参数的 Bayes 估计

为了利用有效的先验信息，在制定如导弹命中概率的检验方案时，常常采用二项分布的 Bayes 假设检验方法．设导弹命中概率服从二项分布总体 $B(n,p)$，易知二项分布中成功概率 p 的共轭先验分布是贝塔分布 $\mathrm{Beta}(s,f)$，s 和 f 是两个超参数．

若有先验信息可用, 利用先验信息计算得到 p 的先验均值 $\overline{p}$ 和先验方差 S_p^2, 可知

$$\begin{cases} \overline{p} = \dfrac{s}{s+f}, \\ S_p^2 = \dfrac{sf}{(s+f)^2(s+f+1)} \end{cases} \tag{3.18}$$

解得

$$\begin{cases} s = \overline{p} \times \left[\dfrac{(1-\overline{p})\overline{p}}{S_p^2} - 1 \right], \\ f = (1-\overline{p}) \times \left[\dfrac{(1-\overline{p})\overline{p}}{S_p^2} - 1 \right] \end{cases} \tag{3.19}$$

此时求得先验试验结果成功数为 s_0, 失败数为 f_0, 先验试验数 $n_0 = s_0 + f_0$, 则先验分布为 $\mathrm{Beta}(p\,|\,s_0, f_0)$. 试验结果成功数为 s_1, 失败数为 f_1, 试验数 $n_1 = s_1 + f_1$, 则后验分布为 $\mathrm{Beta}(p\,|\,s_1 + s_0, f_1 + f_0)$. 若无先验信息可用, 则按照 Jeffreys 规则, 取 $s_0 = 1/2$, $f_0 = 1/2$.

在平均损失函数下, p 的 Bayes 点估计为

$$\hat{p} = \frac{s_0 + s_1}{n_0 + n_1}.$$

又因

$$\frac{f_0 + f_1}{s_0 + s_1} \cdot \frac{p}{1-p} \sim F\left(2(s_0 + s_1),\ 2(f_0 + f_1)\right)$$

令 $u = s_0 + s_1, v = f_0 + f_1$, 则有

$$P\left(F_{\alpha/2}(2u, 2v) \leqslant \frac{v}{u} \cdot \frac{p}{1-p} \leqslant F_{1-\alpha/2}(2u, 2v) \middle| X \right) = 1 - \alpha$$

其中, $F_{\alpha/2}(\cdot)$ 为 F 分布的 $\alpha/2$ 分位数. 因此, 成功概率 p 的 $(1-\alpha)$ 双侧置信区间为

$$\left(\frac{u \cdot F_{\alpha/2}(2u, 2v)}{v + u \cdot F_{\alpha/2}(2u, 2v)}, \frac{u \cdot F_{1-\alpha/2}(2u, 2v)}{v + u \cdot F_{1-\alpha/2}(2u, 2v)} \right)$$

如果只需要求置信下限 p_L, 将上式中的 $F_{\alpha/2}$ 改为 F_α 即可.

3.2 装备试验性能指标的假设检验

在样本量给定的情况下，常用的假设检验方法可分为经典假设检验和 Bayes 假设检验两种. 此外，在样本量并不固定的时候，序贯概率比检验和 Bayes 序贯检验方法较为常用. 本节对这四种方法分别介绍，并进行了仿真算例分析.

3.2.1 无先验信息的经典假设检验方法

3.2.1.1 正态分布参数的经典假设检验

1. 均值检验

假设总体 $X \sim N\left(\mu, \sigma^2\right)$，从总体中随机抽取一个简单随机样本 $\left(X_1, X_2, \cdots, X_n\right)$，利用样本观测值 $\left(x_1, x_2, \cdots, x_n\right)$ 对参数 μ, σ^2 作假设检验.

1) 单侧检验

建立原假设(右侧检验):

$$H_0 : \mu \leqslant \mu_0, \quad H_1 : \mu > \mu_0 \tag{3.20}$$

构造统计量:

$$Z_0 = \frac{\bar{X} - \mu_0}{\sigma_0 / \sqrt{n}} \sim N(0,1) \tag{3.21}$$

查正态分布表 Z_α，则拒绝域为

$$\bar{W} = \left(Z_\alpha, +\infty\right) \tag{3.22}$$

由此可得判别规则:

若 $Z_0 > Z_\alpha$，则拒绝 H_0；若 $Z_0 \leqslant Z_\alpha$，则接受 H_0.

现在分别讨论 α 和 β:

$$\alpha = P\left(Z_0 > Z_\alpha \mid H_0\text{为真}\right), \quad Z_0 \sim N(0,1) \tag{3.23}$$

可得

$$1 - \alpha = P\left(Z_0 \leqslant Z_\alpha \mid H_0\text{为真}\right) = \Phi\left(Z_\alpha\right) \tag{3.24}$$

$$\alpha = 1 - \Phi\left(Z_\alpha\right) \tag{3.25}$$

$$\beta = P\left(Z_0 \leqslant Z_\alpha \mid H_0\text{非真}\right) = P\left(\frac{\bar{X} - \mu_0}{\sigma_0 / \sqrt{n}} \leqslant Z_\alpha \middle| H_0\text{非真}\right)$$

$$= P\left(\bar{X} \leqslant \mu_0 + \frac{Z_\alpha \sigma_0}{\sqrt{n}} \middle| H_0\text{非真} \right) \tag{3.26}$$

在 H_0 非真时，假设待检验总体真正的均值为$\mu_{真}$，将上式标准化:

$$\beta = P\left(\frac{\bar{X} - \mu_{真}}{\sigma_0 / \sqrt{n}} \leqslant \frac{\mu_0 + Z_\alpha \sigma_0 / \sqrt{n} - \mu_{真}}{\sigma_0 / \sqrt{n}} \right) = \Phi\left(Z_\alpha - \frac{\mu_{真} - \mu_0}{\sigma_0 / \sqrt{n}} \right) \tag{3.27}$$

α 和 β 分别表示弃真概率和采伪概率，如图 3.2 所示.

$$H_0: \mu \leqslant \mu_0; \quad H_1: \mu > \mu_0$$

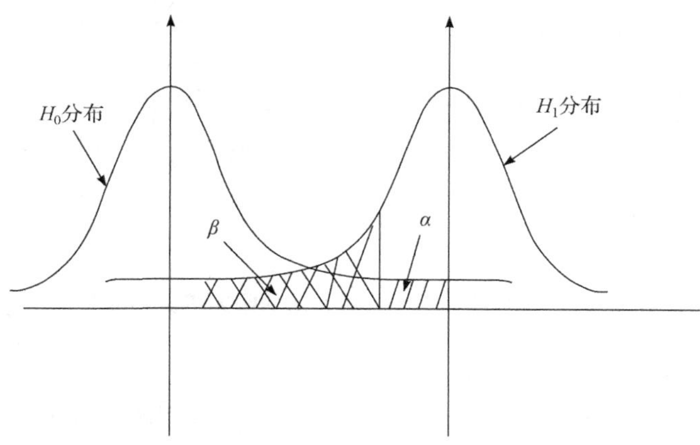

图 3.2　单侧检验下犯弃真采伪两类错误的概率

2) 双侧检验

建立原假设(双侧检验):

$$H_0: \mu = \mu_0; \quad H_1: \mu \neq \mu_0 \tag{3.28}$$

构造统计量:

$$Z_0 = \frac{\bar{X} - \mu_0}{\sigma_0 / \sqrt{n}} \sim N(0,1) \tag{3.29}$$

查正态分布表 $Z_{\alpha/2}$，则拒绝域为

$$\bar{W} = (-\infty, -Z_{\alpha/2}) \cup (Z_{\alpha/2}, +\infty) \tag{3.30}$$

由此可得判别规则:

若 $|Z_0| > Z_{\alpha/2}$，则拒绝 H_0；若 $|Z_0| \leqslant Z_{\alpha/2}$，则接受 H_0.

同理可得

$$\alpha = 2(1 - \Phi(Z_{\alpha/2})) \tag{3.31}$$

$$\beta=\Phi\left(Z_{\alpha/2}-\frac{\mu_{\text{真}}-\mu_0}{\sigma_0/\sqrt{n}}\right)+\Phi\left(Z_{\alpha/2}+\frac{\mu_{\text{真}}-\mu_0}{\sigma_0/\sqrt{n}}\right)-1 \tag{3.32}$$

α 和 β 分别表示弃真概率和采伪概率, 如图 3.3 所示.

$$H_0:\mu=\mu_0;\quad H_1:\mu\neq\mu_0$$

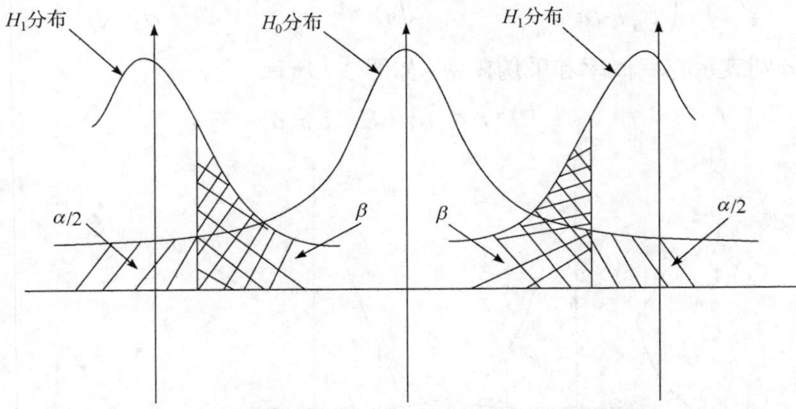

图 3.3　双侧检验下犯弃真、采伪两类错误的概率

2. 方差检验

假设总体 $X\sim N\left(\mu,\sigma^2\right)$, 从总体中随机抽取一个简单随机样本 $(X_1,X_2,\cdots,X_n)$, 利用样本观测值 $(x_1,x_2,\cdots,x_n)$ 对参数 σ^2 作单侧假设检验.

建立原假设(右侧检验):

$$H_0:\sigma\leqslant\sigma_0,\quad H_1:\sigma>\sigma_0 \tag{3.33}$$

构造统计量:

$$\chi^2=\frac{1}{\sigma_0^2}\sum_{i=1}^{n}\left(X_i-\mu_0\right)^2 \tag{3.34}$$

查卡方分布表 $\chi_{1-\alpha}^2(n)$, 则拒绝域为

$$\bar{W}=\left(\chi_{1-\alpha}^2(n),+\infty\right) \tag{3.35}$$

由此可得判别规则:

若 $\chi^2>\chi_{1-\alpha}^2(n-1)$, 则拒绝 H_0; 若 $\chi^2\leqslant\chi_{1-\alpha}^2(n-1)$, 则接受 H_0.

现在分别讨论 α 和 β 的计算.

当 H_0 为真时,

$$\chi_0^2 = \frac{1}{\sigma_0^2}\sum_{i=1}^{n}(X_i - \mu_0)^2 \sim \chi^2(n) \tag{3.36}$$

当 H_1 为真时,

$$\chi_0^2 = \frac{1}{\sigma_{真}^2}\sum_{i=1}^{n}(X_i - \mu_0)^2 \sim \chi^2(n) \tag{3.37}$$

于是

$$\begin{aligned}\alpha &= 1 - P\left(\chi_0^2 = \frac{1}{\sigma_0^2}\sum_{i=1}^{n}(X_i - \mu_0)^2 \leqslant \chi_{1-\alpha}^2(n) \middle| H_0 为真\right) \\ &= 1 - P\left(\sum_{i=1}^{n}(X_i - \mu_0)^2 \leqslant \sigma_0^2\chi_{1-\alpha}^2(n) \middle| H_0 为真\right)\end{aligned} \tag{3.38}$$

$$\begin{aligned}\beta &= P\left(\chi_0^2 = \frac{1}{\sigma_{真}^2}\sum_{i=1}^{n}(X_i - \mu_0)^2 \leqslant \chi_{\beta}^2(n) \middle| H_1 为真\right) \\ &= P\left(\sum_{i=1}^{n}(X_i - \mu_0)^2 \leqslant \sigma_{真}^2\chi_{\beta}^2(n) \middle| H_1 非真\right)\end{aligned} \tag{3.39}$$

3.2.1.2　二项分布参数的经典假设检验

原假设为 $H_0: p = p_0$，备择假设为 $H_1: p = p_1 = \lambda p_0(\lambda < 1)$，其中 p_0 为指标的目标值，p_1 为指标的最低可接受值.

计算检出比:

$$\lambda = p_1 / p_0 \tag{3.40}$$

计算鉴别比:

$$d = (1 - p_1)/(1 - p_0) \tag{3.41}$$

若试验数为 N, 则试验成功数 S 的决策不等式为

$$S \geqslant \frac{N\ln d}{\ln d - \ln\lambda} \tag{3.42}$$

当式(3.42)成立时接受 H_0，否则拒绝 H_0.

决策风险:

要求取成功数 S 为整数[S], 计算生产方风险 α

$$\alpha = \sum_{i=0}^{[s]} \mathrm{C}_N^i P_0^i (1 - P_0)^{N-i} \tag{3.43}$$

计算使用方风险 β，

$$\beta = 1 - \sum_{i=0}^{[s]} \mathrm{C}_N^i P_1^i (1-P_1)^{N-i} \tag{3.44}$$

3.2.2 含先验信息的 Bayes 假设检验方法

3.2.2.1 Bayes 假设检验方法

设参数空间为 Θ, 考虑假设检验问题:

$$H_0 : \theta \in \Theta_0; \quad H_1 : \theta \in \Theta_1 \tag{3.45}$$

其中，$\Theta_0 \cup \Theta_1 = \Theta$，$\Theta_0 \cap \Theta_1 = \varnothing$.

引入损失函数

$$L(\theta, \alpha_i) = \begin{cases} C_{ii}, & \theta \in \Theta_i, \\ C_{ij}, & \theta \in \Theta_j, \end{cases} \quad i, j = 0,1 \tag{3.46}$$

式中，α_i 表示采纳 $H_i\,(i=0,1)$ 的行为.

采纳 H_0 时的后验期望损失为

$$\begin{aligned} E^{\pi(\theta|x)}\left(L(\theta,\alpha_0)\right) &= \int_{\Theta} L(\theta,\alpha_0)\pi(\theta \mid x)\mathrm{d}\theta \\ &= \int_{\Theta_0} C_{00}\pi(\theta \mid x)\mathrm{d}\theta + \int_{\Theta_1} C_{01}\pi(\theta \mid x)\mathrm{d}\theta \\ &= C_{00}P(H_0 \mid x) + C_{01}P(H_1 \mid x) \end{aligned} \tag{3.47}$$

类似地, 计算可采纳 H_1 的后验期望损失为

$$E^{\pi(\theta|x)}\left(L(\theta,\alpha_1)\right) = C_{10}P(H_0 \mid x) + C_{11}P(H_1 \mid x) \tag{3.48}$$

按照后验期望损失最小的原则, 若

$$C_{00}P(H_0 \mid x) + C_{01}P(H_1 \mid x) < C_{10}P(H_0 \mid x) + C_{11}P(H_1 \mid x) \tag{3.49}$$

则采纳 H_0，否则拒绝 H_0. 将决策不等式写成更紧凑的形式, 可得 Bayes 决策不等式

$$\begin{cases} P(H_1 \mid x) < C_{10} - C_{00}, & \text{接受} H_0, \\ P(H_0 \mid x) > C_{01} - C_{11}, & \text{接受} H_1 \end{cases} \tag{3.50}$$

上式左端为

$$\frac{\int_{\Theta_1} \pi(\theta \mid x)\mathrm{d}\theta}{\int_{\Theta_0} \pi(\theta \mid x)\mathrm{d}\theta} = \frac{\int_{\Theta_1} L(\theta \mid x)\mathrm{d}F^{\pi}(\theta)}{\int_{\Theta_0} L(\theta \mid x)\mathrm{d}F^{\pi}(\theta)} \tag{3.51}$$

式中 $\pi(\theta|x)$ 为 θ 的后验概率密度函数，$L(\theta|x)$ 为 θ 给定之下观测值 x 的密度函数，$F^{\pi}(\theta)$ 为 θ 的先验分布函数.

定义下式为后验加权似然比 $L^{\pi}(x)$,

$$L^{\pi}(x)=\frac{\int_{\Theta_1}L(\theta|x)\mathrm{d}F^{\pi}(\theta)}{\int_{\Theta_0}L(\theta|x)\mathrm{d}F^{\pi}(\theta)} \tag{3.52}$$

于是决策不等式可改写为

$$\begin{cases}L^{\pi}(x)<C_{10}-C_{00}\triangleq\lambda, & 接受H_0,\\ L^{\pi}(x)>C_{01}-C_{11}\triangleq\lambda, & 接受H_1\end{cases} \tag{3.53}$$

式中，λ 为 Bayes 检验门限，在给定损失函数的条件下，它是常值.

这样，决策的临界区域为

$$D_1=\{X:L^{\pi}(x)>\lambda\} \tag{3.54}$$

其中，D_1 是采纳 H_1 的区域. 记 $D_0=\bar{D}_1$ 为 D_1 的补空间，因此 D_0 是采纳 H_0 的区域.

3.2.2.2　正态分布参数的 Bayes 假设检验

假设性能指标 X 服从正态分布 $N(\mu,\sigma^2)$，方差 σ^2 已知，试验结果为 $X_i(i=1,2,\cdots,n)$，并且各次试验结果独立，其假设为

$$H_0:\mu=\mu_0;\quad H_1:\mu=\mu_1=\mu_0+\varepsilon>\mu_0 \tag{3.55}$$

引入损失函数

$$L(\theta,\alpha_i)=\begin{cases}0, & \theta\in\Theta_i,\\ 1, & \theta\in\Theta_j,\end{cases}\quad i,j=0,1 \tag{3.56}$$

由历史信息或经验可知

$$P(H_0)=\pi_0,\quad P(H_1)=1-\pi_0=\pi_1 \tag{3.57}$$

得到 Bayes 决策的临界区域

$$D_1=\left\{X:\frac{P(H_1|X)}{P(H_0|X)}>1\right\}=\left\{X:\frac{\pi_1\prod_{i=1}^{n}p(X_i|\mu_1)}{\pi_0\prod_{i=1}^{n}p(X_i|\mu_0)}>1\right\} \tag{3.58}$$

记

$$
\begin{aligned}
Y &= \frac{\pi_1 \prod_{i=1}^{n} p(X_i \mid \mu_1)}{\pi_0 \prod_{i=1}^{n} p(X_i \mid \mu_0)} \\
&= \frac{\pi_1 \prod_{i=1}^{n} \left(2\pi\sigma^2\right)^{-1} \exp\left\{-\frac{1}{2\sigma^2}\left(x_i - \mu_1\right)^2\right\}}{\pi_0 \prod_{i=1}^{n} \left(2\pi\sigma^2\right)^{-1} \exp\left\{-\frac{1}{2\sigma^2}\left(x_i - \mu_0\right)^2\right\}} \\
&= \frac{\pi_1}{\pi_0} \exp\left\{-\frac{1}{2\sigma^2}\left(n\left(\mu_1^2 - \mu_0^2\right) - 2\sum_{i}^{n} x_i\left(\mu_1 - \mu_0\right)\right)\right\}
\end{aligned} \tag{3.59}
$$

则式(3.58)等价于

$$
D_1 = \left\{\left(n, \sum_{i=1}^{n} x_i\right) : \sum_{i=1}^{n} x_i > A\right\} \tag{3.60}
$$

其中，

$$
A = \frac{(\mu_0 + \mu_1)n}{2} + \frac{\sigma^2}{\mu_1 - \mu_0} \ln \frac{\pi_0}{\pi_1} \tag{3.61}
$$

D_1 是采纳 H_1 的区域. 记 $D_0 = \bar{D}_1$，D_0 是采纳 H_0 的区域.

由于 X 服从 $N\left(\mu, \sigma^2\right)$，则 $\sum_{i=1}^{n} x_i$ 服从 $N\left(n\mu, n\sigma^2\right)$，故对于简单假设，可得 Bayes 检验中后验两类风险 $\alpha_{\pi_0}(n)$，$\beta_{\pi_1}(n)$ 分别为

$$
\begin{aligned}
\alpha_{\pi_0}(n) &= \int_{H_0} P(X \in D_1 \mid \theta \in \mu_0) \mathrm{d}F^{\pi}(\theta) \\
&= \pi_0 \int_{A}^{+\infty} \frac{1}{\sqrt{2\pi n\sigma^2}} \exp\left\{-\frac{\left(x - n\mu_0\right)^2}{2n\sigma^2}\right\} \mathrm{d}x \\
&= \pi_0 \Phi\left(\frac{\sqrt{n}\left(\mu_0 - \mu_1\right)}{2\sigma} - \frac{\sigma}{\sqrt{n}\left(\mu_1 - \mu_0\right)} \ln \frac{\pi_0}{\pi_1}\right)
\end{aligned} \tag{3.62}
$$

$$
\begin{aligned}
\beta_{\pi_1}(n) &= \int_{H_0} P(X \in D_0 \mid \theta \in \mu_1) \mathrm{d}F^{\pi}(\theta) \\
&= \pi_1 \int_{-\infty}^{A} \frac{1}{\sqrt{2\pi n\sigma^2}} \exp\left\{-\frac{\left(x - n\mu_1\right)^2}{2n\sigma^2}\right\} \mathrm{d}x \\
&= \pi_1 \Phi\left(\frac{\sqrt{n}\left(\mu_0 - \mu_1\right)}{2\sigma} - \frac{\sigma}{\sqrt{n}\left(\mu_1 - \mu_0\right)} \ln \frac{\pi_0}{\pi_1}\right)
\end{aligned} \tag{3.63}
$$

3.2.2.3　二项分布参数的 Bayes 假设检验

若试验数为 N, 则试验成功数 S 的决策不等式为

$$S \geqslant \frac{N\ln d - \ln(\pi_0 / \pi_1)}{\ln d - \ln\lambda} \tag{3.64}$$

式中 π_0 为接受原假设 H_0 的概率, π_1 为拒绝原假设 H_0 的概率. 当不等式成立时接受 H_0, 否则拒绝 H_0.

设先验信息的试验数为 N_0, 成功数为 S_0, 失败数为 $Z_0 = N_0 - S_0$.

计算接受原假设 H_0 的概率:

$$\pi_0 = \frac{1}{1 + \lambda^{S_0} d^{N_0 - S_0}} \tag{3.65}$$

计算拒绝原假设 H_0 的概率:

$$\pi_1 = 1 - \pi_0 \tag{3.66}$$

计算生产方 Bayes 风险 α_{π_0}:

$$\alpha_{\pi_0} = \pi_0 \cdot \alpha \tag{3.67}$$

计算使用方 Bayes 风险 β_{π_1}:

$$\beta_{\pi_1} = \pi_1 \cdot \beta \tag{3.68}$$

3.2.3　序贯概率比检验方法

3.2.3.1　序贯概率比检验方法

设 $(x_1, x_2, \cdots, x_n)$ 是独立同分布的随机变量序列, x_i 表示母体 X 的一个观察. X 的分布依赖于某个参数 θ. 当 X 为连续型变量时, 以 $f(x;\theta)$ 表示其密度函数; 而当 X 为离散型变量时, 以 $f(x;\theta)$ 表示其概率分布.

考虑假设检验问题:

$$H_0: \theta = \theta_0; \quad H_1: \theta = \theta_1 \tag{3.69}$$

记 $(x_1, x_2, \cdots, x_n)$ 的联合分布密度 $f_{jn}(x)$ 及概率比 $\lambda_n(x)$ 的表达式如下:

$$f_{jn}(x) \triangleq f_{jn}(x_1, x_2, \cdots, x_n) = \prod_{i=1}^{n} f(x_i; \theta_j), \quad j = 0,1 \tag{3.70}$$

$$\lambda_n(x) \triangleq \lambda_n(x_1, x_2, \cdots, x_n) \triangleq \frac{f_{1n}(x)}{f_{0n}(x)} = \frac{\prod_{i=1}^{n} f(x_i; \theta_1)}{\prod_{i=1}^{n} f(x_i; \theta_0)} \tag{3.71}$$

则 SPRT 的实施步骤是

(1) 令 $k=1$，按一定准则选取判决门限 A,B；

(2) 由观测子样 $x_i(1\leqslant i\leqslant k)$ 计算似然比 $\lambda_k(x_1,x_2,\cdots,x_k)\triangleq\lambda_k$，若 $\lambda_k\geqslant A$ 则停止观察，并拒绝原假设 H_0. 相对地，如果 $\lambda_k\leqslant B$ 则也停止观察，并接受原假设 H_0. 最后，如果 $B<\lambda_k<A$ 则继续下一观测，并置 k 为 $k+1$，重复(2).

这里两个边界 A 和 B $(A>B)$ 是常数，确定这两个常数 A,B 使得这个序贯检验具有预先指定的强度 (α,β). 其中 α,β 分别表示弃真和采伪的概率:

$$\alpha\triangleq P_{H_0}\left\{拒绝H_0\right\},\quad \beta\triangleq P_{H_1}\left\{接受H_0\right\}\tag{3.72}$$

如果用 N 表示停止随机变量，则

$$\alpha=P_{\theta_0}\left\{\lambda_N(X)\geqslant A\right\},\quad \beta=P_{\theta_1}\left\{\lambda_N(X)\leqslant B\right\}\tag{3.73}$$

3.2.3.2　正态分布参数的序贯概率比检验

1. 正态分布参数 μ 的检验

考虑服从正态分布 $N(\mu_0,1)$ 的总体 X，其中 σ^2 为已知常数，μ_0 为未知参数. 简单假设检验问题如下:

$$H_0:\mu=\mu_0;\quad H_1:\mu=\mu_1\tag{3.74}$$

它们各自对应的概率密度函数:

$$f(x,\mu_0)=\frac{1}{\sqrt{2\pi}}\exp\left\{-\frac{1}{2}(x-\mu_0)^2\right\}\tag{3.75}$$

$$f(x,\mu_1)=\frac{1}{\sqrt{2\pi}}\exp\left\{-\frac{1}{2}(x-\mu_1)^2\right\}\tag{3.76}$$

并且

$$Z_i=\ln\frac{f(x_i;\mu_1)}{f(x_i;\mu_0)}=(\mu_1-\mu_0)x+\frac{1}{2}\left(\mu_0^2-\mu_1^2\right)\tag{3.77}$$

$$I_m=\sum_{i=1}^{m}Z_i=(\mu_1-\mu_0)\sum_{i=1}^{m}x_i+\frac{m}{2}\left(\mu_0^2-\mu_1^2\right)\tag{3.78}$$

在取出第 m 个元素的情形下:

(1) 如果 $I_m\geqslant\ln A$，则停止试验，接受 H_1；

(2) 如果 $I_m\leqslant\ln B$，则停止试验，接受 H_0；

(3) 如果 $\ln B<I_m<\ln A$，则继续进行试验.

$$A=\frac{1-\beta}{\alpha},\quad B=\frac{\beta}{1-\alpha}\tag{3.79}$$

其中 α 与 β 各为第一类及第二类错判概率.

经计算，此检验的特性函数为

$$\begin{cases} L(\mu)=\dfrac{A^h-1}{A^h-B^h}, \\ h=\dfrac{\mu_1+\mu_0-2\mu}{\mu_1-\mu_0} \end{cases} \tag{3.80}$$

2. 正态分布参数 σ^2 的检验

考虑服从正态分布 $N\left(\mu_0,\sigma^2\right)$ 的总体 X，其中 μ_0 为已知常数，σ^2 为未知参数. 简单假设检验问题如下:

$$H_0:\sigma=\sigma_0;\quad H_1:\sigma=\sigma_1=\lambda\sigma_0,\quad \lambda>1 \tag{3.81}$$

设 X 的概率密度函数为 $f\left(x,\sigma^2\right)$. 令

$$Z_i=\ln\frac{f\left(x_i;\sigma_1^2\right)}{f\left(x_i;\sigma_0^2\right)}=\ln\frac{\sigma_0}{\sigma_1}+\left(x-\mu_0\right)^2\left(\frac{1}{2\sigma_0^2}-\frac{1}{2\sigma_1^2}\right) \tag{3.82}$$

$$I_m=\sum_{i=1}^{m}Z_i=m\ln\frac{\sigma_0}{\sigma_1}+\sum_{i=1}^{m}\left(x_i-\mu_0\right)^2\left(\frac{1}{2\sigma_0^2}-\frac{1}{2\sigma_1^2}\right) \tag{3.83}$$

在已取出第 m 个元素的情况下:

(1) 若 $I_m\geqslant\ln A$，则停止试验，接受 H_1；

(2) 若 $I_m\leqslant\ln B$，则停止试验，接受 H_0；

(3) 若 $\ln B<I_m<\ln A$，则继续进行试验.

3.2.3.3　二项分布参数的序贯概率比检验

原假设为 $H_0:p=p_0$，备择假设为 $H_1:p=p_1=\lambda p_0(\lambda<1)$.

设 $(x_1,x_2,\cdots,x_n)$ 是 X 的独立观测序列，则

$$\lambda_n=\frac{\prod_{i=1}^{n}f_1\left(x_i,p_1\right)}{\prod_{i=1}^{n}f_0\left(x_i,p_0\right)}=\left(\frac{p_1}{p_0}\right)^{S_n}\left(\frac{1-p_1}{1-p_0}\right)^{n-S_n} \tag{3.84}$$

式中 $S_n=\sum_{i=1}^{n}X_i\left(n\geqslant1\right)$，$n$ 为试验次数.

已知

$$A=\frac{\beta}{1-\alpha},\quad B=\frac{1-\beta}{\alpha} \tag{3.85}$$

决策判据为 $\lambda_r \leqslant A$，$\lambda_r \geqslant B$.

分别将 λ_n 代入上式进行求解，可得到如下判别规则：

(1) 若 $S_n \geqslant L_0$ 时，则接受 H_0；

(2) 若 $S_n \leqslant L_1$ 时，则拒绝 H_0；

(3) 若 $L_0 < S_n < L_1$ 时，则继续进行试验.

其中，

$$L_0 = h_0 + ns, \quad L_1 = h_1 + ns \tag{3.86}$$

$$c = \frac{-\ln\dfrac{1-p_1}{1-p_0}}{\ln\dfrac{p_1}{p_0} - \ln\dfrac{1-p_1}{1-p_0}} \tag{3.87}$$

$$h_0 = \ln\frac{\beta}{1-\alpha}\Big/D \tag{3.88}$$

$$h_1 = \ln\frac{1-\beta}{\alpha}\Big/D \tag{3.89}$$

$$s = \ln\frac{1-p_0}{1-p_1}\Big/D \tag{3.90}$$

$$D = \ln\frac{p_1}{p_0} - \ln\frac{1-p_1}{1-p_0} \tag{3.91}$$

L_0 为接受 p_0 的边界线，L_1 为拒绝 p_0 的边界线，s 为边界线斜率，α 为生产方风险，β 为使用方风险. 以上判决过程如图 3.4 所示.

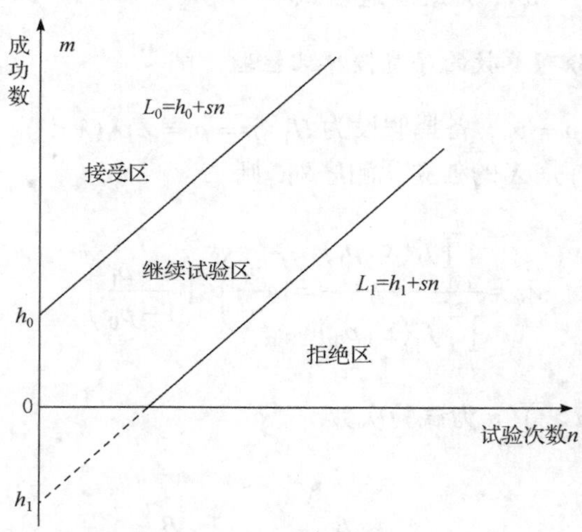

图 3.4　二项分布序贯试验方法图

3.2.4 Bayes 序贯检验方法

3.2.4.1 Bayes 序贯检验方法

考虑假设检验问题:

$$H_0:\theta=\theta_0;\quad H_1:\theta=\theta_1 \tag{3.92}$$

在获得样本 $X=(X_1,X_2,\cdots,X_n)$ 的观测值 $x=(x_1,x_2,\cdots,x_n)$ 的条件下，上述简单假设的决策公式为

$$\frac{P(H_1\mid x)}{P(H_0\mid x)}=\frac{P(H_1)\prod_{i=1}^{n}f(x_i\mid\theta_1)}{L}\Bigg/\frac{P(H_0)\prod_{i=1}^{n}f(x_i\mid\theta_0)}{L}=\frac{P(H_1)\prod_{i=1}^{n}f(x_i\mid\theta_1)}{P(H_0)\prod_{i=1}^{n}f(x_i\mid\theta_0)} \tag{3.93}$$

式中，$P(H_0\mid x)$，$P(H_1\mid x)$ 分别为 H_0，H_1 的后验概率.

$$P(H_0)=P(\theta=\theta_0),\quad P(H_1)=P(\theta=\theta_1)=1-P(H_0) \tag{3.94}$$

$$L=P(H_1)\prod_{i=1}^{n}f(x_i\mid\theta_1)+P(H_0)\prod_{i=1}^{n}f(x_i\mid\theta_0) \tag{3.95}$$

定义后验加权比为

$$\lambda_{Bn}=\frac{P(H_1)\prod_{i=1}^{n}f(x_i\mid\theta_1)}{P(H_0)\prod_{i=1}^{n}f(x_i\mid\theta_0)} \tag{3.96}$$

定义现场试验数据的似然比为

$$\lambda_n=\frac{\prod_{i=1}^{n}f(x_i\mid\theta_1)}{\prod_{i=1}^{n}f(x_i\mid\theta_0)} \tag{3.97}$$

则

$$\lambda_{Bn}=\lambda_n\frac{P(H_1)}{P(H_0)} \tag{3.98}$$

Bayes 序贯检验的决策规则为

(1) 若 $\lambda_{Bn}\leqslant A$，则终止试验，采纳 H_0；

(2) 若 $\lambda_{Bn}\geqslant B$，则终止试验，采纳 H_1；

(3) 若 $A<\lambda_{Bn}<B$，则不做判断，进行下一次试验.

1. 犯两类错误概率的计算

在样本空间 R_n 中，采纳 H_0 的点 $x=\left(x_1,x_2,\cdots,x_n\right)$ 须满足 $\lambda_{Bn}\leqslant A$，即

$$P\left(H_1\right)\prod_{i=1}^{n}f(x_i\mid\theta_1)\leqslant AP\left(H_0\right)\prod_{i=1}^{n}f(x_i\mid\theta_0) \tag{3.99}$$

记 $D_n=\left\{X:\lambda_{Bn}\leqslant A\right\}$ 为采纳 H_0 的集合，将上式在 D_n 上积分得到

$$\int_{D_n}P\left(H_1\right)\prod_{i=1}^{n}f(x_i\mid\theta_1)\mathrm{d}x\leqslant A\int_{D_n}P\left(H_0\right)\prod_{i=1}^{n}f(x_i\mid\theta_0)\mathrm{d}x \tag{3.100}$$

由于 $P\left(H_0\right)$，$P\left(H_1\right)$ 已知，所以上式等价于

$$P\left(H_1\right)\int_{D_n}\prod_{i=1}^{n}f(x_i\mid\theta_1)\mathrm{d}x\leqslant AP\left(H_0\right)\int_{D_n}\prod_{i=1}^{n}f(x_i\mid\theta_0)\mathrm{d}x \tag{3.101}$$

上式左端的积分项 $\int_{D_n}\prod_{i=1}^{n}f(x_i\mid\theta_1)\mathrm{d}x$，表示当 $\theta=\theta_1$ 为真时，采纳 H_0 的概率，即采伪的概率 $\beta\left(\theta_1\right)$，而 θ_1 的先验概率为 $P\left(H_1\right)$，故式子左端表示考虑了 θ 的先验概率时的采伪概率，记作 β_{π_1}，且

$$\beta_{\pi_1}=\beta\left(\theta_1\right)\cdot P\left(H_1\right) \tag{3.102}$$

式(3.101)右端的积分项 $\int_{D_n}\prod_{i=1}^{n}f(x_i\mid\theta_0)\mathrm{d}x$，表示当 $\theta=\theta_0$ 为真时，采纳 H_0 的概率，注意到

$$\begin{aligned}P\left(H_0\right)-P\left(H_1\right)\int_{D_n}\prod_{i=1}^{n}f(x_i\mid\theta_0)\mathrm{d}x&=P\left(H_0\right)\int_{R_n-D_n}\prod_{i=1}^{n}f(x_i\mid\theta_0)\mathrm{d}x\\ P\left(H_0\right)\int_{\lambda_{Bn}}\geqslant B\prod_{i=1}^{n}f(x_i\mid\theta_0)\mathrm{d}x&=P\left(H_0\right)\cdot\alpha\left(\theta_0\right)\end{aligned} \tag{3.103}$$

其中，$\alpha\left(\theta_0\right)$ 表示当 $\theta=\theta_0$ 为真时，采纳 H_0 的概率．θ_0 的先验概率为 $P\left(H_0\right)$，故上式表示考虑了 θ 的先验概率时的弃真概率，记作 α_{π_0}，且

$$\alpha_{\pi_0}=\alpha\left(\theta_0\right)\cdot P\left(H_0\right) \tag{3.104}$$

2. 决策边界 A,B 的计算

在给定 α_{π_0}，β_{π_1} 的条件下，可得

$$\beta_{\pi_1}\leqslant AP\left(H_0\right)\int_{D_n}\prod_{i=1}^{n}f(x_i\mid\theta_0)\mathrm{d}x \tag{3.105}$$

$$P\left(H_0\right)-P\left(H_0\right)\int_{D_n}\prod_{i=1}^{n}f(x_i\mid\theta_0)\mathrm{d}x\geqslant\alpha_{\pi_0} \tag{3.106}$$

即有

$$P(H_0)-\alpha_{\pi_0} \geqslant P(H_0)\int_{D_n}\prod_{i=1}^{n} f(x_i \mid \theta_0)\mathrm{d}x \tag{3.107}$$

可得

$$\beta_{\pi_1} \leqslant A\left(P(H_0)\alpha_{\pi_0}\right) \tag{3.108}$$

由此得

$$A \geqslant \frac{\beta_{\pi_1}}{\pi_0-\alpha_{\pi_0}} \tag{3.109}$$

同理可得

$$B \leqslant \frac{\pi_0-\beta_{\pi_1}}{\alpha_{\pi_0}} \tag{3.110}$$

其中 $\pi_0=P(H_0)$，$\pi_1=P(H_1)$.

可以得到 A, B 的取值

$$A \geqslant \frac{\beta_{\pi_1}}{\pi_0-\alpha_{\pi_0}}, \quad B \leqslant \frac{\pi_0-\beta_{\pi_1}}{\alpha_{\pi_0}} \tag{3.111}$$

3.2.4.2　正态分布参数的 Bayes 序贯检验

1. 均值的检验

假设样本观测值 $x=(x_1,\cdots,x_n)$ 服从正态分布 $N(\mu,\sigma^2)$，并且假设 σ^2 已知，对 μ 进行假设检验.

假设检验为

$$H_0: \mu=\mu_0; \quad H_1: \mu=\mu_1 \tag{3.112}$$

后验加权比为

$$O_n=\frac{P(H_1 \mid x)}{P(H_0 \mid x)}=\frac{P_{H_1}}{P_{H_0}} \frac{\exp\left(-\sum_{i=1}^{n}(x_i-\mu_1)^2/2\sigma^2\right)}{\exp\left(-\sum_{i=1}^{n}(x_i-\mu_0)^2/2\sigma^2\right)} \tag{3.113}$$

其中 $P_{H_0}=P(\mu=\mu_0)$，$P_{H_1}=P(\mu=\mu_1)$.

取

$$\lambda_n=\frac{\exp\left(-\sum_{i=1}^{n}(x_i-\mu_1)^2/2\sigma^2\right)}{\exp\left(-\sum_{i=1}^{n}(x_i-\mu_0)^2/2\sigma^2\right)}$$

$$=\exp\left(\frac{\mu_1-\mu_0}{\sigma^2}\sum_{i=1}^{n}x_i+\frac{n\left(\mu_0^2-\mu_1^2\right)}{2\sigma^2}\right) \tag{3.114}$$

则 $O_n \leqslant A$ 等价于 $\lambda_n \leqslant A_1$，$O_n \geqslant B$ 等价于 $\lambda_n \geqslant B_1$，$\lambda_n \leqslant A_1$ 等价于(两边取对数)

$$\frac{\mu_1-\mu_0}{\sigma^2}\sum_{i=1}^{n}x_i+\frac{n\left(\mu_0^2-\mu_1^2\right)}{2\sigma^2}\leqslant \ln A_1 \tag{3.115}$$

即得

$$\sum_{i=1}^{n}x_i\leqslant\sigma^2\ln\frac{A_1}{\mu_1-\mu_0}+n\left(\mu_0+\mu_1\right)/2=L_A \tag{3.116}$$

类似地，$\lambda_n \geqslant B_1$ 等价于

$$\sum_{i=1}^{n}x_i\geqslant\sigma^2\ln\frac{B_1}{\mu_1-\mu_0}+n\left(\mu_0+\mu_1\right)/2=L_B \tag{3.117}$$

判决法则为

(1) 若 $\sum_{i=1}^{n}x_i\leqslant L_A$，则接受 H_0；

(2) 若 $\sum_{i=1}^{n}x_i\geqslant L_B$，则拒绝 H_0；

(3) 若 $L_A<\sum_{i=1}^{n}x_i<L_B$，则继续试验.

以上判决过程如图 3.5 所示.

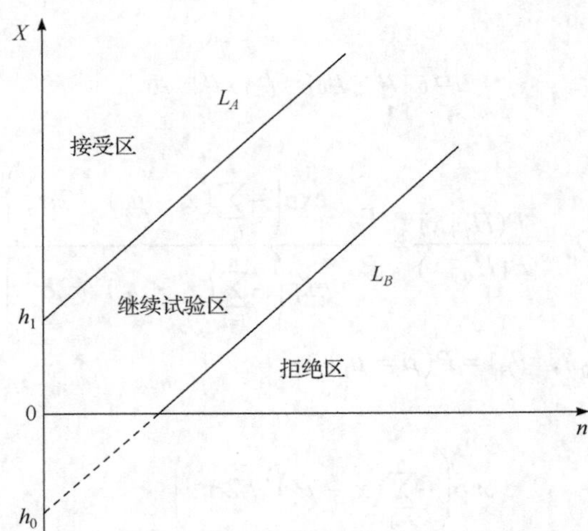

图 3.5 正态分布均值 Bayes 序贯试验方法图

2. 方差的检验

假设样本观测值 $x=(x_1,\cdots,x_n)$ 服从正态分布 $N(\mu,\sigma^2)$，并且 μ 假设已知，对 σ^2 进行假设检验.

假设检验为

$$H_0:\sigma^2=\sigma_0^2;\quad H_1:\sigma^2=\sigma_1^2\quad(\sigma_1^2>\sigma_0^2) \tag{3.118}$$

后验加权比为

$$O_n=\frac{P_{H_1}\prod_{i=1}^n f(x_i\mid\theta_1)}{P_{H_0}\prod_{i=1}^n f(x_i\mid\theta_0)}=\frac{P_{H_1}}{P_{H_0}}\frac{\left(1\big/\sqrt{2\pi\sigma_1^2}\right)^n\exp\left(-\sum_{i=1}^n(x_i-\mu)^2/2\sigma_1^2\right)}{\left(1\big/\sqrt{2\pi\sigma_0^2}\right)^n\exp\left(-\sum_{i=1}^n(x_i-\mu)^2/2\sigma_0^2\right)}$$

$$=\frac{P_{H_1}}{P_{H_0}}\left(\sigma_0^2/\sigma_1^2\right)^{n/2}\exp\left(-\left(1/\left(2\sigma_1^2\right)-1/\left(2\sigma_0^2\right)\right)\sum_{i=1}^n(x_i-\mu)^2\right)$$

其中 $P_{H_0}=P\left(\sigma^2=\sigma_0^2\right)$，$P_{H_1}=1-P_{H_0}=P\left(\sigma^2=\sigma_1^2\right)$.

取

$$\lambda_n=\left(\sigma_0^2/\sigma_1^2\right)^{n/2}\exp\left(-\left(1/\left(2\sigma_1^2\right)-1/\left(2\sigma_0^2\right)\right)\sum_{i=1}^n(x_i-\mu)^2\right) \tag{3.119}$$

则 $O_n\leqslant A$ 等价于 $\lambda_n\leqslant A_1$，$O_n\geqslant B$ 等价于 $\lambda_n\geqslant B_1$，$\lambda_n\leqslant A_1$ 等价于(两边取对数)

$$\lambda_n=\left(\sigma_0^2/\sigma_1^2\right)^{n/2}\exp\left(-\left(1/\left(2\sigma_1^2\right)-1/\left(2\sigma_0^2\right)\right)\sum_{i=1}^n(x_i-\mu)^2\right)\leqslant A_1 \tag{3.120}$$

$$-n/2\ln\left(\sigma_0^2/\sigma_1^2\right)-\left(1/\left(2\sigma_1^2\right)-1/\left(2\sigma_0^2\right)\right)\sum_{i=1}^n(x_i-\mu)^2\leqslant\ln A_1 \tag{3.121}$$

即得

$$\sum_{i=1}^n(x_i-\mu)^2\leqslant\left(\ln A_1+\frac{n}{2}\ln\left(\sigma_0^2/\sigma_1^2\right)\right)\Big/\left(1/\left(2\sigma_1^2\right)-1/\left(2\sigma_0^2\right)\right)=L_A \tag{3.122}$$

类似地，$\lambda_n\geqslant B_1$ 等价于

$$\sum_{i=1}^n(x_i-\mu)^2\geqslant\left(\ln B_1+\frac{n}{2}\ln\left(\sigma_1^2/\sigma_0^2\right)\right)\Big/\left(1/\left(2\sigma_0^2\right)-1/\left(2\sigma_1^2\right)\right)=L_B \tag{3.123}$$

判决法则为

(1) 若 $\sum_{i=1}^{n} x_i \leqslant L_A$，则接受 H_0；

(2) 若 $\sum_{i=1}^{n} x_i \geqslant L_B$，则拒绝 H_0；

(3) 若 $L_A < \sum_{i=1}^{n} x_i < L_B$，则继续试验.

以上判决过程如图 3.6 所示.

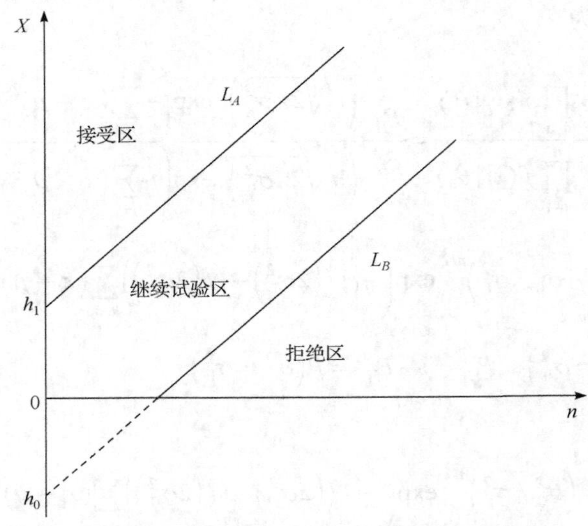

图 3.6　正态分布方差 Bayes 序贯试验方法图

3.2.4.3　二项分布参数的 Bayes 序贯检验

设统计假设为

$$H_0: p = p_0; \quad H_1: p = p_1 \tag{3.124}$$

试验总数为 n, 失效数为 r 的条件下, 二项分布假设的后验加权比为

$$O_n = \frac{P(H_1 \mid x)}{P(H_0 \mid x)} = \frac{P_{H_1} P_1^{n-r} \left(1-P_1\right)^r}{P_{H_0} P_0^{n-r} \left(1-P_0\right)^r} \tag{3.125}$$

其中 $P_{H_0} = P\left(p = p_0\right)$，$P_{H_1} = P\left(p = p_1\right) = 1 - P_{H_0}$.

取

$$\lambda_n = \frac{P_1^{n-r} \left(1-P_1\right)^r}{P_0^{n-r} \left(1-P_0\right)^r} \tag{3.126}$$

则 $O_n \leqslant A$ 等价于 $\lambda_n \leqslant A_1$，$O_n \geqslant B$ 等价于 $\lambda_n \geqslant B_1$.

进一步，$\lambda_n \leqslant A_1$ 等价于

$$(n-X)\ln(p_1/p_0)+r\ln((1-p_1)/(1-p_0)) \leqslant \ln A_1 \tag{3.127}$$

即得

$$n \geqslant \frac{r\left[\ln(p_1/p_0)-\ln((1-p_1)/(1-p_0))\right]+\ln A_1}{\ln(p_1/p_0)} = L_A \tag{3.128}$$

类似地，$\lambda_n \geqslant B_1$ 等价于

$$n \geqslant \frac{r\left[\ln(p_1/p_0)-\ln((1-p_1)/(1-p_0))\right]+\ln B_1}{\ln(p_1/p_0)} = L_B \tag{3.129}$$

在已出现 r 次失效时，则需要的试验总数 n 的相应判决法则为

(1) 若 $n \geqslant L_A$，则接受 H_0；

(2) 若 $n \leqslant L_B$，则拒绝 H_0；

(3) 若 $L_B < n < L_A$，则继续试验.

以上判决过程如图 3.7 所示.

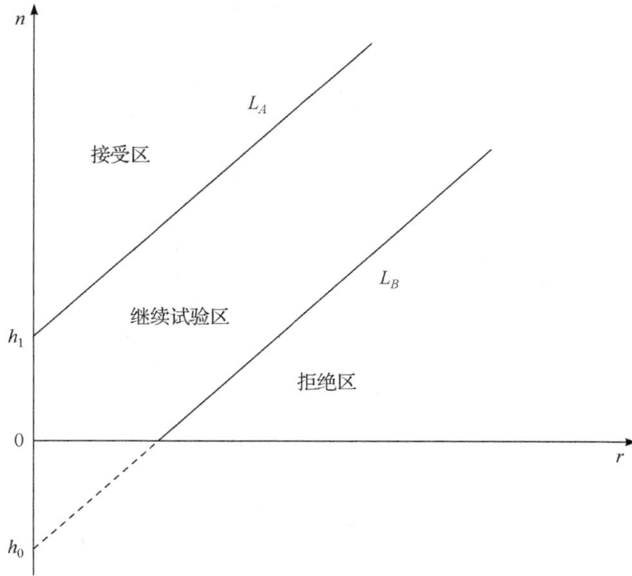

图 3.7 二项分布 Bayes 序贯试验方法图

3.2.5 假设检验算例

3.2.5.1 正态分布参数检验算例

检验某武器的直射距离是否大于给定距离 D, 直射距离服从正态分布 $N(\mu,1)$, 设在直射距离上散布概率误差 $E=0.5\text{m}$. 对直射距离均值 μ 作如下检验: $H_0:\mu=\mu_0=D$; $H_1:\mu=\mu_1=D+E$.

1. 经典假设检验

对于正态均值检验, 假设 $(X_1,X_2,\cdots,X_n)$ 为来自正态总体 $N\left(\mu_0,\sigma_0^2\right)$ 的简单随机样本, 样本均值为 $\bar{X}=\dfrac{1}{n}\sum_{i=1}^{n}x_i$, 样本量为 n, 假设方差 σ_0^2 已知.

若 H_0 为真, $\bar{X}\sim N\left(\mu_0,\dfrac{\sigma_0^2}{n}\right)$; 若 H_1 为真, $\bar{X}\sim N\left(\mu_{真},\dfrac{\sigma_0^2}{n}\right)$, 则有

$$\alpha=P\left(\bar{X}>c\,|\,H_0\text{为真}\right)=P\left(\frac{\bar{X}-\mu_0}{\sigma_0/\sqrt{n}}>\frac{c-\mu_0}{\sigma_0/\sqrt{n}}\middle|H_0\text{非真}\right) \tag{3.130}$$

$$1-\alpha=1-P\left(\bar{X}>c\,|\,H_0\text{为真}\right)=P\left(\frac{\bar{X}-\mu_0}{\sigma_0/\sqrt{n}}\leqslant\frac{c-\mu_0}{\sigma_0/\sqrt{n}}\middle|H_0\text{非真}\right) \tag{3.131}$$

$$\beta=P\left(\bar{X}\leqslant c\,|\,H_1\text{为真}\right)=P\left(\frac{\bar{X}-\mu_i}{\sigma_0/\sqrt{n}}\leqslant\frac{c-\mu_{真}}{\sigma_0/\sqrt{n}}\middle|H_1\text{非真}\right) \tag{3.132}$$

其中 c 为临界值, $\bar{X}$ 经标准化后服从 $N(0,1)$, 所以

$$1-\alpha=P\left(\frac{\bar{X}-\mu_0}{\sigma_0/\sqrt{n}}\leqslant\frac{c-\mu_0}{\sigma_0/\sqrt{n}}\right)=\varPhi\left(\frac{c-\mu_0}{\sigma_0/\sqrt{n}}\right)\Rightarrow\frac{c-\mu_0}{\sigma_0/\sqrt{n}}=Z_{1-\alpha} \tag{3.133}$$

$$\beta=P\left(\frac{\bar{X}-\mu_{真}}{\sigma_0/\sqrt{n}}\leqslant\frac{c-\mu_{真}}{\sigma_0/\sqrt{n}}\right)=\varPhi\left(\frac{c-\mu_{真}}{\sigma_0/\sqrt{n}}\right)\Rightarrow\frac{c-\mu_{真}}{\sigma_0/\sqrt{n}}=Z_\beta \tag{3.134}$$

上面两式分别解出 c 有

$$\begin{cases}c=\mu_0+Z_{1-\alpha}\dfrac{\sigma_0}{\sqrt{n}},\\ c=\mu_{真}+Z_\beta\dfrac{\sigma_0}{\sqrt{n}}\end{cases} \tag{3.135}$$

$Z_{1-\alpha}$ 和 Z_β 可查表得, 于是解(3.135)式可得

$$n=\left(\frac{\left(Z_{1-\alpha}-Z_{\beta}\right)\sigma_0}{\mu_{真}-\mu_0}\right)^2 \tag{3.136}$$

左侧检验与双侧检验同理，在两类错误条件下的样本量为

$$n=\left(\frac{\left(Z_{1-\beta}-Z_{\alpha}\right)\sigma_0}{\mu_{真}-\mu_0}\right)^2\text{——左侧检验} \tag{3.137}$$

$$n=\left(\frac{\left(Z_{1-\frac{\alpha}{2}}-Z_{\beta}\right)\sigma_0}{\mu_{真}-\mu_0}\right)^2\text{——双侧检验} \tag{3.138}$$

根据公式(3.136)得出表 3.1，表格给出了部分在两类风险 α，β 下正态分布经典假设检验的平均样本量计算结果. 其中，表 3.1—表 3.4 中的[n]均代表向上取整的试验数.

表 3.1　正态分布经典假设检验方差已知所需平均样本量

序号	α	β	[n]
1	0.10	0.10	27
2	0.15	0.15	18
3	0.20	0.20	12
4	0.25	0.25	8

2. Bayes 假设检验

在检验过程中取 0-1 损失函数，即 $C_{ij}=\left|i-j\right|(i,j=0,1)$. 根据公式(3.62)和公式(3.63)代入已知量，得出表 3.2. 表格给出了在两类风险 α_{π_0}，β_{π_1} 下正态分布 Bayes 假设检验中的平均样本量计算结果.

表 3.2　正态分布 Bayes 假设检验方差已知所需平均样本量

序号	α_{π_0}	β_{π_1}	[n]
1	0.10	0.10	20
2	0.15	0.15	16
3	0.20	0.20	13
4	0.25	0.25	11

3. 序贯检验

根据公式(3.78)得出表 3.3，表格给出了部分在两类风险 α，β 下正态分布序贯检验的平均样本量计算结果.

表 3.3 正态分布序贯检验方差已知所需平均样本量

序号	α	β	$[n]$
1	0.10	0.10	19
2	0.15	0.15	13
3	0.20	0.20	8
4	0.25	0.25	5

4. Bayes 序贯检验

根据先验信息，$P(H_0)=\pi_0=0.6$，$P(H_1)=\pi_1=1-\pi_0=0.4$.

根据公式(3.116)和(3.117)得出表 3.4, 表格给出了部分在两类风险 α_{π_0}，β_{π_1} 下正态分布 Bayes 序贯检验的平均样本量计算结果.

表 3.4 正态分布 Bayes 序贯检验方差已知所需平均样本量

序号	α_{π_0}	β_{π_1}	$[n]$
1	0.10	0.10	8
2	0.15	0.15	3
3	0.20	0.20	1
4	0.25	0.25	1

经典试验方案中对于给定 $\alpha_0=0.1,\beta_0=0.1$ 下的试验设计需要平均样本量为 27, 给定 $\alpha_0=0.15$, $\beta_0=0.15$ 下的试验设计需要平均样本量为 18, 而在相同条件下 Bayes 检验满足所需平均样本量为 20 和 16, 序贯概率比检验所需的平均样本量为 19 和 13, Bayes 序贯检验所需的平均样本量为 8 和 3.

3.2.5.2 二项分布参数检验算例

检验某武器的命中概率是否达标. 对命中概率 p 作如下检验: 原假设为 $H_0: p=p_0$，备择假设为 $H_1: p=p_1=\lambda p_0(\lambda<1)$.

1. 经典假设检验

根据公式(3.43)和(3.44)得出表 3.5, 表格给出了在两类风险 α, β 下二项分布经典假设检验的部分平均样本量计算结果.

其中, 表 3.5—表 3.8 中的$[n]$均代表向上取整的试验数.

表 3.5 二项分布经典假设检验所需平均样本量

p_0	p_1	α	β	$[n]$
		0.17	0.17	19
0.8	0.6	0.22	0.22	12
		0.25	0.25	9

2. Bayes 假设检验

在给定 Bayes 双方风险(相对风险或后验风险) α_{π_0}，β_{π_1} 及先验概率 π_0，π_1 时，可由公式(3.67)和(3.68)解得经典方法下的双方风险 α, β, 代入二项分布假设检验平均试验数公式, 计算结果如表 3.6 所示. 表格给出了在两类风险 $\alpha_{\pi_0}=\beta_{\pi_1}$ 下二项分布 Bayes 假设检验的部分平均样本量计算结果.

表 3.6　二项分布 Bayes 假设检验所需平均样本量

p_0	p_1	$\alpha_{\pi_0}=\beta_{\pi_1}$	π_0	$[n]$
0.8	0.6	0.17	0.50	19
			0.60	17
			0.70	13
		0.22	0.50	12
			0.60	10
			0.70	6

3. 序贯检验

根据公式(3.86)得出表 3.7, 表格给出了在两类风险 α, β 下二项分布序贯检验的部分平均样本量计算结果.

表 3.7　二项分布序贯检验所需平均样本量

p_0	p_1	α	β	$[n]$
0.8	0.6	0.17	0.17	18
		0.22	0.22	9
		0.25	0.25	4

4. Bayes 序贯检验

根据公式(3.128)和(3.129)得出表 3.8, 表格给出了在两类风险 $\alpha_{\pi_0}=\beta_{\pi_1}$ 下二项分布序贯检验的部分平均样本量计算结果.

表 3.8　二项分布 Bayes 序贯检验所需平均样本量

p_0	p_1	$\alpha_{\pi_0}=\beta_{\pi_1}$	π_0	$[n]$
0.8	0.6	0.17	0.50	18
			0.60	16
			0.70	11

续表

p_0	p_1	$\alpha_{\pi_0}=\beta_{\pi_1}$	π_0	$[n]$
			0.50	12
0.8	0.6	0.22	0.60	8
			0.70	4

通过对上表的分析可以得到, 当 $p_0=0.8$, $p_1=0.6$, 经典假设检验在当前条件下取两类风险均为 0.17 和 0.22 时, 需要的平均样本量为 19 和 12, 当引入先验信息, π_0 不等于 0.5 且逐渐增大时, 所需平均样本量逐渐减小. 采用序贯检验时, 所需平均样本量相较于经典假设检验方法有了明显的下降, 相同前提条件下, 平均样本量仅仅为 18 和 9. 当序贯检验引入 Bayes 方法后, π_0 不等于 0.5 且逐渐增大时, 平均样本量在序贯检验方法的基础上有了进一步的下降.

3.3 单精度响应曲面模型估计

结合单个阶段的试验数据, 可以构建对应的单精度响应曲面模型, 以便对装备性能进行评估或进行指标预测. 装备试验中, 精度型指标可用高斯过程模型进行拟合, 概率型指标则常用 Logistic 回归模型拟合, 下面分别进行介绍.

3.3.1 高斯过程模型

代理模型通常使用高斯过程模型. 假设 $f(x)$ 是一个高斯过程模型, 则其对应的模型表示如下:

$$f(x)=\beta^{\mathrm{T}}\psi(x)+\sigma^2 N(x,\omega) \tag{3.139}$$

其中 $\beta^{\mathrm{T}}\psi(x)$ 为高斯过程的均值(或趋势项), $\psi(x)$ 是基函数, β 为回归系数, $N(x,\omega)$ 是单变量均值为 0 的高斯过程, ω 由自相关函数 R 及超参数 θ 决定. 自相关函数 $R=R(x,x',\theta)$ 用来描述样本空间内 x, x' 两点之间的相关关系. 已知试验设计 $\chi=\{x_1,\cdots,x_n\}$ 以及其对应的输出响应值 Y, 那么高斯过程假设 $\hat{Y}$ 与真实的模型响应 Y 之间具有如下的高斯联合概率密度函数:

$$\begin{bmatrix}\hat{Y}\\ Y\end{bmatrix}=\mathcal{N}_{n+1}\left(\begin{bmatrix}\psi^{\mathrm{T}}(x)\beta\\ \Psi\beta\end{bmatrix},\sigma^2\begin{bmatrix}1 & r^{\mathrm{T}}(x)\\ r(x) & R\end{bmatrix}\right) \tag{3.140}$$

其中 Ψ 为 $n\times P$ 的信息矩阵, n 为试验设计样本点个数, P 为基函数个数, 且有 $\Psi_{ij}=\psi_j(x_i)$; R 为关于样本点的自相关函数, 有 $R_{ij}=R(x_i,x_j;\theta)$; $r(x)$ 为预测点

与样本点之间的相关函数，有 $r_i = R(x, x_i; \theta)$. 基于上述假设，计算得到响应估计 $\hat{Y}$ 的均值和方差分别如下：

$$\begin{aligned} \mu_{\hat{Y}}(x) &= \psi(x)^{\mathrm{T}} \beta + r(x)^{\mathrm{T}} R^{-1} (y - \Psi\beta) \\ \sigma_{\hat{Y}}^2 &= \sigma^2 (1 - r^{\mathrm{T}}(x) R^{-1} r(x) + u(x)^{\mathrm{T}} (\Psi^{\mathrm{T}} R^{-1} \Psi)^{-1} u(x)) \end{aligned} \tag{3.141}$$

其中 β 为对原模型的一般的最小二乘估计，即

$$\begin{aligned} \beta &= (\Psi^{\mathrm{T}} R^{-1} \Psi)^{-1} \Psi^{\mathrm{T}} R^{-1} Y \\ u(x) &= \Psi^{\mathrm{T}} R^{-1} r(x) - \psi(x) \end{aligned} \tag{3.142}$$

相关函数一般有以下几类：

(1) 线性相关函数族：$R(h;\theta) = \max\left\{0, 1 - \dfrac{|h|}{\theta}\right\}$.

(2) 指数型相关函数族：$R(h;\theta) = \exp\left(-\dfrac{|h|}{\theta}\right)$.

(3) 高斯型相关函数族：$R(h;\theta) = \exp\left(-\dfrac{h^2}{\theta^2}\right)$.

(4) Matérn 相关函数族：$R(h;\theta,\nu) = \dfrac{1}{2^{\nu-1}\Gamma(\nu)}\left(2\sqrt{\nu}\dfrac{|h|}{\theta}\right)^{\nu} \mathcal{K}_{\nu}\left(2\sqrt{\nu}\dfrac{|h|}{\theta}\right)$.

θ 是未知的，需要对其估计. 估计方法主要有极大似然估计或者交叉验证两种方法. 极大似然估计的思想在于选取恰当的 β, σ^2, θ 使得观测结果 $Y = \{\mathcal{M}(x_1), \cdots, \mathcal{M}(x_N)\}$ 的似然函数最大. 由于 Kriging 模型假设观测服从多元高斯分布，因此似然函数为

$$L(Y \mid \beta, \sigma^2, \theta) = \frac{\det(R)^{-1/2}}{(2\pi\sigma^2)^{N/2}} \exp\left[\frac{1}{2\sigma^2}(Y - \Psi\beta)^{\mathrm{T}} R^{-1} (Y - \Psi\beta)\right] \tag{3.143}$$

对上述似然函数求解，可得 β, σ^2 的估计量为

$$\begin{aligned} \beta &= \beta(\theta)(\Psi^{\mathrm{T}} R^{-1} \Psi) \Psi^{\mathrm{T}} R^{-1} Y \\ \sigma^2 &= \sigma^2(\theta) = \frac{1}{N}(Y - \Psi\beta)^{\mathrm{T}} R^{-1} (Y - \Psi\beta) \end{aligned} \tag{3.144}$$

由于 β, σ^2 都是关于 θ 的函数，将式(3.144)代入式(3.143)，极大似然函数问题转化为

$$\hat{\theta}_{ML} = \arg\min\left[\frac{1}{N}(Y - \Psi\beta)^{\mathrm{T}} R^{-1} (Y - \Psi\beta)\right] \det(R)^{-1/N} \tag{3.145}$$

3.3.2 Logistic 模型

Logistic 回归模型的基本形式由(3.146)式给出:

$$p_i = \frac{\exp(\alpha + \beta x_i)}{1 + \exp(\alpha + \beta x_i)} \tag{3.146}$$

式中，α 和 β 分别为回归截距和回归系数.

经过整理，可以得到

$$\frac{p_i}{1 - p_i} = \exp(\alpha + \beta x_i) \tag{3.147}$$

两边同取对数，令 $\ln\left(\frac{p_i}{1 - p_i}\right) = t_i$，(3.147)式可以化为

$$t_i = \alpha + \beta x_i \tag{3.148}$$

这样，就得到了如(3.148)式的一组线性关系，其中参数回归截距 α 和回归系数 β 可以通过具体的观测值 (x_i, p_i) 利用极大似然估计回归得出.

极大似然函数为

$$\begin{aligned} L(\alpha,\beta) &= \sum_{i=1}^{N} \ln p(y_i = 1 \mid x_i) \\ &= \sum_{i=1}^{N} \ln p_i(x_i;\alpha,\beta) \\ &= \sum_{i=1}^{N} [y_i \ln p(x_i;\alpha,\beta) + (1 - y_i)\ln(1 - p(x_i;\alpha,\beta))] \end{aligned} \tag{3.149}$$

对 α 和 β 求偏导并化简，得

$$\begin{cases} \dfrac{\partial L(\alpha,\beta)}{\partial \alpha} = \sum_{i=1}^{N} (y_i - p(x_i;\alpha,\beta)), \\ \dfrac{\partial L(\alpha,\beta)}{\partial \beta} = \sum_{i=1}^{N} x_i(y_i - p(x_i;\alpha,\beta)) \end{cases} \tag{3.150}$$

令 $\partial L(\alpha,\beta)/\partial\alpha = 0$，$\partial L(\alpha,\beta)/\partial\beta = 0$，利用 Newton 迭代法可以计算出 α，β.

考虑对(3.148)式的线性模型进行假设检验. 利用观测数据计算中间变量 t_i，考察回归系数 $\hat{\beta}$ 的分布. 检验假设 H_0： $\beta = 0$ 是否成立. 如果 H_0 成立，认为线性回归不显著；否则，认为线性回归显著.

若一元线性回归中 $\beta = \beta_0$，则

$$T=\frac{\hat{\beta}-\beta_0}{\sigma^*}\sqrt{\sum_{i=1}^{n}(x_i-\overline{x})^2}$$

服从自由度为$n-2$的 t 分布. 其中, $\sigma^*=\sqrt{\hat{\sigma}^{*2}}$, $\hat{\sigma}^{*2}$为线性模型随机误差ε的方差σ^2的无偏估计量. $\hat{\sigma}^{*2}$可以表示为

$$\hat{\sigma}^{*2}=\frac{n}{n-2}\hat{\sigma}^2=\frac{1}{n-2}\left[\sum_{i=1}^{n}\left(t_i-\frac{1}{n}\sum_{i=1}^{n}t_i\right)^2-\hat{\beta}^2\sum_{i=1}^{n}\left(x_i-\frac{1}{n}\sum_{i=1}^{n}x_i\right)^2\right] \tag{3.151}$$

给定显著水平δ, 抽样后计算得

$$T=\frac{\hat{\beta}\sqrt{\sum_{i=1}^{n}(x_i-\overline{x})^2}}{\sigma^*}$$

的数值. 若$|T|\geqslant t_{\delta/2}(n-2)$, 则认为线性回归显著; 若$|T|<t_{\delta/2}(n-2)$, 则认为线性回归不显著.

3.3.3 仿真案例

3.3.3.1 高斯过程模型算例

以雷达末制导系统干扰为例, 考虑窄带瞄准式干扰下的方位角跟踪精度(ATA), 影响因素主要为 2 个, 分别为干信比(ISR)、干扰带宽(IBW). 根据仿真试验数据结果进行高斯过程建模, 得到响应曲面模型如图 3.8.

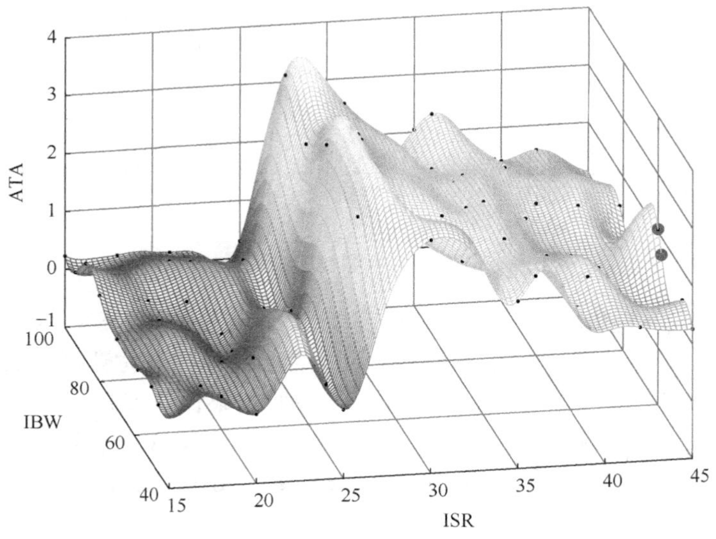

图 3.8　响应曲面模型估计

对模型的校验可采用交叉验证(cross-validation)中的留一(leave-one-out)验证法. 该方法每次选择 1 个试验点进行验证，利用其余所有试验点进行建模，利用该模型预测被验证试验点处的响应以及误差，并与该试验点处的实际响应作对比. 计算该试验点的标准化残差(SR):

$$\mathrm{SR}(x_i)=\frac{y_i-\hat{y}_{-i}(x_i)}{s_{-i}(x_i)}.$$

如果数据符合模型假设，SR 应服从标准正态分布. 对该数据进行分析：对比预测响应与实际响应来说明模型准确性，根据 SR 的分布是否在[−3,3]内判断异常点，根据 SR 与标准正态分布的 Q-Q 图(一个概率图，用图形的方式比较两个概率分布，将两个分布的分位数放在一起比较，用来在分布的位置-尺度范畴上可视化评估参数. 如果两个分布相似，则点在该图上趋近于落在 $y=x$ 线上. 如果两分布线性相关，则点在该图上趋近于落在一条直线上，但不一定在 $y=x$ 线上)判断 SR 是否正态以及模型是否有效. 模型校验结果如图 3.9 所示.

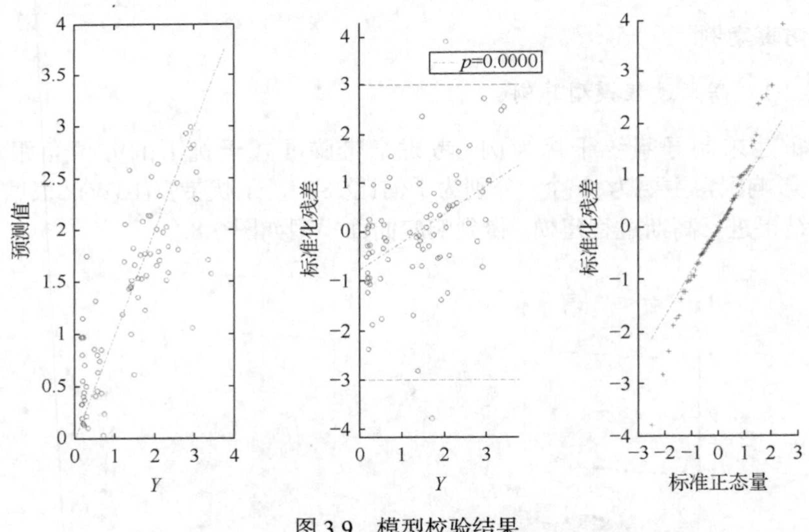

图 3.9 模型校验结果

根据交叉验证的结果，发现模型中存在 2 个异常点，且 SR 与 Y 具有显著相关性. 进一步对响应值进行变形处理，常用的形变函数有对数形变 $\ln(Y)$ 和倒数形变 $-1/Y$ 两种，经过变形后的响应曲面及校验结果比较发现，两种形变都没有改变 SR 与 Y 的相关性，但对数形变后的模型不存在异常点，故选取对数形变进行建模. 对数形变后的模型与模型校验结果如图 3.10 和图 3.11 所示.

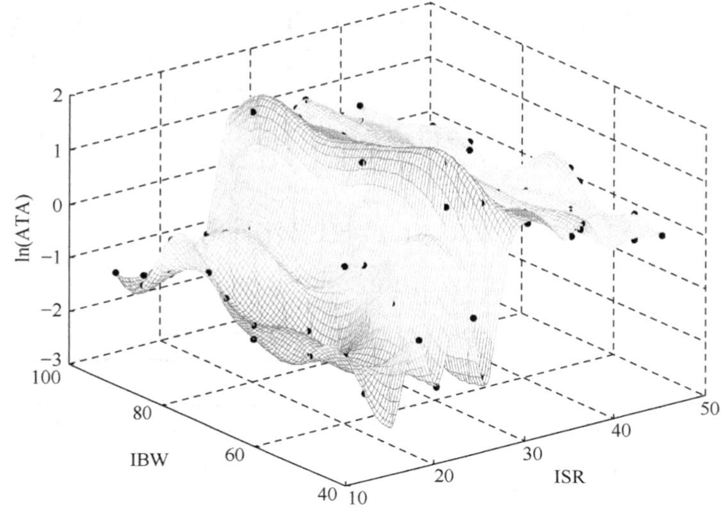

图 3.10　对数形变后的响应曲面模型估计

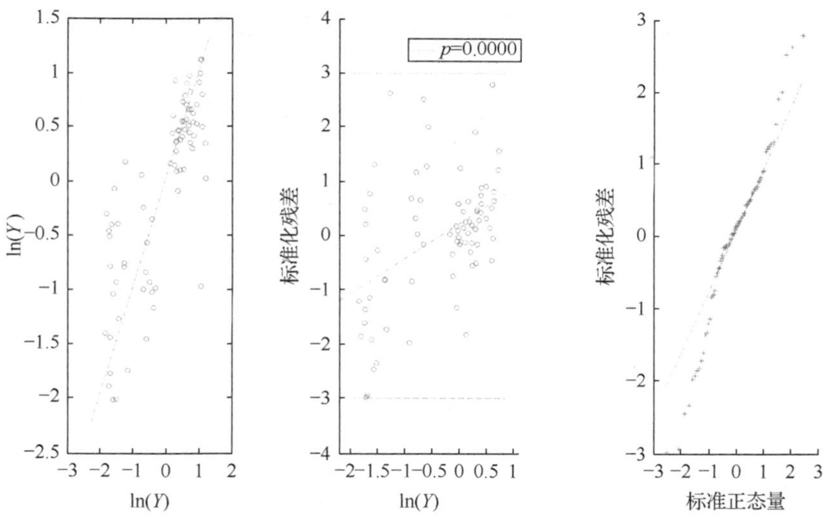

图 3.11　对数形变后的响应曲面和校验结果

3.3.3.2　Logistic 模型算例

导弹对目标的截获性能可以用目标截获概率来描述，目标截获概率是衡量目标探测能力的主要指标. 把信杂比(signal-to-clutter ration, SCR)作为自变量 X，目标截获结果(成功或失败)作为因变量 Y. 第 i 次截获目标时的信杂比为 x_i，则对应的因变量 $y_i=1$ 发生的条件概率 p_i 可表示为 $P\{y_i=1|x_i\}=p_i$.

针对不同的 SCR，根据蒙特卡罗方法对飞行试验进行 1000 次仿真，得出相应目标截获能力的统计结果. 假设在对应的SCR下, 进行 2 次实际飞行试验, 经验证均截获目标成功. 在四个不同的 SCR 下, 均取 $\gamma=\eta=0.05$, $P(H_1)=0.95$, 则仿真试验的可信度为 $P(H_1 \mid A)=0.935$, 由下式可计算截获概率. 设仿真试验目标截获概率为 $p_{仿}$, 飞行试验的目标截获概率为 $p_{实}$, 则改进后的观测结果 p_{SCR} 即为

$$p_{\mathrm{SCR}}=P(H_1 \mid A)\cdot p_{仿}+(1-P(H_1 \mid A))\cdot p_{实}$$

经过整理, 如表 3.9 所示.

表 3.9　信杂比与目标截获成功次数结果

SCR/dB	12	14	16	18
仿真试验截获成功次数/仿真试验次数	755/1000	828/1000	908/1000	960/1000
飞行试验截获成功次数/飞行试验次数	2/2	2/2	2/2	2/2
目标截获概率	76.725%	83.66%	91.26%	96.2%

利用 Newton 迭代法, 可以估计出 Logistic 回归模型的参数为 $\hat{\alpha}=-3.0205$, $\hat{\beta}=0.3414$.

关于目标截获概率的关系式 $\ln[P/(1-P)]$ 和 SCR 以及 P 与 SCR 的关系可以在图 3.12 中体现出来.

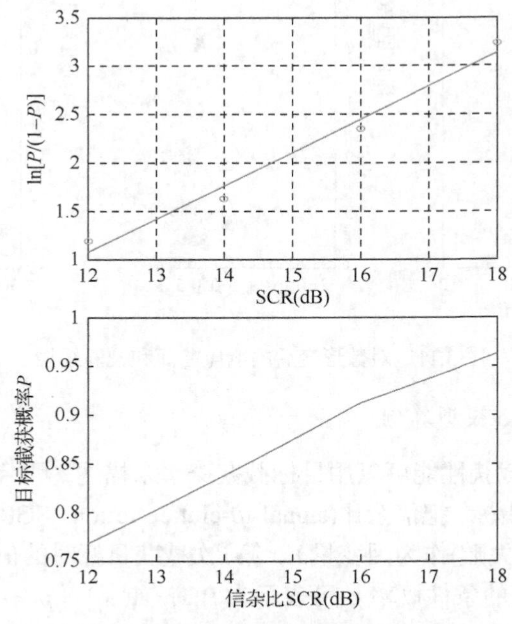

图 3.12　目标截获概率和 SCR 的关系

于是目标截获概率与信杂比之间的函数关系可以表示为

$$P = \frac{\exp(0.3414\text{SCR} - 3.0205)}{1 + \exp(0.3414\text{SCR} - 3.0205)}$$

对该模型进行假设检验，计算得 $T = 9.6497$，给定显著水平 $\delta = 2\%$，查表得 $t_{0.01}(2) = 6.9646$，$|T| > t_{0.01}(2)$，线性回归显著，该模型适用.

根据目标的尺寸大小、雷达参数以及环境因素，假设估算得到飞行试验的目标信杂比 $\text{SCR}_2 = 13.6\text{dB}$，则通过上式可以预测计算得出飞行试验的目标截获概率 $\hat{P} = 83.52\%$.

3.4 小　　结

本章重点针对装备试验“中间验证”，根据第 2 章样本量确定估算最小实施样本量，并开展试验得到数据后，对单个阶段试验数据的适应性评估方法进行研究. 这里的适应性，主要是根据装备试验指标最终的评估需求，按照参数估计、假设检验、模型构建选取适用的评估方法.

针对装备试验指标的参数估计和假设检验问题，分别介绍了无先验信息的经典统计方法和含先验信息的 Bayes 评估方法，并重点针对服从正态分布和二项分布的两种类型性能指标估计方法进行了研究. 特别地，针对未给定样本量前提下的假设检验问题，还着重研究了序贯概率比检验和 Bayes 序贯检验方法. 通过仿真案例结果发现，采用 Bayes 假设检验方法时，随着先验概率逐渐增大，所需平均样本量逐渐减小；采用序贯检验时，所需平均样本量相较于经典假设检验方法有了明显下降；若采用 Bayes 序贯假设检验方法，当先验概率逐渐增大时，平均样本量在序贯检验方法的基础上有了进一步下降.

针对模型构建问题，根据指标类型，分别介绍了服从正态分布指标的高斯过程模型参数估计和服从二项分布指标的 Logistic 模型参数估计方法. 发现利用初始探索性试验数据构建的模型并不十分精准或难以找到最优值，提出了构建高斯过程模型、选取或构造合适的适应性准则进而自适应加点的序贯设计方法. 仿真案例只取了影响对应指标的主要因素，针对多因素的响应模型参数估计方法也是通用的.

3.5 延展阅读——一发一中与百发百中的命中率估计

现有新兵和老兵各一人打靶. 新兵一发一中，老兵百发百中. 请问谁的射击水平更高?

从直觉来看，显然应该老兵的射击水平更高. 从统计理论而言，则分成了频率学派和 Bayes 学派两种观点. 根据频率学派观点，命中概率的点估计为$\hat{\theta}=\frac{r}{n}$，新兵和老兵的命中概率点估计都是 100%，两者射击水平一样高. 而根据 Bayes 学派观点，在没有任何先验信息的情况下，也就是说我们对打靶者没有任何了解，此时认为命中概率 θ 在[0,1]的区间内都有可能，服从[0,1]的均匀分布. 而在给定命中概率 θ 的情况下，命中次数 r 是服从二项分布的，根据 Bayes 公式，发现给定命中次数 r 时，命中概率 θ 的后验分布服从 Beta 分布，通过后验期望估计可以得到命中概率的点估计为$\hat{\theta}=\frac{r+1}{n+2}$，进而得到新兵的命中概率点估计约为 66.67%，老兵命中概率估计约为 99.02%.

为什么频率学派观点得到的结论与直觉不一致呢？这主要是因为只有根据大数定律，频率学派利用频率逼近概率的思想在大样本情况下才较为适用，一发一中属于极小样本，用频率学派进行估计显然是不合适的.

表 3.10 给出了频率学派与 Bayes 学派两种观点之间的主要差异.

表 3.10　频率学派与 Bayes 学派的差异

	频率学派	Bayes 学派
概率	频率逼近概率	概率是一种认知状态
参数	常量	随机变量
样本	随机变量	一旦取定就视为常量
信息	总体信息+样本信息	总体信息+样本信息+先验信息
缺陷	无法处理小子样等	先验分布的确定具有主观性
操作	需要构造统计量，并求其抽样分布	模式固定：先验+样本→后验
…	…	…

更进一步，如果我们对打靶者有更为准确的认知，比如知道打靶者射击水平很高，平时射击打靶的命中率都在 80%以上，那么此时可认为命中概率 θ 服从[0.8, 1]上的均匀分布，此时通过计算后验期望估计，可以得到命中概率点估计为$\hat{\theta}=\left(\frac{r+1}{n+2}\right)\left(\frac{1-0.8^{r+2}}{1-0.8^{r+1}}\right)$. 表 3.11 给出了不同先验信息对命中概率点估计的影响.

表 3.11　不同先验信息对命中概率估计的影响

		$n=r=1$	$n=100$, $r=100$	$n=100$, $r=80$
$\theta\sim U[0,1]$	频率学派	1	1	0.8
	Bayes 学派	0.6667	0.9902	0.7941
$\theta\sim U[0.8,1]$	频率学派	1	1	0.8
	Bayes 学派	0.9333	0.9903	0.8283

从表中可以发现, 对于不同的先验信息, 利用 Bayes 方法估计出来的结果并不相同, 尤其在小子样的情况下差异比较大. 由此可见, 合理的先验信息在小子样的情况下对 Bayes 方法的使用有着十分重要的影响.

第 4 章　多阶段试验适应性融合评估

针对装备指标“中间验证”考核问题，如果采用了多个阶段实施试验，在采集获得相应试验数据后，则需要对多阶段试验下的装备指标开展评估. 需要注意的是，在多阶段试验中，全数字仿真、半实物仿真、地面静态、平台挂飞等类型的等效试验与外场实装试验相比，由于随机误差因素考虑不全面、机理模型不完全准确、环境因素采用的模拟分布不能准确反映实地环境情况等，其试验结果往往存在一定的偏差. 并且，由于外场实装试验的小子样性，如果将多个阶段的数据完全不加考虑地采用 Bayes 方法直接放到一起融合，容易造成大量替代等效试验数据“淹没”小子样的外场实装试验数据，可能对最后评估结果的准确性和稳健性产生较大影响. 因此，多阶段的试验数据到底能不能进行融合、在什么样的标准下才能融合、如何解决“数据淹没”问题、如何评价给出使用方信服的结论，本章重点针对上述问题，对多阶段装备试验的融合评估开展研究.

针对多阶段试验数据到底能不能进行融合、应该怎样进行融合的问题，详细阐述了 Bayes 数据融合评估方法；针对如何解决“数据淹没”的问题，提出了基于代表点选取的外场试验数据融合评估方法；针对如何评价给出使用方信服结论的问题，提出了多阶段命中精度一致性分析与评估方法，以及多条件概率下的精度适应性评估方法.

针对多阶段试验下的模型构建问题，依据后续 7.2 节介绍的高低精度代理模型，只需通过不断得到的序贯设计点适应性更新模型参数以获得精确模型，因此模型构建问题在本章不再赘述.

4.1　Bayes 数据融合评估思想

数据融合是 20 世纪 70 年代随着对被测控目标的精度、容错性和鲁棒性等性能要求日益增加， 结合传感器技术和信息处理技术不断发展而诞生的一个新理论和方法. 美国联合指挥实验室(Joint Directors of Laboratories, JDL)从军事应用的角度给出了数据融合早期定义.

数据融合是将来自多个传感器和信息源的数据加以关联(association)、相关(correlation)和组合(combination)，以获得精确的位置估计(position estimation)和标识估计(identity estimation)，以及对战场情况和威胁及其重要程度进行适时的完整评价(evaluation)的一个过程. 这一定义是对数据融合所期望达到的功能的描述，包括低层次上的位置和身份估计，以及高层次上的态势评估(situation assessment)和威胁评估(threat assessment).

文献[156]中对上述定义进行了补充和修改，用状态估计代替位置估计，并加上了检测功能，给出如下更新定义：数据融合是一种多层次的、多方面的处理过程，这个过程是对多源数据进行检测、结合、相关、估计和组合以达到精确的状态估计和身份估计，以及完整、及时的态势评估和威胁评估.

美国联合指挥实验室的定义是：数据融合是组合数据或信息以估计和预测实体状态的过程. 文献[157]给出的定义是：数据融合是为了某一目的对多个实体包含的数据或信息的组合.

综合考虑上述几个定义，所谓数据融合就是针对多传感器系统这一特定问题而展开的一种关于信息处理的研究. 随着数据融合概念不断扩展，其研究的问题不仅针对多传感器系统，也包括其他装备系统的多种数据信息.

利用装备系统不同试验获得的数据信息，通过数据融合，可望得出对装备系统特征的更全面、更准确的认识.

低精度的仿真试验与高精度外场试验是在不同状态下进行的试验，因此两类试验结果可能存在系统偏差，不能直接进行融合. 工程中常用的方法是从物理机理模型出发，将低精度试验结果通过折合或者误差补偿，推算到实装试验状态下，再与实装试验小样本数据融合评估. 然而，该方法在推算过程中受各种误差因素的影响，折合或者误差补偿时必然会产生一定的折合误差. 特别地，当物理机理模型未知的情形下，折合和误差补偿方法不适用于两类试验结果的融合问题.

此时，可考虑将低精度试验结果视为先验历史数据，从数据驱动的角度进行数据融合. 当先验历史数据与高精度样本数据存在数据不一致性时，可做出不将低精度的仿真试验数据与高精度数据融合的决策. 当先验历史数据与高精度样本数据存在数据一致性时，需要从数据分布差异的角度考虑，计算先验数据的可信度，利用 Bayes 公式将低精度的仿真试验数据与高精度试验数据进行融合，如图 4.1 所示.

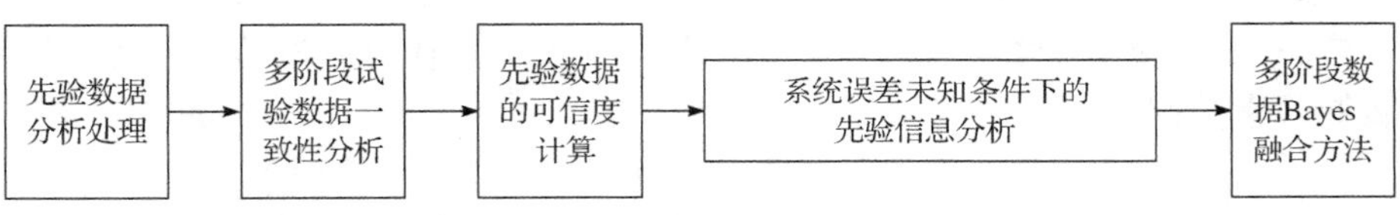

图 4.1　Bayes 融合技术图

4.2 先验数据分析处理

受成本、资源以及其他方面的限制, 装备系统在研制过程中不可能大量施行外场试验, 原型系统级试验具有小子样特点. 因此, 需要有效利用内场试验(全数字仿真试验、半实物仿真试验)等各种先验信息, 扩大信息量, 补充评估信息源. 在融合多类型、多阶段先验信息前需要进行先验信息的合理性分析, 包括数据异常值剔除、先验数据的分布求解等问题, 其流程见图 4.2.

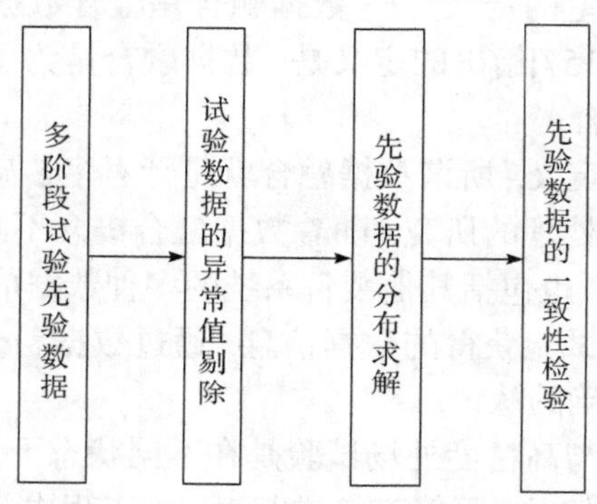

图 4.2　先验信息合理性分析流程图

4.2.1　先验数据的异常值剔除

对于异常值的处理, 通常考虑用统计判别方法进行剔除, 其基本思想是给定一置信度, 当误差超过此置信度时, 则认为是异常数据, 应予剔除. 常见的统计方法有很多, 根据已知的数据以及数据的特征, 给出经典格拉布斯检验法.

4.2.1.1　样本选取准则

在同一状态的样本进行异常值检验时对应遵守以下原则:

(1) 当检验数据为异常值时, 需进行物理判断, 才能决定对异常值进行处置;

(2) 若能找到技术上或其他原因, 则经使用、设计、试验单位同意后可进行修正, 其修正量应为非随机性的, 修正后的数据作为正常样本使用.

(3) 若能找到异常的明显因素, 且排除此因素后, 在以后试验中不再复现者, 则将此异常数据剔除;

(4) 若找不到物理原因, 则该异常值仍作为样本值, 不予剔除;

(5) 若检验数据非异常值, 但能找到异常的技术原因或其他原因, 也可作为异常值予以剔除.

4.2.1.2　基于格拉布斯检验法的异常值剔除方法

在对异常值进行处理时，使用统计判别方法中的格拉布斯检验法，其基本思想是给定一置信度，当误差超过此置信度时，则认为是异常数据，应予剔除.

根据格拉布斯检验法所述，在一组随机数据中，可能会出现异常值的情况有三种，即上侧、下侧和双侧的情况，分别对应最大值异常、最小值异常以及最大值最小值都可能异常的情况.

对于两侧都有可能出现异常值的情况，使用双侧情形的检验法，即对于随机变量 $X_1,\cdots,X_n$，计算统计量:

$$G_1(n)=\frac{X_{(n)}-\bar{X}}{S} \tag{4.1}$$

$$G_2(n)=\frac{\bar{X}-X_{(1)}}{S} \tag{4.2}$$

其中，$X_{(n)}$ 是数据的最大值，$X_{(1)}$ 是数据的最小值，$\bar{X}$ 和 S 是样本的均值和标准差，即

$$\bar{X}=\frac{X_1+\cdots+X_n}{n},\quad S=\sqrt{\frac{1}{n-1}\left(\sum_{i=1}^{n}X_i^2-n\bar{X}^2\right)} \tag{4.3}$$

假设确定显著性水平 α，在附录表中查出对应的 n，$\alpha/2$ 的临界值 $G_{1-\alpha/2}(n)$.

当 $G_1(n)>G_2(n)$ 且 $G_1(n)>G_{1-\alpha/2}(n)$ 时，判断 $X_{(n)}$ 为异常值；当 $G_2(n)>G_1(n)$ 且 $G_2(n)>G_{1-\alpha/2}(n)$ 时，判断 $X_{(1)}$ 为异常值；否则，判断“没有异常值”.

对于上侧或者下侧这种单侧可能异常的情况，依然采用上述统计量 $G_1(n)$ 和 $G_2(n)$.

对于上侧情况，确定显著性水平 α，在附录表中查出对应的 n，α 的临界值 $G_\alpha(n)$. 其中，当 $G_1(n)>G_\alpha(n)$ 时，判断 $X_{(n)}$ 为异常值，否则，判断“没有异常值”.

对于下侧情况，确定显著性水平 α，可查表得出对应的 n，α 的临界值 $G_\alpha(n)$，当 $G_2(n)>G_\alpha(n)$ 时，判断 $X_{(1)}$ 为异常值；否则，判断“没有异常值”.

4.2.2　先验分布的确定

在对多源数据进行处理之前，需要明确其数据来源和分布类型. 如果在试验之前已对参数 θ 有一定的认识，不论这些认识是主观的还是客观的，都有助于确定 θ 的先验分布. 即使不能完全确定先验分布的具体形式，对确定先验分布的类型、特征，以及它的某些参数值——分位点的值、期望、方差等，也都是有意义的. Bayes 方法，或称为专家咨询法，是根据专家的经验作出一个比较合理的推断.

比如, 医生告诉病人"手术成功的可能性是 90%". 这不是一个频率的解释, 而是根据医生以往做同类型手术得到的经验. Bayes 方法在很多领域得到了广泛的应用, 比如医学上使用的"专家咨询系统", 还有灾害预报等, 并在导弹的小子样试验问题中也得到了重要应用[123]. 当无历史资料可查、无其他经验可借鉴时, 无信息先验分布就是一种客观的、易被大家认可的先验分布, 在 Bayes 方法中占有特殊的地位. 如果对参数的分布有一定了解, 可考虑 4.2.2.2 节介绍的共轭分布法、最大熵原则、Bootstrap 方法和随机加权法. 其他常用的方法还有直方图法、定分度与变分度法、先验选择的矩方法等[154].

4.2.2.1　无信息先验分布的确定

所谓参数 θ 的无信息先验分布是指除参数 θ 的取值范围 Θ 和 θ 在总体分布中的地位之外, 不包含 θ 的任何信息的先验分布. 如正态分布 $N(\mu,\sigma^2)$ 的参数 μ 的取值范围是 $(-\infty,\infty)$, σ^2 的范围是 $(0,\infty)$. 另外, 从 Bayes 方法的观点来看, 参数 θ 与样本 $\boldsymbol{x}=(x_1,x_2,\cdots,x_n)$ 的联合分布密度 $p(x;\theta)$ 就是已知 θ 时 x 的条件密度 $p(x\,|\,\theta)$.

1. Bayes 假设

可将"不包含 θ 的任何信息"理解为对 θ 的任何可能值都"同样无知". 因此, 很自然地把 θ 的先验分布取为 Θ 上的"均匀"分布:

$$\pi(\theta)=\begin{cases} c, & \theta\in\Theta, \\ 0, & \theta\notin\Theta \end{cases} \tag{4.4}$$

其中 c 是一个常数. 例如, 假设一发导弹命中概率 $P(\theta=1)$ 和未命中概率 $P(\theta=0)$ 相等, 这里 $\Theta=\{0,1\}$, 由 $\sum\pi(\theta)=1$ 知 $c=1/2$.

上述观点通常称为 Bayes 假设. 使用 Bayes 假设可能会遇到一些麻烦, 主要体现在以下两个方面[154].

(1) 当 Θ 为无限区间时, 在 Θ 上无法定义一个正常的均匀分布.

例 4.1　设总体 $X\sim N(\theta,1)$, 其中 $\theta\in\mathbb{R}$. 那么 θ 的无信息先验是 $\mathbb{R}$ 上的均匀分布, 即 $\pi(\theta)=c,-\infty<\theta<\infty$. 此时 $\int_{\theta\in\mathbb{R}}\pi(\theta)\mathrm{d}\theta=+\infty\neq1$, 但这并不影响后验分布密度的计算:

$$\pi(\theta\,|\,x)=\frac{f(x\,|\,\theta)\pi(\theta)}{\int_{\theta\in\mathbb{R}}f(x\,|\,\theta)\pi(\theta)\mathrm{d}\theta}=\frac{1}{\sqrt{2\pi}}\exp\left\{-\frac{1}{2}(\theta-x)^2\right\}$$

这是一个正常的概率密度函数. 若用后验均值来估计 θ, 则有 $\hat{\theta}=x$. 这与经典方法的结果是一样的.

在应用中常取 $\pi(\theta)=1$ 作为实数集 $\mathbb{R}$ 上的均匀密度, 由于它并非一个有限区间内的概率分布, 为了将这种均匀分布纳入先验分布的行列, Bayes 统计学家引入了广义先验分布的概念.

定义 4.1　设总体 $X \sim f(x|\theta)$, $\theta \in \Theta$. 若 θ 的先验分布密度 $\pi(\theta)$ 满足下列条件: ① $\int_{\Theta} \pi(\theta) \mathrm{d}\theta = +\infty$, $\pi(\theta) \geqslant 0$; ②由此决定的后验密度 $\pi(\theta|x)$ 为正常的密度函数, 则称 $\pi(\theta)$ 为 θ 的广义先验分布.

(2) Bayes 假设不满足变换下的不变性.

例 4.2　考虑正态标准差 σ, 其参数空间为 $\mathbb{R}^+$, 定义变换 $\eta = \sigma^2$, 则 η 为正态方差, 在 $\mathbb{R}^+$ 上的映射为一一映射, 不会损失信息. 若 σ 是无信息参数, 那么 η 也是无信息参数, 且参数空间都为 $\mathbb{R}^+$. 根据 Bayes 假设, 它们的无信息先验分布都为常数, 应该成比例. 另一方面, 按概率运算法则, 若 $\pi(\sigma)$ 为 σ 的密度函数, 那么 η 的密度函数为

$$\pi^*(\eta) = \left| \frac{\mathrm{d}\sigma}{\mathrm{d}\eta} \right| \pi(\sqrt{\eta}) = \frac{1}{2\sqrt{\eta}} \pi(\sqrt{\eta})$$

因此, 若 σ 的无信息先验被选为常数, 为保持数学上的逻辑推理一致性, η 的无信息先验应与 $\eta^{-1/2}$ 成比例, 这与 Bayes 假设矛盾.

从例 4.2 可以看出, 不能随意设定一个常数为某参数的先验分布, 即不能随意使用 Bayes 假设. 如果不能使用 Bayes 假设, 无信息先验分布该如何确定, 这些问题将在下文进行讨论.

2. 尺度参数与位置参数的无信息先验

从上述 Bayes 假设中的讨论可以看出, 在无信息先验条件下, 分布参数采用均匀分布的假设并非总是可取的. 实际上, 从熵最大(见 4.2.2.2 节)和对称性(也即参数 θ 在其取值范围内, 取各个值的概率都相同)出发都可以解释 Bayes 假设. 而本节所讨论的是从“在群的作用下具有不变性”这一角度理解 Bayes 假设.

称密度函数形如

$$p(x;\mu,\sigma) = \frac{1}{\sigma} f\left(\frac{x-\mu}{\sigma}\right), \quad \mu \in (-\infty,\infty), \quad \sigma \in (0,\infty) \tag{4.5}$$

的分布为位置—尺度参数族, 其中, $f(x)$ 是一个完全确定的函数, μ 称为位置参数, σ 称为尺度参数. 正态分布、指数分布、均匀分布都属于这一类.

(1) 当 σ 已知时, 不妨取 $\sigma = 1$, 对观测样本作平移 $y = x + a$, 则 y 的密度函数为 $f(y - a - \mu)$, 它相当于将参数 μ 进行了平移. 显然对样本 $x_1, x_2, \cdots, x_n$ 估计 μ, 与对 $y_1, y_2, \cdots, y_n$ 估计 $\mu + a$ 等价. 因此 μ 的先验分布与 $\mu + a$ 的先验分布相同. 即 μ 的无信息先验在各点上取值相同, 此即为 $(-\infty,\infty)$ 上的均匀分布, 这正好与 Bayes 假设一致.

(2) 当μ已知时，不妨设$\mu=0$，对观测样本向量x作变换$y=cx$，则y的密度函数为$c^{-1}f(y/c\sigma)$，它相当于将参数σ换为$c\sigma$．在$(0,\infty)$上该变换是一个乘法群，相应的不变测度是唯一的，该测度对应的密度函数的核为$1/\sigma$．

(3) 当μ和σ均未知时，在样本空间作变换$y=cx+a$，$c>0$，则y的密度函数为$\dfrac{1}{c}f\left(\dfrac{y-a-c\mu}{c\sigma}\right)$，它相当于将参数作变换

$$\begin{pmatrix}\mu\\ \sigma\end{pmatrix}\to\begin{pmatrix}c & 0\\ 0 & c\end{pmatrix}\begin{pmatrix}\mu\\ \sigma\end{pmatrix}+\begin{pmatrix}a\\ 0\end{pmatrix} \tag{4.6}$$

该变换对应的不变测度的密度函数的核为$1/\sigma$，即μ和σ的先验分布是相互独立的．

综上，在无信息先验情况下，尺度参数和未知参数的无信息先验选取原则为

(i) 对于位置参数$\theta=\mu$，$\pi(\theta)$可取作

$$\pi(\theta)\propto 1 \tag{4.7}$$

(ii) 对于尺度参数σ，$\pi(\sigma)$可取作

$$\pi(\sigma)\propto\frac{1}{\sigma},\quad \sigma>0 \tag{4.8}$$

3. Jeffreys 准则

根据上面的讨论，Bayes 假设不满足变换下的不变性，为了克服这一矛盾，Jeffreys 提出了不变性的要求．他认为一个合理的决定先验分布的准则应具有不变性．从这一思想出发，Jeffreys 于 1961 年提出了不变原理——Jeffreys 准则，较好地解决了 Bayes 假设中的这个矛盾．Jeffreys 准则由两个部分组成：①给出了对先验分布的合理要求；②给出了合于要求的先验分布的具体求取方法．

设θ的先验分布为$\pi(\theta)$，若以θ的函数$g(\theta)$作为参数，且$\eta=g(\theta)$的先验分布为$\pi_g(\eta)$，则

$$\pi(\theta)=\pi_g(g(\theta))\left|g'(\theta)\right| \tag{4.9}$$

如果选出的$\pi(\theta)$符合条件(4.9)，则导出的先验分布不会互相矛盾．所以问题是如何找出满足(4.9)的$\pi(\theta)$．

为了解决这个问题，Jeffreys 巧妙地利用了 Fisher 信息矩阵的不变性．从经典方法可知，若$(x_1,x_2,\cdots,x_n)$与θ的联合分布密度是$p(x_1,x_2,\cdots,x_n;\theta)$，则考虑$\ln p(x_1,x_2,\cdots,x_n;\theta)$对$\theta$的偏微商，参数$\theta$的信息量：

$$I(\theta)=E\left(\frac{\partial\ln p(x_1,x_2,\cdots,x_n;\theta)}{\partial\theta}\right)^2 \tag{4.10}$$

如果 $x_1,\cdots,x_n$ 是独立同分布的，$x_i \sim f(x_i;\theta)$，$i=1,2,\cdots,n$，则

$$p\left(x_1,x_2,\cdots,x_n;\theta\right)=\prod_{i=1}^{n} f(x_i;\theta)$$

代入(4.10)式可得

$$I(\theta)=E\left(\sum_{i=1}^{n}\frac{\partial \ln f(x_i;\theta)}{\partial\theta}\right)^2=\sum_{i=1}^{n}E\left(\frac{\partial \ln f(x_i;\theta)}{\partial\theta}\right)^2=n\cdot E\left(\frac{\partial \ln f(x_1;\theta)}{\partial\theta}\right)^2 \tag{4.11}$$

(4.11)式表明，n 个独立样本提供的关于参数 θ 的信息量是一个样本的 n 倍. 如果参数 θ 是一个向量，相应于(4.11)的信息量就是一个信息矩阵，记 $\theta=\left(\theta_1,\theta_2,\cdots,\theta_k\right)^{\mathrm{T}}$，则

$$\left(\frac{\partial \ln p(x_1,\cdots,x_n;\theta)}{\partial\theta}\right)=\left(\frac{\partial \ln p(x_1,\cdots,x_n;\theta)}{\partial\theta_1},\cdots,\frac{\partial \ln p(x_1,\cdots,x_n;\theta)}{\partial\theta_k}\right)^{\mathrm{T}} \tag{4.12}$$

$$I(\theta)=E\left(\frac{\partial \ln p(x_1,x_2,\cdots,x_n;\theta)}{\partial\theta}\right)\left(\frac{\partial \ln p(x_1,x_2,\cdots,x_n;\theta)}{\partial\theta}\right)^{\mathrm{T}} \tag{4.13}$$

Jeffreys 准则指出，θ 的先验分布应以信息阵 $I(\theta)$ 的行列式的平方根为核，即

$$\pi(\theta)\propto\left|I(\theta)\right|^{1/2} \tag{4.14}$$

由于 $I(\theta)$ 为非负定矩阵，即 $\left|I(\theta)\right|\geqslant 0$，上式有意义.

由(4.14)所确定的先验分布满足(4.9)定义的不变性.

定理 4.1[155]　若以 θ 的函数 $g(\theta)$ 作为参数，$\eta=g(\theta)$ 与 θ 同维，则有

$$\left|I(\theta)\right|^{1/2}=\left|I(\eta)\right|^{1/2}\left|g'(\theta)\right|$$

总之, Jeffreys 准则就是用 $\left|I(\theta)\right|^{1/2}$ 作为先验分布的核. 构造 Jeffreys 先验的具体步骤如下:

(i) 得出样本的对数似然函数 $l(\theta\,|\,x)=\ln\left[\prod_{i=1}^{n}p(x_i\,|\,\theta)\right]=\sum_{i=1}^{n}\ln p(x_i\,|\,\theta)$；

(ii) 求样本的信息阵 $I(\theta)=E^{x|\theta}\left(-\dfrac{\partial^2 l}{\partial\theta_i\partial\theta_j}\right)$，$i,j=1,2,\cdots,k$；

(iii) θ 的无信息先验密度为 $\pi(\theta)\propto\left|I(\theta)\right|^{1/2}$.

例 4.3　设 $x=(x_1,x_2,\cdots,x_n)$ 为来自正态分布 $N(\mu,\sigma^2)$ 的样本，求 (μ,σ^2) 的 Jeffreys 先验.

令 $D=\sigma^2$，容易写出对数似然函数:

$$L(\mu,\sigma^2)=\frac{1}{2}\ln(2\pi)-\frac{n}{2}\ln D-\frac{1}{2D}\sum_i(x_i-\mu)^2 \tag{4.15}$$

其 Fisher 信息阵为

$$I(\mu,D)=\begin{pmatrix} E\left(-\dfrac{\partial^2 L}{\partial\mu^2}\right) & E\left(-\dfrac{\partial^2 L}{\partial\mu\partial D}\right) \\ E\left(-\dfrac{\partial^2 L}{\partial\mu\partial D}\right) & E\left(-\dfrac{\partial^2 L}{\partial D^2}\right) \end{pmatrix}=\begin{pmatrix} \dfrac{n}{D} & 0 \\ 0 & \dfrac{n}{2D^2} \end{pmatrix} \tag{4.16}$$

$$\det I(\mu,D)=\frac{n^2}{2D^3} \tag{4.17}$$

所以 (μ,σ^2) 的 Jeffreys 先验为

$$\pi(\mu,D)=D^{-\frac{3}{2}} \tag{4.18}$$

同理, 可得出

(1) 当 σ^2 已知时, $\pi(\mu)=1$, $\mu\in\mathbb{R}^1$.

(2) 当 μ 已知时, $\pi(\sigma)=1/\sigma$, $\sigma\in\mathbb{R}^+$.

(3) 当 μ 与 σ 独立时, $\pi(\mu,\sigma)=\sigma^{-2}$, $\mu\in\mathbb{R}^1$, $\sigma\in\mathbb{R}^+$.

一般而言, 无信息先验不是唯一的, 并且它们对 Bayes 统计推断的影响不大. 因此, 在无先验信息的情况下, 可以尝试上述方法导出的各种先验分布.

4.2.2.2 有信息先验分布的确定

当参数 θ 离散时, 对参数空间 Θ 中的每个点, 可根据专家经验给出主观概率; 当 θ 连续时, 可采用直方图方法、相对似然法和选定密度函数形式的方法来确定 $\pi(\theta)$. 本节将不对此进行讨论, 详细内容可参考[154, 155, 158, 159]. 下面介绍在试验的设计与评估中较为常用的几种方法.

1. 共轭分布法

Raiffa 和 Schlaifer 提出先验分布取共轭分布是比较合适的.

定义 4.2 设样本 $x_1,x_2,\cdots,x_n$ 对参数 θ 的条件分布为 $p(x_1,x_2,\cdots,x_n\mid\theta)$, 先验分布 $\pi(\theta)$ 称为 $p(x_1,x_2,\cdots,x_n\mid\theta)$ 的共轭分布, 是指 $\pi(\theta)$ 决定的后验分布密度 $h(\theta\mid x_1,x_2,\cdots,x_n)$ 与 $\pi(\theta)$ 是同一个类型的.

应着重指出的是, 共轭先验分布是对某一分布中的参数而言的, 如正态均值、正态方差、泊松均值等. 以下给出三种情况的共轭分布:

(1) 设 $x_1,x_2,\cdots,x_n$ 来自正态总体 $N(\mu,1)$, 使用充分统计量 $\bar{x}$, 则得

$$l(\mu\,|\,\overline{x}) \propto \mathrm{e}^{-\frac{n}{2}(\overline{x}-\mu)^2} \tag{4.19}$$

如用正态 $N(\mu_0,\sigma_0^2)$ 作为参数 μ 的先验分布密度 $\pi(\mu)$，则相应的后验分布密度为

$$h(\mu\,|\,\overline{x}) \propto \pi(\mu)\mathrm{e}^{-\frac{n}{2}(\overline{x}-\mu)^2} = \exp\left\{-\frac{1}{2}\left(\frac{1}{\sigma_0^2}+n\right)\left(\mu-\frac{\mu_0/\sigma_0^2+n\overline{x}}{1/\sigma_0^2+n}\right)^2+c\right\} \tag{4.20}$$

其中 c 为与 $\overline{x}$ 有关的常数，与 μ 无关，因此有

$$h(\mu\,|\,\overline{x}) \propto \exp\left\{-\frac{1}{2}\left(\frac{1}{\sigma_0^2}+n\right)\left(\mu-\frac{\mu_0/\sigma_0^2+n\overline{x}}{1/\sigma_0^2+n}\right)^2\right\} \tag{4.21}$$

它也是正态分布，于是 $N(\mu,1)$ 的共轭分布是正态分布.

(2) n 次独立试验中，事件 A 发生的次数 r 的分布是二项分布

$$\mathrm{C}_n^r\theta^r(1-\theta)^{n-r} \tag{4.22}$$

其中 θ 是每次试验 A 发生的概率. 若选 Beta 分布 $\mathrm{Beta}(a,b)$ 作为先验分布 $\pi(\theta)$，于是可得后验分布

$$h(\theta|r) \propto \pi(\theta)l(\theta|r) = \frac{\theta^{a-1}(1-\theta)^{b-1}}{\mathrm{Beta}(a,b)}\mathrm{C}_n^r\theta^r(1-\theta)^{n-r} \propto \theta^{a+r-1}(1-\theta)^{n+b-r-1} \tag{4.23}$$

可见 $h(\theta|r)$ 是 Beta 分布 $\mathrm{Beta}(a+r,b+n-r)$. 因此二项分布的共轭分布是 Beta 分布.

(3) 设 $x_1,\cdots,x_n$ 是来自指数分布的样本，它们对参数 θ 的条件分布密度是

$$p(x_1,x_2,\cdots,x_n;\theta) = \left(\frac{1}{\theta}\right)^n \mathrm{e}^{-\frac{1}{\theta}\sum_{i=1}^n x_i}, \quad x_i>0, \quad i=1,2,\cdots,n \tag{4.24}$$

如果取先验分布密度 $\pi(\theta)$ 是逆 Γ 分布，即

$$\pi(\theta) \propto \left(\frac{1}{\theta}\right)^{\alpha+1}\mathrm{e}^{-\frac{a}{\theta}}, \quad \theta>0 \tag{4.25}$$

于是

$$h(\theta\,|\,x_1,x_2,\cdots,x_n) \propto \left(\frac{1}{\theta}\right)^{\alpha+1}\mathrm{e}^{-\frac{a}{\theta}}\left(\frac{1}{\theta}\right)^n\mathrm{e}^{-\frac{1}{\theta}\sum_{i=1}^n x_i} = \left(\frac{1}{\theta}\right)^{\alpha+1+n}\mathrm{e}^{-\frac{1}{\theta}\left(a+\sum_{i=1}^n x_i\right)} \tag{4.26}$$

它仍是逆 Γ 分布，因此逆 Γ 分布是指数分布的共轭分布.

从上面的例子可以看出，给出了样本 $x_1,x_2,\cdots,x_n$ 对参数 θ 的条件分布后，根

据似然函数 $p(x_1,x_2,\cdots,x_n|\theta)$，选取与似然函数具有相同核的分布作为先验分布 $\pi(\theta)$，就可能找到合适的共轭分布. 表 4.1 给出了常用的共轭先验分布.

表 4.1　常用的共轭先验分布表

总体分布	参数	共轭先验分布
二项分布	成功概率	Beta 分布 $\mathrm{Beta}(\alpha,\beta)$
泊松分布	均值	Γ 分布 $G_a(\alpha,\lambda)$
指数分布	均值的倒数	Γ 分布 $G_a(\alpha,\lambda)$
正态分布(方差已知)	均值	正态分布 $N(\mu,\sigma^2)$
正态分布(均值已知)	方差	逆 Γ 分布 $IG_a(\alpha,\lambda)$
正态分布(均值、方差均未知)	方差、均值	正态－逆 Γ 分布

例 4.4　设 $x_1,x_2,\cdots,x_n$ 来自正态总体 $N(\mu,\sigma^2)$，其中 σ^2 已知，μ 未知，取 $\pi(\mu)=N(\mu_0,\sigma_0^2)$，求 μ 的估计.

解　由 Bayes 公式可得后验分布 $h(\mu|\overline{x})=N(\mu_1,\sigma_1^2)$. 其中,

$$\mu_1=\frac{\sigma^2}{n\sigma_0^2+\sigma^2}\mu_0+\frac{n\sigma_0^2}{n\sigma_0^2+\sigma^2}\overline{x}\text{，}\quad \sigma_1^{-2}=\sigma_0^{-2}+n\sigma^{-2}$$

这表明: 后验均值 μ_1 是样本均值 $\overline{x}$ 与先验均值 μ_0 的加权平均. 其中，σ_0^{-2} 表示了先验分布的精度, 样本分布的精度可用 $n\sigma^{-2}$ 表示, 那么后验分布的精度是先验分布的精度与样本均值的精度之和, 则增加样本量 n 或减少先验分布的方差都有利于后验分布精度的提高.

综上所述, 很多场合采用共轭分布, 主要是因为它有如下两个优点:

(1) 对后验分布的参数给出了很好的解释;

(2) 方便计算, 且从共轭分布导出的估计量具有明确的统计意义.

从 Bayes 公式可以看出, 后验分布既反映了参数 θ 的先验信息, 又反映了 $x_1,\cdots,x_n$ 提供的样本信息. 共轭型分布要求先验分布与后验分布属于同一类型, 就是要求经验知识与样本信息有一致性. 如果将得到的后验分布作为进一步试验的先验分布, 则获得新样本后, 新的后验分布仍为同一类型.

正是因为这些优点, 共轭分布法在工程实际中得到了广泛应用.

2. 最大熵原则

信息论的产生, 形成了描述事物不确定性的概念——熵. 通过熵可以导出一种确定先验分布的方法. 最大熵方法的出发点是当有一部分先验信息可以利用, 但先验分布形式未知时, 希望能找到含最少信息的分布.

定义 4.3　设 Θ 为离散的未知参数集，随机变量 x 的熵为 $-\sum_i p_i \ln p_i$，其中 p_i 为 x 取可列个值的概率，记 x 的熵为 $H(x)$；对连续型参数空间 Θ，若 $x \sim f(x)$，且积分 $-\int f(x)\ln f(x)\mathrm{d}x$ 有意义，则称它为 x 的熵，也记为 $H(x)$.

从上面的定义可以看出，两个随机变量具有相同的分布时，它们的熵相等，因此熵只与分布有关. 有下列常用的不等式:

(1) 若离散随机变量 x 取有限个值的概率为 $p_1, p_2, \cdots, p_n$，则 $H(x)$ 最大的充要条件是 $p_1 = p_2 = \cdots = p_n = \dfrac{1}{n}$.

(2) 对分布密度 $f_i(x)$,$i=1,2$，当下式两端有意义时有

$$\int f_1(x)\ln f_1(x)\mathrm{d}x \geqslant \int f_1(x)\ln f_2(x)\mathrm{d}x \tag{4.27}$$

类似于(4.27)式可得出离散型相应的结果.

考虑在 $(0,T)$ 上的随机变量 ξ，其有连续的密度函数 $f_1(\xi)$，取 $f_2(\xi)$ 为 $(0,T)$ 上的均匀分布，即

$$f_2(\xi)=\begin{cases}\dfrac{1}{T}, & 0<\xi<T,\\ 0, & \text{其他}\end{cases} \tag{4.28}$$

由(4.27)式得 $\int f_1(x)\ln f_1(x)\mathrm{d}x \geqslant \int f_1(x)\ln f_2(x)\mathrm{d}x = -\ln T$，即 $H(\xi)\leqslant \ln T$. 这说明在 $(0,T)$ 上的均匀分布是熵最大的分布.

上述结果表明，在有限范围内取值的随机变量，它的分布是均匀分布时熵达到最大值，Bayes 假设就相当于选最大熵相应的分布作为无信息先验分布. 如果“无信息”意味着不确定性最大，那么无信息先验分布应是最大熵所相应的分布. 所以最大熵原则可以概括为: **无信息先验分布应取参数 θ 的变化范围内使熵最大的分布**.

最大熵原则比 4.2.2.1 节的 Bayes 假设改良了不少，但是并非在各种情况下都存在最大熵的分布，尤其是在无限区间上. 下面的定理 4.2 说明了最大熵存在的条件[83].

定理 4.2　设随机变量 ξ 满足条件 $Eg_i(\xi)=\mu_i, i=1,2,\cdots,k$，其中 $g_i(\xi)$ 与 μ_i 为已知的函数和常数，使 ξ 的熵达到最大的分布密度 $f^*(\xi)$ 存在时，它一定有下述表达式:

$$f^*(\xi)=\exp\left[\sum_{i=1}^{k}\lambda_i g_i(\xi)\right]\Big/\int \exp\left[-\sum_{i=1}^{k}\lambda_i g_i(\xi)\right]\mathrm{d}\xi \tag{4.29}$$

其中 $\lambda_1, \lambda_2, \cdots, \lambda_k$ 使得等式:

$$\int g_i(\xi) f^*(\xi) \mathrm{d}\xi = \mu_i \ , \quad i = 1,2,\cdots,k \tag{4.30}$$

都成立.

定理 4.2 说明, 对无限范围内取值的参数, 如果对它的先验分布的矩有一定的了解, 则可用(4.29)获得相应的最大熵分布. 特别值得注意的是, 如果知道了先验分布的若干分位点, 同样可用(4.29)求出最大熵分布. 在实际工作中, 凭借过去的经验估计几个分位点往往是不难的, 比如说"试验成功的可能性大于1/4, 小于3/4".

例 4.5 设参数 $\theta \in \mathbb{R}$, 且 θ 的先验期望为 μ_0, 方差为 σ_0^2. 考虑先验分布集合

$$\mathcal{P} = \left\{ p(\theta) \mid p(\theta) \geqslant 0, \int_{-\infty}^{\infty} \theta p(\theta) \mathrm{d}\theta = \mu_0, \int_{-\infty}^{\infty} (\theta - \mu_0)^2 p(\theta) \mathrm{d}\theta = \sigma_0^2 \right\}$$

中的最大熵分布. 以 $p_0(\theta)$ 表示正态分布 $N(\mu_0, \sigma_0^2)$ 的密度函数, 显然 $p_0(\theta) \in \mathcal{P}$. 根据(4.27)式, 对任一 $p_1(\theta) \in \mathcal{P}$, 有

$$\int p_1(\theta) \ln p_1(\theta) \mathrm{d}\theta \geqslant \int p_1(\theta) \ln p_0(\theta) \mathrm{d}\theta = \ln \frac{1}{\sigma_0 \sqrt{2\pi}} - \frac{1}{2} = \int p_0(\theta) \ln p_0(\theta) \mathrm{d}\theta$$

因此, 最大熵先验为 $N(\mu_0, \sigma_0^2)$, 即期望、方差均为指定常数时, 相应的最大熵分布就是正态分布.

3. Bootstrap 方法和随机加权法

Bootstrap 方法[160]是美国斯坦福大学统计系教授 Efron 在总结归纳前人研究成果的基础上提出的一种新的统计推断方法. 该方法只依赖于给定的观测信息, 而不需要其他假设和增加新的观测. 由于其无先验性和可产生任意数量的数据样本的特性, Bootstrap 方法在小子样问题中受到了关注[161].

设随机子样 $X = (X_1, X_2, \cdots, X_N)$ 来自未知的总体分布 F, $R(X, F)$ 是某个预先选定的随机变量. Bootstrap 方法的基本思想和步骤如下:

(i) 由子样观测值 $x = (x_1, x_2, \cdots, x_N)$ 构造子样经验分布函数 $F_N(x)$, $F_N(x)$ 在每点 x_i 具有权重 N^{-1}, $i = 1,2,\cdots,N$;

(ii) 在 $F_N(x)$ 中重新抽样得 Bootstrap 样本 $X_i^* \sim F_N(x)$, $X_i^* = x_i^*$, $i = 1,2,\cdots,N$, 称 $X^* = (X_1^*, X_2^*, \cdots, X_N^*)$ 为再生样本;

(iii) 分布 $R^* = R(X^*, F_N)$ 称为 Bootstrap 分布, 用来逼近 $R(X, F)$ 的分布.

Bootstrap 方法的核心是利用再生样本(或称为自助样本)来估计未知概率测度的统计量的统计特性. 关键环节就是再生样本的获取. 该方法不假定观测数据符合某一分布形式, 而是直接由经验分布进行抽样, 属于非参数法范畴. 在实际中常采用蒙特卡罗方法来实现, 下面介绍其中两种:

(1) 直接利用原始数据，构造随机的函数产生 1 到 m 内的整数，利用此函数产生的 N 个随机整数作为下标，再生样本取为对应这些下标的原始数据，即间接利用了经验分布函数.

(2) 对经验分布进行抽样. 设 $U(0,1)$ 可以产生 0 ~ 1 间的任意小数，取 $U=U(0,1)$，定义 $p=(n-1)U$, $I=[p]+1$，则第一个再生样本为 $X_1^*=X_I+(P-I+1)(X_{I+1}-X_I)$，如此循环直到获得 N 个再生样本.

从非参数统计的观点看，$F_N(x)$ 是 $F(x)$ 的非参数极大似然估计，它为离散分布，$X^*\sim F_N$，其可能的值为 $\{x_1,x_2,\cdots,x_N\}$，均值、方差分别是

$$E\left(X^*\right)=\frac{1}{N}\sum_{i=1}^{N}x_i=\bar{x},\quad \operatorname{var}\left(X^*\right)=\frac{1}{N}\sum_{i=1}^{N}(x_i-\bar{x})^2=S^2$$

可以看出，样本观测 X 一旦给定，$F_N(x)$ 便可确定，从而可得到 Bootstrap 子样，进一步便可获得 Bootstrap 分布，然后进行统计推断. 实际上, Bootstrap 的应用效果在很大程度上取决于经验分布的选取和样本数的大小[162].

注 4.1　有限样本下直接估计分布密度及其参数是一个不适定的问题. 在大样本情形下可以有很好的估计. 小样本情形下难以估计准确，所以才求助于 Bootstrap 方法来求出估计的偏差. 另外, Efron 指出, Bootstrap 方法所指的小样本数目一般在 10 左右. 样本太少时，该方法并不适合.

与 Bootstrap 方法相仿的是随机加权法[163]，它与 Bootstrap 方法在采样策略上不同，其采样过程如下：先产生 N 组 Dirichlet $D(1,1,\cdots,1)$ 的随机向量序列 $V_{(1)},V_{(2)},\cdots,V_{(N)}$，每一组序列如下生成：设 $v_1,\cdots,v_{n-1}$ 是 $[0,1]$ 上均匀分布的独立同分布序列，将它们按照从小到大的次序重新排列得到次序统计量：$v_{(1)},v_{(2)},\cdots,v_{(n-1)}$. 记 $v_{(0)}=0$，$v_{(n)}=1$, 则 $V_i=v_{(i)}-v_{(i-1)}\ (i=1,\cdots,n)$ 的联合分布为 $D_n(1,1,\cdots,1)$，$V=(V_1,\cdots,V_n)$ 就是所需要的 $D_n(1,1,\cdots,1)$ 随机向量. 再利用出现概率作为加权因子得到待估参数的估计值，这就得到了一组估计样本，重复这个过程生成其他再生样本.

下面给出一个数值例子来说明，小子样下 Bootstrap 模拟的分布与实际样本取值的相关性是很大的.

例 4.6　利用 Bootstrap 方法获取导弹密集度 σ^2 的先验分布.

导弹落点偏差的数据为 $x_1,x_2,\cdots,x_n$. 假设有 $x_i\sim N(\mu,\sigma^2)$，$i=1,\cdots,n$，则 $X=(x_1,x_2,\cdots,x_n)$ 的经验分布 F_n 也是正态的. 用经验分布 F_n 的方差 $\hat{\sigma}^2$ 来估计 σ^2，则有估计误差 $R_n=\hat{\sigma}^2-\sigma^2$，构造 Bootstrap 统计量 $R_n^*=\hat{\sigma}^{*2}-\hat{\sigma}^2$，其中 $\hat{\sigma}^{*2}=\frac{1}{n-1}\sum_{i=1}^{n}(X_i^*-\bar{X}^*)^2$，$\bar{X}^*=\frac{1}{n}\sum_{i=1}^{n}X_i^*$；而 $(X_1^*,X_2^*,\cdots,X_n^*)$ 是从 F_n 中独立

抽取的子样. 这样就可以用 R_n^* 的分布去模拟估计误差 R_n 的分布. 具体步骤如下:

(1) 由落点偏差 $X=(x_1,x_2,\cdots,x_n)$ 求出 $\hat{\mu}=\frac{1}{n}\sum_{i=1}^{n}x_i$, $\hat{\sigma}^2=\frac{1}{n-1}\sum_{i=1}^{n}(x_i-\hat{\mu})^2$, 由此确定经验分布 F_n 的均值和方差.

(2) 从 F_n 产生 N 组 Bootstrap 子样(N 足够大):

$$X^*(1),X^*(2),\cdots,X^*(N)$$

其中 $X^*(k)=(x_{k1}^*,x_{k2}^*,\cdots,x_{km}^*), k=1,2,\cdots,N$, 这里 m 为每组样本的容量, 可大于或等于 n, 但用于 Bootstrap 统计量的样本数则必须等于 n.

(3) 对每组 $X^*(k)$, 求出 Bootstrap 统计量 $R_n^*(k)$, $k=1,2,\cdots,N$.

(4) 以 $R_n^*(k)$ 作为 R_n 的估计, 于是得到 σ^2 的一组估计: $\hat{\sigma}_1^2,\hat{\sigma}_2^2,\cdots,\hat{\sigma}_N^2$, 其中 $\hat{\sigma}_k^2=\hat{\sigma}^2-R_n^*(k)$, $k=1,2,\cdots,N$.

(5) 由估计值 $\hat{\sigma}_1^2,\hat{\sigma}_2^2,\cdots,\hat{\sigma}_N^2$ 作直方图, 从而得到 σ^2 的先验分布的密度函数 $\pi(\sigma^2)$.

假设导弹落点纵向偏差 $X\sim N(0,1)$, 单位为 1km. 取四组小子样样本, 每组采样数为 8, 在每组 8 个样本点的基础上进行 Bootstrap 仿真估计方差的分布. 结果如下:

第一组采样: $X_1=[-0.1293, 1.3374, 0.4223, -0.0621, -0.7646, 0.4322, 0.0511, -0.7862]$, $\hat{\mu}_1=0.0626$, $\hat{\sigma}_1^2=0.4783$.

第二组采样: $X_2=[1.0781, 1.4725, -0.9072, 0.0798, 1.7558, -0.2215, -0.8213, -1.3594]$, $\hat{\mu}_2=0.1346$, $\hat{\sigma}_2^2=1.3814$.

第三组采样: $X_3=[-0.0682, 0.4951, -1.8268, -2.1485, 0.2072, -1.2181, 1.8959, -0.5351]$, $\hat{\mu}_3=-0.3998$, $\hat{\sigma}_3^2=1.7616$.

第四组采样: $X_4=[1.7734, -1.1130, 0.3571, -1.0964, 0.2499, 1.0541, 0.5231, 0.5650]$, $\hat{\mu}_4=0.2891$, $\hat{\sigma}_4^2=0.9730$.

每组样本各取 500 组共 4000 个 Bootstrap 样本进行仿真, 方差密度估计结果见图 4.3. 从图中可以看到, 第 l 组 $(l=1,2,3,4)$ 样本经由 Bootstrap 方法得到方差估计密度函数图峰值对应的横轴坐标值与 $\hat{\sigma}_l{}^2$ 比较接近, 与真实 σ^2 之间没有本质联系. 由此可见, 小子样下 Bootstrap 方法得到的方差估计是与实际样本取值密切相关的, 与真实的方差可能相差较大. Bootstrap 方法的本质是"将样本替代总体", 其优点是可以在分布形式未知的情形下得到分布参数的估计, 其缺点是严重依赖初始采样的结果.

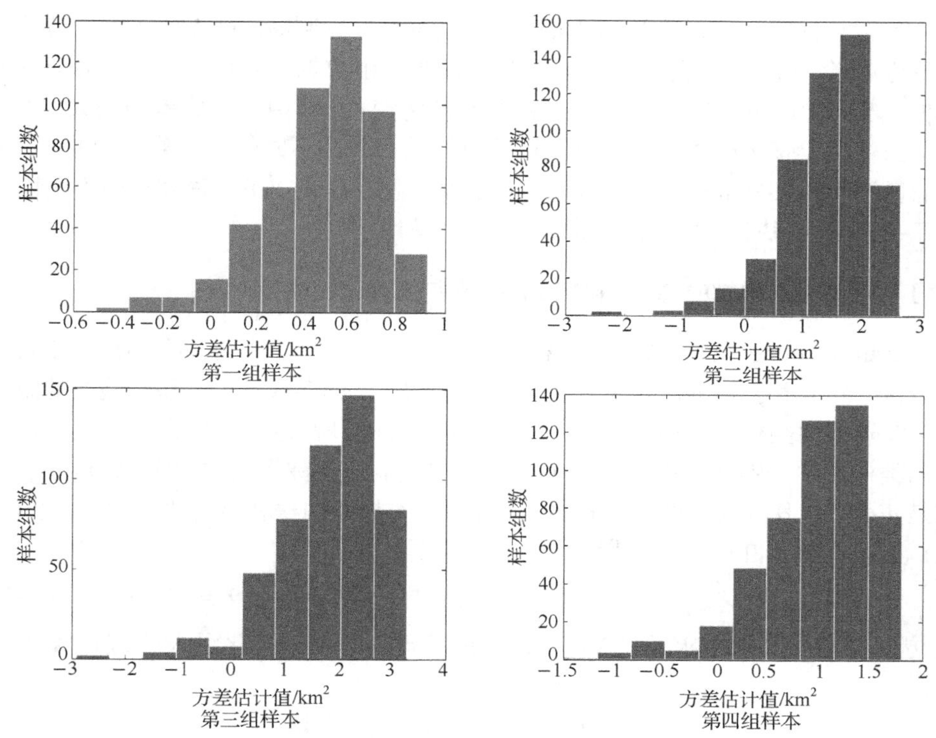

图 4.3　用 Bootstrap 方法得到方差估计的密度函数直方图

4.3　先验数据融合一致性分析

近年来, 小子样试验评估技术受到了装备科研部门的广泛关注, Bayes 方法的运用, 使得各种来源的先验信息得到了充分的利用, 故而定型所需的实装试验次数明显下降. 然而, 各种来源的先验试验样本与外场试验的样本未必属于同一总体, 且相对于外场试验样本而言, 先验样本数一般较大, 先验信息可能会淹没外场试验信息, 使外场信息不起作用. 另外, 当先验信息失真或当先验信息与外场信息存在显著的差异时, 将会使融合结果出现较大的偏差[121]. 因此不同来源的试验信息不能直接使用, 需要对数据能否融合进行分析, 若能融合, 则引入数据可信度在一定程度上改善偏差问题.

不同研制阶段下的数值仿真试验、半实物仿真试验和外场试验结果是评定装备性能、使用效能的重要依据. 这些多类型、多阶段试验信息之间可能存在着较大偏差, 不同的信息能否融合的可行性分析, 可通过数据一致性检验方法对各类样本是否来自同一总体、是否存在显著差别进行比较和鉴别.

所谓数据的一致性检验，即从样本数据本身进行判断. 对两组样本数据进行一致性检验，若通过检验(拒绝原假设)则说明两组数据一致性较高，即两个总体相似；若不能通过检验则说明两组数据差异化较大，即两个总体差别较大. 数据的一致性检验依据样本量大小以及检验总体数目采用不同的非参数检验方法，主要有基于 Mann-Whitney 秩和检验方法、基于 Kruskal-Wallis 秩和检验方法以及基于 Bootstrap 秩和检验方法三种数据一致性检验方法.

4.3.1　两个独立样本的 Mann-Whitney 秩和检验

Mann-Whitney 秩和检验，也称为 Mann-Whitney U 检验，是一类非参数检验方法，主要用于两独立样本的数据一致性检验. Mann-Whitney 秩和检验的做法是，首先将两类样本混合在一起，对所有样本按照所考察的特征从小到大排序. 在两类样本中分别计算所得排序序号之和 T_1 和 T_2，称作秩和. 两类的样本数分别是 n_1 和 n_2. 秩和检验的基本思想是，如果一类样本的秩和显著地比另一类小(或大)，则两类样本在所考察的特征上有显著差异.

记 $X=\left(X_1,\cdots,X_{n_1}\right)$ 为数字仿真试验的子样(先验子样)，$Y=\left(Y_1,\cdots,Y_{n_2}\right)$ 为半实物仿真试验子样，要求验证 X 与 Y 是否属于同一总体，为此引入原假设和备择假设:

$$H_0：X 与 Y 属于同一总体$$

$$H_1：X 与 Y 不属于同一总体$$

秩和检验的思想是将 X, Y 混合，由小到大排序，得次序统计量:

$$Z_1 \leqslant Z_2 \leqslant \cdots \leqslant Z_{n_1+n_2}$$

记 $X_k=Z_j$，即 X 中的第 k 个元素 X_k 在混合排序中的名次为 j，称它为 X_k 的秩，记作 $\gamma_k(X)=j$，记 X 的秩和为

$$T=\sum_{k=1}^{n_1}\gamma_k(X) \tag{4.31}$$

则可建立如下关系:

$$P\left(T_1<T<T_2 \mid H_0\right)=1-\alpha, \quad P\left(T \leqslant T_1 或 T \geqslant T_2 \mid H_0\right)=\alpha \tag{4.32}$$

其中 α 为显著性水平，于是在获得子样 X，Y 之后，计算秩和 T，在显著性水平 α 之下，

(a) 如果 $T_1<T<T_2$，则采纳 H_0；

(b) 如果 $T \leqslant T_1$ 或 $T \geqslant T_2$，则拒绝 H_0，而采纳 H_1.

由此可知，α 为弃真概率，而当 H_0 为真而采纳 H_0 的概率为 $1-\alpha$，即

$$P(\text{采纳}H_0 \mid H_0) = 1-\alpha \quad P(\text{拒绝}H_0 \mid H_0) = \alpha \tag{4.33}$$

为了引入先验子样的可信度，记 A 为采纳 H_0 的事件，$\bar{A}$ 拒绝 H_0 的事件，即采纳 H_1 的事件则有 $P(A \mid H_0) = 1-\alpha$，$P(\bar{A} \mid H_0) = \alpha$．当采纳了 H_0 的情况下，H_0 成立的概率，即 X 和 Y 属于同一总体的概率，称为先验子样 X 的可信度 p．即可信度为 $p=P(H_0 \mid A)$．

由 Bayes 公式推导可得

$$p = P(H_0 \mid A) = \frac{(1-\alpha)P(H_0)}{(1-\alpha)P(H_0) + (1-P(H_0))\beta} = \frac{1}{1+\dfrac{1-P(H_0)}{P(H_0)} \cdot \dfrac{\beta}{1-\alpha}} \tag{4.34}$$

其中，β 为采伪概率，其计算较复杂，可利用 Bootstrap 方法估计分布，并通过蒙特卡罗仿真计算．$P(H_0)$ 为先验概率，如果没有其他先验信息可利用，可取 $P(H_0) = 1/2$，则可信度可简化为

$$p = \frac{1-\alpha}{1-\alpha+\beta} \tag{4.35}$$

将可信度(通常也称为 p 值)与工程经验中给定的显著性水平进行比较，若 p 值大于显著性水平 α，认为两个样本之间没有显著差异，可以进行后续的等效融合．

4.3.2　多个独立样本的 Kruskal-Wallis 秩和检验

Kruskal-Wallis 秩和检验，也称为 Kruskal-Wallis H 检验，与 Mann-Whitney 秩和检验一样也是一种非参数检验方法，不同在于其主要用于多组独立样本的数据一致性检验，实质上是两独立样本时的 Mann-Whitney U 检验在多个独立样本下的推广，用于检验多个总体的分布是否存在显著差异．

Kruskal-Wallis 检验的基本思想是：首先，将多组样本数混合并按升序排序，求出各变量值的秩；然后，考察各组秩的均值是否存在显著差异．如果各组秩的均值不存在显著差异，则认为多组数据充分混合，数值相差不大，可认为多个总体的分布无显著差异．反之，如果各组秩的均值存在显著差异，则多组数据无法混合；若有些组的数值普遍偏大，有些组的数值普遍偏小，可认为多个总体的分布存在显著差异，至少有一个样本不同于其他样本．为研究各组的秩差异，可借鉴方差分析的方法．方差分析认为，各样本组秩的总变差一方面源于各样本组之间的差异(组间差)，另一方面源于各样本组内的抽样误差(组内差)． 如果各样本组秩的总变差的大部分可由组间差解释，则表明各样本组的总体分布存在显著差异；反之，如果各样本组秩的总变差的大部分不能由组间差解释，则表明各样本组的总体分布没有显著差异．由上可以得出多独立样本非参数检验的目的．

引入原假设和备择假设:

H_0: 多个独立样本来自同一总体

H_1: 多个独立样本不属于同一总体

基于以上思路, 构造 $K\text{-}W$ 统计量, 即

$$K\text{-}W = \frac{\text{秩的组间平方和}}{\text{秩总平方和的平均}}$$

需要检验的原假设为各组之间不存在差异, 或者说各组样本来自的总体具有相同的均值或中位数. 在原假设为真时, 各组样本的秩平均应该与全体样本的秩平均 $\frac{n+1}{2}$ 比较接近. 所以组间平方和为

$$\text{组间平方和} = \sum_{i=1}^{k} n_i \left(\frac{R_i}{n_i} - \frac{n+1}{2} \right)^2 \tag{4.36}$$

组间平方和恰好是刻画这种接近程度的一个统计量, 除以全体样本秩方差的平均, 可以消除量纲的影响. 样本方差的自由度为 $n-1$. 所以

$$\begin{aligned} \text{秩总平方和的平均} &= \frac{1}{n-1} \sum_{i=1}^{k} \sum_{j=1}^{n_i} \left(R_{ij} - \frac{n+1}{2} \right)^2 = \frac{1}{n-1} \sum_{i=1}^{n} \left(i - \frac{n+1}{2} \right)^2 \\ &= \frac{1}{n-1} \left(\sum_{i=1}^{n} i^2 - \frac{n(n+1)^2}{4} \right) \\ &= \frac{1}{n-1} \left(\frac{n(n+1)(2n+1)}{6} - \frac{n(n+1)^2}{4} \right) = \frac{n(n+1)}{12} \end{aligned}$$

因此, Kruskal-Wallis 秩和统计量 $K\text{-}W$ 为

$$K\text{-}W = \frac{12}{n(n+1)} \sum_{i=1}^{k} n_i \left(\frac{R_i}{n_i} - \frac{n+1}{2} \right)^2 = \frac{12}{n(n+1)} \sum_{i=1}^{k} \frac{R_i^2}{n_i} - 3(n+1) \tag{4.37}$$

其中, k 为样本组数, n 是总样本量, n_i 是第 i 组的样本量; R_i 是第 i 组样本中的秩总和; R_{ij} 是第 i 组样本中的第 j 个观测值的秩值.

如果每组样本中的观察数目至少有 5 个, 那么样本统计量 $K\text{-}W$, 非常接近自由度为 $k-1$ 的卡方分布. 因此, 用卡方分布来决定 $K\text{-}W$ 统计量的检验, 即

(a) $\chi_{\alpha}^2(k-1) < K\text{-}W < \chi_{1-\alpha}^2(k-1)$, 则采纳 H_0;

(b) $K\text{-}W \leqslant \chi_{\alpha}^2(k-1)$ 或 $K\text{-}W \geqslant \chi_{1-\alpha}^2(k-1)$, 则拒绝 H_0, 而采纳 H_1.

或者与前述方法类似, 计算检验 p 值,

(a) 如果 $p \geqslant \alpha$, 则采纳 H_0;

(b) 如果 $p < \alpha$, 则拒绝 H_0 而采纳 H_1.

若检验结果拒绝无效假设，认为各总体的分布位置不完全相同，可进一步做两两秩和检验.

4.3.3　小样本下的 Bootstrap 秩和检验

传统的秩和检验较难解决数据不均衡的情况，即先验数据较多，而现场样本数据较少. 如在运载火箭试验评估中，由于实际飞行试验很少，但有大量的地面试验、已有类似型号的试验、仿真试验等得到的先验数据. 对于两个样本情况而言，即 n_1，n_2 中有一个较大(>20)，另一个则较小($\leqslant 20$)，由于缺乏 T 的概率分布，应当运用自助方法(Bootstrap)，产生自助样本，从而扩展为大样本，再检验两个大样本数据集的一致性，即采用 Bootstrap 方法扩充样本后，采用前两节的秩和检验方法对数据进行一致性分析.

4.4　先验数据可信度计算

4.4.1　概述

不同来源的试验信息不能直接使用，需要对数据能否融合进行分析，若能融合则可引入数据可信度在一定程度上改善偏差问题.

在仿真技术发展的初期，仿真的可信度就受到了极大的关注. 早在 1962 年，Biggs 和 Cawthorne 就对“警犬”导弹仿真进行过全面评估. 美国计算机仿真学会(American Society for Computer Simulation, ASCS)于 20 世纪 70 年代中期成立了模型可信度技术委员会(Model Credibility Technical Committee, MCTC)，任务是建立与模型可信度相关的概念、术语和规范. 这是仿真可信度研究的一个重要里程碑. 在此基础上，逐步形成和发展了模型与仿真(M&S)的校核、验证与确认(VV&A)技术. 美国国防部建模与仿真办公室(Modeling and Simulation Office, MSO)于 1993 年成立了一个基础任务小组，具体负责研究 VV&A 的工作模式，该小组于 1996 年提交了研究报告，建议将 VV&A 的实践指南作为 DIS 系列标准之一，IEEE 计算机协会于 1998 年 7 月发表了关于 DISVV&A 的标准. VV&A 规范就是仿真可信度一个完整的保证体系，其基本出发点是保证仿真具有较高的可信度[164]. 这样，如果在所有仿真系统的开发过程中都严格遵照 VV&A 规范，则不需要进行专门的仿真可信度评估.

仿真是利用计算机描述原型系统的数学模型实现的过程，因此可信度度量了原型系统与仿真系统之间的相似性. 文献[7]在可信度度量方面进行了较为系统的总结. 在对仿真系统的模型建立、校验和确认等方面严格的分析和研究的基础上，根据组成仿真各层面的相似性度量，可综合得到总的可信度. 其中相似度方法、层次分析方法、模糊综合评判法、CLIMB 法和评价树方法等都可以用来进行综合, 层次分析法比较适合导弹武器系统仿真的可信度评估. 上述研究是从仿真系统的相似度展开的可信度度量. 还有一种思路是直接从数据出发来度量可信度, 这些方法的基础是仿真数据与实装试验数据的分布差异, 如提出利用数据一致性检验(包括动态一致性和静态一致性检验)来度量可信度, 利用现代谱估计方法对系统动态性能进行分析, 从而定量描述仿真可信性等.

文献[7]针对制导精度问题, 在实物等效可信度方面也进行了一系列的研究和总结. 关于可信度的提高, 广泛开展了误差分析、误差分离、误差折合和误差补偿的研究. 这些研究的共同目的是通过分析归纳出等效试验与实装试验之间的差异或相似性, 从而将等效试验的结果折算到实装试验状态下. 在常用的 Bayes 小子样试验鉴定方法中, 对折合后的结果进行一致性检后验, 即认为补充信息是完全可信的. 如果补充信息完全不可信, 则在后验分布中屏蔽补充信息的作用. 然而, 受认识的局限, 这种折合存在误差, 且很难精确分析. 在一致性检验的基础上, 必须进一步研究先验子样的可信度, 在一定可信度下, 再将先验信息与现场信息进行融合(而非简单混合). 原则上讲, 对实物试验的可信度度量与仿真可信度的度量思路类似, 但目前对实物等效试验信息可信度的度量本质上都是从数据出发, 如数据一致性检验、信息散度等. 另一方面, 还可以根据试验费用来度量可信度, 即如果先验费用很大, 则先验信息可信度接近 1; 如果无先验费用, 则先验信息可信度为 0, 但是试验的各种费用很难统一描述.

关于先验信息可信度的度量, 我们认为有两种思路: 一种是基于数据层面的度量方法, 如现在广泛使用的基于数据一致性检验的方法; 另一种则是结合数据与物理来源的度量方法, 关于这种思路的研究很少. 本节将分别从这两种思路展开讨论, 介绍一种基于信息散度的度量方法和一种物理可信度度量方法, 同时分析在小子样情况下这两种方法的优缺点和适用情况.

4.4.2　基于数据层面的可信度度量

4.4.2.1　基于一致性检验的度量方法

基于数据一致性检验方法运用秩和检验法或其他检验法对数据进行一致性检验, 并定义可信度为一致性检验水平的函数: $1-\alpha$.

1. 数据一致性检验

记 $X=(X_1,\cdots,X_{n_1})$ 为先验子样, $Y=(Y_1,\cdots,Y_{n_2})$ 为现场定型条件下的试验获得的子样. 要求验证 X 和 Y 是否属于同一总体, 为此引入备择假设:

$$H_0\text{: } X \text{ 和 } Y \text{ 属于同一总体; } H_1\text{: } X \text{ 和 } Y \text{ 不属于同一总体.}$$

运用秩和检验法, 先计算 X 的秩和为 T, 则可建立如下关系:

$$P(T_1 < T < T_2 \mid H_0) = 1-\alpha$$
$$P(T \leqslant T_1 \text{ 或 } T \geqslant T_2 \mid H_0) = \alpha$$

其中 α 为检验水平(弃真概率). 于是在获得子样 X,Y 之后, 计算秩和 T, 在检验水平 α 之下, ①如果 $T_1 < T < T_2$, 则采纳 H_0; ②如果 $T \leqslant T_1$ 或 $T \geqslant T_2$, 则拒绝 H_0.

为了引入先验子样的可信度, 记 $A \equiv$ 采纳 H_0 的事件, $\bar{A} \equiv$ 拒绝 H_0 的事件, 则有 $P(A \mid H_0) = 1-\alpha$, $P(\bar{A} \mid H_0) = \alpha$.

定义 4.4　当采纳 H_0 时, H_0 成立的概率称为先验子样 X 的可信度, 即可信度为 $P(H_0|A)$.

由 Bayes 公式可得可信度 p 的计算公式[121]:

$$\begin{aligned}p &= P(H_0 \mid A) \\ &= \frac{(1-P(\bar{A} \mid H_0))P(H_0)}{(1-P(\bar{A} \mid H_0))P(H_0) + (1-P(H_0))P(A \mid H_1)} \\ &= \frac{(1-\alpha)P(H_0)}{(1-\alpha)P(H_0) + (1-P(H_0))\beta}\end{aligned} \tag{4.38}$$

其中, β 为采伪概率, 其计算较复杂, 可使用 Bootstrap 方法估计分布, 并通过蒙特卡罗仿真计算. $P(H_0)$ 为先验概率.

在数字仿真试验方案的约束参数中, 两种风险α和β分别代表了承制方的风险和使用方的风险, 与二者的利益密切相关. 因而在设计数字仿真试验方案时, α和β是由承制方和使用方来协商确定, 且一般情况下采取“平等对待原则”, 即$\alpha = \beta$. 在先验可信度的计算过程中, α和β代表了弃真概率和采伪概率. 对于α和β变化情况下先验可信度的计算, 通过以下情况进行分析讨论:

(1) 当对假设 H_0 的信息具有一定了解时, 首先确定$P(H_0)$. 若对α和β采用“平等对待”原则, 即$\alpha = \beta$, 先验可信度 p 为

$$p = P(H_0 \mid A) = \frac{(1-\alpha)P(H_0)}{(1-2\alpha)P(H_0) + \alpha} \tag{4.39}$$

(2) 当对假设 H_0 的信息一无所知时, 可以取 $P(H_0)$=0.5. 可信度可简化为

$$p = \frac{1-\alpha}{1-\alpha+\beta} \tag{4.40}$$

若仍采取“平等对待原则”, 取$\alpha = \beta$, 数据的先验可信度 p 为

$$p = P(H_0 \mid A) = 1-\alpha \tag{4.41}$$

(3) 当不考虑对假设 H_0 的信息了解状态, 即无论是否可以确定 $P(H_0)$ 或取 $P(H_0)$=0.5 的条件下, 不采用“平等对待”原则, 而是通过定量计算来确定α 和 b 时, 数据的先验可信度由公式(4.38)计算. 一般地, α 的取值在数据的一致性检验

环节已经给定.

2. 正态分布下采伪概率 β 的计算

在检验水平 α 之下的临界区域为

$$R = T \leqslant T_1 \text{ 或 } T \geqslant T_2$$

因此，$\beta = P(T_1 < T < T_2 \mid H_1)$.

要一般地给出 β 的解析表达式是困难的. 不过，如果知道 X,Y 所属的分布，例如 X,Y 是脱靶量(纵向或横向)，那么 X,Y 属正态分布，此时一致性检验问题转化为正态总体下的均值和方差的相等性检验，这时可以进行 β 的计算.

在本问题中，X,Y 属正态分布，于是对 β 的计算可以转换到正态总体下均值和方差的相等性检验的采伪概率. 主要考虑方差，则检验问题变为

$$H_0 : D_2 / D_1 = 1 \leftrightarrow H_1 : D_2 / D_1 = \lambda^2 > 1$$

样本函数 $F^* = \dfrac{S_1^2 / D_0}{S_2^2 / D_1}$ 服从自由度为 $(n_1 - 1, n_2 - 1)$ 的 F 分布. 其中，

$$S_1 = \sqrt{\frac{\sum X_i^{\ 2} - \left(\sum X_i\right)^2 \Big/ n_1}{n_1 - 1}}, \quad S_2 = \sqrt{\frac{\sum Y_i^2 - \left(\sum Y_i\right)^2 \Big/ n_2}{n_2 - 1}} \tag{4.42}$$

计算步骤如下:

(1) 选择检验的显著性水平 α；

(2) 查找自由度为 $(n_1 - 1, n_2 - 1)$ 的 $F_{\alpha/2}$ 和自由度为 $(n_2 - 1, n_1 - 1)$ 的 $F_{\alpha/2}$；

(3) 分别由 A 和 B 的观测值计算 S_1^2 和 S_2^2，$F = S_1^2 / S_2^2$；

(4) 如果 $F > F_{\alpha/2}(n_1 - 1, n_2 - 1)$，或 $F < \dfrac{1}{F_{\alpha/2}(n_2 - 1, n_1 - 1)}$，则判定两个装备的方差是不同的，否则认为相同.

此时，$P(F_{1-\alpha/2} < F < F_{\alpha/2} \mid H_1) = \beta$ 为采伪概率. 定义检出比 λ，即

$$\beta = P\left(F_{1-\alpha/2} < F < F_{\alpha/2} \left| \frac{D_2}{D_1} = \lambda \right.\right) = P\left(F_{1-\alpha/2} / \lambda < F^* < F_{\alpha/2} / \lambda\right) \tag{4.43}$$

所以，$F_{1-\beta} = \dfrac{F_\alpha}{\lambda}$.

3. 先验概率 $P(H_0)$ 的确定

$P(H_0)$ 表示的是在获得半实物仿真试验数据之前，H_0 成立的先验概率. 因此，$P(H_0)$ 反映的是获取数字仿真先验信息的方法或过程对应的可信度. 通常，这种可信度与获取先验数据的方法或过程中的多种因素相关. 例如，对于数字仿真试验数据摸底试验数据，$P(H_0)$ 与获取数据的试验方法、试验条件和试验环境等相关；对于数字仿真虚拟试验数据，$P(H_0)$ 与数字仿真虚拟样机的模型准确度、虚

拟故障注入试验实施方法和过程等相关，而最终通过数字仿真虚拟样机的校核、验证与验收(VV&A)结果来体现；对于性能指标在一定置信度下的估计区间，$P(H_0)$ 主要取决于专家的工程经验和专家对于数字仿真设计的掌握程度；对于数字仿真预计信息，$P(H_0)$ 与数字仿真建模的准确度相关. 在先验可信度的计算过程中，当对假设 H_0 和 H_1 的先验信息无任何了解时，则认为两种假设成立的先验概率相等，即 $P(H_0)=P(H_1)=0.5$. 当测试性先验数据经过 VV&A 分析后，可以得到 $P(H_0)$ 的取值，且通常情况下满足 $P(H_0)>0.5$.

4. 仿真算例

例 4.7　从正态分布 $N(0,1)$ 生成两组数:

$X=[-0.433, -1.666, 0.125, 0.288, -1.147]$

$X_0=[1.191, 1.189, -0.038, 0.327, 0.175, -0.187, 0.726, -0.589, 2.183, -0.136]$

(1) 计算得先验概率 $P(H_0)$ 为 96.7%;

(2) 一致性检验, x 方向服从同一分布，$\alpha=0.025$；

(3) 在置信水平 $\alpha=0.025$ 下，计算 β：$F_\alpha(9,4)=8.9047$，这里取检出比 $\lambda=2.25$，由 8.9047/2.25= 3.9576，该点所对应累积概率 0.90，所以 β=0.90;

(4) 可信度为 $P(H_0\mid A)=\dfrac{1}{1+\dfrac{1-P(H_0)}{P(H_0)}\cdot\dfrac{\beta}{1-\alpha}}=0.96.$

由于在计算先验信息可信度 $P(H_0|A)$ 时，先验概率 $P(H_0)$ 的计算和正态分布下 β 的计算较为繁琐，且 $P(H_0)$ 的确定也有一定的主观随机因素. 因此，在做两组子样的一致性检后验，也可以直接用一致性检验得到的置信水平 α 来计算 $P(H_0|A)$，即 $P(H_0|A)=1-\alpha$，此为(4.38)式的特殊情形. 亦即取 $P(H_0)=0.5$，且 $\alpha=\beta$，即认为弃真和采伪的风险相同.

4.4.2.2　基于信息散度的可信度度量

除一致性检验外，文献[161]定义可信度为 $p=\int_\Theta \min\left(\pi(\theta), f(X\mid\theta)\right)\mathrm{d}\theta$，即 $\pi(\theta)$ 与 $f(X\mid\theta)$ 在 Θ 上半平面的重叠面积. 从本质上讲，它与一致性检验的可信度度量的本质都是基于数据的分布差异，即试图从两组样本之间的分布差异来度量可信度. 相比之下，信息散度更适合描述两个分布之间的结构差异，于是很自然的想法是使用信息散度来度量可信度[161].

1. 分布差异的度量

设 f 是一维密度函数，g 是一维标准正态分布密度函数，f 对 g 的相对熵为

$$d(f\|g)=\int_{-\infty}^{+\infty} g(x)\cdot\ln\frac{f(x)}{g(x)}\mathrm{d}x \tag{4.44}$$

信息散度指标定义为

$$Q(f,g)=\left|d(f\|g)\right|+\left|d(g\|f)\right| \tag{4.45}$$

当 $f = g$ 时, $d(f\|g) = 0$; 若 f 偏离 g 越远, 那么 $d(f\|g)$ 的值就越大, 因此 $d(f\|g)$ 刻画了 f 对 g 的偏离程度. 根据样本估计密度函数 f 和 g 较为复杂. 首先, 需要分析 f 和 g 的分布密度函数的准确表达形式; 其次, 在估计分布参数时需要利用优化算法. 因此, 在一定的逼近精度条件下, 直接用离散化的概率分布 p 和 q 分别代替连续的密度函数 f 和 g 更为简便有效.

若用离散概率分布 p 和 q 计算分布差异的信息散度值, 则指标变为

$$Q(p,q)=D(p\|q)+D(q\|p) \tag{4.46}$$

式中 $D(p\|q)=\sum q\cdot\ln\left(\dfrac{p}{q}\right)$. 信息散度指标的值越大, 则意味着两个分布之间的差别越大.

2. 信息散度的计算

设实装试验样本服从的分布密度函数为 f_1, 补充样本的分布密度函数为 f_2. 考虑到补充样本分布应该是实际样本分布的近似, 可认为 f_2 为 f_1 的污染分布 $f_2=f_1+\eta$.

如果信息散度指标 $Q(f_1,f_2)$ 大于一定的门限值, 此时由于补充样本服从的分布与实际样本服从的分布相差太大, 不应加入补充样本; 如果信息散度指标 $Q(f_1,f_2)$ 为 0, 说明补充样本服从的分布与实际样本服从的分布完全相同, 这是理想情形.

计算信息散度 $Q(f_1,f_2)$ 的步骤如下:

(1) 根据实际样本、补充样本分别估计对应的离散概率分布 p 和 q(其连续密度函数为 f_1 和 f_2), 直接对样本进行频数统计即可. 一般而言, 先验补充样本的数量较大, 而实际样本数量较小. 在计算实际样本的离散概率分布时, 如果样本量非常小, 可在计算时采用 Bootstrap 或随机加权法进行重采样来获得离散分布的估计.

(2) 根据离散概率分布 p 和 q 的估计, 计算 $D(p\|q)=\sum q\cdot\ln\left(\dfrac{p}{q}\right)$ 和 $D(q\|p)=\sum p\cdot\ln\left(\dfrac{q}{p}\right)$;

(3) 得到 $Q(p,q)=D(p\|q)+D(q\|p)$ 作为 $Q(f_1,f_2)$ 的估计值.

通常考虑的情形为 $0<Q(f_1,f_2)<\eta$, 其中 η 为门限. 此时补充样本的加入会对参数估计有一定的贡献, 但也存在着一定的污染.

3. 基于信息散度的可信度计算

基于信息散度的可信度定义为

$$w = \frac{1}{1+Q(f_1, f_2)} \tag{4.47}$$

实际计算过程中，由于给出的通常是离散样本点，采用相应的离散概率分布形式 $w = \dfrac{1}{1+Q(p,q)}$，则有 $0 < w \leqslant 1$. 若补充样本服从的分布与实际样本服从的分布完全相同，则 $Q(p,q) = 0$，可知此时补充样本的可信度权重 $w = 1$，将其视为与实际样本地位等同. 一般而言，$Q(p,q) > 0$，补充样本的可信度权重 $w = \dfrac{1}{1+Q(p,q)}$ 会随着 $Q(p,q)$ 的增大而逐渐减小，这说明补充样本服从的分布与实际样本服从的分布差异越大，则融合过程中补充样本的可信度权重越小. 这是符合直观认识的.

例 4.8　假定导弹落点精度试验中，3 个实际纵向、横向落点偏差样本如下：$x = \{17.5, 651, 385\}$，$z = \{-166.6, -497, -238\}$；另有 10 个补充样本为：$x_0 = \{700, 567, 917, 231, 455, 322, 336, -742, -616, -749\}$，$z_0 = \{168, -336, -371, -154, -420, -119, -728, 497, 525, 504\}$，这里补充样本服从的分布与实装试验的分布有一定差异. 各组数据对应的均值和方差分别为

$$\bar{x} = 351.1667,\quad \sigma_x = 318.1023;\quad \bar{z} = -300.5333,\quad \sigma_z = 173.8501$$
$$\bar{x}_0 = 142.1000,\quad \sigma_{x_0} = 616.3009;\quad \bar{z}_0 = -43.4000,\quad \sigma_{z_0} = 444.8266$$

根据上述计算 $Q(f_1, f_2)$ 的方法，可得 x 方向的信息散度为 $Q_x = 2.6476$，可信度为 $w_x = 0.2742$； z 方向的补充样本分布与实际样本分布的信息散度为 $Q_z = 3.6494$，得补充样本可信度为 $w_z = 0.2151$.

4.4.2.3　基于数据层面可信度度量的不足

以上方法纯粹是从数据层面来度量可信度，无论是从一致性检验，还是从分布差异来定义可信度，其本质都是一样的. 在大子样情况下，这些方法对描述分布的差异比较有效；而在小子样情况下，由于抽样的随机性，抽样分布与整体分布很可能存在较大的差异. 因此，即使是源于同一个分布，不同抽样数据描述的分布差异也可能很大，对可信度的度量可能会不准确. 下面通过例子说明这点.

例 4.9　从正态分布 $N(0,1)$ 抽取两组数，并对它们进行数据一致性检验.

$X = [0.4282, 0.8956, 0.7310, 0.5779]$

$X_0 = [0.0403, 0.6771, 0.5689, -0.2556, -0.3775, -0.2959, -1.4751, -0.2340]$

检验得这两组数据的一致性很差，按传统方法得出的可信度会很低，不应使

用这组先验样本.

例 4.10 从正态分布 $N(0,1)$ 和正态分布 $N(1,2^2)$ 分别抽取一组数，并对它们进行数据一致性检验.

$X = [-0.3210, 1.2366, -0.6313, -2.3252]$

$X_0 = [-1.4633, 3.1113, 0.7736, 1.7584, 2.8884, -3.2409, -0.2894, -0.4086]$

检验得这两组数据一致性较好.

上述两个例子说明：在小样本情况下，即使是同一分布的数据，一致性也可能会很差；另一方面，即使不是同一分布的数据，一致性也可能较好.

此外，小样本下对于信息散度的计算，常借助随机抽样法(Bootstrap 等)来获得的两种样本的分布. 这些方法的本质是采用再生样本的分布来拟合总体的分布. 而再生样本的分布密度函数对样本的依赖性很大，即便在同一总体中的不同抽样得出的 Bootstrap 重采样分布也会有极大的不同.

因此，纯粹从数据层面度量可信度在小子样下不太合理. 在没有数据来源信息的情况下，这些方法在一定程度上可以度量数据的可信度. 但是在有数据物理来源信息的情况下，仍只从数据层面去度量可信度，则结论不够稳健. 一般而言，或多或少地会知道些数据的物理来源信息.

4.4.3 基于数据物理来源的可信度度量

一般而言，仿真试验和历史试验是先验样本最主要的来源. 由于仿真是在相似原理上进行建模和试验的理论，它是基于模型而非真实对象本身进行试验的，根据实际系统与模型在各个层面上的相似性，可以进行仿真样本可信性研究. 因此，仿真系统的校核、验证与确认(VV&A)与可信度研究关系密切[165]，现有的仿真可信度研究大都是定性的，相关的定量研究工作还需根据实际系统展开. 实际中，历史试验样本与等效试验样本是大家较为信赖的信息来源.

4.4.3.1 现有的度量方法

文献[166]将“先验费用” c 与“先验信息的可信度”联系起来，并认为它们之间的关系是：无先验费用，则先验信息的可信度为 0；先验费用很大，则先验信息的可信度接近 1. 可用对数函数来近似表示为

$$p = 1 - \mathrm{e}^{-c} \tag{4.48}$$

其中 p 即为先验信息的可信度. 除了经济成本之外，先验费用还包含时间成本等很多方面. 因此，很难对先验费用以及先验信息可信度进行量化. 不过，这种观点为可信度度量提供了一种思路.

4.4.3.2　等效折合及其误差分析

由于试验环境等各种试验条件的差异，利用等效试验样本进行 Bayes 评估，一般需要进行等效和折合研究. 首先从物理机理上对影响先验样本与实际样本的因素信息进行分析，并建立起相应的关系，据此对不同类型试验之间的等效折合关系进行研究，例如导弹制导精度折合[7]等. 以导弹精度分析中不同试验环境下的样本为例，系统误差和随机误差可能均不同. 而根据Bayes估计的优良性，均值必须相同[167]. 所以，必须先进行不同类型试验落点偏差的均值折合；其次可以根据物理背景分析出方差的差异，然后相应进行折合.

以雷达最大探测距离为例，由雷达的信号检测原理可知，在发现概率与虚警概率均相同时，不同的雷达实现可靠检测所必需的信噪比是一样的，由此可以得出

$$(S/N)_{\min}=\frac{P_{\mathrm{rs}}}{P_n}=\frac{P_tG_tG_r\sigma\lambda^2D_j}{(4\pi)^3R_{\max}^4\cdot P_nL_rL_tL_{\mathrm{Atm}}} \tag{4.49}$$

其中，P_t 为雷达发射机的峰值功率；G_t 为雷达天线在目标方向的增益；G_r 为接收天线增益，σ 为目标的有效散射截面积(RCS)；λ 为雷达工作波长；D_j 为雷达抗噪声干扰综合改善因子；R 为目标与雷达之间的距离；L_r 为雷达接收综合损耗；L_t 为雷达发射综合损耗；L_{Atm} 为电磁波在大气中的传播损耗(双程)；$P_n=kTB_sF_n$ 为系统热噪声；B_s 为雷达接收机中频带宽；F_n 为雷达接收机噪声系数.

于是，对于两种状态的雷达，有

$$(S/N)_{\min}=\frac{P_t^1G_t^1G_r^1\sigma(\lambda^1)^2D_j^1}{(4\pi)^3(R_{\max}^1)^4\cdot P_n^1L_r^1L_t^1L_{\mathrm{Atm}}^1}=\frac{P_tG_tG_r\sigma\lambda^2D_j}{(4\pi)^3R_{\max}^4\cdot P_nL_rL_tL_{\mathrm{Atm}}} \tag{4.50}$$

其中，带上标 1 的为待试新雷达的各工作参数，不带上标的为某一已试雷达的各工作参数，将式(4.49)进行整理可得(记 L 为 L_r，L_t 及 L_{Atm} 的总积，$L=L_rL_tL_{\mathrm{Atm}}$)

$$R_{\max}^1=\left(\frac{P_t^1G_t^1G_r^1\sigma^1\left(\lambda^1\right)^2}{P_tG_tG_r\sigma\lambda^2}\cdot\frac{B_sF_nD_j^1L}{B_s^1F_n^1D_jL^1}\right)^{1/4}\cdot R_{\max} \tag{4.51}$$

此即为从已试雷达探测距离向待试新雷达探测距离进行折算的公式. 替代等效试验所依据的是两种试验之间的相似性. 假设在两种试验状态下(记为 A, B)所有的影响因素与指标之间的关系分别为

$$\begin{aligned}y^A&=f(z_1^A,\cdots,z_k^A,\beta_1^A,\cdots,\beta_m^A)+\varepsilon_1\\y^B&=f(z_1^B,\cdots,z_k^B,\beta_1^B,\cdots,\beta_m^B)+\varepsilon_2\end{aligned} \tag{4.52}$$

由于系统十分复杂，为简化分析，只能定量描述出部分因素的影响，记这些参数

为 $z_1,\cdots,z_k$，对于其他的次要的因素称为环境因素或次要因素，记为 $\beta_1,\cdots,\beta_m$. 于是实际中常将系统描述模型记为

$$\begin{aligned} y^A &= g_1(z_1^A,\cdots,z_k^A)+\delta(z_1^A,\cdots,z_k^A;\beta_1^A,\cdots,\beta_m^A)+\varepsilon_1 \\ y^B &= g_2(z_1^B,\cdots,z_k^B)+\delta(z_1^B,\cdots,z_k^B;\beta_1^B,\cdots,\beta_m^B)+\varepsilon_2 \end{aligned} \tag{4.53}$$

在实际中，认为等式右后半部分为随机影响项，于是将上式简记为

$$\begin{aligned} y^A &= g_1(z_1^A,\cdots,z_k^A)+\delta_1+\varepsilon_1 \\ y^B &= g_2(z_1^B,\cdots,z_k^B)+\delta_2+\varepsilon_2 \end{aligned} \tag{4.54}$$

等效折合或者说等效推算是基于两种试验状态下的相似性，可简化表示为

$$\frac{\Phi\left[g_1(z_1^A,\cdots,z_k^A)\right]}{\Phi\left[g_2(z_1^B,\cdots,z_k^B)\right]}=C \tag{4.55}$$

其中，Φ 为一组映射，C 为常向量.

在上例中 Φ 为求解信噪比 $(S/N)_{\min}$ 的过程. 对于缩比试验，Φ 为无量纲解算变换，两种试验在无量纲量之间相等. 对于惯导精度，一般认为制导工具误差系数是不变的.

根据式(4.55)就可以建立两个系统之间的联系. 根据该映射关系以及 y^A 和两种试验状态下的相关参数，求解 y^B 即完成了折合过程. 但是，在实际中，折合试验的结果并不完全可信，这是因为整个折合存在误差. 它来源于两个方面：①折合过程中无法计算及量化的误差；②折合模型推算的误差.

首先考虑折合过程的误差，它一般是由对折合模型的简化或忽视了一些很难量化的参数导致的. 在实际中所进行的是下式两个量之间的折合:

$$\begin{aligned} \tilde{y}^A &= y^A-(\delta_1+\varepsilon_1) \\ \tilde{y}^B &= y^B-(\delta_2+\varepsilon_2) \end{aligned} \tag{4.56}$$

把式(4.56)的折合过程表述成映射:

$$\tilde{y}^B = F(z_1^A,\cdots,z_s^A;z_1^B,\cdots,z_s^B;\tilde{y}^A) \tag{4.57}$$

$$s \leqslant k \tag{4.58}$$

则

$$\begin{aligned} y^B &= F\left[z_1^A,\cdots,z_s^A;z_1^B,\cdots,z_s^B;y^A-(\delta_1+\varepsilon_1)\right]+(\delta_2+\varepsilon_2) \\ &= F\left[z_1^A,\cdots,z_s^A;z_1^B,\cdots,z_s^B;y^A\right]-\frac{\partial F}{\partial \tilde{y}^A}\cdot\theta(\delta_1+\varepsilon_1)+(\delta_2+\varepsilon_2) \\ &= F\left[z_1^A,\cdots,z_s^A;z_1^B,\cdots,z_s^B;y^A\right]+\varepsilon_{\text{process}} \end{aligned} \tag{4.59}$$

可认为 $\varepsilon_{\text{process}} \sim N(0,\sigma_{\text{process}}^2)$，它表示整个折合过程中无法计算及量化的误差. 一般而言，折合方法不同，这部分误差也不同. 随着认识的深入，可以建立更为精确的折合模型.

另一方面，由于各种因素也会存在误差，根据误差传播公式，若系统模型为

$$y = F(x_1, x_2, \cdots, x_n) \tag{4.60}$$

则

$$\sigma_y^2 = \left(\frac{\partial F}{\partial x_1}\right)^2 \cdot \sigma_{x_1}^2 + \left(\frac{\partial F}{\partial x_2}\right)^2 \cdot \sigma_{x_2}^2 + \cdots + \left(\frac{\partial F}{\partial x_n}\right)^2 \cdot \sigma_{x_n}^2 \tag{4.61}$$

这一部分误差记为 $\varepsilon_{\text{model}} \sim N(0,\sigma_{\text{model}}^2)$，其为可以量化的误差. 例如，对于雷达探测距离，模型误差 $\sigma_{R_{\max}^1}$ 由下式给出

$$\left(\frac{\sigma_{R_{\max}^1}}{R_{\max}^1}\right)^2 = \frac{1}{16}\left\{\left(\frac{\sigma_{P_t^1}}{P_t^1}\right)^2 + \left(\frac{\sigma_{G_t^1}}{G_t^1}\right)^2 + \left(\frac{\sigma_{G_r^1}}{G_r^1}\right)^2 + \left(\frac{\sigma_{\sigma^1}}{\sigma^1}\right)^2 \right.$$
$$\left. + 4\left(\frac{\sigma_{\lambda^1}}{\lambda^1}\right)^2 + \left(\frac{\sigma_{B_s^1}}{B_s^1}\right)^2 + \cdots + \left(\frac{\sigma_{L^1}}{L^1}\right)^2\right\} \tag{4.62}$$

总误差为 $\varepsilon_{\text{process}}$ 与 $\varepsilon_{\text{model}}$ 的和，记为 $\varepsilon_{\text{total}} \sim N(0,\sigma_{\text{total}}^2)$.

4.4.3.3　基于折合精度的可信度度量

如果不存在折合误差，则认为可信度为 1，可先对数据进行异常值剔除，再进行 Bayes 融合评估. 但是，由于误差影响因素复杂，这种误差折合是受认识限制的，肯定会存在折合误差. 如何将折合误差范围转化为物理可信度是很重要的问题. 于是定义基于数据物理来源的可信度(物理可信度)为

$$p_{\text{physics}} = \frac{1}{1+\tau(\sigma_{\text{process}}/\sigma_{\text{total}})^{\gamma}} \tag{4.63}$$

其中，σ_{process} 为折合过程中无法计算及量化的误差，可以根据工程背景估计一个大概范围，σ_{total} 为折合后的总误差.

例如，导弹落点偏差问题中，制导工具误差占 80%～90%，这部分误差可通过模型量化折合，其他很难折合的误差即无法量化的误差.

参数 τ 和 γ 为衡量变化速率的参数，其值可以考虑根据不同类型试验的折合值进行拟合. 如果 σ_{process} 为 0，则物理可信度 p 为 1；如果 $\sigma_{\text{process}} = \sigma_{\text{total}}$，则 $p = 1/(1+\tau)$. 在实际应用中取一个工程部门公认的值，再根据另一组折合误差对

应的工程部门都认可的可信度值就可以给出式(4.63)的表达式.

例如$\sigma_{\text{process}} / \sigma_{\text{total}} = 0.5$时，$p$ 取值p_1，即$1\Big/\left(1+\tau/2^{\gamma}\right)=p_1$. 结合$1/(1+\tau)=p_0$，可求得变化速率参数$\tau$和$\gamma$的值.

可信度度量的准确性对接下来的估计结果的影响很大, 精确的误差分析模型是可信度度量的基础, 因此可信度度量的重心也应放在对误差机理和折合模型的深入研究上. 工程研制方和使用方可以通过协商得到一个公认的可信度度量模型.

4.4.3.4 基于样本误差来源的可信度度量

根据试验样本得到的结果与真实性能之间的差异来源于:

(1) 模型逼真度$(\upsilon_i, i=1,2,\cdots,n)$: 模型逼真度一般根据经验给定, 它反映仿真模型刻画模型机理、外部环境等条件与真实性能的逼真程度. 模型越逼真, 所得试验数据越能反映真实性能情况.

(2) 样本覆盖性$(\nu_i, i=1,2,\cdots,n)$: 对于影响较大的因素来说, 其不同水平组合的试验都是非常必要的, 重要因素水平组合的试验样本量越大且样本散布越均匀, 样本对总体的代表性越充分. 均匀性偏差采用离散点可卷偏差, 它刻画试验设计样本与绝对均匀设计的偏差. 样本均匀性偏差越大, 试验结果与真实性能的差异越大; 样本均匀性偏差越小, 试验结果越接近真实性能.

(3) 算法计算可信程度: 假定研制方算法计算是精确的.

在分析试验结果与真值的差距时, 有如下直观认知: ①即使外场试验的模型逼真度高, 但由于所做试验样本量太少, 样本覆盖性差, 可能导致得到的试验结果全面性低于半实物仿真试验的结果; ②当作全面试验时, 样本均匀性偏差为 0, 此时得到的试验结果与真实性能的差异完全由来源于仿真模型与外场试验的差异. 因此, 可信度为

$$p_{\text{physics}} = \upsilon_i \cdot \exp\{-\lambda \nu_i\} \tag{4.64}$$

其中λ是调节参数, 用来调节机理相似度对样本均匀性偏差的敏感度. 较大的λ能够显著降低试验设计均匀性偏差较大时的效果, 导致机理系数趋近于 0; 而较小的λ会使机理相似度对均匀性偏差不敏感, 即使试验设计非常不均匀, 也能得到较高的物理可信度.

4.4.4 复合可信度

在实际应用中, 物理可信度的度量可能很难精确获得, 这时可以利用数据层的可信度修正物理可信度, 从而得出综合的可信度. 有两种思路:

(1) 将物理可信度看作两类试验数据相容的先验概率, 即$P(H_0)=p_{\text{physics}}$，于是有

$$p_{\text{composite}} = P(H_0 \mid A) = \frac{1}{1 + \dfrac{1 - p_{\text{physics}}}{p_{\text{physics}}} \cdot \dfrac{\beta}{1 - \alpha}} \tag{4.65}$$

(2) 对物理等效可信度和数据层的可信度进行加权[184]:

$$p_{\text{composite}} = \omega \cdot p_{\text{physics}} + (1 - \omega) \cdot p_{\text{data}} \tag{4.66}$$

其中, ω 为物理等效可信度在复合等效可信度中所占的比例, 它可根据对数据物理来源信息的可靠程度来取值, 一般可取 0.5.

从(4.65)和(4.66)可以看出, 即使是同样的数据, 如果来自于不同类型的试验, $p_{\text{composite}}$ 也将不同. 在实际中, 常认为物理等效试验样本比仿真试验的样本价值更高, 这时可定义不同的 p_{physics} 来区分.

综上所述, 小子样试验情况下, 直接从数据层面度量先验信息的可信度是一种思路, 而基于模型的相似性和数据物理来源度量可信度更有实际意义. 本节提供的物理可信度度量方法是一种可行的技术思路.

4.5　先验数据代表点选取

由于低精度试验(数字仿真、半实物仿真)样本量远远大于外场试验样本量, 如果将所有低精度数据简单融入外场试验数据中, 将导致重要的外场试验样本的"湮灭"问题. 如果仅从统计融合估计的无偏性来看, 一般低精度试验的样本量不能超过外场试验样本量. 但部分系统偏差较小的低精度样本也可能提供有效信息. 这一问题可通过代表点选取方法解决. 通过对低精度试验数据信息综合、分类, 主成分降维等技术手段选取能代表低精度试验数据的少数样本点, 与外场试验数据进行融合评估[168].

4.5.1　代表点选取优化流程

通过构造出包括平衡信息损失与系统偏差的优化函数, 计算优化函数值, 然后根据优化函数值选取最佳代表点, 得到基于该代表点的 Bayes 后验融合估计值, 从而合理有效地利用先验信息, 量化代表点的数目对信息损失与融合效率的影响, 进而提高试验评估的精度. 图 4.4 给出了基于代表点优化的 Bayes 融合评估方法(Bayesian estimation with representative points, BERP)的流程.

以 X 方向偏差为例, X 的概率密度函数为

$$f(x) = \frac{1}{2\pi\sigma_x} \exp\left(\frac{(x - \mu_x)^2}{\sigma_x^2}\right) \tag{4.67}$$

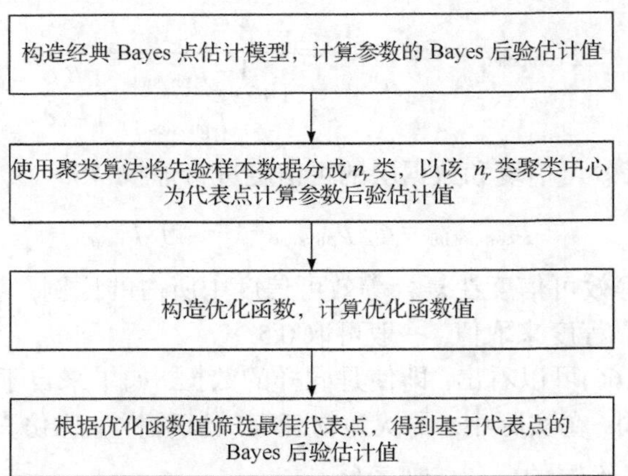

图 4.4　基于代表点优化的 Bayes 融合评估方法的流程

其中 σ_x 是标准差，μ_x 是均值，方差记为 $D_x = \sigma_x^2$. 设试验得到的两阶段的偏差数据样本为 $X^{(1)} = (X_1^{(1)}, X_2^{(1)}, \cdots, X_{n_1}^{(1)})$ 和 $X^{(2)} = (X_1^{(2)}, X_2^{(2)}, \cdots, X_{n_2}^{(2)})$，把第一阶段的数据 $X^{(1)}$ 作为先验样本.

(1) 计算参数(μ_x, σ_x)的 Bayes 后验估计值.

具体方法为: 获取第一阶段的先验子样 $X^{(1)} = (X_1^{(1)}, X_2^{(1)}, \cdots, X_{n_1}^{(1)})$，计算第一阶段先验子样 $X^{(1)}$ 的样本均值 $\bar{X}^{(1)}$ 和样本方差 $S_{(1)}^2$ 为

$$\begin{cases} \bar{X}^{(1)} = \dfrac{1}{n_1}\sum_{i=1}^{n_1} X_i^{(1)}, \\ S_{(1)}^2 = \dfrac{1}{n_1}\sum_{i=1}^{n_1}\left(X_i^{(1)} - \bar{X}^{(1)}\right)^2 \end{cases} \tag{4.68}$$

得到正态-逆 Gamma 分布的超参数的估计值分别为

$$\begin{cases} \alpha_1 = \sum_{i=1}^{n_1}\left(X_i^{(1)} - \bar{X}^{(1)}\right)^2 / 2 = n_1 S_{(1)}^2 / 2, \\ \beta_1 = (n_1 - 1)/2, \\ \mu_1 = \bar{X}^{(1)}, \\ k_1 = n_1 \end{cases} \tag{4.69}$$

其中，n_1 为第一阶段先验子样的数量，获取第二阶段试后验的样本 $X^{(2)} = (X_1^{(2)}, X_2^{(2)}, \cdots X_{n_2}^{(2)})$，计算第二阶段样本 $X^{(2)}$ 的样本均值 $\bar{X}^{(2)}$ 和样本方差 $S_{(2)}^2$ 为

$$\begin{cases}\bar{X}^{(2)}=\dfrac{1}{n_2}\sum\limits_{i=1}^{n_2}X_i^{(2)},\\ S_{(2)}^2=\dfrac{1}{n_2}\sum\limits_{i=1}^{n_2}\left(X_i^{(1)}-\bar{X}^{(2)}\right)^2\end{cases}\tag{4.70}$$

得到第二阶段样本 $X^{(2)}$ 的正态-逆 Gamma 的分布参数的估计值:

$$\begin{cases}\alpha_2=\alpha_1+\dfrac{n_2S_{(2)}^2}{2}+\dfrac{n_2\cdot k_1\left(\bar{X}^{(2)}-\mu_1\right)^2}{2\left(n_2+k_1\right)},\\ \beta_2=\beta_1+n_2/2,\\ \mu_2=\dfrac{k_1\mu_1+n_2\bar{X}^{(2)}}{k_1+n_2},\\ k_2=k_1+n_2\end{cases}\tag{4.71}$$

其中，n_2 为第二阶段试后验的样本数量, Bayes 后验估计值为

$$\hat{\mu}_{\text{Bayes}}=\mu_2,\quad \hat{D}_{\text{Bayes}}=\frac{\alpha_2}{\beta_2-1}\tag{4.72}$$

其中，$\hat{\mu}_{\text{Bayes}}$ 为样本落点的均值参数 μ 经 Bayes 方法估计后的估计值，$\hat{D}_{\text{Bayes}}$ 为样本落点的方差参数 D 经 Bayes 方法估计后的估计值.

(2) 使用聚类算法将先验样本数据分成分 n_r 类，以该 n_r 类的聚类中心为代表点计算参数后验估计值.

具体过程：采用 K-means 聚类算法，将先验样本分为 n_r 类，第 i 类样本记作 $X_i^{n_r(1)}=(X_{i(1)}^{(1)},X_{i(2)}^{(1)},\cdots,X_{i(n_i)}^{(1)}),i=1,\cdots,n_r$，$n_i$ 为第 i 类样本的数量，这 n_r 类的 n_r 个聚类中心为预先假定的代表点，记作 $X_{n_r}^{(1)}=\left(X_1^{(1)},\cdots,X_{n_r}^{(1)}\right)$，计算每一类的样本方差，记为

$$S_i^2=\frac{1}{n_i}\sum_{k=1}^{n_i}\left(X_{i(k)}^{(1)}-X_i^{(1)}\right)^2\tag{4.73}$$

计算代表点 $X_{n_r}^{(1)}$ 的样本均值 $\bar{X}_{n_r}^{(1)}$ 和样本方差 $S_{n_r}^{(1)2}$.

$$\begin{cases}\bar{X}_{n_r}^{(1)}=\dfrac{1}{n_r}\sum\limits_{k=1}^{n_r}\xi_k^{(1)},\\ S_{n_r}^{(1)2}=\dfrac{1}{n_r}\sum\limits_{k=1}^{n_r}\left(X_k^{(1)}-\bar{X}_{n_r}^{(1)}\right)^2\end{cases}\tag{4.74}$$

得到基于代表点的第一阶段正态-逆 Gamma 分布的超参数的估计值分别为

$$\begin{cases} a_{n_r} = \dfrac{n_r S_{n_r}^{(1)2}}{2}, \\ \beta_{n_r} = \dfrac{n_r - 1}{2}, \\ \mu_{n_r} = \overline{X}_{n_r}^{(1)}, \\ k_{n_r} = n_r \end{cases} \tag{4.75}$$

结合第二阶段样本 $X^{(2)}$ 的样本均值 $\overline{X}^{(2)}$ 和样本方差 $S_{(2)}^2$，计算出基于代表点的第二阶段样本 $X^{(2)}$ 的正态-逆 Gamma 分布参数的估计值分别为

$$\begin{cases} \alpha_{2r} = \alpha_{n_r} + \dfrac{n_2 S_{(2)}^2}{2} + \dfrac{n_2 k_{n_r}\left(\overline{X}^{(2)} - \mu_{n_r}\right)^2}{2(k_{n_r} + n_2)}, \\ \beta_{2r} = \beta_{n_r} + \dfrac{n_2}{2}, \\ \mu_{2r} = \dfrac{k_{n_r}\mu_{n_r} + n_2 \overline{X}^{(2)}}{k_{n_r} + n_2}, \\ k_{2r} = k_{n_r} + n_2 \end{cases} \tag{4.76}$$

得到基于代表点的 Bayes 后验估计值:

$$\hat{\mu}_{\text{Rp-Bayes}} = \mu_{2r}, \quad \hat{D}_{\text{Rp-Bayes}} = \frac{\alpha_{2r}}{\beta_{2r} - 1} \tag{4.77}$$

其中 $\hat{\mu}_{\text{Rp-Bayes}}$ 表示样本落点的均值参数 μ 经基于代表点的 Bayes 方法估计后的估计值, $\hat{D}_{\text{Rp-Bayes}}$ 表示样本落点的方差参数 D 经 Bayes 方法估计后的估计值.

(3) 构造优化函数, 计算优化函数值.

优化函数包括偏差函数和信息损失函数; 计算优化函数中偏差值 D_{n_r} 与信息损失值 L_{n_r}，以及优化函数值 F_{n_r} .

$$\text{优化函数: } F_{n_r} = D_{n_r} + L_{n_r} \tag{4.78}$$

$$\text{优化函数中偏差值: } D_{n_r} = \left(\hat{\mu}_{\text{Rp-Bayes}} - \hat{\mu}_{\text{Bayes}}\right) \tag{4.79}$$

$$\text{信息损失值: } L_{n_r} = \sum_{i=1}^{n_r} \frac{S_i^2}{S_{(1)}^2} \tag{4.80}$$

D_{n_r} 偏差可用选取代表点的 Bayes 后验均值减去经典 Bayes 融合的均值来进

行衡量，即 $D_{n_r}=\left(\hat{\mu}_{\text{Rp-Bayes}}-\hat{\mu}_{\text{Bayes}}\right)$；$L_{n_r}$ 为 $L_{n_r}=\dfrac{E[X-\xi_{n_r}(X)]^2}{\sigma^2}=\sum\limits_{i=1}^{n_r}\dfrac{S_i^2}{S_{(1)}^2}$，综上，构造的优化函数如下:

$$F_{n_r}=\left(\hat{\mu}_{\text{Rp-Bayes}}-\hat{\mu}_{\text{Bayes}}\right)+\sum_{i=1}^{n_r}\frac{S_i^2}{S_{(1)}^2} \tag{4.81}$$

根据优化函数值筛选最佳代表点，得到基于该代表点的 Bayes 后验估计值.

选取最佳代表点的方法是：使 n_r 加 1，重复(2)和(3)，当 n_r 的取值大于第二阶段样本数的两倍时，停止循环，选取使优化函数 F_{n_r} 取值最小的分类数 n_r 值，该 n_r 值所对应的 n_r 个聚类中心即为选取的代表点，根据(2)的计算得到基于该代表点的 Bayes 后验估计值.

4.5.2　代表点方法的性能分析

估计量的偏差和均方误差是衡量一个估计量好坏的重要指标，因此，我们基于这两个指标分析 BERP 方法和经典 Bayes 方法的估计性能. 假设参数 θ 的后验概率密度函数是 $f(\theta\,|\,X)$，$\bar{\theta}$ 是其后验期望，θ_{true} 是参数 θ 的真值. 估计量 $\hat{\theta}$ 的偏差和均方误差为

$$\text{Bias}(\hat{\theta},\theta_{\text{true}}\,|\,X)=\bar{\theta}-\theta_{\text{true}} \tag{4.82}$$

$$\begin{aligned}\text{MSE}(\hat{\theta}|\,X)&=E^{\hat{\theta}|\,X}\left(\hat{\theta}-\theta_{\text{true}}\right)^2=E^{\hat{\theta}|\,X}\left(\hat{\theta}-\bar{\theta}+\bar{\theta}-\theta_{\text{true}}\right)^2\\&=\text{var}(\hat{\theta}|\,X)+\left(\bar{\theta}-\theta_{\text{true}}\right)^2=\text{var}(\hat{\theta}|\,X)+\left(\text{Bias}\left(\hat{\theta},\theta_{\text{true}}\,|\,X\right)\right)^2\end{aligned} \tag{4.83}$$

其中 $\text{var}(\hat{\theta}\,|\,X)$ 是估计量 $\hat{\theta}$ 的方差.

假设标准试验的样本服从正态分布 $N(\mu,\sigma^2)$，等效试验的样本服从 $N(\mu+\eta,\sigma^2)$，其中 η 是系统偏差. n_1，n_2 分别为等效试验和标准试验的样本量. 假设通过经典 Bayes 估计得到的参数 μ 的估计为 $\hat{\mu}_{\text{Bayes}}$，$\bar{\mu}_{\text{Bayes}}$ 是其后验期望. 通过 BERP 方法得到的 μ 的估计记为 $\hat{\mu}_{\text{BERP}}$，$\bar{\mu}_{\text{BERP}}$ 是其后验期望，n_r 是代表点的数目. μ_{true} 表示参数 μ 的真值. 下面有两个命题来比较估计量 $\hat{\mu}_{\text{Bayes}}$，$\hat{\mu}_{\text{BERP}}$ 的估计偏差和均方误差.

定理 4.3　当先验样本存在系统偏差的时候，有

$$\text{Bias}(\hat{\mu}_{\text{BERP}},\mu_{\text{true}}|X)\leqslant\text{Bias}(\hat{\mu}_{\text{Bayes}},\mu_{\text{true}}|X) \tag{4.84}$$

证明　从 Bayes 和 BERP 两种方法估计公式可以得到，$\hat{\mu}_{\text{BERP}}$ 和 $\hat{\mu}_{\text{Bayes}}$ 的估计

偏差为

$$\text{Bias}(\hat{\mu}_{\text{BERP}},\mu_{\text{true}}|X)=\overline{\mu}_{\text{BERP}}-\mu_{\text{true}}=\frac{n_r\eta}{n_r+n_2} \tag{4.85}$$

$$\text{Bias}(\hat{\mu}_{\text{Bayes}},\mu_{\text{true}}|X)=\overline{\mu}_{\text{Bayes}}-\mu_{\text{true}}=\frac{n_1\eta}{n_1+n_2} \tag{4.86}$$

显然，μ_{BERP} 的估计偏差随着代表点数目的增加而增加. 因为先验样本的数量远远大于代表点的数目，即 $n_1 \gg n_r$. 因此可以得到

$$\frac{n_r}{n_r+n_2}<\frac{n_1}{n_1+n_2} \tag{4.87}$$

可以推出

$$\text{Bias}(\hat{\mu}_{\text{BERP}},\mu_{\text{true}}|X)\leqslant\text{Bias}(\hat{\mu}_{\text{Bayes}},\mu_{\text{true}}|X) \tag{4.88}$$

定理 4.4　当偏差 η 满足 $\eta^2\geqslant\dfrac{\sigma^2}{n_2}$ 时，有

$$\text{MSE}(\hat{\mu}_{\text{BERP}}|X)\leqslant\text{MSE}(\hat{\mu}_{\text{Bayes}}|X) \tag{4.89}$$

证明　$\hat{\mu}_{\text{Bayes}}$ 和 $\hat{\mu}_{\text{BERP}}$ 的均方误差为

$$\text{MSE}(\hat{\mu}_{\text{Bayes}}\mid X)=\text{var}(\hat{\mu}_{\text{Bayes}}\mid X)+(\text{Bias}(\hat{\mu}_{\text{Bayes}},\mu_{\text{true}}|X))^2 \tag{4.90}$$

$$\text{MSE}(\hat{\mu}_{\text{BERP}}\mid X)=\text{var}(\hat{\mu}_{\text{BERP}}\mid X)+(\text{Bias}(\hat{\mu}_{\text{BERP}},\mu_{\text{true}}|X))^2 \tag{4.91}$$

其中

$$\text{var}(\hat{\mu}_{\text{Bayes}}\mid X)=\frac{\alpha_2}{k_2(\beta_2-1)}=\frac{k_2\cdot(n_1\cdot S_1^2+n_2\cdot S_2^2)+n_1\cdot n_2\cdot(\overline{X}^{(2)}-\overline{X}^{(1)})^2}{k_2{}^2\cdot(k_2-3)} \tag{4.92}$$

$$\text{var}(\hat{\mu}_{\text{BERP}}\mid X)=\frac{\alpha_{2r}}{k_{2r}(\beta_{2r}-1)}=\frac{k_{2r}\cdot(n_r\cdot S_{rp}^2+n_2\cdot S_2^2)+n_r\cdot n_2\cdot(\overline{X}^{(2)}-\overline{X}^{(rp)})^2}{k_{2r}{}^2\cdot(k_{2r}-3)} \tag{4.93}$$

因为先验样本和标准试验样本都服从正态分布 $N(\mu,\sigma^2)$，但是先验样本存在系统偏差 η，所以得如下近似结果:

$$S_1^2\approx S_2^2\approx S_{rp}^2\approx\sigma^2,\quad(\overline{X}^{(2)}-\overline{X}^{(1)})^2\approx(\overline{X}^{(2)}-\overline{X}^{(rp)})^2\approx\eta^2 \tag{4.94}$$

令 $\lambda_1=n_1+n_2$，$\lambda_r=n_r+n_2$，Δ_1 为

$$\Delta_1=\frac{\lambda_1{}^2\lambda_r{}^2}{(\lambda_1-3)(\lambda_r-3)(n_1\lambda_r+n_r\lambda_1)-n_1n_r(\lambda_1+\lambda_r+n_2-3)+n_2^3-3n_2^2} \tag{4.95}$$

当且仅当$\eta^2 \geqslant \frac{\sigma^2}{n_2} \cdot \Delta_1$时，$\mathrm{MSE}(\hat{\mu}_{\mathrm{BERP}}|X) \leqslant \mathrm{MSE}(\hat{\mu}_{\mathrm{Bayes}}|X)$．又因为$n_1 \gg n_2$，$n_1 \gg n_r$，所以有$\Delta_1 < 1$．因此，当$\eta^2 \geqslant \frac{\sigma^2}{n_2}$时，有

$$\mathrm{MSE}(\hat{\mu}_{\mathrm{BERP}}|X) \leqslant \mathrm{MSE}(\hat{\mu}_{\mathrm{Bayes}}|X) \tag{4.96}$$

可以发现，当存在系统偏差的时候，$\hat{\mu}_{\mathrm{BERP}}$的估计偏差比$\hat{\mu}_{\mathrm{Bayes}}$的系统偏差小得多. 而且，当$\eta^2 \geqslant \sigma^2 / n_2$时，$\hat{\mu}_{\mathrm{BERP}}$的均方误差也比$\hat{\mu}_{\mathrm{Bayes}}$的均方误差要小. 在大多数情况下，$\sigma^2 / n_2 < \eta^2$．因此，可以得出结论，在先验信息存在系统偏差时估计正态参数μ，BERP 方法在一定程度上比经典 Bayes 方法的估计精度要高.

然而，当先验信息的系统偏差超出一定范围时，即使先验信息可以提供一些有用的信息，也应该放弃使用先验信息. 假设不利用先验信息而直接基于标准试验数据得到的正态参数μ的极大似然估计为$\hat{\mu}_{\mathrm{MLE}}$．$\hat{\mu}_{\mathrm{MLE}}$显然是一个无偏估计，其均方误差为

$$\mathrm{MSE}(\hat{\mu}_{\mathrm{MLE}} \mid X) = \mathrm{var}(\hat{\mu}_{\mathrm{MLE}} \mid X) = \frac{\sigma^2}{n_2} \tag{4.97}$$

当且仅当$\eta^2 \geqslant \frac{\sigma^2}{n_2} \cdot \Delta_2$时，有$\mathrm{MSE}(\hat{\mu}_{\mathrm{MLE}}|X) \leqslant \mathrm{MSE}(\hat{\mu}_{\mathrm{BERP}}|X)$，其中

$$\Delta_2 = \frac{(n_r - 3)(n_r + n_2)^2}{n_r n_2 + {n_r}^2 (n_2 + n_r - 3)} \tag{4.98}$$

而且，通过与式(4.95)对比，可以发现$\Delta_1 < \Delta_2$，这也就意味着当$\eta^2 \geqslant \frac{\sigma^2}{n_2} \cdot \Delta_2$时，$\mathrm{MSE}(\hat{\mu}_{\mathrm{MLE}} \mid X)$也小于$\mathrm{MSE}(\hat{\mu}_{\mathrm{Bayes}} \mid X)$．因此，如果$\eta^2$比$\frac{\sigma^2}{n_2} \cdot \Delta_2$大，应该停止使用先验信息，偏差$\eta < \sigma \sqrt{\frac{\Delta_2}{n_2}}$是使用先验信息的临界条件.

4.6　融入先验代表点的 Bayes 融合推断

低精度的仿真试验(包括全数字仿真和半实物仿真试验)和系统级外场实装试验的融合评估与数字仿真和半实物仿真试验融合评估方法相同，都是在物理机理模型未知的情形下，将低精度试验结果视为先验历史数据，从数据驱动的角度进行数据融合.

与半实物仿真融合评估的不同在于，由于系统级外场实装试验通常具有小子样的特征，当先验历史数据较多时，易出现“数据湮灭”的问题，即先验信息覆盖外场实装试验信息. 因此，当低精度仿真数据与实装试验样本数据存在数据不一致性时，做出不将低精度的仿真试验数据与系统级外场实装试验数据融合的决策. 当低精度仿真数据与实装试验样本数据存在数据一致性时，计算先验数据的可信度，然后选出低精度仿真试验数据的代表点，最后利用 Bayes 公式将代表点与系统级外场实装试验数据进行融合.

4.6.1 Bayes 融合推断

4.6.1.1 正态分布参数的 Bayes 估计

设 $X \sim N(\mu, D)$，其中 μ 是均值，D 是方差. 考虑 μ, D 均未知的情况，(μ, D) 的共轭先验分布为正态逆 Gamma 分布. 将前一阶段的数据作为后续阶段的先验信息，可得到多阶段试验之下的 Bayes 递推估计.

记 $(X_1^{(1)}, X_2^{(1)}, \cdots, X_{n_1}^{(1)})$ 为第一阶段试验所获得的样本，则均值 μ 及方差 D 的后验联合概率密度:

$$\pi(\mu, D \mid \bar{X}^{(1)}, u^{(1)}) \propto N(\mu_1, \eta_1 D) \cdot \Gamma^{-1}(\alpha_1, \beta_1) \tag{4.99}$$

其中，$\Gamma^{-1}(\alpha_1, \beta_1)$ 表示以 α_1, β_1 为分布参数的逆 Gamma 分布密度函数，若先验分布采用无先验信息时的 $\pi(\mu, D) \propto 1/D$，则有

$$\begin{cases} \alpha_1 = \sum\limits_{i=1}^{n_1} (X_i^{(1)} - \bar{X}^{(1)})^2 / 2 = n_1 u^{(1)} / 2, \\ \beta_1 = \dfrac{n_1 - 1}{2}, \\ \mu_1 = \bar{X}^{(1)}, \\ \eta_1 = 1 / n_1 \end{cases} \tag{4.100}$$

其中

$$\begin{cases} \bar{X}^{(1)} = \dfrac{1}{n_1} \sum\limits_{i=1}^{n_1} X_i^{(1)}, \\ u^{(1)} = \dfrac{1}{n_1} \sum\limits_{i=1}^{n_1} (X_i^{(1)} - \bar{X}^{(1)})^2 \end{cases} \tag{4.101}$$

同理，当进行第二阶段试后验，得到试验样本 $(X_1^{(2)}, X_2^{(2)}, \cdots, X_{n_2}^{(2)})$，考虑第一阶段试验的复合可信度 ω，此时 (μ, D) 的后验联合概率密度:

$$\pi(\mu, D \mid \bar{X}^{(2)}, u^{(2)}) \propto N(\mu_2, \eta_2 D) \cdot \Gamma^{-1}(\alpha_2, \beta_2) \tag{4.102}$$

故有

$$\begin{cases} \alpha_2 = \alpha_1 + \dfrac{\omega n_2 u^{(2)}}{2} + \dfrac{\omega n_2 (\bar{X}^{(2)} - \bar{X}^{(1)})^2}{2(\omega n_2 \eta_1 + 1)}, \\ \beta_2 = \beta_1 + \dfrac{\omega n_2}{2}, \\ \eta_2 = \dfrac{\eta_1}{1 + \omega n_2 \eta_1} = \dfrac{1}{n_1 + \omega n_2}, \\ \mu_2 = \dfrac{\omega n_2 \bar{X}^{(2)} + \bar{X}^{(1)} / \eta_1}{\omega n_2 + 1/\eta_1} \end{cases} \tag{4.103}$$

其中

$$\begin{cases} \bar{X}^{(2)} = \dfrac{1}{n_2} \sum\limits_{i=1}^{n_2} X_i^{(2)}, \\ u^{(2)} = \dfrac{1}{n_2} \sum\limits_{i=1}^{n_2} (X_i^{(2)} - \bar{X}^{(2)})^2 \end{cases} \tag{4.104}$$

一般地，N 个阶段之后，有

$$\pi(\mu, D \mid \bar{X}^{(N)}, u^{(N)}) \propto N(\mu_N, \eta_N D) \cdot \Gamma^{-1}(\alpha_N, \beta_N) \tag{4.105}$$

其中参数 $\mu_N, \eta_N, \alpha_N, \beta_N$ 可由递推公式运算而得.

在平均损失函数之下，利用多阶段数据，μ 和 D 的 Bayes 估计分别为各自边缘分布的期望:

$$\begin{cases} \hat{\mu}_B = \mu_N, \\ \hat{D}_B = \dfrac{\alpha_N}{\beta_N - 1} \end{cases} \tag{4.106}$$

μ 的 $1-\alpha$ 的置信区间为

$$\left[\mu_N - \frac{t_{1-\alpha/2} \cdot S_N^2}{\sqrt{T_1 (T_1 - 1)}}, \mu_N + \frac{t_{1-\alpha/2} \cdot S_N^2}{\sqrt{T_1 (T_1 - 1)}} \right] \tag{4.107}$$

其中

$$\begin{cases} S_N^2 = 2\alpha_N \eta_N (2\beta_N + 1), \\ T_1 = 2\beta_N + 1 \end{cases} \tag{4.108}$$

D 的 $1-\alpha$ 的置信区间为

$$\left[\frac{2\alpha_N}{\chi^2_{\alpha/2}(T_2 - 2)}, \frac{2\alpha_N}{\chi^2_{\alpha/2}(T_2 - 2)} \right] \tag{4.109}$$

其中

$$T_2 = 2\beta_N + 2 \tag{4.110}$$

此外，参数 (μ, D) 的后验方差为

$$\begin{cases} \operatorname{var}(\hat{\mu}) = \dfrac{\alpha_N}{(2\beta_N + 1)(\beta_N - 1)}, \\ \operatorname{var}(D) = \dfrac{\alpha_N^2}{(\beta_N - 2)(\beta_N - 1)^2} \end{cases} \tag{4.111}$$

利用该方法，可以实现多源正态总体参数的 Bayes 融合.

4.6.1.2　二项分布参数的 Bayes 估计

设 X 服从二项分布 $B(n,p)$，p 表示成功概率，p 的共轭先验分布为 Beta 分布，记为 $\mathrm{Beta}(\alpha,\beta)$ [30,31]，其中 α,β 是 Beta 分布的参数.

设先验试验结果成功数为 s_0，失败数为 f_0，先验试验数 $n_0 = s_0 + f_0$. 若无先验信息可用，则按照 Jeffreys 规则，取 $s_0 = 1/2$，$f_0 = 1/2$. 先验分布为 $\mathrm{Beta}(\alpha_0, \beta_0)$，其中

$$\alpha_0 = s_0, \quad \beta_0 = f_0 \tag{4.112}$$

设现场试验结果成功数为 s_1，失败数为 f_1，试验数 $n_1 = s_1 + f_1$，则后验分布为 $\mathrm{Beta}(\alpha_1, \beta_1)$，其中

$$\alpha_1 = \alpha_0 + s_1, \quad \beta_1 = \beta_0 + f_1 \tag{4.113}$$

考虑第 i 阶段试验的代表点可信度为 ω_i, $i = 1,2$, 二项分布中成功概率 p 的后验分布为

$$\mathrm{Beta}(\omega_1 s_0 + \omega_2 s_1, \omega_1 f_0 + \omega_2 f_1) \tag{4.114}$$

其后验密度为

$$\pi(p \mid s_1) = \frac{\Gamma(\omega_1 n_0 + \omega_2 n_1)}{\Gamma(\omega_1 s_0 + \omega_2 s_1)\Gamma(\omega_1 f_0 + \omega_2 n_1 - \omega_2 s_1)} p^{\omega_1 s_0 + \omega_2 s_1 - 1}(1-p)^{\omega_1 f_0 + \omega_2 n_1 - \omega_2 s_1 - 1} \tag{4.115}$$

基于复合可信度的二项分布中成功概率 p 的 Bayes 点估计为

$$\hat{p} = \frac{\omega_1 s_0 + \omega_2 s_1}{\omega_1 n_0 + \omega_2 n_1} \tag{4.116}$$

成功概率 p 的 $1-\alpha$ 双侧置信区间为

$$\left(\frac{u'\cdot F_{\alpha/2}(2u',2v')}{v'+u'\cdot F_{\alpha/2}(2u',2v')},\ \frac{u'\cdot F_{1-\alpha/2}(2u',2v')}{v'+u'\cdot F_{1-\alpha/2}(2u',2v')}\right) \tag{4.117}$$

其中，$u'=\omega_1 s_0+\omega_2 s_1$，$v'=\omega_1 f_0+\omega_2 f_1$.

成功概率 p 的 $1-\alpha$ 置信下限 $\hat{p}_L$ 为

$$\hat{p}_L=\frac{u'\cdot F_\alpha(2u',2v')}{v'+u'\cdot F_\alpha(2u',2v')} \tag{4.118}$$

若有多个样本则依次类推.

利用该方法，可以实现基于多源试验数据融合的二项型总体参数 Bayes 估计，如飞行可靠性、发射可靠性等. 显然，这种方法本质上是工程化方法与数学方法的结合，拓展了融合先验信息的加权 Bayes 方法的思路，与物理工程背景结合紧密有其合理性及实用性.

4.6.2　极小子样下的外场数据验证

由于成本等实际因素的限制，外场实装试验存在极小子样的情形. 这种情形将导致先验数据一致性分析的可靠性降低，进而降低数据融合的可信度，此时不宜采用数据融合的方法. 除此之外，当低精度仿真数据与外场数据存在数据不一致性时，亦不能将低精度的仿真试验数据与系统级外场实装试验数据进行融合. 此时，只能用外场试验数据进行验证.

当装备性能试验指标为连续型指标时，计算外场试验数据的均值，并将其与性能指标的置信区间进行比较：若外场数据落入置信区间中，则认可当前试验指标的估计，反之不然.

当装备性能试验指标为概率型指标时，对每一条外场数据，统计因素水平相似的半实物仿真试验结果，若得到相似试验的性能指标概率大于半实物仿真的概率估计，则认可半实物仿真试验的指标估计，反之不然.

4.6.3　仿真案例

在这一节中，通过三个数值仿真算例来进一步验证当先验偏差在一定范围内，基于代表点优化的 Bayes 融合评估(BERP)方法相较于经典 Bayes 方法的优势. 第一个数值算例展示了基于优化函数的最优代表点数目选取过程；第二个数值算例比较了 BERP 方法和经典 Bayes 方法的估计精度；第三个数值算例比较了 BERP 方法和经典 Bayes 方法在计算圆概率偏差(circular error probability, CEP)时的精度.

4.6.3.1　最优代表点数目选取

在这一小节，分析了确定最优代表点数目的优化步骤. 分别取 $n_1=200$ 个先验样本和$n_2=5$个标准试验样本，分别服从正态分布$N(\mu+\eta,\sigma^2)$和$N(\mu,\sigma^2)$，其中令$\mu=0,\eta^2=10,\sigma^2=50$，$\eta$表示系统误差. 数值试验中，代表点采用分参数的方法选取. 为了减少数值试验中随机因素的影响，在同等条件下采样 100 次，取试验结果的平均值. 图 4.5 和图 4.6 显示不同代表点数目条件下的信息损失、估计偏差以及优化目标函数的变化情况，其中估计偏差和信息损失都进行了归一化处理.

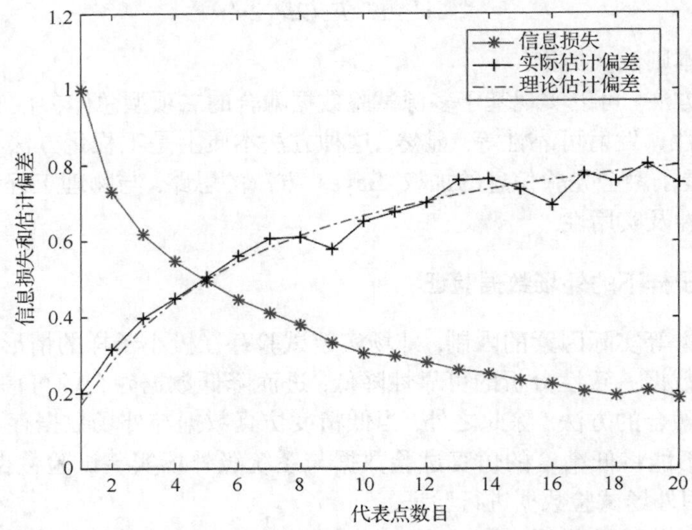

图 4.5 信息损失和估计偏差随代表点数目的变化

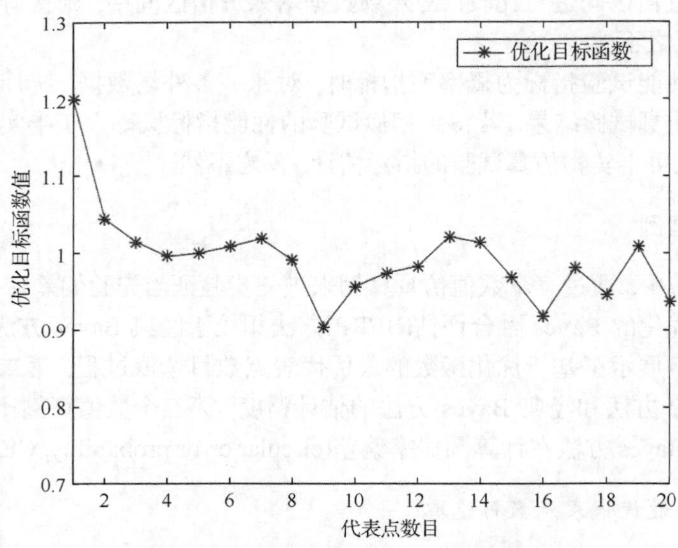

图 4.6 优化目标函数随代表点数目的变化

从图 4.5 可以看出，当先验样本与标准试验样本存在系统偏差的时候，随着代表点数数目的增加，信息损失逐渐降低，但估计偏差逐渐增大. 图 4.6 表明优化目标函数可以平衡估计偏差和信息损失，因此可以借此确定最优的代表点数目，图 4.6 还说明当代表点数目为 9 时，优化目标函数取最小值，也就是说此次数值试验中最优代表点的数目为 9. 另外，可以看到，实际估计偏差与理论估计偏差十分接近，从某种程度上也证明了衡量估计偏差的合理性与有效性.

4.6.3.2　BERP 方法与经典 Bayes 方法估计精度

在本算例中，将比较 BERP 方法和经典 Bayes 方法的估计性能. 分别取 $n_1 = 200$ 个先验样本和 $n_2 = 5$ 个标准试验样本，$N = 20$ 是预先设定的最大代表点数目. 先验样本和标准试验样本分别服从 $N(\mu+\eta,\sigma^2)$ 和 $N(\mu,\sigma^2)$，其中均值 $\mu=0$，η 是先验样本的系统偏差. 为了研究两种方法的估计对于参数 μ 的估计性能，设置了不同的 η 值进行比较. 类似于算例 1，在同等条件下采样 100 次，取试验结果的平均值，计算结果如表 4.2 所示.

表 4.2　经典 Bayes 方法与 BERP 方法估计精度的对比

σ^2	η^2	$\hat{\mu}_{\text{Bayes}}$	$\hat{\mu}_{\text{BERP}}$	$\text{MSE}(\hat{\mu}_{\text{Bayes}})$	$\text{MSE}(\hat{\mu}_{\text{BERP}})$	Opt N_{Rps}
40	0	0.0071	0.0419	0.1985	1.6958	19
50	0	–0.0185	–0.072	0.2482	2.1204	19
60	0	–0.0178	–0.0796	0.2979	2.5442	19
40	5	2.1657	0.1930	4.9576	4.8515	14
50	5	2.1885	0.3104	5.0081	5.4469	13
60	5	2.1661	0.3347	5.0574	6.0391	13
40	10	3.0963	0.8185	9.7162	7.032	9
50	10	3.0684	1.0232	9.7688	7.7469	9
60	10	3.092	1.0394	9.8186	8.4485	8

通过分析表 4.2 中的计算结果，可以得到以下两个结论：

(1) 当先验样本的系统偏差在给出的临界条件之内时，如果系统偏差很小，$\hat{\mu}_{\text{BERP}}$ 比 $\hat{\mu}_{\text{Bayes}}$ 更接近于参数 μ 的真实值，而且 $\text{MSE}(\hat{\mu}_{\text{BERP}})$ 在大多数情况下比

$\mathrm{MSE}(\hat{\mu}_{\mathrm{Bayes}})$ 小. 因此, 在先验样本存在系统偏差的情况下估计参数 μ 时, BERP 方法比经典 Bayes 估计有着更高的精度.

(2) 如果先验样本不存在系统偏差, $\hat{\mu}_{\mathrm{BERP}}$ 很接近 $\hat{\mu}_{\mathrm{Bayes}}$, $\mathrm{MSE}(\hat{\mu}_{\mathrm{BERP}})$ 比 $\mathrm{MSE}(\hat{\mu}_{\mathrm{Bayes}})$ 略大, 两种方法的估计精度没有明显差异. 而且当先验样本不存在系统偏差的时候, 最优代表点的数目接近于预先设定的最大值 20. 在这种情况下, BERP 方法在一定程度上退化成了经典的 Bayes 估计.

4.6.3.3　CEP 的估计

在本算例中, 将要分析 BERP 方法和经典 Bayes 方法对于 CEP 估计精度的影响. 基于二维正态分布 $N(\mu+\eta,\Sigma)$ 和 $N(\mu,\Sigma)$ 分别仿真产生 $n_1=200$ 个先验样本 $(X^{(1)},Y^{(1)})^{\mathrm{T}}$, $n_2=5$ 个 $(X^{(2)},Y^{(2)})^{\mathrm{T}}$, 其中 $\eta=\left(\sqrt{10},\sqrt{10}\right)^{\mathrm{T}}$, $\mu=\left(0,0\right)^{\mathrm{T}}$, $\Sigma=\mathrm{diag}(40,40)$. 参数 μ_x, μ_y, σ_x, σ_y 分别通过 BERP 方法和经典 Bayes 方法估计得到. 基于这些参数估计值, 采用数值积分法估计 CEP 的大小, 计算结果如图 4.7 所示.

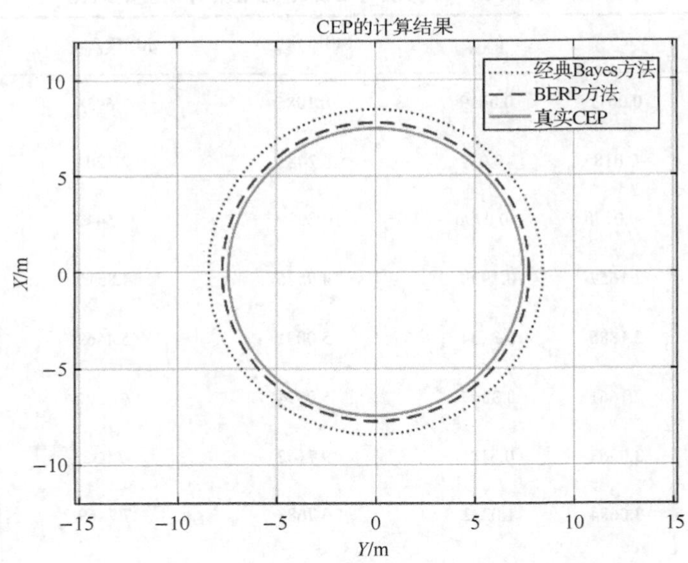

图 4.7　基于不同方法的 CEP 估计

如图 4.7 所示, 真实的 CEP 是 $\mathrm{CEP}_{\mathrm{true}}=7.4466$, 基于 BERP 方法计算所得的 CEP 为 $\mathrm{CEP}_{\mathrm{BERP}}=7.6532$, 基于经典 Bayes 方法计算所得的 CEP 为 $\mathrm{CEP}_{\mathrm{Bayes}}=8.4402$. 显然, 当先验样本的系统偏差在临界条件以内的时候, 基于 BERP 方法计算所得的 CEP 相比较基于经典 Bayes 方法计算所得的 CEP 而言, 更加接近真

实的 CEP. 另外, 仅仅基于小子样的标准试验数目而不利用先验信息计算所得的 CEP 记作 $\mathrm{CEP}_{\mathrm{noprior}}$. 如果不使用先验信息, 仅仅利用标准试验数据计算得到的 $\mathrm{CEP}_{\mathrm{noprior}}$ 往往会有较大的 MSE, 估计结果不可靠也不稳定. 因此, 当先验样本存在较小的系统偏差时, 采用 BERP 方法去估计参数 μ_x, μ_y 进而去估计 CEP 时的精度要比直接采用经典 Bayes 方法高.

4.7　命中精度一致性分析与评估

命中精度是导弹类装备的重要性能指标, 如何对该类装备的命中精度进行准确评估是亟待解决的一个重要问题. 由于接近应用环境的导弹性能试验是小子样的, 为了充分利用研制各阶段的飞行试验信息、仿真试验信息等先验信息, Bayes 统计理论被广泛应用于命中精度评估.

对于地面点目标而言, 圆概率偏差(CEP)是衡量导弹命中精度的关键指标, 而对于舰船目标而言, 常常采用命中概率来衡量反舰导弹的命中精度. 对于命中概率的评估, 经典的评估方法包括估计和假设检验, 估计方法包括基于正态分布的命中概率 Bayes 估计和基于二项分布的命中概率 Bayes 估计. 基于正态分布的命中概率 Bayes 估计假设导弹的落点偏差服从二维正态分布, 通过估计正态分布的总体参数, 进一步估计导弹命中目标区域的概率. 基于二项分布的命中概率 Bayes 估计根据导弹是否命中目标区域确定成败, 通过估计二项分布的成功概率参数, 来估计导弹的命中概率. 不论采用哪种评估方法, 评估的完整流程是给定置信度, 利用导弹试验数据估计得到导弹命中概率置信下限估计, 与预先设定的精度指标进行比较, 判断导弹在该置信度下是否满足精度要求.

在实际应用过程中, 基于正态分布和基于二项分布的命中概率 Bayes 估计存在一定差异, 单独使用可能会带来较大的评估风险. 随着武器装备的不断发展, 各种型号的反舰导弹层出不穷, 对命中精度的评估要求越来越高, 急需更稳健的精度评估方法. 因此, 本节结合 Bootstrap 重采样, 基于正态分布提出了命中概率估计的新方法, 并联合基于二项分布的命中概率估计, 对导弹命中精度进行一致性评估. 结果表明, 该方法可以提高评估结果的稳健性, 降低评估风险[168].

4.7.1　基于正态分布的命中概率 Bayes 估计

为了估计导弹的命中概率, 首先需要估计导弹落点的正态分布参数. 基于二维的正态密度函数, 在命中区域内进行积分, 可以得到命中概率的点估计, 但是经典方法难以给出命中概率的区间估计及置信下限估计, 因此在本节基于

Bootstrap 重采样构建了计算命中概率区间估计及置信下限估计的新方法.

4.7.1.1　正态参数的 Bayes 估计

假设导弹的落点偏差服从二维正态分布, 为方便讨论, 本小节以 x 方向为例, 介绍正态参数的 Bayes 估计. 设 $X \sim N(\mu, D)$, 其中 μ 是均值, D 是方差. 考虑 μ, D 均未知的情况, 由 4.6.1.1 节正态分布参数的 Bayes 估计, 可得到多阶段试验之下的 Bayes 递推估计. 当多个阶段试验数据来自同一总体, 不存在系统偏差, 则可不考虑数据可信度, 则 N 个阶段之后, 有

$$\pi(\mu, D \mid \overline{X}^{(N)}, u^{(N)}) \propto N(\mu_N, \eta_N D) \cdot \Gamma^{-1}(\alpha_N, \beta_N) \tag{4.119}$$

其中参数 $\mu_N, \eta_N, \alpha_N, \beta_N$ 可由递推公式运算而得.

这样, μ 的后验边缘密度为

$$\pi(\mu \mid \overline{X}^{(N)}, u^{(N)}) = \int_0^{+\infty} \pi(\mu, D \mid \overline{X}^{(N)}, u^{(N)})\, \mathrm{d}D \tag{4.120}$$

而 D 的后验边缘密度为

$$\pi(D \mid \overline{X}^{(N)}, u^{(N)}) = \int_{-\infty}^{+\infty} \pi(\mu, D \mid \overline{X}^{(N)}, u^{(N)})\, \mathrm{d}\mu \tag{4.121}$$

在平均损失函数之下, μ 和 D 的 Bayes 估计分别为各自边缘分布的期望:

$$\begin{cases} \hat{\mu}_B = \mu_N, \\ \hat{D}_B = \dfrac{\alpha_N}{\beta_N - 1} \end{cases} \tag{4.122}$$

4.7.1.2　命中概率的点估计

(1) 假设落点的纵向偏差 X 和横向偏差 Y 是相互独立的正态随机变量, 即

$$X \sim N(\mu_x, D_x), \quad Y \sim N(\mu_y, D_y) \tag{4.123}$$

其中 μ_x, μ_y, D_x, D_y 可用 4.7.1.1 节中所述的 Bayes 递推估计得到. 若目标"命中域"为 $R = [x_1, x_2] \times [y_1, y_2]$, 则命中概率 p 为

$$p = p_x \cdot p_y \tag{4.124}$$

其中

$$\begin{aligned} p_x &= P(x_1 \leqslant x \leqslant x_2) = \Phi[(x_2 - \mu_x)/\sqrt{D_x}] - \Phi[(x_1 - \mu_x)/\sqrt{D_x}] \\ p_y &= P(y_1 \leqslant y \leqslant y_2) = \Phi[(y_2 - \mu_y)/\sqrt{D_y}] - \Phi[(y_1 - \mu_y)/\sqrt{D_y}] \end{aligned} \tag{4.125}$$

$\Phi[\cdot]$ 表示标准正态分布的分布函数.

(2) 当 X 和 Y 不是相互独立的时候, 假设 (X, Y) 服从二维正态分布 $N(\mu, \Sigma)$,

其中

$$\mu=\begin{pmatrix}\mu_x\\ \mu_y\end{pmatrix},\quad \Sigma=\begin{pmatrix}D_x & \rho\sqrt{D_xD_y}\\ \rho\sqrt{D_xD_y} & D_y\end{pmatrix} \tag{4.126}$$

落点偏差 (X,Y) 的概率密度函数 $f(x,y)$ 可以记为

$$f(x,y)=\frac{1}{2\pi\sqrt{D_x}\sqrt{D_y}\sqrt{1-\rho^2}}\times\exp\left\{-\frac{1}{2(1-\rho^2)}\left[\frac{(x-\mu_x)^2}{D_x}-\frac{2\rho(x-\mu_x)(z-\mu_y)}{\sqrt{D_x}\sqrt{D_y}}+\frac{(z-\mu_y)^2}{D_y}\right]\right\} \tag{4.127}$$

其中 μ_x,μ_y,D_x,D_y 可用 4.7.1.1 节中所述的 Bayes 递推估计得到, 相关系数 ρ 可由式(4.128)计算得到

$$\rho=\frac{\sum_{i=1}^{n}\left[(x_i-\mu_x)(y_i-\mu_y)\right]}{\sqrt{\left[\sum_{i=1}^{n}(x_i-\mu_x)^2\right]\left[\sum_{i=1}^{n}(y_i-\mu_y)^2\right]}} \tag{4.128}$$

则导弹的命中概率 p 为

$$p=\iint_R f(x,y)\mathrm{d}x\mathrm{d}y \tag{4.129}$$

式(4.129)中积分的计算可采用数值积分法.

4.7.1.3　命中概率的区间估计

以 X 和 Y 不独立情况为例, 给出命中概率 p 的区间估计、置信下限估计. 由于很难构造命中概率 p 的枢轴变量, 因此无法基于经典统计方法给出 p 的区间估计、置信下限估计.

所以提出了基于 Bootstrap 方法的参数自助法, 来计算 p 的区间估计、置信下限估计. 设 $\hat{p}$ 是命中概率 p 的代入型点估计, 参数自助法的步骤如下:

(1) 根据试验样本, 估计均值 μ_x,μ_y, 方差 D_x,D_y 以及相关系数 ρ;

(2) 从正态总体 $N(\mu,\Sigma)$ 中, 随机抽取 M 组样本量为 n 的独立样本, 利用式(4.129)计算出这 M ($1000\leqslant M\leqslant 3000$)个 p 的代入型点估计, 并从小到大排序为 $\hat{p}(1),\hat{p}(2),\cdots,\hat{p}(M)$;

(3) 则 p 的置信度为 $1-\alpha$ 的置信区间估计为

$$[\hat{p}(\mathrm{INT}[\alpha M/2]),\ \hat{p}(\mathrm{INT}[(1-\alpha/2)M])]$$

p 的置信度为$1-\alpha$的单侧置信下限为$\hat{p}(\mathrm{INT}[\alpha M])$，其中INT[·]表示取整函数.

4.7.2 基于二项分布的命中概率 Bayes 估计

4.7.2.1 命中概率的 Bayes 点估计

假设n次导弹试验中导弹命中目标区域R的次数记作X，X服从二项分布$B(n,p)$，其中p表示导弹的命中概率. 由 4.6.1.2 节二项分布参数的 Bayes 估计，可得到多阶段试验之下的 Bayes 递推估计. 当多个阶段试验数据来自同一总体，不存在系统偏差，则可不考虑数据可信度.

设先验试验结果成功数为s_0，失败数为f_0，先验试验数$n_0=s_0+f_0$，先验分布为$\mathrm{Beta}(\alpha_0,\beta_0\,|\,s_0,f_0)$，现场试验结果成功数为$s_1$，失败数为$f_1$，试验数$n_1=s_1+f_1$，则后验分布为$\mathrm{Beta}(\alpha_1,\beta_1\,|\,s_1,f_1)$，在平均损失函数下，$p$的 Bayes 点估计为

$$\hat{p}=\frac{\alpha_1}{\beta_1}=\frac{s_0+s_1}{n_0+n_1} \tag{4.130}$$

4.7.2.2 命中概率的 Bayes 区间估计

构造二项分布参数p的枢轴变量，可得到

$$\frac{f_0+f_1}{s_0+s_1}\cdot\frac{p}{1-p}\sim F\left(2\left(s_0+s_1\right),2\left(f_0+f_1\right)\right) \tag{4.131}$$

其中$F(\cdot,\cdot)$表示F分布，故有

$$P\left(F_{\alpha/2}\leqslant\frac{f_0+f_1}{s_0+s_1}\cdot\frac{p}{1-p}\leqslant F_{1-\alpha/2}\middle|X\right)=1-\alpha \tag{4.132}$$

其中$F_{\alpha/2}$为$F\left(2\left(s_0+s_1\right),2\left(f_0+f_1\right)\right)$的$\alpha/2$分位数. 则$p$的$1-\alpha$双侧置信区间为

$$\left[\frac{\left(s_0+s_1\right)F_{\alpha/2}}{\left(f_0+f_1\right)+\left(s_0+s_1\right)F_{\alpha/2}},\frac{\left(s_0+s_1\right)F_{1-\alpha/2}}{\left(f_0+f_1\right)+\left(s_0+s_1\right)F_{1-\alpha/2}}\right] \tag{4.133}$$

p的$1-\alpha$的单侧置信下限$\hat{p}_L$为

$$\hat{p}_L=\frac{\left(s_0+s_1\right)F_{\alpha}}{\left(f_0+f_1\right)+\left(s_0+s_1\right)F_{\alpha}} \tag{4.134}$$

4.7.3　一致性分析及仿真算例

4.7.3.1　命中概率估计的仿真算例

例 4.11　导弹精度试验中，落点位置服从正态分布，试验的目标区域为 $R=[-500,500]\times[-200,200]$. 假设某型号导弹现场试验的落点偏差样本为

$$X=[-31.9,\ -183.5,\ 125.1,\ -5.4,\ -135.9]$$

$$Y=[-33.8,\ -101.1,\ -31.1,\ -6.4,\ -45.8]$$

该型号导弹研制阶段的飞行试验样本作为精度评估的先验样本，记作

$$X_0=[60.6,\ -169.3,\ 509.4,\ -320.0,\ 203.9]$$

$$Y_0=[67.4,\ -21.9,\ -30.9,\ -5.8,\ -131.9]$$

利用基于正态分布的命中概率估计新方法及经典二项分布命中概率方法估计该批次导弹试验命中概率及置信下限，结果如表 4.3 所示.

表 4.3　命中概率的估计结果

命中概率	点估计	80%置信下限	90%置信下限
正态分布	0.9642	0.9147	0.8855
二项分布	0.9000	0.8105	0.7281

4.7.3.2　两种评估方法的一致性分析

例 4.11(续)　为了分析两种评估方法的一致性，设置了不同的精度指标 p_0 (从 0 到 1)，分别采用这两种评估方法进行评估，分析评估的结果. 设两种方法可信度为 90%的置信下限估计分别为 $\hat{p}_{正态}$ 和 $\hat{p}_{二项}$. 假若命中概率的估计 $\hat{p}\geqslant p_0$，则认为该批次导弹试验在可信度不低于 90% 的条件下满足精度指标，否则认为该批次导弹试验不满足精度指标. 利用 4.7.3.1 节中的仿真数据，估计命中概率的置信下限，从而比较两种评估方法的差异，结果如图 4.8 所示.

从图 4.8 可以看到，对于不同的精度指标，只要基于二项分布的评估结果满足精度要求，则基于正态分布的评估结果一定可以满足精度要求. 因此从一定程度上讲，基于二项分布的评估准则更加宽容，而正态分布的评估准则更加严苛.

例 4.12　假设另有某型号导弹现场试验的落点偏差样本为

$$X=[-122.7,\ -279.3,\ 29.5,\ 55.9,\ 71.4]$$

$$Y=[66.5,\ -59.2,\ -24.7,\ 166.7,\ -98.5]$$

该型号导弹研制阶段的飞行试验样本作为精度评估的先验样本，记作

$$X_0=[-164.3,\ -45.5,\ 445.1,\ 242.3,\ -96.1]$$

$$Y_0=[143.4,\ -144.6,\ 33.6,\ -110.5,\ -81.2]$$

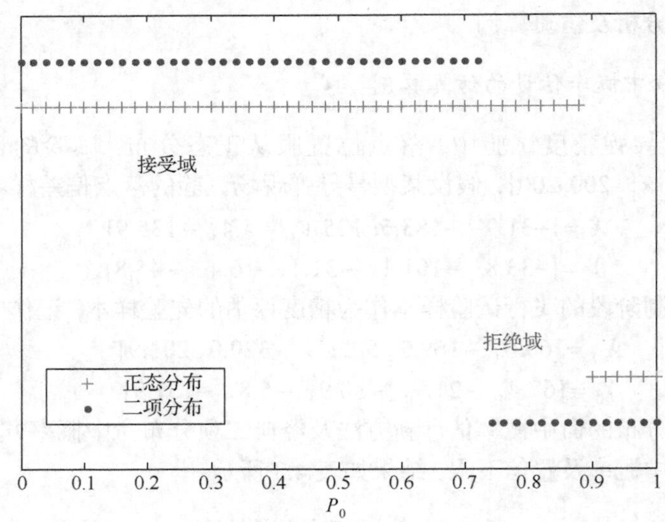

图 4.8　两种方法的评估结果

注：横坐标(无单位)表示精度指标，纵坐标(无单位)高位表示估计结果满足精度指标，纵坐标低位表示估计结果不满足精度指标

分别采用本节提到的两种方法进行评估，估计命中概率的置信下限，从而比较两种评估方法的差异，结果如图 4.9 所示.

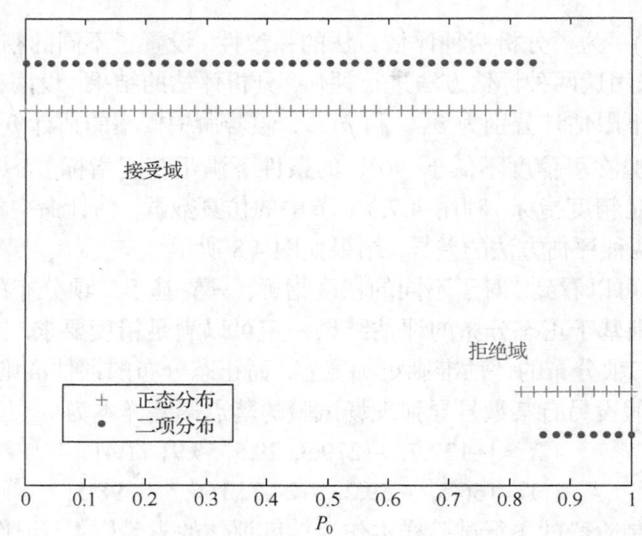

图 4.9　两种方法的评估结果

注：横坐标(无单位)表示精度指标，纵坐标(无单位)高位表示估计结果满足精度指标，纵坐标低位表示估计结果不满足精度指标

从图 4.9 可以看到，基于二项分布的评估结果满足精度要求时，基于正态分布的评估结果不一定满足精度要求，这与例 4.11 中得出的结论是矛盾的.

综合分析例 4.11 和例 4.12 的计算结果可以得到，对于不同型号的导弹试验，采用不同的评估方法得到的评估结果存在差异. 因此，在对导弹试验进行精度评定的时候，应该综合考虑这两种评估方法的结果，只有两种方法的评估结果同时满足精度要求的时候，才判定导弹试验满足精度要求.

4.8　多条件概率下的精度适应性评估

圆概率偏差(CEP) 是制导武器系统试验评估中的常用精度指标之一，其结合了射击准确度和密集度两种指标进行射击精度的表征. 传统的 CEP 评估流程首先需要假定落点偏差服从同一个二元正态分布，然后根据去相关变换简化计算公式，在给定样本下计算正态参数的极大似然估计，之后进行相应的 CEP 点估计、区间估计及假设检验.

上述的 CEP 评估流程存在两个难点. 一是 CEP 方程的求解问题. CEP 方程复杂，即使给定分布参数也难以求得精确解. 因此在实际应用中往往根据不同的假设采用相应的简化计算公式.

二是评估结果的适应性. 该方法的二元正态分布假设的依据是中心极限定理和长期的工程实践经验. 为此需将不同状态的样本数据折合到同一状态，并进行异常值检验、相容性检验与正态性检验. 这一过程中首先数据等效折合会因制导误差分析与分离的不准确而产生误差，从而影响整个精度评定过程；其次在异常值剔除阶段，如果物理判断不准确，会造成数据误处置，也会使 CEP 计算产生误差. 因此这一假定可能并不适用于复杂数据. 为使精度评定结果更合理，有必要对上述的传统 CEP 统计量进行一定的推广.

传统的 CEP 评估方法需要假定样本来自同一总体，而实际情况中导弹的环境匹配精度试验信息可能具有多种信息源，且各信息源情况各异，服从不同总体. 本节将对传统 CEP 评估方法在多条件概率分布下作推广[169].

4.8.1　多条件概率下的精度后验分布

假设未知参数 θ 具有 m 个不同的先验信息源，提供了 m 个不同的先验分布 $\pi_i(\theta)(i=1,2,\cdots,m)$，对于正态分布总体，先验分布用正态-逆 Γ 分布.

在进行 Bayes 统计分析之前，需要将 m 个先验分布融合成为 θ 的一个综合先验分布. 在工程实际中，通常选择线性加权的方法进行融合，定义 ε_i 为相应于第 i 个先验分布 $\pi_i(\theta)$ 的权重，其中 $\sum_{i=1}^{m}\varepsilon_i=1$，$\varepsilon_i$ 反映了第 i 类信息(环境匹配区)与总

体的相似程度. 假定融合后的综合先验分布为 $\pi_\varepsilon(\theta)$, 则

$$\pi_\varepsilon(\theta)=\sum_{i=1}^{m}\varepsilon_i\pi_i(\theta) \tag{4.135}$$

在取得现场子样 X 后, 得 θ 后验密度为 $\pi_\varepsilon(\theta\mid X)=\dfrac{\pi_\varepsilon(\theta)f(X\mid\theta)}{\int_\Theta\pi_\varepsilon(\theta)f(X\mid\theta)\mathrm{d}\theta}$, 根据 Bayes 公式, 有

$$\pi_\varepsilon(\theta\mid X)=\frac{1}{m(X\mid\pi)}\sum_{i=1}^{m}\varepsilon_i\pi_i(\theta)f(X\mid\theta)=\frac{1}{m(X\mid\pi)}\sum_{i=1}^{m}\varepsilon_i\pi_i(\theta\mid X)m(X\mid\pi_i) \tag{4.136}$$

其中

$$m(X\mid\pi)=\int_\Theta\pi_\varepsilon(\theta)f(X\mid\theta)\mathrm{d}\theta=\sum\nolimits_{i=1}^{m}\varepsilon_i m\left(X\mid\pi_i\right),$$

$$m\left(X\mid\pi_i\right)=\int_\Theta\pi_i(\theta)\ f(X\mid\theta)\mathrm{d}\theta,$$

它们是给定 $\pi_\varepsilon(\theta)$, $\pi_i(\theta)$ 时 X 的边缘密度函数.

由于我们并不确知最后真实环境匹配与不同先验环境类型的匹配概率, 在工程实践中, 可以分析给出不同的概率值并进行分析. 只要确定 ε 合理的分布区间, 即认为 $\varepsilon=\left(\varepsilon_1,\varepsilon_2,\cdots,\varepsilon_m\right)$ 是一个随机变量, 而 ε 的概率密度函数由其他信息确定.

设 $D=\left\{\left(\varepsilon_1,\varepsilon_2,\cdots,\varepsilon_m\right)\middle|0<\varepsilon_i<1,i=1,2,\cdots,m\right\}$, $\pi(\varepsilon)$ 是 ε 在区域 D 上的密度函数, 结合上面所求得的混合先验分布, 可以得到 θ 的后验密度函数为

$$\pi(\theta\mid X)=\int\underset{D}{\cdots}\int\pi_\varepsilon(\theta\mid X)\pi(\varepsilon)\mathrm{d}\varepsilon_1\cdots\mathrm{d}\varepsilon_m \tag{4.137}$$

代入 Bayes 公式, 则有

$$\pi(\theta\mid X)=\int\underset{D}{\cdots}\int\frac{\sum\limits_{i=1}^{m}\varepsilon_i\pi_i(\theta\mid X)m\left(X\mid\pi_i\right)}{m(X\mid\pi)}\pi(\varepsilon)\mathrm{d}\varepsilon_1\cdots\mathrm{d}\varepsilon_m \tag{4.138}$$

上式的积分是重积分, 实际计算可以利用数值积分的方法得到. 此时的精度评估应该基于 θ 的后验概率密度 $\pi(\theta\mid X)$, 精度置信下限 θ_L 满足

$$\gamma=\int_{\theta_L}^{1}\pi(\theta\mid X)\mathrm{d}\theta \tag{4.139}$$

4.8.2 多条件概率下的 CEP 上限计算

多总体问题下, 可以定义混合分布. 设随机变量 X 以概率 π 在总体 F_1 中取值, 以概率 $1-\pi$ 在总体 F_2 中取值. 若 $F\left(x\mid\theta_1\right)$ 和 $F\left(x\mid\theta_2\right)$ 分别是这两个总体的分布函数, 则随机变量 X 的分布函数为

$$F(x)=\pi F\left(x\mid\theta_1\right)+(1-\pi)F\left(x\mid\theta_2\right) \tag{4.140}$$

或用密度函数表示为

$$p(x)=\pi p\left(x\mid\theta_1\right)+(1-\pi)p\left(x\mid\theta_2\right) \tag{4.141}$$

此分布即视为 $F\left(x\mid\theta_1\right)$ 和 $F\left(x\mid\theta_2\right)$ 的混合分布. 这里的 π 和 $1-\pi$ 可视为一个新的随机变量 θ 的分布.

从混合分布的定义, 容易看出, 边际分布是混合分布的推广, 只是用密度函数表示而已. 当 θ 为离散随机变量时, 边际分布 $m(x)$ 由有限个或可数个密度函数混合而成; 当 θ 为连续随机变量时, 边际分布 $m(x)$ 由无限不可数个密度函数混合而成. 若从 $\pi(\theta)$ 中抽取一个 θ, 再从 $p(x\mid\theta)$ 中抽取一个 x, 这个样本 x 可视为是直接从 $m(x)$ 中抽取的样本.

多条件概率下的 CEP 上限计算抽象为如下数学问题:

不同的条件 h_k 下, 终点误差 (x,z) 的条件概率不同, 如何计算综合 CEP 上限?

考虑某条件 h_k 下的景象匹配误差条件概率密度函数 $f_k(x,z\mid h_k)$ 如下:

$$\begin{aligned}f_k\left(x,z\mid h_k\right)=&\frac{1}{2\pi\sigma_{x_k}\sigma_{z_k}\sqrt{1-\rho^2}}\\&\times\exp\left\{\frac{-1}{2\sqrt{1-\rho^2}}\left[\frac{\left(x-\mu_{x_k}\right)^2}{\sigma_{x_k}^2}\frac{2\rho\left(x-\mu_{x_k}\right)\left(z-\mu_{z_k}\right)}{\sigma_{x_k}\sigma_{z_k}}+\frac{\left(z-\mu_{z_k}\right)^2}{\sigma_{z_k}^2}\right]\right\}\end{aligned} \tag{4.142}$$

假设条件 h_k 的先验概率为 $p\left(h_k\right)$, 则多维正态分布的联合概率密度为

$$f(x,z)=\sum_{k=1}^{m}p\left(h_k\right)f_k\left(x,z\mid h_k\right) \tag{4.143}$$

CEP 的计算则转化为计算

$$\iint\limits_{x^2+z^2\leqslant R^2}f(x,z)\mathrm{d}x\mathrm{d}z=\iint\limits_{x^2+z^2\leqslant R^2}\sum_{k=1}^{m}p\left(h_k\right)f_k\left(x,z\mid h_k\right)\mathrm{d}x\mathrm{d}z=0.5 \tag{4.144}$$

进一步可考虑超参数情况下的计算.

4.8.2.1　多条件概率下的 CEP 计算的简化

设在条件 h_k 下, 取

$$\xi_k=\frac{1}{2}\arctan\frac{2\rho_k\sigma_{x_k}\sigma_{z_k}}{\sigma_{x_k}^2-\sigma_{z_k}^2} \tag{4.145}$$

$$
\begin{cases}
\mu_{u_k} = \mu_{x_k} \cos\xi_k + \mu_{z_k} \sin\xi_k, \\
\mu_{v_k} = \mu_{z_k} \cos\xi_k - \mu_{x_k} \sin\xi_k, \\
\sigma_{u_k} = \sigma_{x_k}\sigma_{z_k}\sqrt{\dfrac{(1-\rho_k)^2}{\sigma_{z_k}^2\cos^2\xi_k + \sigma_{x_k}^2\sin^2\xi_k - \rho_k\sigma_{x_k}\sigma_{z_k}\sin 2\xi_k}}, \\
\sigma_{v_k} = \sigma_{x_k}\sigma_{z_k}\sqrt{\dfrac{(1-\rho_k)^2}{\sigma_{z_k}^2\sin^2\xi_k + \sigma_{x_k}^2\cos^2\xi_k + \rho_k\sigma_{x_k}\sigma_{z_k}\sin 2\xi_k}}
\end{cases}
\tag{4.146}
$$

式中 $\sigma_{x_k},\sigma_{z_k}$ 是条件 h_k 下的纵、横向落点偏差 X,Z 的标准差；μ_{x_k},μ_{z_k} 是条件 h_k 下的纵、横向落点偏差 X,Z 的均值；ρ_k 是条件 h_k 下的纵、横向落点偏差 X,Z 的相关系数，$0 \leqslant |\rho_k| < 1$.

利用式(4.146)作正交变换

$$
\begin{pmatrix} u \\ v \end{pmatrix} = \begin{pmatrix} \cos\xi_k & \sin\xi_k \\ -\sin\xi_k & \cos\xi_k \end{pmatrix} \begin{pmatrix} x \\ z \end{pmatrix}
\tag{4.147}
$$

将横纵向落点偏差 (X,Z) 变换到 (U,V). (U,V) 的概率密度函数为

$$
f_k(u,v\,|\,h_k) = \frac{1}{2\pi\sigma_{u_k}\sigma_{v_k}}\exp\left\{-\frac{1}{2}\left[\frac{(u-\mu_{u_k})^2}{\sigma_{u_k}^2} + \frac{(v-\mu_{v_k})^2}{\sigma_{v_k}^2}\right]\right\}
\tag{4.148}
$$

式中 $\sigma_{u_k},\sigma_{v_k}$ 是 U,V 的标准差；μ_{u_k},μ_{v_k} 是 U,V 的均值.

此时圆概率偏差 R 的计算方程式(4.144)变为

$$
\iint\limits_{x^2+z^2\leqslant R^2} f(x,z)\mathrm{d}x\mathrm{d}z = \iint\limits_{u^2+v^2\leqslant R^2} \sum_{k=1}^{m} p(h_k) f_k(u,v\,|\,h_k)\mathrm{d}u\mathrm{d}v = 0.5
\tag{4.149}
$$

作变换

$$
\begin{cases}
u = r\cos\varphi, \\
v = r\sin\varphi
\end{cases}
$$

可得式(4.149)的极坐标形式

$$
\frac{1}{2\pi}\int_0^R\int_0^{2\pi} r\sum_{k=1}^{m} p(h_k)\cdot c_k \exp\left[-b_k r^2 + a_k r^2\cos 2\varphi + r\left(\frac{\mu_{u_k}}{\sigma_{u_k}^2}\cos\varphi + \frac{\mu_{v_k}}{\sigma_{v_k}^2}\sin\varphi\right)\right]\mathrm{d}\varphi\mathrm{d}r
$$

$$
= 0.5 \tag{4.150}
$$

式中:

$$\begin{cases} a_k = \dfrac{1}{4}\left(\dfrac{1}{\sigma_{v_k}^2} - \dfrac{1}{\sigma_{u_k}^2}\right), \\ b_k = \dfrac{1}{4}\left(\dfrac{1}{\sigma_{v_k}^2} + \dfrac{1}{\sigma_{u_k}^2}\right), \\ c_k = \dfrac{1}{\sigma_{u_k}\sigma_{v_k}} \exp\left\{-\dfrac{1}{2}\left[\left(\dfrac{\mu_{u_k}}{\sigma_{u_k}}\right)^2 + \left(\dfrac{\mu_{v_k}}{\sigma_{v_k}}\right)^2\right]\right\} \end{cases} \tag{4.151}$$

4.8.2.2　多条件概率下的 CEP 的代入型点估计

在计算 CEP 上限之前，先要求得多条件概率下的 CEP 代入型点估计.

设条件 h_k 下有样本量为 n_k 的精度评定样本 $\left(x_1^{(k)}, z_1^{(k)}\right), \left(x_2^{(k)}, z_2^{(k)}\right), \cdots, \left(x_{n_k}^{(k)}, z_{n_k}^{(k)}\right)$，样本均值和样本标准差为

$$\begin{cases} \hat{\mu}_{x_k} = \dfrac{1}{n_k}\sum_{i=1}^{n_k} x_i^{(k)}, \\ \hat{\mu}_{z_k} = \dfrac{1}{n_k}\sum_{i=1}^{n_k} z_i^{(k)}, \\ \hat{\sigma}_{x_k} = \sqrt{\dfrac{1}{n_k - 1}\sum_{i=1}^{n_k}(x_i^{(k)} - \hat{\mu}_{x_k})^2}, \\ \hat{\sigma}_{z_k} = \sqrt{\dfrac{1}{n_k - 1}\sum_{i=1}^{n_k}(z_i^{(k)} - \hat{\mu}_{z_k})^2} \end{cases} \tag{4.152}$$

样本相关系数为

$$\hat{\rho}_k = \frac{\sum_{i=1}^{n_k}\left[\left(x_i^{(k)} - \hat{\mu}_{x_k}\right)\left(z_i^{(k)} - \hat{\mu}_{z_k}\right)\right]}{\sqrt{\left[\sum_{i=1}^{n_k}\left(x_i^{(k)} - \hat{\mu}_{x_k}\right)^2\right]\left[\sum_{i=1}^{n_k}\left(z_i^{(k)} - \hat{\mu}_{z_k}\right)^2\right]}} \tag{4.153}$$

ξ 的估计为

$$\hat{\xi}_k = \frac{1}{2}\arctan\frac{2\hat{\rho}_k\hat{\sigma}_{x_k}\hat{\sigma}_{z_k}}{\hat{\sigma}_{x_k}^2 - \hat{\sigma}_{z_k}^2} \tag{4.154}$$

变换后的样本均值和样本标准差为

$$\begin{cases} \hat{\mu}_{u_k} = \hat{\mu}_{x_k} \cos \hat{\xi}_k + \hat{\mu}_{z_k} \sin \hat{\xi}_k, \\ \hat{\mu}_{v_k} = \hat{\mu}_{z_k} \cos \hat{\xi}_k - \hat{\mu}_{x_k} \sin \hat{\xi}_k, \\ \hat{\sigma}_{u_k} = \hat{\sigma}_{x_k} \hat{\sigma}_{z_k} \sqrt{\dfrac{(1-\hat{\rho}_k)^2}{\hat{\sigma}_{z_k}^2 \cos^2 \hat{\xi}_k + \hat{\sigma}_{x_k}^2 \sin^2 \hat{\xi}_k - \hat{\rho}_k \hat{\sigma}_{x_k} \hat{\sigma}_{z_k} \sin 2\hat{\xi}_k}}, \\ \hat{\sigma}_{v_k} = \hat{\sigma}_{x_k} \hat{\sigma}_{z_k} \sqrt{\dfrac{(1-\hat{\rho}_k)^2}{\hat{\sigma}_{z_k}^2 \sin^2 \hat{\xi}_k + \hat{\sigma}_{x_k}^2 \cos^2 \hat{\xi}_k + \hat{\rho}_k \hat{\sigma}_{x_k} \hat{\sigma}_{z_k} \sin 2\hat{\xi}_k}} \end{cases} \tag{4.155}$$

将式(4.146)中的 $\mu_{u_k},\mu_{v_k},\sigma_{u_k},\sigma_{v_k}$ 用 $\hat{\mu}_{u_k},\hat{\mu}_{v_k},\hat{\sigma}_{u_k},\hat{\sigma}_{v_k}$ 代入，对其进行数值积分即可计算出 R 的代入型点估计 $\hat{R}$.

4.8.2.3　多条件概率下的 CEP 的区间估计

采用参数自助法计算多条件概率下的 CEP 的置信区间估计.

设 $\hat{R}$ 是 R 的代入型点估计. $C_{1-\alpha/2}$，$C_{\alpha/2}$，C_α 分别为 $\hat{R}/R$ 的 $1-\dfrac{\alpha}{2}$，$\dfrac{\alpha}{2}$，α 分位数. $\hat{C}_{1-\alpha/2}$，$\hat{C}_{\alpha/2}$，$\hat{C}_\alpha$ 分别为 $C_{1-\alpha/2}$，$C_{\alpha/2}$，C_α 的估值.

R 的置信区间 $\left[\underline{R}_L,\overline{R}_U\right]$ 和置信上界 R_b 的计算公式如下

$$\begin{cases} \underline{R}_L = \dfrac{\hat{R}}{\hat{C}_{1-\alpha/2}}, \\ \overline{R}_U = \dfrac{\hat{R}}{\hat{C}_{\alpha/2}} \end{cases} \tag{4.156}$$

$$R_b = \frac{\hat{R}}{\hat{C}_\alpha} \tag{4.157}$$

$\hat{C}_{1-\alpha/2}$，$\hat{C}_{\alpha/2}$，$\hat{C}_\alpha$ 用统计试验法近似计算，步骤如下:

(1) 根据评定样本，利用式(4.155)分别计算出 m 个不同条件下的 $\hat{\mu}_{u_k}$，$\hat{\mu}_{v_k},\hat{\sigma}_{u_k},\hat{\sigma}_{v_k}\ (k=1,2,\cdots,m)$;

(2) 分别从正态总体 $N\left(\begin{pmatrix}\hat{\mu}_{u_k}\\ \hat{\mu}_{v_k}\end{pmatrix},\begin{pmatrix}\hat{\sigma}_{u_k}^2 & 0\\ 0 & \hat{\sigma}_{v_k}^2\end{pmatrix}\right)$ 中随机抽取 M 组样本量为 n_k 的独立样本 $(k=1,2,\cdots,m)$，利用 4.8.2.2 节的方法算出 M 个 R 的代入型估计，并从小到大排序为 $\hat{R}^{(1)},\hat{R}^{(2)},\cdots,\hat{R}^{(M)}$，$M$ 一般取 1000 ~ 3000;

(3) 序列 $\dfrac{\hat{R}^{(1)}}{\hat{R}},\dfrac{\hat{R}^{(2)}}{\hat{R}},\cdots,\dfrac{\hat{R}^{(M)}}{\hat{R}}$ 的第 $\mathrm{INT}\left[\left(1-\dfrac{\alpha}{2}\right)M\right]$，$\mathrm{INT}\left[\dfrac{\alpha}{2}M\right]$，$\mathrm{INT}[\alpha M]$ 项

就是 $\hat{C}_{1-\alpha/2}$，$\hat{C}_{\alpha/2}$，$\hat{C}_{\alpha}$，其中 INT[·]为取整运算.

4.8.3 算法性能分析

4.8.3.1 统计性质对比

以两正态混合总体为例分析传统 CEP 算法和混合 CEP 算法的统计性质的差异. 根据之前的讨论，以下仅讨论横纵向偏差不相关的情况. 设有 N 类样本 $\left\{u_i^{(k)} \mid u_i^{(k)}=\left(x_i^{(k)}, z_i^{(k)}\right)^{\mathrm{T}}\right\}_{i=1}^{n_k}$，$k=1,2,\cdots,N$，满足 $\sum_{k=1}^{N} n_k=S$. 设 $\left\{u_i^{(k)}\right\}_{i=1}^{n_k}$ 服从正态总体 $N(\mu_k,\Sigma_k)$. 则落点偏差的联合概率密度函数即为

$$f(x,z)=\sum_{k=1}^{N} p\left(h_k\right) f_k\left(x,z \mid h_k\right) \tag{4.158}$$

其中 $f_k(x,z\mid h_k) = N(\mu_k,\Sigma_k)$，$k=1,2,\cdots,N$，且正态参数的估计值为 $\hat{\mu}_k=[\hat{x}_k,\hat{z}_k]^{\mathrm{T}}$，$\hat{\Sigma}_k=\operatorname{diag}(\hat{\sigma}_{x_k}^2,\hat{\sigma}_{z_k}^2)$. 如果给定先验信息 $E[p(h_k)]=p_k$ $(0\leqslant p_k\leqslant 1)$，且总体 $N(\mu_k,\Sigma_k)$ 相互独立，则混合总体 $\eta\sim f(x,z)$ 的均值和方差分别为 $E[\eta]=\sum_{k=1}^{N} p_k\mu_k$，$\operatorname{var}[\eta]=\sum_{k=1}^{N} p_k^2\Sigma_k$. 因此混合总体的均值和方差的估计值分别为

$$\hat{E}[\eta]=\sum_{k=1}^{N} p_k\hat{\mu}_k, \quad \hat{\operatorname{v}}\mathrm{ar}[\eta]=\sum_{k=1}^{N} p_k^2\hat{\Sigma}_k \tag{4.159}$$

如果将落点偏差样本视作来自同一正态总体 $N(\mu_s,\Sigma_s)$，则其正态参数的估计值为

$$\hat{\mu}_s=\frac{1}{S}\sum_{k=1}^{N} n_k\hat{\mu}_k, \quad \hat{\Sigma}_s=\frac{1}{S-1}\sum_{k=1}^{N}\sum_{i=1}^{n_k} \operatorname{diag}\left(x_i^{(k)}-\hat{\mu}_{x_s}, z_i^{(k)}-\hat{\mu}_{z_s}\right)^2 \tag{4.160}$$

因此如果用单一正态总体来近似表示两正态分布的混合总体，其矩参数的误差为

$$\Delta_E=\hat{\mu}_s-\hat{E}[\eta]=\sum_{k=1}^{N}\left(\frac{n_k}{S}-p_k\right)\hat{\mu}_k \tag{4.161}$$

$$\Delta_D=\hat{\Sigma}_s-\hat{\operatorname{v}}\mathrm{ar}[\eta]=\sum_{k=1}^{N}\left(\frac{n_k-1}{S-1}-p_k^2\right)\hat{\Sigma}_k+\varepsilon \tag{4.162}$$

其中

$$\varepsilon=\frac{2}{S-1}\sum_{k=1}^{N}\sum_{i=1}^{n_k}\operatorname{diag}\left[\left(x_i^{(k)}-\hat{\mu}_{x_k}\right)\left(\hat{\mu}_{x_k}-\hat{\mu}_{x_s}\right),\ \left(z_i^{(k)}-\hat{\mu}_{z_k}\right)\left(\hat{\mu}_{z_k}-\hat{\mu}_{z_s}\right)\right] \tag{4.163}$$

由此可知当 $\hat{\mu}_k = 0$ 或 $p_k = n_k / S$，$\forall k = 1,2,\cdots,N$ 时两算法的均值相同. 但此时两算法的方差仍存在差异.

4.8.3.2　先验失真对混合 CEP 的影响

先验信息的选择准确与否对于 Bayes 后验估计至关重要. 如果先验信息不准确, 估计结果的误差可能会很大. 本节讨论先验失真对于混合 CEP 计算误差的影响.

记 $\iint_{x^2+z^2\leqslant R^2} \sum_{k=1}^{N} p(h_k) f_k(x,z \mid h_k) \mathrm{d}x\mathrm{d}z = 0.5$ 的解析解是 R, 分别将 $f_k(x, z \mid h_k) = N(\mu_k, \Sigma_k)$ 代入 $\iint_{x^2+z^2\leqslant R^2} f(x,z) \mathrm{d}x\mathrm{d}z = 0.5$, 记其解析解是 $R_k (k=1,2,\cdots,N)$. 不失一般性, 不妨设 $R_i \leqslant R_j (i<j, i,j=1,2,\cdots,N)$，易证

$$R_1 \leqslant R \leqslant R_N \tag{4.164}$$

上式说明 R_1 和 R_N 分别是多正态分布混合总体的 CEP 的下界和上界, 分别对应先验信息 $\hat{p}_1 = 1$ 和 $\hat{p}_N = 1$.

实际上, 由 $\sum_{k=1}^{N} p(h_k) = 1$ 可知, 先验权重 $P_w = \left[p(h_1), p(h_2), \cdots, p(h_N) \right]^{\mathrm{T}}$ 是定义在 $[0,1]^{n-1}$ 上的 $n-1$ 维随机变量, 其对应的混合 CEP 值在定义域的某两个边界点处达到极值.

故而可得下述命题.

命题 4.1　设混合分布的密度函数为 $f(x,z) = \sum_{k=1}^{N} p(h_k) f_k(x,z \mid h_k)$. 再设先验权重 $P_w = \left[p(h_1), p(h_2), \cdots, p(h_{N-1}) \right]^{\mathrm{T}}$ 是 $[0,1]^{n-1}$ 上的随机变量, 且

$$E\left[p(h_k) \right] = p_k \quad (k=1,2,\cdots,N).$$

记 $\hat{P}_w$ 是 P_w 的估计值, ΔR 是 $\hat{P}_w$ 引起的混合 CEP 计算误差, 则

$$\sup_{\hat{P}_w \in [0,1]^{N-1}} \Delta R(\hat{P}_w) \leqslant \left| \max_{k=1,2,\cdots,N} \{R_k\} - R_0 \right| \tag{4.165}$$

其中 R_0 是 $\iint_{x^2+z^2\leqslant R^2} \sum_{k=1}^{N} p(h_k) f_k(x,z \mid h_k) \mathrm{d}x\mathrm{d}z = 0.5$ 在 $p(h_k) = p_k (k=1,2,\cdots,N)$ 时的解，R_k 是 $\iint_{x^2+z^2\leqslant R^2} \sum_{k=1}^{N} p(h_k) f_k(x,z \mid h_k) \mathrm{d}x\mathrm{d}z = 0.5$ 在 $p(h_k) = 1$ 且 $p(h_j) = 0$ $(k=1,2,\cdots,N, j \neq k)$ 时的解.

4.8.3.3　仿真算例

例 4.13　设有两类综合试验环境 h_1 和 h_2，出现概率分别为 $E[p(h_1)] = 0.4$ 和

$E[p(h_2)]=0.6$，且落点偏差 (X,Z) 在条件 h_1 和 h_2 下分别服从正态分布 $N\left(\begin{pmatrix}0\\0\end{pmatrix},\begin{pmatrix}1 & 0.01\\0.01 & 1\end{pmatrix}\right)$ 和 $N\left(\begin{pmatrix}1\\1\end{pmatrix},\begin{pmatrix}1 & 0.5\\0.5 & 1\end{pmatrix}\right)$. 则混合总体的概率密度函数如图 4.10 所示，混合总体的密度函数仍然是单峰的.

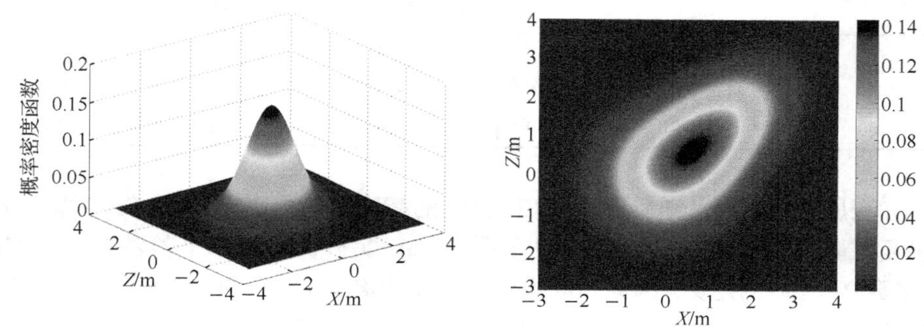

4.10　混合总体的概率密度函数

从正态分布 1 和 2 中分别抽取容量为 20 和 30 的样本，经计算，其理论 CEP、经典 CEP 和混合 CEP 分别为 1.414, 1.215 和 1.420，结果如图 4.11 所示.

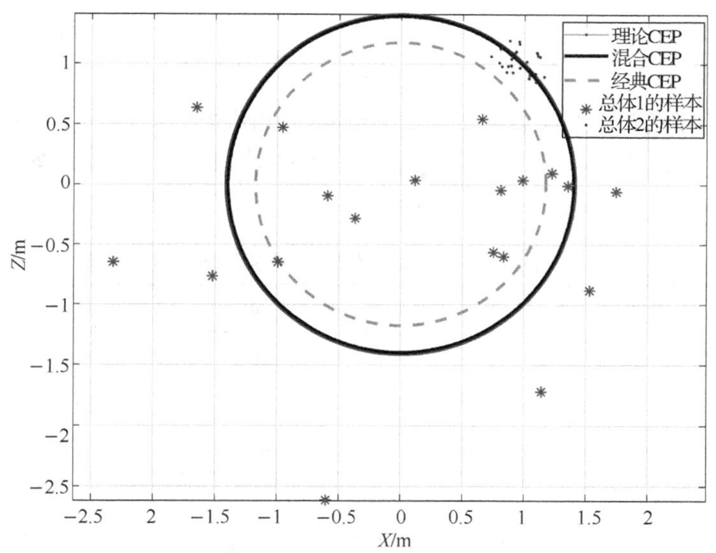

4.11　三种 CEP 的结果比较

由图可知，只有 9 个样本(18%)落入经典 CEP 圆中，这与 CEP 的“半数必中圆的定义”不符；而有 28 个样本(56%)落入混合 CEP 圆中，这说明本节提出的混合 CEP 对于复杂数据的适应性更强，并且计算结果更准确.

为削减样本选取的随机性对 CEP 计算结果的影响, 在先验信息不变的前提下, 重复试验 10 次和 100 次, 相应的平均计算结果如表 4.4 所示.

表 4.4 重采样后经典 CEP 和混合 CEP 算法的平均结果对比

采样次数	混合 CEP	经典 CEP	混合 CEP 内样本比例	经典 CEP 内样本比例	混合 CEP 精度高的比例
1	1.420	1.215	56%	16%	100%
10	1.357	1.176	47%	24%	100%
100	1.355	1.159	44%	21%	77%

如表所示, 多次采样后混合 CEP 算法的精度要明显高于经典 CEP 算法(100 次重复试验中混合 CEP 精度高的比例是 77%). 另外, 混合 CEP 算法更符合 CEP 是"半数必中圆"的定义, 因为 100 次重复试验中经典 CEP 圆内包含样本的平均比例是 21%, 远小于 50%, 相比之下混合 CEP 的对应值为 44%.

例 4.14 本小节讨论两正态分布混合总体下先验失真对混合 CEP 的计算误差的影响, 相关参数如无特殊说明, 均与 4.8.3.2 节相同. 本例中的先验参数只有 $\hat{p}_1 \in [0,1]$, 因为 $\hat{p}_2 = 1 - \hat{p}_1$. 因此本例中先验信息 $\hat{p}_1$ 和混合 CEP 值之间的响应关系如下

$$\iint_{x^2+z^2 \leqslant R^2} [f_2 + \hat{p}_1(f_1 - f_2)] \mathrm{d}x\mathrm{d}z = 0.5 \tag{4.166}$$

其中 f_1 和 f_2 分别表示正态总体 1 和 2 的概率密度函数. 设 $\hat{p}_1 = 0.4$ 是真实的先验权重, 且实际的 CEP 值为 1.414. 令 $\hat{p}_1 = 0.1k$ $(k = 0,1,\cdots,10)$, 对应的 CEP 和相应的计算误差如表 4.5 所示.

表 4.5 不同的先验权重下的 CEP 值和对应的计算误差

$\hat{p}_1$	0	0.1	0.2	0.3	0.4	0.5	0.6	0.7	0.8	0.9	1
$\Delta\hat{p}_1$	0.4	0.3	0.2	0.1	0	0.1	0.2	0.3	0.4	0.5	0.6
$\hat{R}$	1.633	1.573	1.517	1.464	1.414	1.367	1.323	1.283	1.245	1.210	1.177
$\Delta\hat{R}$	0.219	0.160	0.104	0.050	0	0.047	0.090	0.131	0.169	0.204	0.236

如上表所示, CEP 计算误差 $\Delta\hat{R}$ 随着先验信息偏差 $\Delta\hat{p}_1$ 的增大而增大. 同时可以看到先验失真下 CEP 误差绝对值的最大值在边界 $\hat{p}_1 = 0.4$ 处达到, 这与命题 4.1 中的结论是一致的.

例 4.15 本例讨论小子样下的混合 CEP 计算问题. 考虑一组飞行试后验得到 27 个精度评定样本, 可以分成 3 类, 如表 4.6 所示. 另外, 先验信息的理论均值

及实际取值如表 4.7 所示. 分别在先验准确的混合总体、先验失真的混合总体和单总体的假设下计算 CEP 区间估计和置信水平 0.9, 0.8 下的 CEP 区间估计和置信上限, 结果如表 4.8 所示.

表 4.6　落点偏差样本

区域	方向	落点数据								
1	X	0.538	1.834	−2.259	0.862	0.319	−1.308	−0.434	0.343	3.578
	Z	2.769	−1.350	3.035	0.725	−0.063	0.715	−0.205	−0.124	1.490
2	X	0.641	0.642	0.567	0.379	0.572	0.663	0.549	0.604	0.573
	Z	0.470	0.529	0.421	0.589	0.385	0.393	0.419	0.206	0.644
3	X	1.033	0.925	1.137	0.829	0.990	0.976	1.032	1.031	0.914
	Z	0.997	0.984	1.063	1.109	1.111	0.914	1.008	0.879	0.889

表 4.7　先验信息的理论均值与实际取值

试验区域	理论取值	实际取值
1	1/3	3/10
2	1/3	3/10
3	1/3	2/5

表 4.8　不同假设下的 CEP 区间估计

假设	CEP 点估计	CEP 上限(0.9)	CEP 上限(0.8)	CEP 区间(0.9)	CEP 区间(0.8)
单总体	1.416	1.595	1.527	[1.220,　1.665]	[1.261,　1.595]
混合(先验失真)	1.356	1.404	1.383	[1.299,　1.421]	[1.314,　1.404]
混合(先验准确)	1.340	1.390	1.369	[1.281,　1.410]	[1.293,　1.390]

本例中样本量很小, 所以 CEP 点估计可能不准确. 这里主要讨论 CEP 置信上限. 如表 4.8 所示, 使用混合 CEP 算法处理复杂数据, 即使在先验失真的情况下的精度也要高于经典单总体 CEP 算法.

4.9　小　　结

本章重点针对无模型情形下的多阶段下装备试验数据融合评估方法进行研究. 通过 Bayes 融合思想的解析, 按照“先验数据分析处理、数据一致性分析、先验数据可信度计算、多阶段数据 Bayes 融合”的流程, 介绍了 Bayes 数据融合评估方法, 并重点研究了服从正态分布和二项分布两类指标参数的 Bayes 估计.

为防止低精度试验样本量远高于外场试验样本量, 造成外场试验样本“湮灭”

的问题，分析了能否融合的条件，提出了基于代表点选取的外场试验数据融合与验证方法，并且基于试验评估的背景，给出了代表点数目的最优选取准则. 基于不同的系统误差限，从理论上给出了带误差的先验信息的使用准则. 当先验信息系统偏差超过临界值时，即使小子样的标准试验数据会带来较大的评估风险，仍然放弃使用先验信息. 当先验样本的系统偏差在临界值以内时，可以使用先验信息，并证明了基于代表点选取的融合评估方法(BERP)相较于经典 Bayes 方法的优势. 从数值算例可以看出，当先验样本的系统偏差不显著时，BERP 方法与经典的 Bayes 方法之间不存在显著差异，当先验样本的系统偏差显著但在临界值以内时，BERP 方法明显优于经典 Bayes 方法，并通过 CEP 的仿真计算案例验证了 BERP 方法的优良性.

对于装备试验评估而言，由于多源试验信息复杂，接近应用环境的性能试验子样数少，单独使用经典的评估方法对命中概率进行估计时，会造成较大的评估风险，估计的结果不稳健. 针对上述问题，4.7 节提出了基于 Bootstrap 重采样的命中精度一致性分析与评估方法. 综合基于正态分布和二项分布的命中概率评估方法进行一致性评估，在一定程度上可以降低评估风险，提高了估计结果的稳健性.

针对导弹类装备精度评估中的圆概率偏差(CEP)战技指标，基于多源数据等效折合以及异常值剔除物理判断不准确使 CEP 计算产生误差的问题，4.8 节采用不同总体试验信息融合方法，推广了多条件概率下的精度后验分布，并在多总体条件下混合分布条件下得到 CEP 的上限计算方法，即相应的计算公式、代入型点估计及区间估计. 该方法能充分利用不同总体的观测信息，特别能够有效应对先验失真情况，最终达到了提高试验一体化适应性评估及特性描述的精度和可信度的目的.

4.10 延展阅读——从跳水赛事打分规则看 Bayes 融合评估

跳水比赛的裁判有 7 人以及 5 人两种方式，满分 10 分. 裁判会根据运动员的整体动作进行评分. 以 7 名裁判为例，当裁判打出分数后，去掉一个最低分和一个最高分，剩下的 5 名裁判员的分数相加再乘以运动员所跳动作的难度系数，将算出的得分再除以 5 最后乘以 3，便得出该动作的实际得分.

从跳水比赛的打分过程可以看出，运动员最后得分与装备试验中 Bayes 融合评估的思想流程是完全一致的. 从 7 名裁判员的分数中去掉最低分和最高分，是为了防止裁判员的主观判断影响最终打分结果，这与 Bayes 融合评估中对先验数据异常值剔除是一致的，就是为了看试验数据能不能融合的问题，对于不能融合的数据宁可不要. 剩余 5 名裁判员的分数相加后需要乘以运动员所跳动作的难度系数，这与 Bayes 融合评估中多阶段试验数据不能直接相互融合的道理是一样的，因为各阶段试验数据之间往往具有差异，并不能够直接进行融合，需要经过数据折合处理之后，统一到同一基准线后才能融合评估. 而最后得分除以 5 再乘以 3，则是一种加权处理，与各阶段试验的可信度不同，需要对数据加权融合一致.

4.11　延展阅读——三门问题与条件概率

条件概率是 Bayes 公式的基础，三门问题能够直观地解释条件概率. 亦称为蒙提霍尔问题(Monty Hall problem). 三扇关闭了的门，其中一扇后面是汽车，另外两扇门后面则各藏有一只山羊，选中有车的那扇门可赢得该汽车. 当参赛者选定了一扇门但还未去打开它的时候，主持人打开了剩下两扇门的其中一扇，露出其中一只山羊. 主持人其后会问参赛者要不要换另一扇仍然关上的门. 问题是：换门是否会增加中奖的概率？

大部分读者第一次接触这个问题的时候，都会觉得换不换无所谓，因为已经去掉了一扇有山羊的门，剩下两扇门，一扇后面是山羊，一扇后面是汽车，不管换不换，中奖的概率感觉都是 1/2. 其实这种直觉与逻辑之间是有矛盾的，在中奖概率为 1/2 的答案中，无形中已经将原来的样本空间 3 扇门减少为 2 扇门，样本空间人为进行了缩减.

正确答案是应该换门. 不换门的话，赢得汽车的概率是 1/3. 换门的话，赢得汽车概率是 2/3. 之所以换门之后中奖的概率发生了改变，其本质就是因为主持人打开的门一定只能是藏有羊的，这个事件发生之后，相当于原有样本空间产生了改变，从而导致参赛者换门后，赢得汽车的概率得以增加. 这其实就是概率论与数理统计中经常用到的条件概率问题，其公式可以用 $P(A|B)=P(AB)/P(B)$ 表示. 因为 B 事件已经发生，条件概率其本质相当于将原有的样本空间 Ω 变为了 $\Omega\cap B$，此时，事件 A 发生的概率自然相应产生了变化.

具体解题思路如下：

设事件 A_i $(i=1, 2, 3)$表示第 i 扇门后有汽车，显然有

$$P(A_1)=P(A_2)=P(A_3)=1/3 .$$

假设参赛者选择第 1 扇门，事件 B 记为主持人打开了第 3 扇门. 根据规则，主持人其后必定会开启另外一扇有山羊的门，因此显然有

$$P(B|A_1)=1/2, \quad P(B|A_2)=1, \quad P(B|A_3)=0 .$$

此时，根据全概率公式，有

$$P(B)=P(B|A_1)\cdot P(A_1)+P(B|A_2)\cdot P(A_2)+P(B|A_3)\cdot P(A_3)=1/2$$

再根据 Bayes 公式反推事件 B 发生情况下参赛者选择第 i 扇门的概率，有

$$P(A_1 \mid B) = \frac{P(B \mid A_1) \cdot P(A_1)}{P(B)} = 1/3$$

$$P(A_2 \mid B) = \frac{P(B \mid A_2) \cdot P(A_2)}{P(B)} = 2/3$$

$$P(A_3 \mid B) = \frac{P(B \mid A_3) \cdot P(A_3)}{P(B)} = 0$$

计算结果证实了主持人打开第 3 扇门的情况下，参赛者不改选而获奖的概率仍然是 1/3，改选第 2 扇门后获奖的概率为 2/3.

第 5 章　单阶段探索性试验设计

从第 5 章开始，本书主要针对装备指标“摸边探底”的试验设计问题开展研究．按照“探索性试验设计→指标评估(模型构建)→序贯试验设计”的迭代性 DOE 流程思路，第 5 章围绕单阶段装备试验中的初始探索性试验设计，主要研究试验样本点的选取．因此，本章主要根据单阶段装备试验的特点，选取合适的试验设计方法开展探索性试验设计研究．

本章首先介绍单阶段装备试验中无先验模型情形下的探索性试验设计方法、有先验模型情形下的最优设计方法，以防空导弹制导精度试验为例，比较了正交设计、均匀设计等无模型试验设计方法与最优试验设计的区别；提出了针对定性定量因素结合的约束空间试验设计方法，对基于离散逆 Rosenblatt 变换的确定性设计方法和基于分片离散粒子群优化(S-DPSO)两种方法在试验区域、参数敏感性和结果等方面进行了比较．值得一提的是，这些试验设计方法均有其适用性，需要根据装备试验类型的特点适当选取．

5.1　探索性试验设计

对于单阶段装备试验而言，若没有先验模型和信息，探索性试验方案莫过于在整个试验样本空间中能够采用较低的成本较为均匀分散地选取试验点，此时采用正交设计、均匀设计、拉丁超立方设计等空间填充设计方法比较合理．而在已知先验模型的基础上，选取样本的准则是如何使模型中的参数估计结果优良，此时可采用最优试验设计方法．因此，本节对无先验模型下的试验设计、有先验模型下的试验设计方法分别进行了介绍，并针对一类复杂情况，即在定性定量因素结合的约束样本空间下提出了两种适用的试验设计方法．

5.1.1　无先验模型下的试验设计方法

5.1.1.1　正交设计

多因素试验会随因素个数及其水平的增加而急剧增加，从而使全面试验的实施变得困难，这时只能实施部分试验．正交设计是目前最常用的部分试验设计方法之一．

正交设计起源于拉丁方设计，是一种用来科学设计多因素试验的方法. 它利用一套规格化的正交表安排试验，再用数理统计方法处理试验结果，从而得出科学的结论.

正交表是根据均衡分布的思想，利用组合数学理论构造的一种数学表格，均衡分布性是正交表的核心.

规范化的正交表常用符号 $L_K(P^J)$ 表示. 表 5.1 就是一个典型正交表，记为 $L_9(3^4)$，这里“L”表示正交表，“9”表示总共要做 9 次试验，“3”表示每个因素都有 3 个水平，“4”表示这个表有 4 列，最多可以安排 4 个因素. 常用的二水平表有 $L_4(2^3),L_8(2^7),L_{16}(2^{15}),L_{32}(2^{31})$；三水平表有 $L_9(3^4),L_{27}(3^{13})$；四水平表有 $L_{16}(4^5)$；五水平表有 $L_{25}(5^6)$ 等.

不同因素不同水平组合的混合水平表在实际中也十分有用，如 $L_8(4\times2^4)$，$L_{12}(2^3\times3^1)$，$L_{16}(4^4\times2^3)$，$L_{16}(4^3\times2^6)$，$L_{16}(4^2\times2^9)$，$L_{16}(4\times2^{12})$，$L_{16}(8^1\times2^8)$，$L_{18}(2\times3^7)$ 等. 例如，$L_{16}(4^3\times2^6)$ 表示要求做 16 次试验，允许最多安排 3 个“4”水平因素，6 个“2”水平因素.

表 5.1　正交表 $L_9(3^4)$

序号	1	2	3	4
1	1	1	1	1
2	1	2	2	2
3	1	3	3	3
4	2	1	2	3
5	2	2	3	1
6	2	3	1	2
7	3	1	2	2
8	3	2	1	3
9	3	3	2	1

若用正交表来安排试验，其步骤十分简单，具体如下：

(1) 明确试验的目的、预期效果，确定考核指标，决定考核因素及其水平；

(2) 根据因素的水平数和试验因子数(包括因素之间的交互因子)，选择合适的正交表. 这里以 3 因素 3 水平为例，选取 $L_9(3^4)$ 正交表.

(3) 将 A, B, C 三个因素放到 $L_9(3^4)$ 的任意三列的表头上，例如放在前三列.

将 A, B, C 三列的"1", "2", "3"变为相应因素的三个水平.

(4) 决定重复试验次数或区组划分, 根据随机化确定试验顺序依次实施试验, 严格操作, 测定指标, 收集数据等.

(5) 记录和统计数据, 计算各个统计量, 通过方差分析、假设检验, 确定最优实施条件, 进行指标预报和验证.

可以看出, 正交设计具有如下特点.

(1) 正交性. 正交表的正交性是均衡分布的数学思想的具体体现. 正交性指在正交表的任何一列中各个水平都出现, 且出现次数相等; 任何两列间各种不同水平的所有可能组合都出现, 且出现的次数相等.

由正交表的正交性可以看出: ①正交表的各列平等, 可以进行列间置换; ②正交表各行之间也相互置换, 称行间置换; ③正交表中同一列的水平数字也可互相置换, 称水平置换. 因此, 在实际应用时, 可以根据不同需要进行变换.

(2) 代表性. 正交表的代表性是指任一列的各水平都出现, 使得部分试验包含所有因素的所有水平. 任何两列的所有组合全部出现, 使任何两因素都是全面试验, 因此, 所有因素的所有水平信息及两两组合信息都无一遗漏.

(3) 整齐可比性. 正交表中任一列各水平出现的次数相等, 任两列间所有可能的组合出现的次数也相等. 因此使任一因素各水平的试验条件相同, 这就保证了在每列因素各个水平的效果对比中, 可最大限度地排除其他因素的干扰, 突出本列因素的作用, 从而可比较该因素的不同水平对试验指标的影响.

上述三个特点使试验点在试验范围内排列规律整齐, 即"整齐可比". 另一方面, 如果将正交设计的 9 个试验点用图表示(图 5.1), 则发现这 9 个试验点在试验范围内散布均匀, 这个特点称为"均匀分散". 这些特点使得试验点代表性强、效率高.

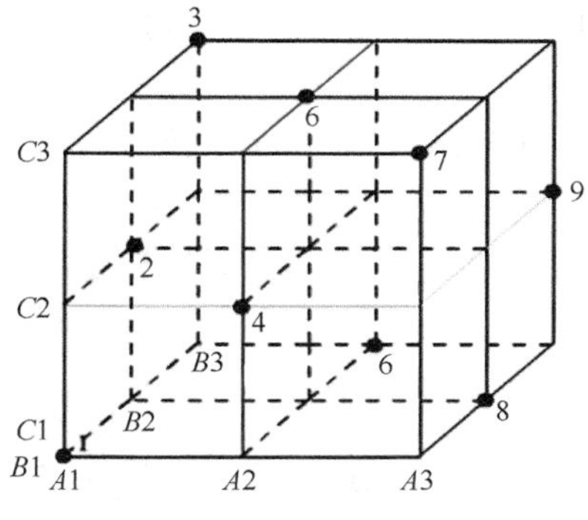

图 5.1　正交设计图

凡采用正交表设计的试验，都可用正交表分析试验结果，主要有极差分析和方差分析两种方法. 极差分析直观简易，计算简便，但是并没有从统计学的意义上对因素的显著性进行说明. 下面主要介绍方差分析模型.

1. 方差分析模型

在正交试验设计中，常用方差分析模型对变量(因子)的显著性进行研究. 下面以三因子试验为例，介绍方差分析法的基本思想.

设有三个因子 A,B,C，分别有 a,b,c 三个水平，共有 abc 个水平组合，如果在每一个水平组合下重复 n 次试验，则共需进行 $abcn$ 次试验，这些试验按随机顺序进行. 三因子试验固定效应线性模型为

$$\begin{cases} y_{ijkl}=\mu+\tau_i+\beta_j+\gamma_k+(\tau\beta)_{ij}+(\tau\gamma)_{ik}+(\beta\gamma)_{jk}+(\tau\beta\gamma)_{ijk}+\varepsilon_{ijk}, \\ i=1,\cdots,a,\quad j=1,\cdots,b,\quad k=1,\cdots,c,\quad l=1,\cdots,n; \\ \varepsilon_{ijk}\overset{\text{i.i.d}}{\sim}N(0,\sigma^2); \\ \sum\limits_{i=1}^{a}\tau_i=0,\quad \sum\limits_{j=1}^{b}\beta_j=0,\quad \sum\limits_{k=1}^{c}\gamma_k=0; \\ \sum\limits_{i=1}^{a}(\tau\beta)_{ij}=0,\quad j=1,\cdots,b,\quad \sum\limits_{j=1}^{b}(\tau\beta)_{ij}=0,\quad i=1,\cdots,a; \\ \sum\limits_{i=1}^{a}(\tau\gamma)_{ik}=0,\quad k=1,\cdots,c,\quad \sum\limits_{k=1}^{c}(\tau\gamma)_{ik}=0,\quad i=1,\cdots,a; \\ \sum\limits_{j=1}^{b}(\beta\gamma)_{jk}=0,\quad k=1,\cdots,c,\quad \sum\limits_{k=1}^{c}(\beta\gamma)_{jk}=0,\quad j=1,\cdots,b; \\ \sum\limits_{k=1}^{c}(\tau\beta\gamma)_{ijk}=0,\quad i=1,\cdots,a,\quad j=1,\cdots,b; \\ \sum\limits_{i=1}^{a}(\tau\beta\gamma)_{ijk}=0,\quad j=1,\cdots,b,\quad k=1,\cdots,c; \\ \sum\limits_{k=1}^{c}(\tau\beta\gamma)_{ijk}=0,\quad i=1,\cdots,a,\quad j=1,\cdots,b \end{cases} \tag{5.1}$$

其中，$(\alpha\beta\gamma)_{ijk}$ 是水平组合的交互效应，所有这样的交互效应的全体称为三因子交互效应，记作 ABC.

可以证明总的偏差平方和的分解公式:

$$S_T=S_A+S_B+S_C+S_{AB}+S_{AC}+S_{BC}+S_{ABC}+S_e, \tag{5.2}$$

其中，

$$S_T=\sum_{i=1}^{a}\sum_{j=1}^{b}\sum_{k=1}^{c}\sum_{l=1}^{n}y_{ijkl}^2-\frac{y_{....}^2}{abcn}$$

$$S_A=\sum_{i=1}^{a}y_{i\cdots}^2-\frac{y_{....}^2}{abcn},\quad S_B=\sum_{j=1}^{b}y_{\cdot j\cdot\cdot}^2-\frac{y_{....}^2}{abcn},\quad S_C=\sum_{k=1}^{c}y_{\cdot\cdot k\cdot}^2-\frac{y_{....}^2}{abcn}$$

$$S_{AB}=\sum_{i=1}^{a}\sum_{j=1}^{b}y_{ij\cdot\cdot}^2-\frac{y_{....}^2}{abcn}-S_A-S_B,\quad S_{AC}=\sum_{i=1}^{a}\sum_{k=1}^{c}y_{i\cdot k\cdot}^2-\frac{y_{....}^2}{abcn}-S_A-S_C$$

$$S_{BC}=\sum_{j=1}^{b}\sum_{k=1}^{c}y_{\cdot jk\cdot}^2-\frac{y_{....}^2}{abcn}-S_B-S_C$$

$$S_{ABC}=\sum_{i=1}^{a}\sum_{j=1}^{b}\sum_{k=1}^{c}y_{ijk\cdot}^2-\frac{y_{....}^2}{abcn}-S_A-S_B-S_C-S_{AB}-S_{AC}-S_{BC}$$

$$S_e=S_T-S_A-S_B-S_C-S_{AB}-S_{AC}-S_{BC}-S_{ABC}$$

分别表示总偏差平方和、因子 A 的偏差平方和、因子 B 的偏差平方和、因子 C 的偏差平方和、交互效应 AB 的偏差平方和、交互效应 AC 的偏差平方和、交互效应 BC 的偏差平方和、交互效应 ABC 的偏差平方和以及误差的偏差平方和. 其中下标中的“.”表示在指定变量或因子的水平上求和.

利用 $\varepsilon_{ijk}\sim N(0,\sigma^2)$ 可推得

$$E(S_A)=(a-1)\sigma^2+bcn\sum_{i=1}^{a}\tau_i^2,\quad E(S_B)=(b-1)\sigma^2+acn\sum_{j=1}^{b}\beta_j^2$$

$$E(S_C)=(c-1)\sigma^2+abn\sum_{k=1}^{c}\gamma_k^2,\quad E(S_{AB})=(a-1)(b-1)\sigma^2+cn\sum_{i=1}^{a}\sum_{j=1}^{b}(\tau\beta)_{ij}^2$$

$$E(S_{AC})=(a-1)(c-1)\sigma^2+bn\sum_{i=1}^{a}\sum_{k=1}^{c}(\tau\gamma)_{ik}^2,\quad E(S_{BC})=(b-1)(c-1)\sigma^2+an\sum_{j=1}^{b}\sum_{k=1}^{c}(\beta\gamma)_{jk}^2$$

$$E(S_{ABC})=(a-1)(b-1)(c-1)\sigma^2+n\sum_{i=1}^{a}\sum_{j=1}^{b}\sum_{k=1}^{c}(\tau\beta\gamma)_{ijk}^2,\quad E(S_e)=abc(n-1)\sigma^2$$

且诸偏差平方和分别服从自由度为 $a-1$，$b-1$，$c-1$，$(a-1)(b-1)$，$(a-1)(c-1)$，$(b-1)(c-1)$，$(a-1)(b-1)(c-1)$，$abc(n-1)$ 的 χ^2 分布.

因此, 可以构造 F 分布统计量:

$$
\begin{cases}
F_A = \dfrac{abc(n-1)S_A}{(a-1)S_e}, \\
F_B = \dfrac{abc(n-1)S_B}{(b-1)S_e}, \\
F_C = \dfrac{abc(n-1)S_C}{(c-1)S_e}, \\
F_{AB} = \dfrac{abc(n-1)S_{AB}}{(a-1)(b-1)S_e}, \\
F_{AC} = \dfrac{abc(n-1)S_{AC}}{(a-1)(c-1)S_e}, \\
F_{BC} = \dfrac{abc(n-1)S_{BC}}{(b-1)(c-1)S_e}, \\
F_{ABC} = \dfrac{abc(n-1)S_{ABC}}{(a-1)(b-1)(c-1)S_e}
\end{cases}
$$

检验如下七个假设.

$$
\begin{cases}
H_{01}: \tau_1 = \tau_2 = \cdots = \tau_a = 0; \\
H_{02}: \beta_1 = \beta_2 = \cdots = \beta_b = 0; \\
H_{03}: \gamma_1 = \gamma_2 = \cdots = \gamma_c = 0; \\
H_{04}: (\tau\beta)_{ij} = 0,\ i = 1,\cdots,a,\ j = 1,\cdots,b; \\
H_{05}: (\tau\gamma)_{ik} = 0,\ i = 1,\cdots,a,\ k = 1,\cdots,c; \\
H_{06}: (\beta\gamma)_{jk} = 0,\ j = 1,\cdots,b,\ k = 1,\cdots,c; \\
H_{07}: (\tau\beta\gamma)_{ijk} = 0,\ i = 1,\cdots,a,\ j = 1,\cdots,b,\ k = 1,\cdots,c
\end{cases}
$$

通过方差分析表可以判断哪些因素是显著的. 若考虑因素之间的交互效应, 则方差分析模型将变得更为复杂. 若数据量不够, 直接考虑主效应和交互效应的模型, 将导致无法估计出所有的效应. 方差分析模型的优点是可以直接处理定性变量, 而不需要对定性变量作变换.

因此, 针对具体问题中数据量不足的情形, 若用方差分析模型建模, 我们可采用如下策略:

(1) 先考虑主效应的方差分析模型, 得到显著的因素;

(2) 对于显著的因素, 再考虑其交互效应, 并判断哪些是显著的.

例 5.1 某传感器在不同距离 A(近和远)和高度 B(低和高)的响应变量(精度)数据为, 近距离低高度: 35, 37, 36; 近距离高高度: 22, 25, 19; 远距离低高度: 56, 51, 61; 远距离高高度: 5, 15, 10, 求距离 A 和高度 B 因子在 $\alpha = 0.05$ 时是否对精度有影响?

解　按方差分析模型得到方差分析表, 如表 5.2 所示,

表 5.2　精度的方差分析表

	自由度	离差平方和	均方	F 值
模型	3	3516	1172	78.13
因子 A	1	48	48	3.2
因子 B	1	2700	2700	180
AB	1	768	768	51.2
误差	8	120	15	
总和	11	3636		

模型中包含因子 A 主效应项、因子 B 主效应项和 AB 的交互效应项, 且 $F_{0.05}(3,8)=4.07$, $F_{0.05}(1,8)=5.32$, 比较表 5.2 中的 F 值可知, 因子 A 主效应项和 AB 交互效应项对精度有影响.

2. 线性回归的正交设计

正交设计运用极差分析和方差分析的方法, 可以分析出最优条件和影响因素的灵敏度, 但是它不能确定变量间的相互关系及回归方程. 正交回归设计将回归设计与正交设计相结合, 使得回归分析的计算较为简单.

在回归分析中, 不论是求回归系数向量的估计值 $\hat{\beta}$, 还是对回归方程与回归系数作显著性检验, 都需要求出信息矩阵的逆, 这是回归分析中主要计算量所在. 当信息矩阵 $X^{\mathrm{T}}X$ 为对角线矩阵时, 求逆十分简单. 而回归的正交设计恰好可达到这一要求, 从而简化计算.

定义 5.1　若一个回归问题中的设计矩阵 D 使信息矩阵 $X^{\mathrm{T}}X$ 为一对角矩阵, 则称设计 D 为正交回归设计.

正交设计的结构矩阵的各列为相互正交的向量.

在开始正交设计之前, 先进行如下规范变换:

设第 i 个变量 ξ_i 的实际变化范围是 $[\xi_{1i},\xi_{2i}]$, $i=1,2,\cdots,k$. 记区间的中点为 $\xi_{0i}=\frac{1}{2}(\xi_{1i}+\xi_{2i})$, 区间的半长为 $\Delta_i=\frac{1}{2}(\xi_{2i}-\xi_{1i})$, 作如下变换

$$x_i=\frac{\xi_i-\xi_{0i}}{\Delta_i},\quad i=1,2,\cdots,k$$

则经过变换后, 变量 ξ_i 的变化范围为 $[-1,1]$.

讨论 k 个变量 $x_1,x_2,\cdots,x_k$ 的线性回归正交设计的统计分析方法, 设正交设计

的设计矩阵 D 与观测值向量 Y 分别为

$$D=\begin{pmatrix} x_{11} & x_{12} & \cdots & x_{1k} \\ x_{21} & x_{22} & \cdots & x_{2k} \\ \vdots & \vdots & & \vdots \\ x_{n1} & x_{n2} & \cdots & x_{nk} \end{pmatrix}, \quad Y=\begin{pmatrix} y_1 \\ y_2 \\ \vdots \\ y_n \end{pmatrix}$$

由于它是正交设计, 所以

$$\sum_{j=1}^{n} x_{ji}=0, \quad i=1,2,\cdots,k$$

$$\sum_{j=1}^{n} x_{ji_1}x_{ji_2}=0, \quad i_1 \neq i_2$$

k 元线性回归的信息矩阵为

$$X^{\mathrm{T}}X=\left(1_n,D\right)^{\mathrm{T}}\left(1_n,D\right)=\operatorname{diag}\left(n,\sum_j x_{j_1}^2,\cdots,\sum_j x_{j_k}^2\right)$$

常数项矩阵为

$$B=X^{\mathrm{T}}Y=\begin{pmatrix} \sum_j y_j \\ \sum_j x_{j_1}y_j \\ \vdots \\ \sum_j x_{j_k}y_j \end{pmatrix}=\begin{pmatrix} B_0 \\ B_1 \\ \vdots \\ B_k \end{pmatrix}$$

于是回归系数的最小二乘估计为

$$\hat{\beta}=\left(X^{\mathrm{T}}X\right)^{-1}X^{\mathrm{T}}Y=\left(\frac{1}{n}\sum_j y_j,\ \frac{\sum_j x_{j_1}y_j}{\sum_j x_{j_1}^2},\ \ldots,\ \frac{\sum_j x_{j_k}y_j}{\sum_j x_{j_k}^2}\right)^{\mathrm{T}}$$

为了检验回归方程的显著性和诸回归系数的显著性, 还要计算诸平方和, 显然总平方和为

$$SS_T=\sum_j y_j^2-\frac{\left(\sum_j y_j\right)^2}{n}=\sum_j y_j^2-\frac{B_0^2}{n}$$

诸回归平方和为

$$Q_i=\hat{\beta}_iB_i, \quad i=1,2,\cdots,k$$

于是剩余平方和等于

$$SS_e = SS_T - (Q_1 + Q_2 + \cdots + Q_k)$$

显著性检验可总结为表 5.3.

表 5.3　线性回归正交设计的方差分析表

	平方和	自由度	均方和	F 值
x_1	$Q_1 = \dfrac{B_1^2}{\sum_j x_{j_1}^2}$	1	Q_1	$\dfrac{Q_1}{SS_e/(n-k-1)}$
x_2	$Q_2 = \dfrac{B_2^2}{\sum_j x_{j_2}^2}$	1	Q_2	$\dfrac{Q_2}{SS_e/(n-k-1)}$
⋮	⋮	⋮	⋮	⋮
x_k	$Q_k = \dfrac{B_k^2}{\sum_j x_{j_k}^2}$	1	Q_k	$\dfrac{Q_k}{SS_e/(n-k-1)}$
回归方差	SS_R/k	k	SS_R/k	$\dfrac{SS_R/k}{SS_e/(n-k-1)}$
剩余方差	$SS_e = SS_T - SS_R$	$n-k-1$	$SS_e/(n-k-1)$	
总方差	$SS_T = \sum_j y_j^2 - \dfrac{B_0^2}{n}$	$n-1$		

回归的正交设计使得信息矩阵为对角阵，所以诸回归系数不相关. 当显著性检验的结果出现某些回归系数不显著时，可从回归方程中直接剔除相应的项，而无须重新计算回归方程.

通常可利用正交表构造线性回归的正交设计. 线性回归的正交设计使用的是二水平正交表，如 $L_4(2^3)$，$L_8(2^7)$，$L_{16}(2^{15})$ 等，将正交表中的数字 2 改为 −1，这样，正交表中的数码经过改变后，其中 1 和 −1 既对应正交试验中诸因子的水平代号，在回归设计中又可代表诸试验点在因子区域中各分量的坐标.

利用正交表作线性回归的正交设计(可包含交叉乘积项)的方法与常用的正交设计法类似，包括选表与表头设计. 选表的方法是看变量个数和交互作用的个数，它们的总和必须小于所选表的列数，即待拟合的回归方程的项数不得超过所选表的列数. 如果还要对回归方程与系数作显著性检验，则回归方程的项数应少于所选正交表的列数. 选表时，应在符合上述要求的正交表中选取最小的一张表. 表头设计只要遵照不混杂的原则即可，当两个变量的交互作用不存在时，这两个变量的交互作用列即可安排其他变量或其他交互项. 因此，当利用二水平正交表作

包含 k 个变量的线性回归(可以包含乘积项)设计时，可能是一个 2^k 设计，也可能是它的部分实施.

5.1.1.2　均匀设计

对试验设计而言，由于试验因素众多，且部分因素之间呈高阶交互作用，需要进一步确定这些因素与响应之间的关系，并尽可能用少量的试验次数获得尽可能多的信息. 由于因素与响应之间的关系未知，我们考虑使用均匀设计这一方法. 图 5.2 为二维情形下应用均匀设计的示意图. 当因素与响应的关系未知且可能有多峰的情形下，应用均匀设计可以在试验区域上均匀布点，从而在每个小领域内都有一个试验点，故通过试验数据可以勾勒出真实模型的大概形状，再结合建模方法可以估计其真实模型.

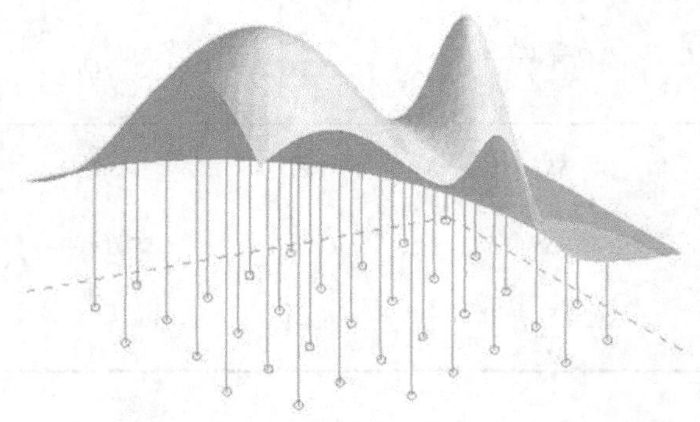

图 5.2　均匀设计示意图

均匀设计包括两个重要的方面：设计和建模. 设计是指使试验点均匀散布在试验区域，需要给出具体的均匀设计表. 得到均匀设计表的方法有很多，有一些是现成的，可以直接从网页上获取，若不是现成的，可以用好格子点法、方幂好格子点法、切割法、门限接受法等求出来. 建模则是用试验的数据：因素的取值和相应的响应值，来寻求好的近似模型，使得近似模型和真模型在全试验区域内都很接近.

为了构造均匀设计，首先要确定一些重要事项，例如，试验参数、试验区域、均匀性度量等. 试验参数包括试验次数 n、因子个数 s 以及各因子的水平数 $q_1,\cdots,q_s$. 在大部分试验中，试验区域是一个 s 维超矩形 $\chi=[a_1, b_1]\times\cdots\times[a_s, b_s]$，可以用一个线性映射把它变换到单位超立方体 $C^s=[0, 1]^s$，比如让第 j 个因素的水平 k 通过变换：

$$f: k\rightarrow\frac{2k-1}{2q_j},\quad k=1,\cdots,q_j, j=1,\cdots,s \tag{5.3}$$

使得取值都在[0, 1]内.

偏差是衡量设计试验点均匀性的准则, 偏差越小, 则这些试验点的均匀性越好. 大部分的均匀性测度都是定义在 $C^{n\times s}$ 上, 令 $P_n=\{X_k=(x_{k1},\cdots,x_{ks}),\ k=1,\cdots,n\}$ 为 $C^s=[0,1]^s$ 上的 n 个点组成的点集, 矩阵的每一行代表的是一个试验点的坐标, 并且用偏差 $D(P_n)$ 或 $D(X_P)$ 来度量 P_n 的均匀性. 常用的偏差包括星偏差、L_2-偏差、中心化 L_2-偏差、可卷偏差等. 其中可卷偏差表达式如下:

$$WD_2(P)=\left\{-\left(\frac{4}{3}\right)^s+\frac{1}{n}\left(\frac{2}{3}\right)^s+\frac{2}{n^2}\sum_{i=1}^{n-1}\sum_{j=i+1}^{n}\sum_{k=1}^{s}\left(\frac{3}{2}-|x_{ik}-x_{jk}|+|x_{ik}-x_{jk}|^2\right)\right\}^{\frac{1}{2}} \tag{5.4}$$

确定完试验参数等事项后, 给出具体的均匀设计表, 并按照该试验方案做试验, 从而得到每个水平组合相应的响应值. 最后再根据设计表以及相应的响应值进行统计建模, 并根据拟合的模型应用到实际需求, 例如预报最优解等.

1. 均匀设计表的构造

给定偏差类型后, 均匀设计表的构造主要有三种: 伪蒙特卡罗法、组合方法、数值搜索方法. 其中, 大部分均匀设计可以初步满足很多实际的应用, 然而有些实际问题需要更大的设计矩阵, 即试验次数或因子数较大的情形. 虽然好格子点法和方幂好格子点法可以适用部分情形, 如因子数较小而试验次数较大时, 但我们需要寻找比这些方法更有效的构造方法, 而且可以适用于因子数较大的情形, 使得到的设计的均匀性更佳. 同时, 为了缩小设计空间, 构造均匀设计时, 常把设计限制在 U 型设计上. 若 $n\times s$ 矩阵 $U=(u_{ij})$ 中第 j 列的元素取值为 $1,\cdots,q_j$, 且这些元素在该列出现的次数相同, 则称设计 U 为 U 型设计, 记为 $U(n;q_1,\cdots,q_s)$. 构造均匀设计可以用到门限接受法(TA).

TA 算法考虑的是下面的优化问题:

$$\min_{U\in u} D(U)$$

其中, u 是所有 U 型设计的集合, D 表示的是某种均匀性测度. 具体步骤为: 首先进行初始化, 也就是从设计空间 u 中选取一个 U 型设计作为初始设计, 记为 U_0, 并把 U_0 作为当前设计 U_c; 然后在 U_c 的邻域中选择一个新设计 U_{new}, 计算新设计和当前设计偏差平方的差值, 若差值小于等于当前门限值, 则用 U_{new} 代替 U_c, 否则保持 U_c 不变, 继续寻找新设计进行迭代计算; 当寻找的次数超过 J 时, 则要降低门限的值, 由 τ_i 降至 τ_{i+1}, 当门限降到 0 时, 则不允许再降门限.

2. 定性定量因素并存的多项式模型

根据试验设计得出数据后, 还需要对数据进行建模分析. 最常用的代理模型为多项式模型. 设性能指标与各影响因素之间关系为响应函数, 可以用非线性函

数形式表示为

$$y = f(X) + \varepsilon = f(x_1, \cdots, x_n) + \varepsilon \tag{5.5}$$

其中 y 是试验结果，$x_1, x_2, \cdots, x_n$ 是影响性能指标的因素. 多项式模型是最常用的且效果往往颇佳，能反映因素与响应之间的关系.

但是，针对定性和定量因素并存的情况，定性变量并不能直接代入多项式模型中，因为其取值并不能直接比较大小. 为此，需要对定性变量数量化，即引入伪变量的方法，其具体做法如下. 设定性变量 x 的值来自于不同的类 $C_1, \cdots, C_q$，则对 x 的数量化需要 $q-1$ 个伪变量 $z_1, \cdots, z_{q-1}$，其中

$$z_i = \begin{cases} 1, & 若x来自于C_i, \\ 0, & 其余, \end{cases} \quad i = 1, \cdots, q-1$$

则 $(z_1, \cdots, z_{q-1})$ 的取值如表 5.4.

表 5.4　伪变量取值表

x	z_1	z_2	z_3	…	z_{q-1}
C_1	1	0	0	…	0
C_2	0	1	0	…	0
⋮	⋮	⋮	⋮		⋮
C_{q-1}	0	0	0	…	1
C_q	0	0	0	…	0

这里 $q-1$ 个伪变量足以表达 q 个类.

设一个试验中有 s 个因素 $x_1, \cdots, x_s$，其中 $x_1, \cdots, x_k$ 为连续的定量因素，$x_{k+1}, \cdots, x_s$ 为定性变量，当模型未知时，用非参数回归模型

$$y = g(x_1, \cdots, x_s) + \varepsilon$$

来拟合.

当上式中函数 g 为回归系数的线性函数时，不失一般性可表示为

$$y = \beta_0 + \sum_{i=1}^{k} \beta_i x_i + \sum_{j=1}^{m} \gamma_j z_j + \varepsilon \tag{5.6}$$

式中 $x_1, \cdots, x_k$ 为连续变量，$z_1, \cdots, z_m$ 为伪变量，m 表示所有的伪变量个数，其取决于 $x_{k+1}, \cdots, x_s$ 各自有多少类. 设 $x_{k+1}, \cdots, x_s$ 的水平分别为 $q_{k+1}, \cdots, q_s$，各自需定义 $q_{k+1}-1, \cdots, q_s-1$ 个伪变量，则 $m = \sum_{j=k+1}^{s} q_j - (s-k)$.

若用二次模型来拟合，则有

$$y=\beta_0+\sum_{i=1}^{k}\beta_i x_i+\sum_{i\leqslant j}\beta_{ij}x_i x_j+\sum_{j=1}^{m}\gamma_j z_j+\varepsilon \tag{5.7}$$

考虑的项越多，模型越复杂，试验次数也需要相应增加. 有时受限于试验的代价，试验次数可以比未知参数个数少，此时需用变量筛选方法，常见的有逐步回归法、向前法、向后法等等. 有一点需要特别指出，由变量 $x_j(j>k)$ 得到的 q_j-1 个伪变量作为整体，要么全部删去，要么全部保留，而不能部分保留部分删去，因为它们合在一起才能全面刻画变量 x_j .

例 5.2　假定试验空间为表 5.5 所示.

表 5.5　试验空间

因子名称	数据类型	设计水平数
x_1	连续	8
x_2	连续	3
A	分类	6
B	分类	3
x_3	连续	3
x_4	连续	2
x_5	连续	3
x_6	连续	3
x_7	连续	3
x_8	连续	8

现限定试验样本量为 24，由于样本量有限，结合因素个数以及因素水平数，利用 5.1.1.2 中均匀设计的门限接受法(TA 算法)，给出如表 5.6 所示的均匀设计表.

表 5.6　均匀设计表

$U_{24}(8\times3\times6\times3\times3\times2\times3\times3\times3\times8)$									
6	2	3	1	2	1	2	2	3	8
3	1	3	1	1	1	1	3	2	6
7	1	2	1	1	2	1	2	1	2
7	1	6	2	3	2	3	3	2	7
4	3	4	2	1	2	2	2	2	1
3	1	3	3	3	2	2	1	1	2

续表

$U_{24}(8\times3\times6\times3\times3\times2\times3\times3\times3\times8)$									
2	3	5	1	2	2	3	3	1	1
8	3	5	1	3	1	3	2	2	4
7	3	4	3	2	1	1	1	2	3
4	2	2	3	2	1	3	3	2	2
3	2	6	2	3	1	1	2	1	4
1	3	2	2	3	1	2	1	3	6
5	1	5	2	2	1	2	3	1	5
6	2	6	3	1	2	2	1	2	5
2	2	1	2	2	2	1	1	2	8
2	1	1	3	1	1	3	2	3	3
1	1	5	3	2	2	1	2	3	7
8	3	1	3	1	1	2	3	1	8
5	2	2	3	3	2	3	2	1	6
6	3	3	2	1	2	1	3	3	4
4	3	1	1	2	2	3	1	3	5
1	2	4	1	3	2	2	3	3	3
5	1	6	1	3	1	1	1	3	1
8	2	4	2	1	1	3	1	1	7

这里 A 和 B 是定性变量，其余为定量变量，依据伪变量的设计原则，对于 A 因素，应该设置 5 个伪变量，记为 $z_1,\cdots,z_5$；对于 B 因素，设置 2 个伪变量，记为 z_6,z_7.

为验证拟合模型的准确性，假定指标服从一个多项式模型，记响应值为 y：

$$y=\beta_0+\beta_1x_1+\beta_4x_4+\beta_5x_5+\beta_6x_6+\beta_7x_7+\beta_8x_8+\beta_{23}x_2x_3+\sum_{i=1}^{7}\gamma_iz_i+\varepsilon$$

其中系数分别为

$$\beta_0=1,\quad \beta_1=3,\quad \beta_4=7,\quad \beta_5=3,\quad \beta_6=5,\quad \beta_7=4,\quad \beta_8=2,\quad \beta_{23}=6$$
$$\gamma_1=3,\quad \gamma_2=2,\quad \gamma_3=7,\quad \gamma_4=5,\quad \gamma_5=5,\quad \gamma_6=3,\quad \gamma_7=2$$

下面根据均匀设计中得出的响应值进行建模分析. 简单起见，首先考虑线性回归模型:

$$y=\beta_0+\beta_1x_1++\beta_2x_2+\beta_3x_3+\beta_4x_4+\beta_5x_5+\beta_6x_6+\beta_7x_7+\beta_8x_8+\sum_{i=1}^{7}\gamma_i z_i+\varepsilon$$

采用最小二乘法进行回归分析，结果如表 5.7.

表 5.7　方差分析表

方差来源	平方和	自由度	均方	F	显著性
回归	6224.454	15	414.964	22.531	0.000
残差	147.342	8	18.418		
总计	6371.796	23			

变量	系数估计	标准差	自由度	T 检验值	显著性
常数项	−13.999	7.604	1	−1.841	0.103
x_1	2.333	0.512	1	4.555	0.002
x_2	11.588	1.255	1	9.236	0.000
x_3	10.173	1.359	1	7.486	0.000
x_4	4.039	1.82	1	2.219	0.057
x_5	3.434	1.236	1	2.777	0.024
x_6	3.75	1.205	1	3.113	0.014
x_7	3.858	1.274	1	3.028	0.016
x_8	2.434	0.461	1	5.275	0.001
z_1	2.692	4.069	1	0.662	0.527
z_2	7.271	3.408	1	2.133	0.065
z_3	6.229	3.475	1	1.793	0.111
z_4	5.594	3.518	1	1.59	0.151
z_5	8.097	3.569	1	2.269	0.053
z_6	6.848	2.349	1	2.915	0.019
z_7	2.149	2.354	1	0.913	0.388

注：表格中的数值保留三位小数.

可以看出，整个回归方程是显著的，但是参数 x_4,z_1,z_2 等是不显著的. 下面进一步考虑二次多项式回归，结果如表 5.8.

表 5.8 方差分析表

方差来源	平方和	自由度	均方	F	显著性
回归	6371.657	14	455.118	29487.53	0.000
残差	0.139	9	0.015		
总计	6371.796	23			

变量	系数估计	标准差	自由度	T 检验值	显著性
常数项	1.105	0.191	1	5.791	0.000
x_1	2.996	0.013	1	223.871	0.000
x_4	6.986	0.053	1	132.103	0.000
x_5	2.965	0.036	1	83.111	0.000
x_6	4.993	0.035	1	142.180	0.000
x_7	4.001	0.036	1	109.661	0.000
x_8	2.004	0.013	1	152.468	0.000
z_1	2.971	0.098	1	30.470	0.000
z_2	2.023	0.095	1	21.193	0.000
z_3	6.975	0.094	1	74.047	0.000
z_4	5.016	0.089	1	56.248	0.000
z_5	4.955	0.099	1	50.062	0.000
z_6	3.027	0.069	1	43.612	0.000
z_7	2.070	0.068	1	30.609	0.000
x_2x_3	5.996	0.013	1	445.534	0.000

注：表格中的数值保留三位小数.

本例从均匀设计的原理出发，对一个未知的同时含有定性定量因素的复杂模型，给出了相应的均匀设计，由于响应值并未给出，所以事先构造了一个多项式响应模型，以得到试验点处的响应值，最后对这些数据进行了统计建模. 回归结果表明，在缺少模型信息的情况下，均匀设计的方法是可行的，通过试验进行多项式回归拟合能够得到真实模型的一个近似模型，从而指导工程实践. 需要注意的是，在实际问题中，由于试验成本高，试验次数有限，在建模时应优先考虑具有现实意义的因素项，使最终模型更能代表真实模型.

5.1.1.3　拉丁超立方设计

拉丁超立方设计是拉丁方试验设计方法的改进，因此首先介绍拉丁方试验设计. 拉丁方试验设计[8] (Latin hypercube sampling, LHS)于 1979 年被提出，最初使用拉丁字母方阵来表示试验设计方案，后来随着习惯的演变，方阵中的元素使用了阿拉伯数字和其他字符代替，但仍将此类试验设计方法称为拉丁方试验设计.

拉丁方设计以表格的形式被概念化，其中行和列代表两个外部变量中的区组，然后将自变量的级别分配到表中各单元中. 某一变量在其所处的任意行或任意列中，只出现一次. 这样设计的主要目的是排序，确保试验顺序的平衡，从而减少顺序效应对试验结果的影响. 此外，拉丁方设计具有很好的一维投影均匀性，故自该方法提出以来，一直在空间填充设计领域得到了广泛的应用.

区组水平为 v 的拉丁方设计，称为 $v\times v$ 拉丁方设计，其有如下特点:

(1) 区组水平=因子水平/试验处理数.

(2) 无重复的试验数量，总试验数量为 $v\times v$.

(3) 无重复总自由度: v^2-1.

(4) 拉丁方试验设计是不完全试验, $1/v$.

(5) 不考虑交互作用，将其作为随机误差处理.

(6) 是平衡正交设计.

由于试验数量少，一般情况下当 $v\leqslant 5$ 时建议重复试验，做重复试验时，若 n 为试验重复次数, $n\times v^2$ 个试验完全随机.

拉丁方试验设计有以下特点.

其优势在于: ①可以针对多个区组进行降噪，能有效减少试验误差. ②其设计出的试验为 $1/v$ 的不完全试验，较为高效.

其劣势在于: ①若区组因子过多，会降低结论可靠性. ②在进行拉丁方试验设计之前，要求区组和处理水平相等.

拉丁方设计相对于其他试验设计方法有独特的优势，但一般情况下所考察影响因子数量不定，故在拉丁方设计的基础上提出了拉丁超立方设计(Latin hypercube design, LHD)，其对试验维度无限制性要求，适用性更为广泛. 下面是拉丁超立方体的定义.

定义 5.2　在 p 维试验空间设计 n 次试验，即对于 $n\times p$ 的设计 D，如果其每列均满足在 $(0,1/n],\cdots,((n-1)/n,1]$ 的任一区间中有且仅有一个设计点，则称 D 为拉丁超立方体设计，该设计矩阵表示为 $\mathrm{LHD}(n,p)$.

拉丁超立方设计的本质是分层抽样方法，采用两步随机化，即可以给出总体均值的无偏估计，而且其渐近方差比简单随机抽样的小. 对于一个试验次数为 n 的试验，设试验区域的维度为 s，LHD 方法首先将试验区域中的每一维等分成 n

个小方格, 则试验域就被等分成 n^s 个小方格, 然后在 n^s 个小方格中选取 n 个小方格, 使得每一行每一列都只有一个小方格被选中, 最后在选中的 n 个小方格中, 每个小方格随机抽取一个点组成最后的 n 个试验点.

很多情况下试验设计都要求具有很好的空间填充性质, 并且均匀性越高越好, 通过拉丁超立方体设计所得出的试验点, 将其所有的点投影到任何分量上, 都是均匀分布, 具有很好的一维投影均匀性, 由 LHD 得到的估计, 要比随机抽样得到的估计准确, 因其性质, LHD 在计算机实验中被广泛应用.

1. 拉丁超立方体的构造

1) 随机拉丁超立方体设计

Mckay 等[8]首先给出了一种拉丁超立方体设计的构造方法, 也是最基本的拉丁超立方体设计的构造方法:

(1) 构造每列都为 $\{1,\cdots,n\}$ 的独立的随机置换 $n\times p$ 矩阵 H;

(2) $\varepsilon(i,j)$ 为服从 $[0,1)$ 上均匀分布的独立随机变量;

(3) 构造 $n\times p$ 矩阵 D, 其元素 $D(i,j)$ 的构造方法如下:

$$D(i,j)=\frac{H(i,j)-\varepsilon(i,j)}{n},\quad i=1,\cdots,n,\quad j=1,\cdots,p \tag{5.8}$$

即 $n\times p$ 矩阵 D 为拉丁超立方体设计, 也称此方法构造的为随机拉丁超立方体设计.

关于函数 $f(x_1,\cdots,x_p)$, 若对于 $x_i, i=1,\cdots,p$, f 均为单调函数, 则其均值的估计 $\hat{u}$ 有如下结论:

对于基于随机拉丁超立方体设计的估计 $\hat{u}_{\text{LHD}}$ 和基于独立随机抽样的估计 $\hat{u}_{\text{IID}}$, 有 $\operatorname{var}(\hat{u}_{\text{LHD}})\leqslant\operatorname{var}(\hat{u}_{\text{IID}})$.

2) 中点拉丁超立方体设计

中点拉丁超立方体设计的构造方法如下:

(1) 构造每列都为 $\{1,\cdots,n\}$ 的独立的随机置换 $n\times p$ 矩阵 H;

(2) 构造 $n\times p$ 矩阵 D, 其元素 $D(i,j)$ 的构造方法如下:

$$D(i,j)=\frac{H(i,j)-1/2}{n},\quad i=1,\cdots,n,\quad j=1,\cdots,p \tag{5.9}$$

即 $n\times p$ 矩阵 D 为中点拉丁超立方体设计, 其设计复杂度相较于随机拉丁超立方体设计较低. 通过输入空间的中心区域选择样本点, 使得样本点更加集中在输入空间的中心区域, 从而提高设计效率.

3) 随机化正交阵列

其为以一个正交阵列[171-173]产生的拉丁超立方体设计, 首先给出正交阵列的定义.

定义 5.3　在一个试验次数为 n、列数为 s、水平数为 q 的试验矩阵 D 中，若该设计的任意 r 列都构成完全因子试验，则称此设计是强度水平为 r 的正交阵列，记为 $OA(n,s,q,r)$．完全因子试验即所有因子在各水平下的所有可能的试验组合.

在此基础上，下面给出随机正交阵列的构造步骤:

从一个正交阵列 $OA(n,s,q,r)$ 出发

(1) 选择合适的正交阵列 $OA(n,s,q,r)$，并记为 A，设 $\lambda = n/q$；

(2) 对 A 的每一列中 λ 个水平为 $k(k=1,\cdots,q)$ 的元素，用 $\{(k-1)\lambda+1, (k-1)\lambda+2,\cdots,(k-1)\lambda+\lambda\}$ 的一个随机置换代替，则产生的设计为随机化正交阵列，记为 $OH(n,n^s)$.

正交阵列水平组合的平衡性保证了随机化正交阵列的稳定性比一般的随机拉丁超立方体设计要好，进而不会产生很差的设计.

但是，构造随机化正交阵列的前提是存在相应合适的正交阵列，而由正交阵列的特殊性可以得知，只有当 n,s,q 为一些特定的值时，才会有相应强度为 $r(r\geqslant 2)$ 的正交阵列，所以这也限制了它的适用范围.

4) 正交拉丁超立方体设计

正交性也是选择拉丁超立方体设计的重要准则之一，对于拉丁超立方体设计，若它任意因子列间的相关系数为 0，则称其为正交拉丁超立方体设计.

接下来介绍 Sun[174,175]给出的构造正交拉丁超立方体的两种方法:

第一种: 构造 $\mathrm{LHD}(2^{c+1}+1, 2^c)$.

(1) 对 $c=1$，设

$$S_c = \begin{pmatrix} 1 & 1 \\ 1 & -1 \end{pmatrix}, \quad T_1 = \begin{pmatrix} 1 & 2 \\ 2 & -1 \end{pmatrix}$$

(2) 对 $c>1$，则

$$S_c = \begin{pmatrix} S_{c-1} & -S_{c-1}^* \\ S_{c-1} & S_{c-1}^* \end{pmatrix}, \quad T_c = \begin{pmatrix} T_{c-1} & -(T_{c-1}^* + 2^{c-1}S_{c-1}^*) \\ T_{c-1}+2^{c-1}S_{c-1} & T_{c-1}^* \end{pmatrix}$$

其中，符号“*”代表对具有偶数行的矩阵中的元素进行操作，将其上半部分元素乘以−1，下半部分元素保持不变;

(3) 设 $L_c = (T_c^{\mathrm{T}}, 0_{2^c}, -T_c^{\mathrm{T}})^{\mathrm{T}}$，其中 0_{2^c} 为 $2^c \times 1$ 的零向量，A^{T} 代表矩阵 A 的转置，则 L_c 为一个 $\mathrm{LHD}(2^{c+1}+1, 2^c)$.

第二种: 构造 $\mathrm{LHD}(2^{c+1}, 2^c)$.

步骤(1)和(2)与第一种构造方法相同;

(3) 设 $H_c = T_c - S_c/2$，$L_c = (\boldsymbol{H_c}^{\mathrm{T}}, -\boldsymbol{H_c}^{\mathrm{T}})$，则 L_c 为一个 $\mathrm{LHD}(2^{c+1}, 2^c)$.

上述两种方法构造的设计为二阶正交拉丁超立方体设计，并且设计中的因子列数已经达到了最大值 $n/2$，正交拉丁超立方体可以在正交性的各项准则下具有优良的性质，但其在均匀性的各项准则下并不能保证有好的性质.

2. 拉丁方设计评价准则

在此介绍拉丁方设计的均匀性与正交性的描述[176]，作为拉丁方设计的评价准则的参考. 采用极大极小距离准则以及中心化偏差准则作为其均匀性的描述，采用最大列相关系数和矩阵奇异值分解的条件数两个准则作为其正交性的描述.

1) 拉丁方设计的均匀性衡量准则

均匀性可以保证设计中的试验点在因子空间中分散的均匀性，使得各因子的每个水平都会出现，并且出现次数相同.

(1) 极大极小距离准则.

极大极小距离准则即为将设计中试验点间的最小距离最大化，设 $d(x_i,x_j)$ 为样本点 x_i,x_j 间的距离，定义如下:

$$d(x_i,x_j)=d_{ij}=\left[\sum_{k=1}^{m}|x_{ik}-x_{jk}|^t\right]^{1/t}\qquad(t=1,2)\tag{5.10}$$

对于一个设计，首先计算每两个试验点之间的距离 $d(x_i,x_j)$，并将所有计算出来的距离按照数值排列表示，记为 $(d_1,d_2,\cdots,d_s)$，对应距离值出现的次数列表表示，记为 $(J_1,J_2,\cdots,J_s)$，s 为不同距离值的个数，p 为正整数，则准则为

$$\varphi_p=\min\left[\sum_{i=1}^{s}J_i d_i^{-p}\right]^{1/p}\tag{5.11}$$

(2) 中心化偏差准则.

引入偏差用以度量试验点的均匀性. 设试验空间为 C^s，s 为试验空间的维度，取 $x=(x_1,x_2,\cdots,x_s)^{\mathrm{T}}\in C^s$，设 $[0,x)=[0,x_1)\times\cdots\times[0,x_s)$ 为 C^s 中由原点和 x 决定的广义矩形. 设试验点集 p_n，令 $N(p_n,[0,x))$ 为 P_n 中的点落入 $[0,x)$ 的个数，若 P_n 中的点在 C^s 中的分布是均匀的，则 $N(p_n,[0,x))/n$ 与 $[0,x)$ 的体积 $\mathrm{Vol}([0,x))$ 接近，则将点集 P_n 在点 x 的偏差定义如下:

$$D(x)=|N(P_n,[0,x))/n-\mathrm{Vol}([0,x))|\tag{5.12}$$

采用中心化偏差 CL_2 可提高偏差计算的时效性，具体计算如下:

$$CL_2(X)^2 = \left(\frac{13}{12}\right)^k - \frac{2}{n}\sum_{i=1}^{n}\prod_{k=1}^{m}\left(1+\frac{1}{2}|x_{ik}-0.5|-\frac{1}{2}|x_{ik}-0.5|^2\right)$$
$$+\frac{1}{n^2}\sum_{i=1}^{n}\sum_{j=1}^{n}\prod_{k=1}^{m}\left(1+\frac{1}{2}|x_{ik}-0.5|+\frac{1}{2}|x_{jk}-0.5|-\frac{1}{2}|x_{ik}-x_{jk}|\right)$$

2) 拉丁方设计的正交性衡量准则

正交性可以保证从全面试验中选出的点的整齐性.

(1) 最大列相关系数准则.

矩阵列相关性的计算较为简单, 对于矩阵 X 中的两列 X^i, X^j , 其列相关性的计算可参考如下:

$$\rho_{ij} = \frac{\sum_{b=1}^{n}[(x_b^i - \overline{x}^i)(x_b^j - \overline{x}^j)]}{\sqrt{\sum_{b=1}^{n}(x_b^i - \overline{x}^i)^2 \sum_{b=1}^{n}(x_b^j - \overline{x}^j)^2}} \tag{5.13}$$

最大列相关性系数 $\max(\rho_{ij})$ 表示出了设计矩阵各列间最大的两两相关性, 可将其用来表示拉丁方矩阵的非正交性.

(2) 矩阵奇异值分解的条件数准则.

矩阵奇异值分解的条件数是线性代数中用以描述线性方程 $Ax=b$ 的解对 b 中的误差或不确定性的敏感程度, 在此简称条件数, 定义如下:

$$\text{cond}(A)=k=\|A^{-1}\|\cdot\|A\| \quad (\|A\|\text{为矩阵}A\text{的范数}, \text{cond}(A)\geqslant 1)$$

由定义可知, 正交矩阵的条件数为 1, 而奇异矩阵的条件数为无穷, 故条件数越大, 说明其正交性越差.

5.1.2　有先验模型下的最优设计方法

1. 试验设计和信息矩阵

设线性回归模型表示为

$$y=\beta^{\mathrm{T}} f(x)+\varepsilon, \quad \varepsilon \sim N(0,\sigma^2)$$

其中, $\beta=(\beta_1,\beta_2,\cdots,\beta_m)^{\mathrm{T}}$ 为 $m\times 1$ 的待估参数向量, $f(x)=(f_1(x),f_2(x),\cdots,f_m(x))^{\mathrm{T}}$ 为 m 个线性独立的回归函数, 定义在 $\mathbb{R}^k$ 中试验点集 Ω 上, 假定 Ω 为有界闭集, 且为紧集. $x=(x_1,\cdots,x_p)^{\mathrm{T}}$ 表示试验的因素, z_i 表示 x 的一次观测. 如果进行了 N 次观测, 得到 N 组观测值, 按照惯例可称这个观测有限集 $\xi_N=\{z_1,z_2,\cdots,z_N\}$ 为一个试验设计. 因此, z_i 也可称为试验设计的支撑点(谱点).

于是根据这 N 组观测值，可得

$$\begin{cases} y_1 = \beta_1 f_1(z_1) + \beta_2 f_2(z_1) + \cdots + \beta_m f_m(z_1) + \varepsilon_1, \\ y_2 = \beta_1 f_1(z_2) + \beta_2 f_2(z_2) + \cdots + \beta_m f_m(z_2) + \varepsilon_2, \\ \quad\cdots\cdots \\ y_N = \beta_1 f_1(z_N) + \beta_2 f_2(z_N) + \cdots + \beta_m f_m(z_N) + \varepsilon_N \end{cases}$$

记 $Y=(y_1,y_2,\cdots,y_N)^{\mathrm{T}}$，$F(\xi_N)=\begin{pmatrix} f_1(z_1) & f_2(z_1) & \cdots & f_m(z_1) \\ f_1(z_2) & f_2(z_2) & \cdots & f_m(z_2) \\ \vdots & \vdots & & \vdots \\ f_1(z_N) & f_2(z_N) & \cdots & f_m(z_N) \end{pmatrix}$，$e=(\varepsilon_1,\varepsilon_2,\cdots,\varepsilon_N)^{\mathrm{T}}$.

考虑回归设计问题，试验的目的是在 Ω 中选取一些点 $z_1,z_2,\cdots,z_N$，通过相应的观测来估计未知参数 β. 可称 $\xi_N=\{z_1,z_2,\cdots,z_N\}$ 为一个试验次数为 N 的精确设计.

如果其中仅有 $n<N$ 个不同的支撑点 $z_1,z_2,\cdots,z_n$，假定点 z_i 重复的次数为 ν_i，令点 z_i ($i=1,\cdots,n$)的系数为 $p_i=\nu_i/N$，于是可得该设计的离散概率测度形式:

$$\xi_N=\begin{pmatrix} z_1 & z_2 & \cdots & z_n \\ p_1 & p_2 & \cdots & p_n \end{pmatrix}$$

这是一个规范的离散设计.

对于设计 $\xi_N=\{z_1,z_2,\cdots,z_N\}$ 和线性回归模型，记 $F(\xi_N)=(f(z_1),f(z_2),\cdots,f(z_N))$，称模型的信息矩阵为

$$M(\xi_N)=F(\xi_N)F(\xi_N)^{\mathrm{T}}=\sum_{j=1}^{N} f(z_j)f(z_j)^{\mathrm{T}}=N\sum_{j=1}^{n} p_i f(z_j)f(z_j)^{\mathrm{T}}$$

由概率测度引入一般概念如下:

定义 5.4　因子区域 Ω 上任一概率分布 ξ 称为一个设计，它的信息矩阵定义为

$$M(\xi)=\int_{\Omega} f(x)f(x)^{\mathrm{T}}\mathrm{d}\xi \tag{5.14}$$

设 Ξ 是所有设计的全体，且 $\mathcal{M}=\{M;M=M(\xi),\xi\in\Xi\}$ 是模型的一切设计所对应的信息矩阵的全体.

信息矩阵的基本性质可用描述如下:

(1) 任一设计 ξ 的信息矩阵 $M(\xi)$ 都是半正定的;

(2) 如果谱点数 $n<k$ (k 为模型中待估参数的维数)，则对任一 $\xi\in\Xi$ 都有 $\det M(\xi)=0$，即 $M(\xi)$ 为退化矩阵;

(3) $\mathcal{M}$ 为凸集.

(4) 如果线性模型满足条件: 无偏($E\varepsilon_i = 0$), 不相关($E\varepsilon_i\varepsilon_j = 0 \quad (i \neq j)$), 齐方差($E\varepsilon_j^2 = \sigma^2 \quad (j = 1,\cdots,N)$), $f(x)$ 为独立连续向量, 那么集合 $\mathcal{M}$ 为 $\mathbb{R}^s$ 的有界闭子集, 其中 $s = \dfrac{k(k+1)}{2}$.

(5) 对任一设计 $\xi \in \Xi$, 存在离散设计 $\tilde{\xi} \in \Xi_n$, 使得当 $n \leqslant \dfrac{k(k+1)}{2} + 1$ 时有 $M(\xi) = M(\tilde{\xi})$.

根据性质(5), 对任一设计 ξ, 总可以找到另一个试验点数不超过 $\dfrac{k(k+1)}{2} + 1$ 的设计 $\tilde{\xi}$, 使得它们的信息矩阵相等. 因此, 可以在试验点数不超过 $\dfrac{k(k+1)}{2} + 1$ 的离散设计中去寻找最优设计.

2. 优良性准则

最优设计是从对模型参数 β 的估计来评价试验设计的.

称所有满足 $\det M(\xi) \neq 0$ 的设计 ξ 是非奇异的. 下面仅对非奇异的设计考虑优良性.

设计的优良性准则是信息矩阵的函数 $\Phi\left[M(\xi)\right]$, 若存在设计 $\xi^* \in \Xi$ 使得 $\Phi\left[M(\xi^*)\right] = \inf\limits_{\xi \in \Xi} \Phi\left[M(\xi)\right]$, 则称 ξ^* 为 Φ 最优设计.

下面介绍几个常用的优良性准则.

1) D 准则

D 准则具有形式:

$$\det M\left(\xi\right) \to \sup_{\xi \in \Xi}$$

若误差服从正态分布, 则此准则对应的要求是使得密集椭球体的体积达到最小.

密集椭球体的定义: 假设已知 m 个参数估计 $(b_1, b_2, \cdots, b_m)$ 的平均值与相关矩, 那么可以在 m 维空间中寻找这样一个椭球体, 使得在此椭球体所围成的区域上的 m 维均匀分布与 m 维随机变量 $(b_1, b_2, \cdots, b_m)$ 有相同的平均值与相关矩. 具有这种特征的椭球体, 称为 $(b_1, b_2, \cdots, b_m)$ 的密集椭球体. 这椭球体的体积就是估计值 $(b_1, b_2, \cdots, b_m)$ 分散与集中程度的数值度量.

其中的密集椭球体是指

$$\{\tilde{\theta} : (\tilde{\theta} - \hat{\theta})^{\mathrm{T}} M^{-1} (\tilde{\theta} - \hat{\theta}) \leqslant c\},$$

其中, c 是一个常数, 仅依赖于最小二乘估计量的置信水平.

对试验设计 ξ, 模型中 m 个回归系数的密集椭球体的体积 $V(\xi)$ 与该设计的信息矩阵 $M(\xi)$ 的行列式 $\det M(\xi)$ 有如下关系式:

$$V(\xi)=\frac{(m+2)^{m/2}\pi^{m/2}}{\Gamma\left(\dfrac{m}{2}+1\right)\sqrt{\det M(\xi)}}$$

其中 $\Gamma(x)$ 是 Γ 函数. 因此, $\det M(\xi)$ 的值反映了参数 β 的估计精度, $\det M(\xi)$ 越大, 则估计的精度越高.

2) G 准则

设 $d(x,\xi)=f^{\mathrm{T}}(x)M^{-1}f(x)$, 则空间 Ξ 上的 G 最优设计使得 $\max\limits_{x\in\Xi}d(x,\xi)\to\inf\limits_{\xi}$, 注意到对赋范的离散设计 ξ, $d(x,\xi)=\dfrac{\sigma^2}{N}\mathrm{var}(\hat{\beta}^{\mathrm{T}}f(x))$, 也就是说, $d(x,\xi)$ 与一个可由模型预测的估计量 $\hat{\beta}^{\mathrm{T}}f(x)$ 的方差成正比, G 最优使得预测方差最大值达到最小.

3) MV-准则

MV-准则使得最小二乘估计量 $\hat{\beta}$ 方差之和达到最小, 其形式为

$$\mathrm{tr}M^{-1}(\xi)\to\inf_{\xi}$$

4) C-准则

引入

$$\Phi_c(\xi)=\begin{cases}c^{\mathrm{T}}M^{-}(\xi)c, & c\in\mathrm{range}\,M(\xi),\\ \infty, & \text{其他}\end{cases}$$

其中, c 是一个已知的向量, M^{-} 表示 M 的广义逆, $c\in\mathrm{range}\,M(\xi)$ 表示 c 可以表示成矩阵 M 的行的线性组合. 注意到矩阵 A 的广义逆 A^{-} 是指满足 $AA^{-}A=A$ 的任意矩阵. 若方程组 $Ax=y$ 有一个解 $\hat{x}$, 则此解可表示为 $\hat{x}=A^{-}y$.

称使 $\Phi_c(\xi)$ 达到最小的 ξ 为 C-最优. 这个准则的统计意义是使对模型参数线性组合 $\tau=c^{\mathrm{T}}\theta$ 的最优无偏估计的方差达到最小.

5) E-准则

$$\lambda_{\min}(M(\xi))\to\sup_{\xi}$$

其中 $\lambda_{\min}(M)$ 是指矩阵 $M=M(\xi)$ 的特征值的最小值.

由于 $\lambda_{\min}(M)=\min\limits_{c^{\mathrm{T}}c=1}c^{\mathrm{T}}Mc$, E-准则保证了在 $c^{\mathrm{T}}c=1$ 的限制下线性组合 $c^{\mathrm{T}}\theta$ 的方

方差最大值达到最小，亦使得置信椭球的最长轴最小.

3. 等价性定理

在上述最优准则中，D 准则和 G 准则是最重要的准则.

随着计算机辅助设计(CAD)的发展，D 最优设计逐渐成为一种新的研究方向，其中构造 D 最优设计和 G 最优设计是重要的研究内容.

Kiefer 和 Wolfwitz 于 1960 年提出了等价性定理，揭示了 D 最优性和 G 最优性是等价的，成为构造 D 最优设计的主要理论基础.

定理 5.1 (Kiefer-Wolfwitz 等价性定理)　对于线性模型，以下三个结论等价:

(1) ξ^* 是 D 最优设计，即 $\det M(\xi^*) = \max\limits_{\xi} \det M(\xi)$；

(2) ξ^* 是 G 最优设计，即 $\max\limits_{x} d(x,\xi^*) = \min\limits_{\xi} \max\limits_{x} d(x,\xi)$；

(3) ξ^* 满足 $\max\limits_{x} d(x,\xi^*) = k$.

并且所有的 D 最优设计有相同的信息矩阵，且在 D 最优设计的任一点上，预测方差函数 $d(x,\xi^*)$ 达到最大.

定理 5.1 不仅揭示了 D 最优和 G 最优之间的等价性，而且指出了一个设计是 D 最优的充要条件 $\max\limits_{x} d(x,\xi^*) = k$. 在此基础上，可以通过数值算法迭代搜索获得 D 最优设计.

5.1.3　定性定量因素结合的约束空间设计

装备试验设计中，往往存在定性定量因素并存的情况. 关于含定性定量因素的试验设计，已经开展了广泛的研究，比如广义分片拉丁超立方体设计、边际耦合设计，但它们归根结底都是针对规则区域的设计方法. 在复杂的实际设计问题中，由于各种各样的约束，试验区域往往是不规则的，此时规则区域下的方法不再可行. 另一方面，已有的不规则区域下的设计方法大都默认只含有定量因素，所以研究不规则区域下定性定量均匀设计是必要且迫切的. 本节在定性定量因素水平组合确定的情况下，给出了规则区域下、不规则区域下的初始定性定量均匀设计方案，其中规则区域下的设计直接由最优的广义分片拉丁超立方体设计(flexible sliced Latin hypercube design, FSLHD)给出，下面重点对如何在不规则区域下生成定性定量均匀设计进行介绍[169,177].

本节提出了一种广义分片设计，称之为不规则区域内广义分片设计(flexible sliced design in irregular regions, FSDIR). 与 FSLHD 一样，FSDIR 的每分片子设计也对应着定性因素的一种水平组合，区别在于 FSLHD 的每片试验区域都是相同的规则的超立方体，而 FSDIR 的每分片区域形状不规则且可能互不相同. 首先给出数学描述和基本定义，之后提出了一个组合均匀性准则(combined measure of uniformity)用来衡量 FSDIR 的均匀性, 最后利用两种方法生成其最优设计方案.

5.1.3.1 广义分片拉丁超立方体设计

广义分片拉丁超立方体设计(FSLHD)是针对分片拉丁超立方体设计(sliced latin hypercube design, SLHD)每分片的设计点数必须相同的限制提出来的一种特殊的 SLHD. 为了得到任意分片大小且尽可能均匀分布的 FSLHD, 本节介绍了一种构造方法和优化策略.

假设 $\text{FSLHD}(n_1,\cdots,n_u;u,s)$ 表示一个 s 维试验区域内由 u 分片设计大小分别为 $n_1,\cdots,n_u$ 的 FSLHD, 其设计矩阵为 $D=(D_{(1)}^{\mathrm{T}},D_{(2)}^{\mathrm{T}},\cdots,D_{(u)}^{\mathrm{T}})^{\mathrm{T}}$, D_i 对应第 i 分片的设计矩阵($i=1,\cdots,u$). 给定正整数 $(n_1,\cdots,n_u;u,s)$, 通过文献中的方法可以生成许多 $\text{FSLHD}(n_1,\cdots,n_u;u,s)$, 由于 FSLHD 设计整体 D 和每分片设计 D_i 都是拉丁超立方体设计, 可用如下组合空间填充测度来区分不同 FSLHD 的均匀性:

$$\phi_{\mathrm{CSM}}(D)=\frac{1}{2}\phi_p(D)+\frac{1}{2}\left(\sum_{i=1}^{u}\frac{n_i}{n}\phi_p\left(D_{(i)}\right)\right) \tag{5.15}$$

$\phi_{\mathrm{CSM}}(D)$ 最小的设计即为最优广义分片拉丁超立方体设计. 从式(5.15)可以看出, 整体设计和每分片设计的均匀性依据各自的重要程度都被赋予了一定的权重, 并以加权的方式进行整合来衡量 D 的空间填充特性. 其中整体设计的权重最大, 设置为 1/2, 因为整体设计的均匀性十分重要且不容忽视; 各分片的权重与各自分片大小成比例, 这样设置也是比较合理的.

在 FSLHD 的优化过程中, 给定一个初始的 FSLHD, 可以通过交换过程(片内、片间与片外交换过程)得到一个邻近设计, 保证设计的分片结构不变, 即保证新产生的 FSLHD 整个设计和每分片依旧是 LHD. 并证明了用高效两阶段算法可以快速生成基于 ϕ_{CSM} 的最优 FSLHD. 其中, 第一阶段算法可以提前删掉部分均匀性较差的邻近设计, 第二阶段以第一阶段生成的设计作为初始设计, 通过片间或片外交换过程生成邻近设计, 保留当前设计与邻近设计间均匀性更好的设计, 不断重复交换和比较的步骤, 直至达到最大迭代次数.

5.1.3.2 问题描述与假设

假设有 t 个定性因素 $z_1,\cdots,z_t$, 其中第 k 个定性因素有 m_k 个水平. 给定 u 个定性因素的水平组合, 其中第 i 个水平组合表示为 $z^{(i)}=(z_1^{(i)},\cdots,z_t^{(i)})$, 这里 $z_k^{(i)}\in\{1,2,\cdots,m_k\}$ $(i=1,\cdots,u;k=1,\cdots,t)$. 为方便后续均匀性计算, 通过如下线性变换让定性因素的水平取值落在[0,1]内:

$$z_k^{(i)} \to \frac{2z_k^{(i)}-1}{2m_k} \tag{5.16}$$

在全数字仿真试验阶段，u 个定性因素的水平组合对应的试验区域不规则且互不相同，记为 $\chi_1,\cdots,\chi_u$，其中 χ_i 表示在第 i 个组合下关于定量因素的试验区域，$i=1,\cdots,u$．每片区域的设计点个数分别记为 $n_1,\cdots,n_u$．对于全数字仿真阶段的初始设计，考虑其候选设计点来自于可行域内的格子点集，并记网格水平为 q、试验区域的维数为 s (即定量因素的个数为 s)．那么这 u 个试验区域的可行设计点集可表示如下：

$$\begin{aligned}\bar{F}_i &= \bar{D}(q^s)\cap\chi_i \\ &= \left\{(x_1,\cdots,x_s)\middle| x_f=\frac{2l_f-1}{2q}, l_f=1,\cdots,q, f=1,\cdots,s\right\}\cap\chi_i \quad (i=1,\cdots,u)\end{aligned} \tag{5.17}$$

对于 $i=1,\cdots,u$，设 $D_i=(x_{i\_1}^{\mathrm{T}},\cdots,x_{i\_n_i}^{\mathrm{T}})^{\mathrm{T}}$ 表示对应第 i 个定性因素水平组合的一个 n_i-点设计，其中第 j 个设计点满足 $x_{ij}\in\bar{F}_i, j=1,\cdots,n_i$．令 $Z_i(n_i)$ 为 $\bar{F}_i$ 中所有可能的 n_i-点设计集合. 将定性因素考虑进来，在 u 个不规则区域下的总体设计 T 为

$$T=\begin{pmatrix} A_1 & D_1 \\ \vdots & \vdots \\ A_u & D_u \end{pmatrix} \tag{5.18}$$

其中

$$A_i=(\underbrace{z^{(i)};z^{(i)};\cdots;z^{(i)}}_{n_i\text{个 } z^{(i)}}),\quad i=1,\cdots,u \tag{5.19}$$

称形如式(5.19)的设计为不规则区域内广义分片设计，将在某种均匀性度量之下均匀性最优的 FSDIR 称为不规则区域内广义分片均匀设计(flexible sliced uniform design in irregular regions, FSUDIR). 下面针对式(5.19)的特点为 FSDIR 构造合适的均匀性准则.

5.1.3.3　FSDIR 的组合均匀性准则

由式(5.19)可知，FSDIR 由多个子设计 D_i $(i=1,\cdots,u)$ 组成，每个子设计在不同的离散不规则区域内，每个区域对应不同定性因素的水平组合. 若用某种均匀性度量，比如 CCD 准则，直接去衡量不规则区域内广义分片设计 T 的均匀性是不合适的，这样相当于只考虑了整体设计在一个由定性定量因素组成的大空间内的均匀性，而没有考虑每个子设计在其各自区域内的均匀性. 事实上，一个均匀性良好的 T 应该具备这两个特征：一是整体设计 T 的均匀性尽可能实现最优；二是

每分片子设计 D_i 也尽可能实现均匀分布. 也就是说, 需要构造一个既能评价整体设计的均匀性, 又能评价每分片子设计均匀性的组合均匀性准则.

本节所采用的基础均匀性准则为离散混合偏差(DMD), 因为它特别适用于试验区域为离散点集的情况, 而且容易计算.

定义 5.5 假设 $\mathcal{M}=\{y_1,\cdots,y_N\}\subseteq C^s$ 是一个离散点集, $\mathcal{P}=\{x_1,\cdots,x_n\}\subseteq\mathcal{M}$ 是一个 n-点设计, 其中 $x_i=(y_{i1},\cdots,y_{is})$, $y_j=(y_{j1},\cdots,y_{js})$, 那么 $\mathcal{P}$ 在 $\mathcal{M}$ 上的离散混合偏差值为

$$\begin{aligned}\mathrm{DMD}^2(\mathcal{P},\mathcal{M})=&\frac{1}{N^2}\sum_{i=1}^{N}\sum_{k=1}^{N}\prod_{j=1}^{s}\left[\frac{15}{8}-\frac{1}{4}\left|y_{ij}-\frac{1}{2}\right|-\frac{1}{4}\left|y_{kj}-\frac{1}{2}\right|-\frac{3}{4}\left|y_{ij}-y_{kj}\right|+\frac{1}{2}\left|y_{ij}-y_{kj}\right|^2\right]\\&-\frac{1}{N\cdot n}\sum_{i=1}^{N}\sum_{k=1}^{n}\prod_{j=1}^{s}\left[\frac{15}{8}-\frac{1}{4}\left|y_{ij}-\frac{1}{2}\right|-\frac{1}{4}\left|x_{kj}-\frac{1}{2}\right|-\frac{3}{4}\left|y_{ij}-x_{kj}\right|+\frac{1}{2}\left|y_{ij}-x_{kj}\right|^2\right]\\&+\frac{1}{n^2}\sum_{i=1}^{n}\sum_{k=1}^{n}\prod_{j=1}^{s}\left[\frac{15}{8}-\frac{1}{4}\left|x_{ij}-\frac{1}{2}\right|-\frac{1}{4}\left|x_{kj}-\frac{1}{2}\right|-\frac{3}{4}\left|x_{ij}-x_{kj}\right|+\frac{1}{2}\left|x_{ij}-x_{kj}\right|^2\right]\end{aligned}\tag{5.20}$$

受组合空间填充测度的启发, 提出 FSDIR 的组合均匀性准则:

$$M_c(T)=\frac{1}{2}\mathrm{DMD}(T,\Omega)+\frac{1}{2}\sum_{i=1}^{u}\frac{n_i}{n}\mathrm{DMD}(D_i,\bar{F}_i)\tag{5.21}$$

其中 Ω 表示的是包含定性因素在内的 u 片设计的所有可行点的集合. 式(5.21)和式(5.15)形式类似, 但又不完全相同, 区别在于: 式(5.15)在评价整体设计的均匀性时考虑了定性因素, 在评价每分片设计的均匀性时却没有考虑; 而式(5.21)无论在评价整体还是每分片设计的均匀性时都没有考虑定性因素. 这很容易解释, 因为 FSLHD 是一个拉丁超立方体设计, 而 FSDIR 不是拉丁超立方体设计, 如果忽略了定性因素, 在 FSDIR 不同的切片中可能会有重复的点, 导致对整体设计的均匀性的计算有偏差. 此外, 由于 FSDIR 本身形式中就含有定性因素的不同水平组合的取值情况, 在评价整体设计均匀性时反映各分片定性因素水平组合之间的差异是符合逻辑且相当必要的. 至于 FSDIR 每片的均匀性, 由于同一分片设计内的点的定性因素取值情况是相同的, 所以只考虑定量因素的部分就足够了. 总而言之, 全数字仿真阶段的初始设计可以转变为求解下面这个优化问题:

$$T^*=\underset{D_i\in Z_i(n_i),i=1,\cdots,u}{\arg\min}\ \frac{1}{2}\mathrm{DMD}(T,\Omega)+\frac{1}{2}\sum_{i=1}^{u}\frac{n_i}{n}\mathrm{DMD}(D_i,\bar{F}_i)\tag{5.22}$$

M_c 值最小的 T^* 即为 FSUDIR.

5.1.3.4　试验设计方案

本节详细给出了两种生成 FSUDIR 的设计方案. 一种是采用确定性方法离散逆 Rosenblatt 变换 (discrete inverse Rosenblatt transformation, IRT-D)将某个均匀设计从单位超立方体映射至一些不规则区域内的离散点集; 另一种是采取优化算法离散粒子群算法(DPSO)进行了全局搜索, 迭代结束时的全局最佳粒子即为想要的目标设计.

1. 基于离散逆 Rosenblatt 变换的确定性方法

IRT-D 方法可以将单位超立方体中的均匀设计映射至离散点集中的一些近似均匀分布的点, 并使用离散点的位置坐标将(条件)累积分布函数(CDF)近似为(条件)经验累积分布函数(ECDF).

假设试验区域为一个离散点集 $\mathcal{M}=\{y_1,\cdots,y_N\}\subseteq C^s$, s 为区域的维数, N 为可行试验点的个数. 基于离散点集 $\mathcal{M}$, 可以得到第一个变量 X_1 的边缘经验累积分布函数, 记为 E_1. 显然, E_1 分段且不连续, 则对于任意的 $y\in[0,1]$, 都能找到 $x_1\in[0,1]$, 满足 $\inf\{x\mid E_1(x)\geqslant y\}$. 定义逆边缘 ECDF: $E_1^{-1}(y)=x_1$. 令 $E_{2|1}$ 表示第二个变量 X_2 在第一个变量 X_1 条件下的条件边缘 ECDF, $E_{s|1,\cdots,s-1}$ 的含义依次类推. 注意在计算某个维度的条件边缘 ECDF 时, 在上一维度条件值附近的 $m=\lceil N/(10n)\rceil$ 个点也要考虑进去. 原因是随着条件维数个数的增加, 在计算 ECDF 时的试验点会越来越少甚至少到只有一两个试验点, 此时若只有一个试验点, 根据定义, ECDF 只可能有 0 和 1 两种取值情况, 这势必会影响投影效果, 得到一个均匀性不佳的设计. 这里 n 代表设计点个数. 选择关于 $(1,2,\cdots,s)$ 的一个排列顺序, 记为 $(l_1,l_2,\cdots,l_s)$, 那么 IRT-D 可以表示为

$$\begin{cases}x_{l_1}=E_{l_1}^{-1}(u_1),\\ x_{l_j}=E_{l_j|l_1,\cdots,l_{j-1}}^{-1}(u_j\mid X_{l_1}=x_{l_1},\cdots,X_{l_{j-1}}=x_{l_{j-1}})(j=2,\cdots,s)\end{cases}\tag{5.23}$$

不同的计算顺序会得到不同的设计结果. 在所得 $s!$ 个结果中, 偏差最小的设计即为离散点集内所求近似均匀设计. IRT-D 的算法步骤可见算法 5.1.

算法 5.1　离散逆 Rosenblatt 变换(IRT-D)

已知　单位超立方体 C^s 中的均匀设计 U_0, 离散点集 $\mathcal{M}=\{y_1,\cdots,y_N\}\subseteq C^s$

求　均匀设计 $U^*\subseteq\mathcal{M}$

(1) 选择一个关于 $(1,2,\cdots,s)$ 的排列顺序, 记为 $(l_1,l_2,\cdots,l_s)$, 计算边缘 ECDF E_{l_1} 和条件边缘 ECDFs $E_{l_j|l_1,\cdots,l_{j-1}}, j=2,\cdots,s$

(2) 对设计 U_0 进行离散逆 Rosenblatt 变换: $U_1=E_{l_1,\cdots,l_s}^{-1}(U_0)$

---

(3) 计算变换后设计 U_1 的偏差值

(4) 在不同的排列顺序下重复步骤(1)—(3), 其中变换后偏差值最小的设计即为目标设计 U^*

下面给出基于离散逆 Rosenblatt 变换生成 FSUDIR 的具体实现.

(1) 以一个最优 FSLHD$(n_1,\cdots,n_u;u,s)$ 作为初始均匀设计, 其设计矩阵记为 $D_{\text{best}}=(D_{\text{best}(1)}^{\mathrm{T}},D_{\text{best}(2)}^{\mathrm{T}},\cdots,D_{\text{best}(u)}^{\mathrm{T}})^{\mathrm{T}}$;

(2) 对 $D_{\text{best}(i)},i=1,\cdots,u$ 作离散逆 Rosenblatt 变换, 将其投影至离散点集 $\overline{F}_i$, 依据排列顺序 $(l_{i1},l_{i2},\cdots,l_{is})$, 将设计结果记为 $U_{(i)}\,|\,(l_{i1},l_{i2},\cdots,l_{is})$;

(3) 将每片投影结果组合成如下形式:

$$T=\begin{pmatrix} A_1 & U_{(1)}\,|\,(l_{11},l_{12},\cdots,l_{1s}) \\ \vdots & \vdots \\ A_u & U_{(u)}\,|\,(l_{u1},l_{u2},\cdots,l_{us}) \end{pmatrix} \tag{5.24}$$

其中 $A_i(i=1,\cdots,u)$ 的含义见式(5.19);

(4) 根据(5.21)式计算设计 T 的 $M_c(T)$ 值;

(5) 在每片不同的排列顺序下, 一共会得到 $(s!)^u$ 个 T, 选择其中 $M_c(T)$ 值最小的 T 作为最终的 FSUDIR.

以最优 FSLHD 作为投影前的均匀设计, 主要考虑两个方面原因: 一是两者在形式上很类似, 都是由几片对应不同定性因素水平组合的子设计组成; 二是两者的均匀性准则也体现了同样的思想, 既考虑了整体设计的均匀性, 又考虑了各片的均匀性. 还有一点值得注意的是, 由于本章目标是找到 $M_c(T)$ 值最小的 FSDIR, 而不是得到每分片均匀性最好的投影结果, 所以需要把各片可能的投影结果组合成目标设计的形式(5.24)之后, 再通过计算比较确定各片最终的投影结果.

2. 基于分片离散粒子群算法的优化方法

离散粒子群算法(DPSO)是在不规则区域获得最优空间填充设计的常用方法. 由于 FSDIR 由不同区域的一些分片设计组成, 我们需要对 DPSO 进行适当修改来解决优化问题. 修改的关键是始终保证粒子的有效性. 称修改后的算法为分片 DPSO(sliced DPSO, S-DPSO), 主要包含以下三个重要组成部分:

1) 初始化

令 NP 为粒子个数, NI 为迭代次数, $\text{prob}P,\text{prob}G,\text{prob}R$ 为概率参数, $T_p^m(p=1,\cdots,NP;m=1,\cdots,NI)$ 为第 m 次迭代中的第 p 个粒子. 自身最佳粒子和全局最佳粒子分别由 pbest_p^m, gbest^m 表示.

在分片 DPSO 中，每个粒子 T_p^m 和式(5.18)中的 T 一样，都是由来自不同离散区域的子设计构成的组合设计，适应度函数为式(5.21)中定义的目标函数. 即 T_p^m 的数学形式为

$$T_p^m = \begin{pmatrix} A_1 & D_{1p}^m \\ \vdots & \vdots \\ A_u & D_{up}^m \end{pmatrix} \tag{5.25}$$

其中 $D_{ip}^m = \{x_{i1,p}^m, \cdots, x_{in_i,p}^m\} \in Z_i(n_i)(p=1,\cdots,NP)$. 故在初始化阶段，$T_p^0$ 中的 D_{ip}^0 是从离散点集 $Z_i(n_i)$ 中随机选取出来的 n_i 个设计点. 对于所有初始粒子 T_p^0，计算其适应度函数值 $M_c(T_p^0)$. 其中 M_c 值最低的即为初始全局最佳粒子 gbest^1，而粒子 T_p^0 本身即为初始自身最佳粒子 pbest_p^1.

2) 向最佳粒子移动

S-DPSO 中的向最佳粒子游动，具体而言，D_{ip}^m 中的 $x_{ij,p}^m$ 有 prob$P$ 的概率被 $p_{ij,p}^m$ 替换，有 prob$G$ 的概率被 g_{ij}^m 替换，有 $1-\text{prob}P-\text{prob}G$ 的概率保持不变. 其中，$p_{ij,p}^m$，g_{ij}^m 分别表示 pbest_p^m，gbest^m 中对应定量因素设计点的部分.

3) 分片随机移动

之所以叫做分片随机移动，是因为在更新粒子位置时，首先要确定粒子属于哪一片，然后再确定用于替换的候选点集. 只有这样才能保证更新后的粒子形式上仍然满足式(5.25). 比如，假设对第 m 次迭代中的第 p 个粒子的第 i 分片的第 j 个设计点进行随机移动，将该点记为 $x_{ij,p}^m = (x_{ij,p}^{m,1}, x_{ij,p}^{m,2}, \cdots, x_{ij,p}^{m,s})$，那么该点的第 f 个坐标 $x_{ij,p}^{m,f}$ 有 prob$R$ 的概率被其候选点集中的某个元素替换掉，候选点集可表示为 $C_{ij,p}^{m,f} = \{x^f \mid x^f \neq x_{ij,p}^{m,f}, (x_{ij,p}^{m,1}, \cdots, x^f, \cdots, x_{ij,p}^{m,s}) \in \overline{F}_i\}$. 算法 5.2 对 S-DPSO 进行了总结.

算法 5.2　分片 DPSO(S-DPSO)

已知　粒子群大小 NP，迭代次数 NI，概率参数 prob$P$, prob$G$, prob$R$，格子点水平 q，试验区域 $\chi_1, \cdots, \chi_u$，设计大小 $n_1, \cdots, n_u$，定量因素个数 s，定性因素个数 t，初始粒子群 $\{T_1^0, \cdots, T_{NP}^0\}$

求　不规则区域内广义分片均匀设计(全局最佳粒子)

for $m=1,\cdots,NI$ do

　for $p=1,\cdots,NP$ do

　　计算粒子 D_p^m 的 M_c 值

　end for

　确定自身最佳粒子和全局最佳粒子

　for $p=1,\cdots,NP$ do

　　通过向最佳粒子移动更新粒子位置

　　通过分片随机移动更新粒子位置

　end for

end for

3. 设计数值仿真分析

现在，拟在一些离散分片的情况下评估和比较上节提出两种方法的性能. 下面分别简要介绍了试验区域、S-DPSO 中参数的选择，并分析了试验结果.

1) 离散分片的试验区域

考虑两个定性因素 z_1, z_2 的三个水平组合 $z^{(1)}=(1,2)$，$z^{(2)}=(1,3)$，$z^{(3)}=(2,4)$，水平数分别为 $m_1=2$，$m_2=5$，通过线性映射 $z_k^{(i)} \to \dfrac{2z_k^{(i)}-1}{2m_k}$，定性因素的水平取值落在[0,1] 内，则有 $z^{(1)}=(0.25,0.3)$，$z^{(2)}=(0.25,0.5)$，$z^{(1)}=(0.75,0.7)$. 每个组合对应一个离散的不规则区域，其中前两个不规则区域是 C^2 中的灵活区域:

$$\chi_1:\left\{(x_1,x_2)\in\mathbb{R}^2:\left|x_1-\frac{1}{2}\right|^{0.5}+\left|x_2-\frac{1}{2}\right|^{0.5}\leqslant\frac{1}{2^{0.5}}\right\} \tag{5.26}$$

$$\chi_2:\left\{(x_1,x_2)\in\mathbb{R}^2:\left|x_1-\frac{1}{2}\right|^{2}+\left|x_2-\frac{1}{2}\right|^{2}\leqslant\frac{1}{2^{2}}\right\} \tag{5.27}$$

第三个区域 χ_3 是多边形区域，它的顶点坐标为[0.2, 0.1], [0.8, 0.1], [0.9, 0.5], [0.5, 0.9]. 取网格水平 $q=20$，对区域 χ_1，χ_2，χ_3 进行离散化. 图 5.3 画出了这 3 个离散区域 $\overline{F}_1,\overline{F}_2,\overline{F}_3$，其中线条表示不规则区域，点表示的是可行设计点.

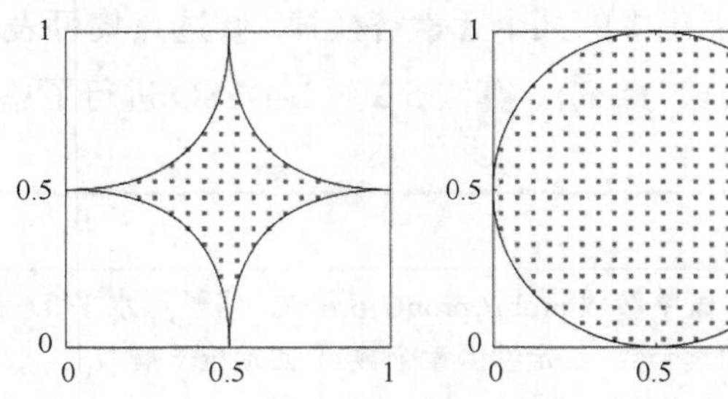

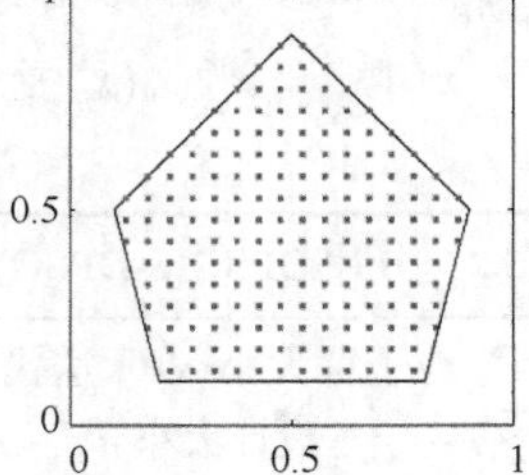

图 5.3　3 个离散不规则区域

2) 参数敏感性分析

分片 DPSO 中不同概率参数的使用对数值结果有很大的影响. 在初始设置中，设置粒子群大小为 $NP=20$，迭代次数 $NI=100$，各片设计大小为 $n_1=6$, $n_2=7, n_3=9$. 为了简化参数分析的过程，设置 $\text{prob}P=\text{prob}G=p$. 概率 p 值不能太大，否则在每一次迭代中粒子几乎都会向全局最佳、自身最佳粒子移动，这样用不了多久就会陷入局部最优解. 另一方面, 如果 p 很小, 那么适应度函数值的变化非常小, 会大大降低搜索效率. 因为参数 prob$R$ 表示的是粒子跳出局部最优的可能性, 若取值太大, 会造成粒子与全局最佳、自身最佳相距甚远, 从而使得 S-DPSO 算法难以收敛至最优解. 一般在 DPSO 算法中[25], 将概率参数设置为 $(\text{prob}P, \text{prob}G, \text{prob}R) = (0.4, 0.4, 0.1)$. 通过大量的计算, 我们发现当 p 在 0.5 附近、prob$R$ 在 0.05 附近时会得到均匀性更佳的设计解. 为了说明这些参数的影响, 在调参过程中, 选择 $p \in \{0.3, 0.4, 0.5, 0.6\}$, $\text{prob}R \in \{0, 0.05, 0.1, 0.2\}$.

考虑到算法运行过程中有一定的随机性, 在每种参数设置下会重复运行 50 次. 表 5.9 总结了概率参数的灵敏度分析, 列出了在 50 次重复下所得设计 M_c 值的最大值、最小值、均值和标准差. 从表 5.9 可以看出, 在这些关于 $(p, \text{prob}R)$ 的参数设置下, 得到的标准差之间没有太大区别, 但是当 $(p, \text{prob}R) = (0.5, 0.05)$ 时, 不仅均值最小, 而且最大值和最小值也比在其他参数设置下得到的结果要小. 此外, 在 p 值相同的条件下, $\text{prob}R = 0.05$ 要比 prob$R$ 取 0, 0.1, 0.2 时的结果更好. 这说明随机移动这一步骤确实是必要的, 即 $\text{prob}R \neq 0$, 但是 prob$R$ 也不能太大. 因此, 在本节后面的仿真和实例分析中都将使用 $\text{prob}P = \text{prob}G = 0.5$, $\text{prob}R = 0.05$ 这一参数设置.

表 5.9　在不同(p, prob$R$)取值下运行 50 次 S-DPSO 所得设计 M_c 值的灵敏度分析

$(p, \text{prob}R)$	最大值	最小值	均值	标准差
(0.3,0)	0.0478	0.0389	0.0441	0.0019
(0.3,0.05)	0.0440	0.0378	0.0407	0.0014
(0.3,0.1)	0.0475	0.0412	0.0443	0.0013
(0.3,0.2)	0.0509	0.0430	0.0472	0.0018
(0.4,0)	0.0481	0.0394	0.0437	0.0018
(0.4,0.05)	0.0440	0.0371	0.0401	0.0013
(0.4,0.1)	0.0470	0.0396	0.0436	0.0017
(0.4,0.2)	0.0503	0.0436	0.0469	0.0015
(0.5,0)	0.0485	0.0401	0.0438	0.0017
(0.5,0.05)	**0.0427**	**0.0365**	**0.0394**	0.0014
(0.5,0.1)	0.0460	0.0396	0.0434	0.0014
(0.5,0.2)	0.0491	0.0413	0.0462	0.0016

续表

$(p,\text{prob}R)$	最大值	最小值	均值	标准差
(0.6,0)	0.0470	0.0398	0.0432	0.0016
(0.6,0.05)	0.0425	0.0371	0.0400	0.0013
(0.6,0.1)	0.0470	0.0400	0.0430	0.0013
(0.6,0.2)	0.0488	0.0425	0.0461	0.0014

3) 仿真结果与比较

首先证明式(5.21)中提出的组合均匀性准则 M_c 的有效性. 为了方便展示结果, 将 M_c 准则与两个极端准则进行了比较, 记为 $M_{\text{slice}}, M_{\text{whole}}$. M_{slice} 准则表示仅仅考虑了每片设计 D_i 的均匀性, 也就是说 FSUDIR 的每个子设计是在其 DMD 准则下用 DPSO 算法独立生成的, 然后将各均匀子设计结合成 FSUDIR; 而 M_{whole} 准则表示只考虑了整体设计 T 的均匀性, 即 $M_{\text{whole}} = \text{DMD}(T,\Omega)$. 同样, 在每个准则之下, 均重复且独立地进行了 50 次仿真. 图 5.4 从三个方面比较了用不同准则得到的结果的均匀性(分别为 M_c, M_{slice}, M_{whole} 准则的结果), 从左到右依次比较的是: 整体设计的离散混合偏差、每分片设计的离散混合偏差、整体设计的 M_c 值.

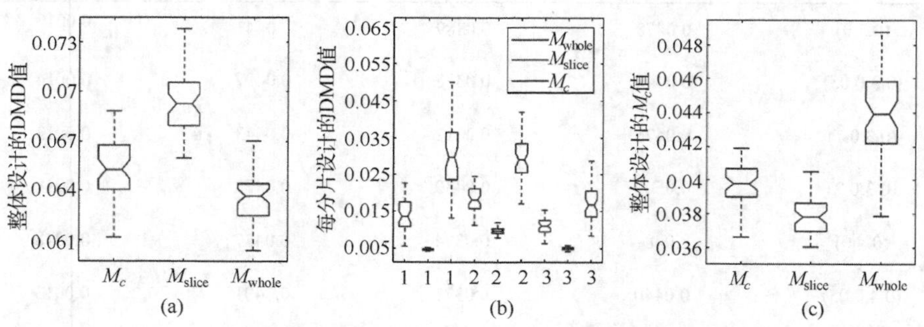

图 5.4 在不同准则下重复 50 次试验所得结果的均匀性比较

由图 5.4 可以得到如下结果:

(1) 在图 5.4(a)中, M_c 准则得到整体设计的 DMD 值总体要低于 M_{slice} 准则, 但是比 M_{whole} 准则要低一些.

(2) 图 5.4(b)中横轴的数字 1, 2, 3 分别表示第一片、第二片、第三片设计的 DMD 值的比较情况. 可以看出, 不管是比较哪一片, M_{slice} 准则的 DMD 值都明显低于另外两个准则, 在 M_c 准则下生成设计每分片的均匀性比 M_{whole} 准则要好.

(3) 在图 5.4(c)中，M_{whole} 准则所得整体设计的 M_c 值最大，而 M_c 准则和 M_{slice} 准则所得整体设计的 M_c 值要小一些并且相差不大.

图 5.4(a)和图 5.4(b)的比较结果与我们的直觉是吻合的. 因为 M_c 准则实际上是 M_{slice} 准则和 M_{whole} 准则加权的结果，所以在比较整体设计和每分片设计的均匀性时都能得到比较好的结果；而 M_{slice} 准则和 M_{whole} 准则，考虑的只是单一的目标，这使得以该目标为比较量时结果非常好，否则若考虑的是其他比较量可能就没有优势，得到较差的结果. 图 5.4(c)中的结果是有点令人意外的，因为 M_c 准则的 M_c 值不是最小的，甚至比 M_{slice} 准则的要高一些. 根据图 5.4(a)和图 5.4(b)，这可能是因为在 M_{slice} 准则下得到的每分片的均匀性要明显优于 M_c 准则很多，整体设计的均匀性比 M_c 准则虽差一些，但是差得并没有太多，从而使得在比较 M_c 值时 M_{slice} 准则用其优势弥补了劣势. 从上述三个方面的比较结果综合来看，M_c 准则最适用于本节的 FSUDIR 设计问题.

接着，基于前面定义的离散点集和 M_c 准则，用确定性方法和优化算法分别对 FSUDIR 问题进行求解. 为了使结果更加可靠，S-DPSO 和 IRT-D 均独立重复地运行了 50 次，并与随机采样(random sampling, RS)的结果进行了比较.

首先生成了一个最优 FSLHD(6, 7, 9; 3, 2)，如图 5.5 所示. 其中○，+，×分别代表第一片、第二片、第三片子设计. 该设计可作为计算机仿真阶段的初始设计.

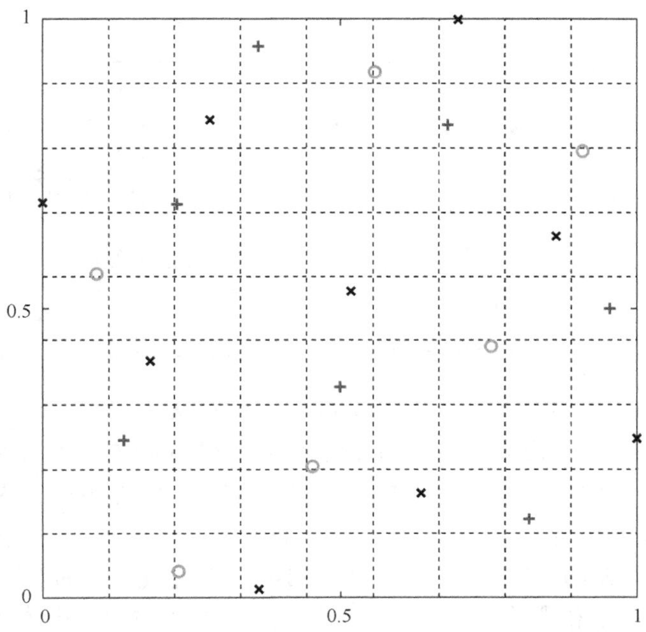

图 5.5　初始最优 FSLHD(6,7,9;3,2)

然后以该设计作为 IRT-D 的初始均匀设计, 将其投影至离散点集 $\bar{F}_1,\bar{F}_2,\bar{F}_3$. 图 5.6 的左边三个子图分别表示投影前的设计, 右边的三个图从上至下分别是左边设计经 IRT-D 投影至离散点集 $\bar{F}_1,\bar{F}_2,\bar{F}_3$ 后得到的设计.

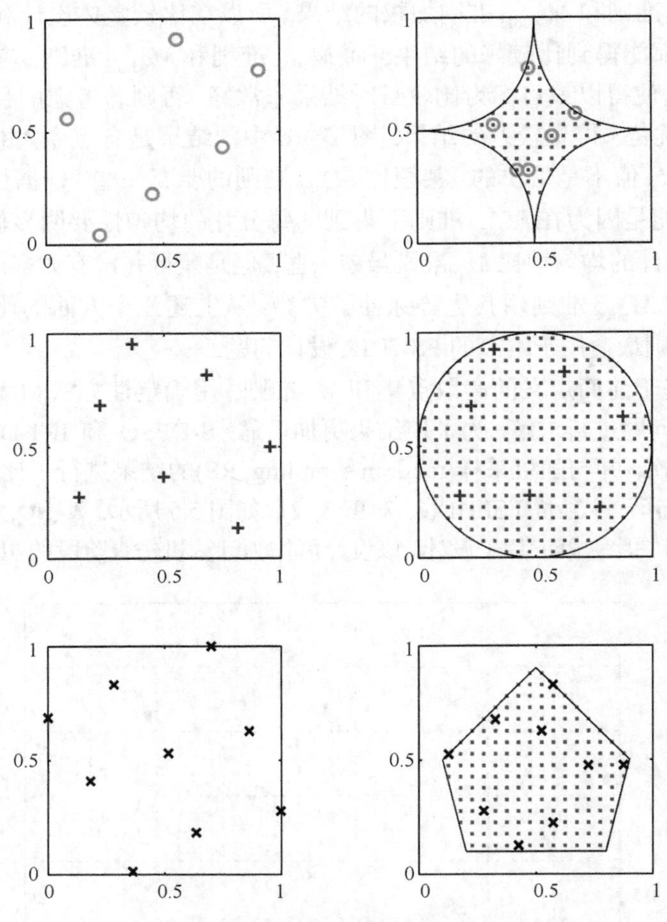

图 5.6　投影前和经 IRT-D 投影后的每分片设计

图 5.7 表示的是用 S-DPSO, IRT-D 和 RS 三种方法在 50 次重复试验下所生成设计 M_c 值的箱线图. 因为 IRT-D 不论运行多少次, 得到的设计结果都是确定的, 所以在图中用一条虚线表示, 其对应纵坐标的值(M_c 值)为 0.046. 从图 5.7 可以看出, S-DPSO 方法显著好于 RS, 而且由 S-DPSO 得到的 M_c 值的分布比 RS 的更加集中, 这说明 S-DPSO 比 RS 更稳定. IRT-D 方法也比 RS 的效果要好很多, 但比 S-DPSO 还是要稍微差一点. 我们还记录了每种方法的平均运行时间, 其中 S-DPSO 每次运行大概平均需要 30 秒的时间, IRT-D 平均仅需要零点几秒, 这是

因为 S-DPSO 在运行过程中需要迭代很多次, 包含大量的计算和比较.

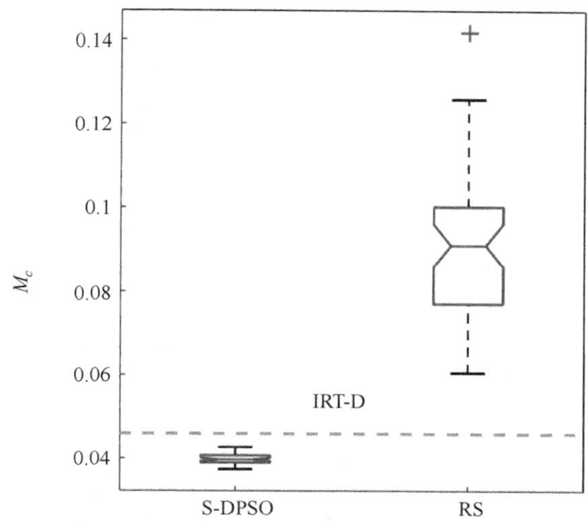

图 5.7　$n_1=6$, $n_2=7$, $n_3=9$ 时用 S-DPSO、IRT-D、RS 生成设计的 M_c 值的箱线图

为了证明所提出的两种方法在不同的分片设计大小和分片数目下都是可行的, 进一步地, 在另外两个设计场景下也进行了试验. 其中一个场景是区域保持不变, 但是分片设计大小变成了 $n_1=9$, $n_2=4$, $n_3=5$; 另外一个场景下, 加入了一个新试验区域 χ_4 , 分片设计大小变成了 $n_1=9$, $n_2=4$, $n_3=5$, $n_4=6$, χ_4 也是 C^2 中的一个灵活区域, 并用网格水平 $q=20$ 将其离散化. χ_4 的数学形式为

$$\chi_4:\left\{(x_1,x_2)\in\mathbb{R}^2:\left|x_1-\frac{1}{2}\right|^2+\left|x_2-\frac{1}{2}\right|^2\leqslant\frac{1}{2}\right\} \tag{5.28}$$

图 5.8 和图 5.9 分别为 $n_1=9$, $n_2=4$, $n_3=5$ 和 $n_1=9$, $n_2=4$, $n_3=5$, $n_4=6$ 时用 S-DPSO、IRT-D、RS 三种方法在 50 次重复试验下所生成设计 M_c 值的箱线图. 这两个结果和图 5.7 是相似的, 即 S-DPSO 和 IRT-D 两种方法生成 FSUDIR 的 M_c 值都比 RS 的要低, 且 S-DPSO 的效果比 RS 稳定. 在这两种设计场景下, S-DPSO 构造设计的均匀性在三个方法中是最佳的, 但在计算时间上也是耗时最久的. 这说明 S-DPSO 和 IRT-D 两种方法对于多种分片的设计场景都是适用的, S-DPSO 效果佳但计算时间更长, 当解决实际问题时, 若对计算时间没有太大的限制且对均匀性要求较高, 用 S-DPSO 方法是更好的选择. 表 5.10 对三种设计场景下用不同方法得到的数值结果进行了总结, 从表 5.10 可以看出, 无论是比较生成设计 M_c 值的最大值、最小值还是平均值, S-DPSO 的结果是最小的, 其次是 IRT-D, 而 RS 的结果是最大的. 而且, 由 S-DPSO 得到设计的标准偏差比由 RS 得到的标准偏差小得多, 前者几乎只有后者的十分之一, 这从数值结果上验证

了 S-DPSO 的稳定性能.

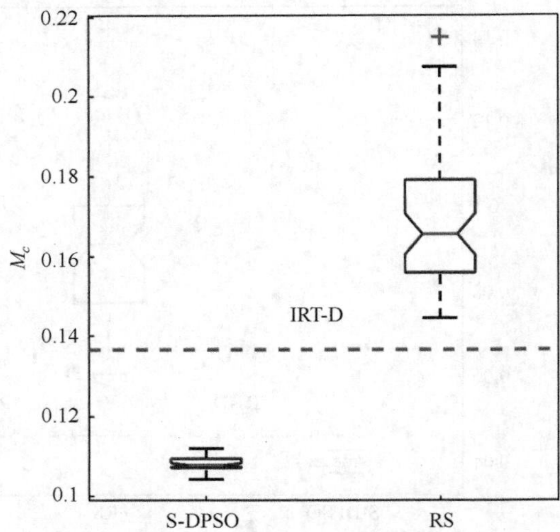

图 5.8　$n_1 = 9$, $n_2 = 4$, $n_3 = 5$ 时用 S-DPSO、IRT-D、RS 生成设计的 M_c 值的箱线图

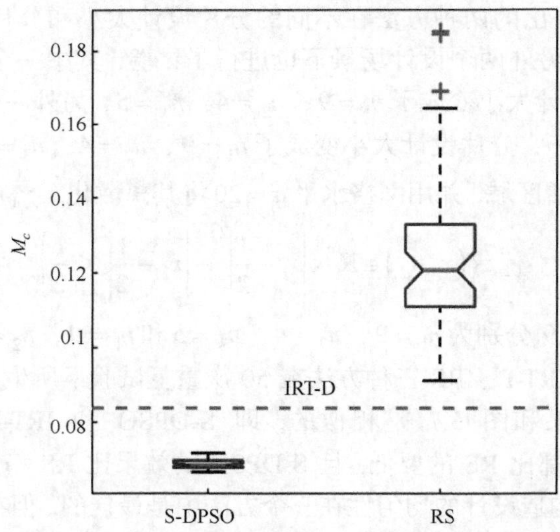

图 5.9　$n_1 = 9$, $n_2 = 4$, $n_3 = 5$, $n_4 = 6$ 时用 S-DPSO、IRT-D、RS 生成设计的 M_c 值的箱线图

表 5.10　在三种设计场景下用不同方法重复 50 次试验所生成设计 M_c 值的比较

分片设计点大小	方法	最大值	最小值	均值	标准差
$n_1 = 6, n_2 = 7, n_3 = 9$	S-DPSO	0.0428	0.0374	0.0398	0.0013
	IRT-D	0.0460	0.0460	0.0460	0

续表

分片设计点大小	方法	最大值	最小值	均值	标准差
$n_1=6,n_2=7,n_3=9$	RS	0.1416	0.0607	0.0910	0.0163
$n_1=9,n_2=4,n_3=5$	S-DPSO	0.1120	0.1042	0.1082	0.0017
	IRT-D	0.1365	0.1365	0.1365	0
	RS	0.2149	0.1443	0.1700	0.0181
$n_1=9,n_2=4,n_3=5,n_4=6$	S-DPSO	0.0717	0.0666	0.0687	0.0013
	IRT-D	0.0838	0.0838	0.0838	0
	RS	0.1853	0.0911	0.1248	0.0218

5.1.3.5　不规则区域下的试验设计仿真案例

本节介绍了 S-DPSO 在集群装备性能分析中的应用. 已知有 $N=100$ 台集群装备, 遵循下述改进的 Cucker-Smale 运动模型:

$$\begin{cases}\dfrac{\mathrm{d}x_i(t)}{\mathrm{d}t}=v_i(t),\\ \dfrac{\mathrm{d}v_i(t)}{\mathrm{d}t}=\alpha\sum\limits_{i\neq j}\dfrac{A_{ij}(v_j(t)-v_i(t))}{\left(1+\left\|x_i-x_j\right\|^{\beta}\right)^2}-\sigma\nabla U_{x_i(x)}-\gamma\nabla V_{x_i(x)}\end{cases} \tag{5.29}$$

其中

$$\nabla U_{x_i}(x)=\left(\left\|x_i-\overline{x}\right\|\right)-R\right)\frac{\overline{x}-x_i}{\left\|\overline{x}-x_i\right\|} \tag{5.30}$$

$$\nabla V_{x_i}(x)=\frac{R}{2}\sin\frac{\pi}{N}\sum_{j=1}^{N}\left[\frac{x_i-x_j}{\left\|x_i-x_j\right\|}-\left(x_i-x_j\right)\right]\left(\left\|x_i-x_j\right\|<2R\sin\frac{\pi}{N}\right) \tag{5.31}$$

若不加干预, 该集群会在一段时间后形成圆形队列, 图 5.10 显示了当 $T=0$, 50, 100, 200, 800, 1500 时集群装备的分布情况. 只有集群装备的几何形状保持相对稳定才能正常执行任务, 于是定义了下面的队形评价函数:

$$\begin{aligned}f&=d(x)\cdot u(x)\\&=\left[\frac{1}{N}\sum_{i=1}^{N}\exp(-\left\|x_i-x_i'\right\|)\right]\cdot\exp\left[-\mathrm{var}(l_{x_1'x_2'},l_{x_2'x_3'},\cdots,l_{x_{N-1}'x_N'},l_{x_N'x_1'})\right]\end{aligned} \tag{5.32}$$

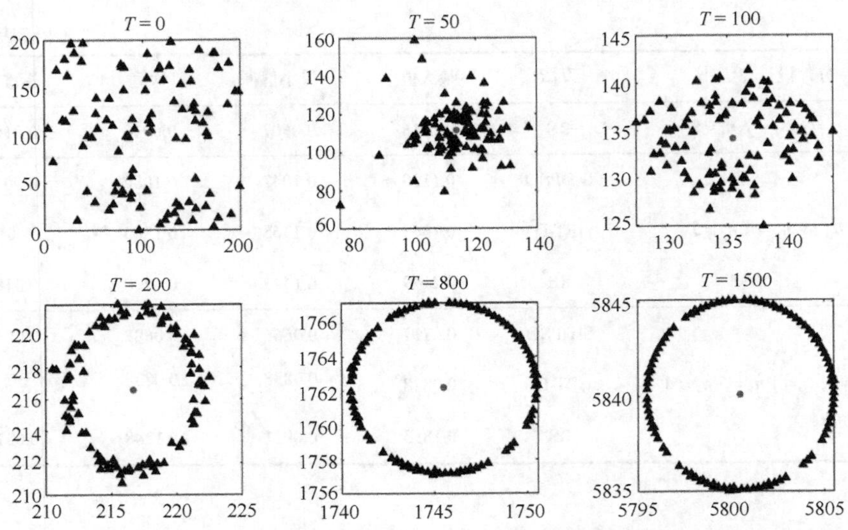

图 5.10 集群装备在没有干预时不同时刻的队形分布

现考虑对集群装备进行定点打击. 关注的影响因素包括一个定性因素：打击模式 m_0；两个定量因素：打击时刻 t_0 和打击数量 N_0. m_0 可以取 1, 2, 3 三个水平, 分别表示随机打击、均匀打击、成区域打击；t_0 和 N_0 的取值范围分别为 $[T_1,T_2]=[200,300]$，$[N_1,N_2]=[20,30]$. 仿真时用的是模型(5.14)的离散形式, 所以 T_0 和 n_0 只能取整数. 响应为打击时刻前后队形评价函数的变化:

$$\Delta f(t_0)=f_{\text{before}}(t_0)-f_{\text{after}}(t_0) \tag{5.33}$$

目的是找到使队形评价函数变化最大的打击方式, 即让 $\Delta f(t_0)$ 最大的因素组合.

全面试验成本大且不可行, 所以需要进行试验设计. 在设计之前, 先对数据进行标准化处理:

$$t_0 \to \frac{2(t_0-T_1+1)-1}{2(T_2-T_1+1)},\quad N_0 \to \frac{2(N_0-N_1+1)-1}{2(N_2-N_1+1)} \tag{5.34}$$

一方面, 考虑关于标准化后的 t_0 和 N_0 的二维空间在三种打击模式下都是相同的离散规则区域, 如图 5.11(a)所示; 另一方面, 考虑三片区域都是相同的离散不规则区域, 如图 5.11(b)所示, 图 5.11(b)的区域约束边界是一个以原点为中心、半径为 1 的圆落在第一象限内的曲线部分.

由于不知道哪种打击模式效果更好, 将每种模式的设计点数都设置为相同值 20, 并尝试用均匀设计来有效地选择试验点. 结合该问题背景, 不仅希望实现每种打击模式的设计点的均匀分布, 同时三种打击模式组成的整体设计也要尽可能均匀, 考虑用 S-DPSO 解决该问题. 图 5.12 是用 S-DPSO 构造的规则区域下的 FSUDIF(20,20,20;3,2), 横纵坐标分别表示打击数量、打击时刻标准化后的值, 每

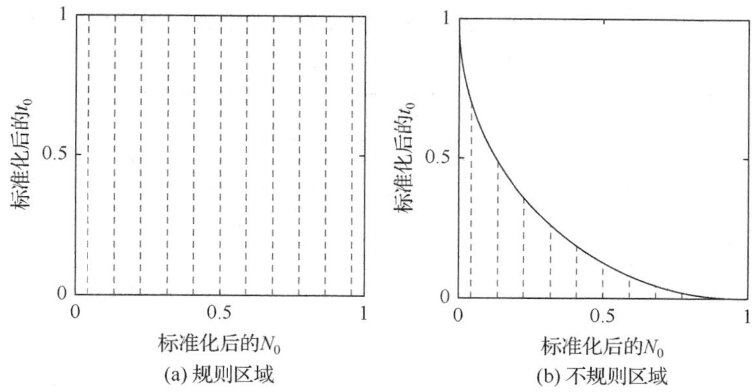

图 5.11　标准化处理后三种打击模式对应的规则区域和不规则区域

分片的设计点个数均为 20. 图 5.13 是用 S-DPSO 构造的不规则区域下的 FSUDIF(20,20,20;3,2). 表 5.11 列出了用 S-DPSO 得到的在不同打击模式下打击数量和打击时刻的实际取值, 表 5.11(a)是规则区域内的设计结果, 表 5.11(b)是不规则区域内的设计结果.

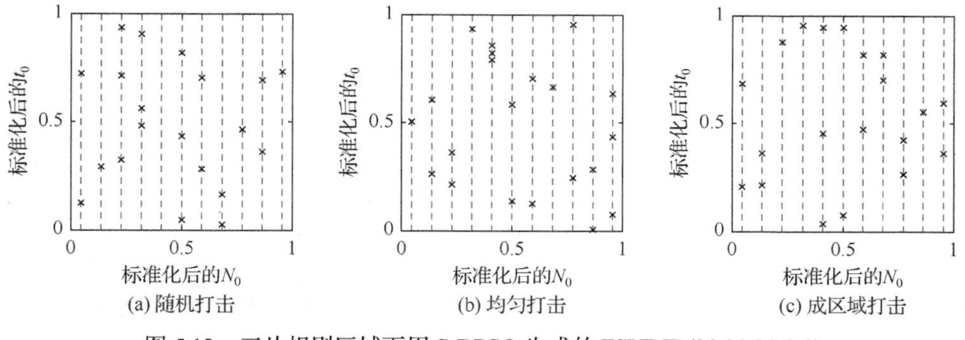

图 5.12　三片规则区域下用 S-DPSO 生成的 FSUDIR(20,20,20;3,2)

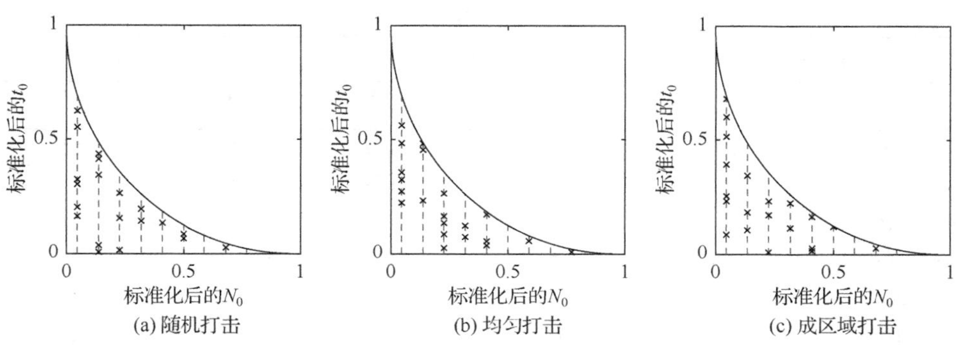

图 5.13　三片不规则区域下用 S-DPSO 生成的 FSUDIR(20,20,20;3,2)

表 5.11　基于 S-DPSO 在不同打击模式下 t_0, N_0 的实际值

(a) 三片规则区域

随机打击		均匀打击		成区域打击	
t_0	N_0	t_0	N_0	t_0	N_0
282	25	279	24	295	25
246	28	236	22	270	27
291	23	260	21	226	28
236	29	221	22	245	24
232	22	263	30	236	21
228	36	213	25	247	26
272	20	286	24	288	22
256	23	226	21	242	28
273	30	294	23	282	26
212	20	207	30	259	30
202	27	200	29	255	29
248	23	282	24	282	27
294	22	296	28	207	25
271	22	228	29	203	24
243	25	243	30	268	20
269	29	224	28	295	24
204	25	212	26	221	21
216	27	266	27	236	30
270	26	258	25	220	30
229	21	250	20	296	23

(b) 三片不规则区域

随机打击		均匀打击		成区域打击	
t_0	N_0	t_0	N_0	t_0	N_0
208	25	203	24	200	22
219	23	223	21	239	20
215	22	202	22	202	27
255	20	217	24	260	20
200	21	213	22	225	20
230	20	232	20	202	24
213	24	248	20	212	25
234	21	245	21	217	22

续表

随机打击		均匀打击		成区域打击	
t_0	N_0	t_0	N_0	t_0	N_0
232	20	222	20	234	21
202	27	200	28	201	24
243	21	207	23	251	20
216	20	205	26	210	21
262	20	248	21	222	23
226	22	208	22	208	20
241	21	212	23	223	20
214	23	256	20	216	24
206	25	227	20	211	23
201	22	205	24	218	21
220	20	216	22	223	22
203	21	235	20	268	20

5.2 算例分析

对防空导弹制导精度设计考虑其七个因素并各取五水平，即

导引时间(T, s): $T_1=1,\ T_2=2,\ T_3=3,\ T_4=4,\ T_5=5$.

初始指向误差(α, rad): $\alpha_1=1,\ \alpha_2=2,\ \alpha_3=3,\ \alpha_4=4,\ \alpha_5=5$.

视线角测量误差(β, rad): $\beta_1=1,\ \beta_2=2,\ \beta_3=3,\ \beta_4=4,\ \beta_5=5$.

视线角速度误差(ω, rad/s): $\omega_1=1,\ \omega_2=2,\ \omega_3=3,\ \omega_4=4,\ \omega_5=5$.

目标探测盲距(D, km): $D_1=1,\ D_2=2,\ D_3=3,\ D_4=4,\ D_5=5$.

比例引导系数(k): $k_1=1,\ k_2=2,\ k_3=3,\ k_4=4,\ k_5=5$.

导弹速度(v, km/s): $v_1=1,\ v_2=2,\ v_3=3,\ v_4=4,\ v_5=5$.

5.2.1 正交试验设计案例分析

全面试验则需要进行 78125 次，现利用正交表 $L_{25}(5^{11})$ 进行设计，表 5.12 为脱靶量 $L_{25}(5^{11})$ 试验方案.

(1) 将因子 T, α, β, ω, D, k, v 放在 $L_{25}(5^{11})$ 的 11 列的任选七列中，例如将 T 放在第一列，α 放在第二列，β 放在第三列，ω 放在第四列，D 放在第五列，k 放在第六列，v 放在第七列；

(2) 将 T, α, β, ω, D, k, v 对应的七列中的数值“1”“2”“3”“4”“5” 转换成具体

的水平, 如表 5.12 所示;

(3) 将 25 个试验方案安排如表 5.12 所示.

表 5.12　正交试验设计方案

试验号	T	α	β	ω	D	k	v	8	9	10	11
1	1	1	1	4	1	1	1	2	2	4	3
2	1	2	2	3	5	4	5	1	5	5	5
3	1	3	3	2	4	2	3	5	1	2	4
4	1	4	5	5	3	3	2	4	4	3	1
5	1	5	4	1	2	5	4	3	3	1	2
6	2	1	2	5	4	5	5	5	4	1	3
7	2	2	3	1	3	1	3	4	3	4	5
8	2	3	5	4	2	4	2	3	2	5	4
9	2	4	4	3	1	2	4	2	5	2	1
10	2	5	1	2	5	3	1	1	1	3	2
11	3	1	3	3	2	3	4	1	4	4	4
12	3	2	5	2	1	5	1	5	3	5	1
13	3	3	4	5	5	1	5	4	2	2	2
14	3	4	1	1	4	4	3	3	5	3	3
15	3	5	2	4	3	2	2	2	1	1	5
16	4	1	5	1	5	2	4	5	2	3	5
17	4	2	4	4	4	3	1	4	5	1	4
18	4	3	1	3	3	5	5	3	1	4	1
19	4	4	2	2	2	1	3	2	4	5	2
20	4	5	3	5	1	4	2	1	3	2	3
21	5	1	4	2	3	4	5	2	3	3	4
22	5	2	1	5	2	2	3	1	2	1	1
23	5	3	2	1	1	3	2	5	5	4	2
24	5	4	3	4	5	5	4	4	1	5	3
25	5	5	5	3	4	1	1	3	4	2	5

需要注意的是这 25 次试验的操作次序应当随机决定.

绘制表 5.13: 脱靶量试验结果与直观分析表.

表 5.13　脱靶量实验结果与直观分析表

试验号	T	α	β	ω	D	k	v	脱靶量 y
1	1	1	1	4	1	1	1	1.650863
2	1	2	2	3	5	4	5	2.870308
3	1	3	3	2	4	2	3	3.32467
4	1	4	5	5	3	3	2	3.772007
5	1	5	4	1	2	5	4	3.674957
6	2	1	2	5	4	5	5	3.166422
7	2	2	3	1	3	1	3	2.407155
8	2	3	5	4	2	4	2	4.112829
9	2	4	4	3	1	2	4	3.794800
10	2	5	1	2	5	3	1	3.530196
11	3	1	3	3	2	3	4	3.348748
12	3	2	5	2	1	5	1	3.591519
13	3	3	4	5	5	1	5	4.562390
14	3	4	1	1	4	4	3	2.988038
15	3	5	2	4	3	2	2	3.787131
16	4	1	5	1	5	2	4	3.413593
17	4	2	4	4	4	3	1	3.909969
18	4	3	1	3	3	5	5	4.051728
19	4	4	2	2	2	1	3	3.244948
20	4	5	3	5	1	4	2	4.445902
21	5	1	4	2	3	4	5	4.262784
22	5	2	1	5	2	2	3	3.164578
23	5	3	2	1	1	3	2	3.139333
24	5	4	3	4	5	5	4	4.326574
25	5	5	5	3	4	1	1	3.952599
T_1	1.529281	1.584241	1.538540	1.562307	1.662241	1.581795	1.663514	88.494062
T_2	1.701140	1.594353	1.620814	1.795412	1.754606	1.748478	1.925720	
T_3	1.827782	1.919096	1.785306	1.801818	1.828080	1.770025	1.512939	
T_4	1.906614	1.812636	2.020490	1.778736	1.734170	1.867986	1.855867	
T_5	1.884587	1.93907	1.884254	1.911130	1.870306	1.881120	1.891363	
m_1	0.30585	0.31684	0.307708	0.31246	0.332448	0.316359	0.332702	
m_2	0.340228	0.318870	0.324162	0.359082	0.350921	0.349695	0.385144	
m_3	0.365556	0.383819	0.357061	0.36036	0.365616	0.354005	0.302587	
m_4	0.381322	0.362527	0.404098	0.355747	0.346834	0.373597	0.371173	
m_5	0.376917	0.387815	0.376850	0.382226	0.37406	0.376224	0.378272	
R	0.075466	0.070967	0.096389	0.069764	0.041612	0.059864	0.082556	

5.2.1.1　直观分析

通过表 5.13 可以得到最佳水平组合为$T_1\alpha_1\beta_2\omega_4D_1k_1v_1$，与试验中第 1 号试验是相同的，通过表中$R$值可得各因子的主次关系为

$$\beta > v > T > \alpha > \omega > k > D$$

5.2.1.2　回归分析

对表 5.13 中 25 个点进行线性回归分析，由于在试验中，各因子间没有相互作用，故可以考虑简单的七元一次线性模型：

$$Y = \alpha_0 + \alpha_1 x_1 + \alpha_2 x_2 + \cdots + \alpha_7 x_7 + \varepsilon \tag{5.35}$$

对其进行线性拟合可得表 5.14.

表 5.14　回归模型方差分析表

	自由度	误差平方和	均方误差	F值
模型	7	8.620623	1.23152	12.1956
误差	17	1.716671	0.10098	
总和	24	10.337294		

通过对回归模型进行分析，得表 5.15，可知拟合函数 Y 与仿真模型拟合效果较好.

表 5.15　回归模型参数估计表

变量	估计值	标准误差	t比值	p值
截距	0.3910332	0.36097	1.08	0.2938
x_1	0.183217	0.04494	4.08	0.0008
x_2	0.2225856	0.047575	4.68	0.0002
x_3	0.228086	0.045133	5.05	0.0001
x_4	0.1386601	0.044952	3.08	0.0067
x_5	0.0421448	0.047575	0.89	0.3881
x_6	0.11157	0.046933	2.38	0.0295
x_7	0.123313	0.052045	2.37	0.0299

在显著性水平$\alpha = 0.05$的条件下，截距项和x_5未通过统计检验，因此拟合模型为

$$Y = 0.183217x_1+0.2225856x_2+0.228086x_3+0.1386601x_4 \\ +0.11157x_6+0.12313x_7$$

进一步分析简化后的拟合模型，得图 5.14.

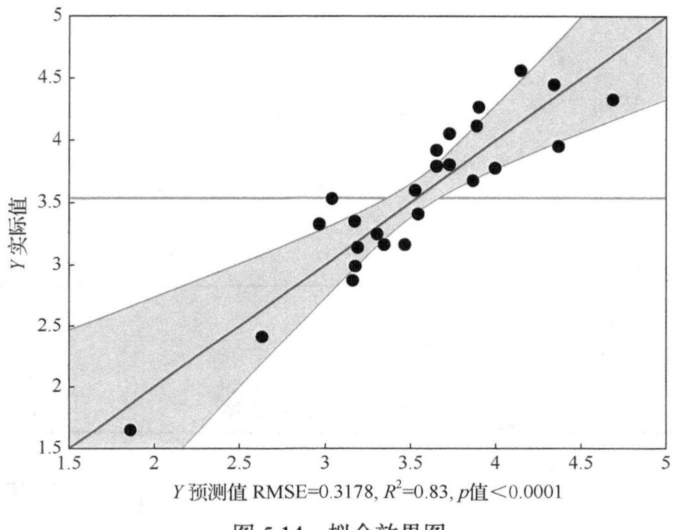

图 5.14　拟合效果图

其中均方根误差为 0.3178，拟合优度 $R^2=0.83\approx1$，且 $p<0.0001$ 可以认为该模型拟合效果较好.

5.2.2　均匀试验设计案例分析

针对脱靶量试验设计，影响脱靶量的因素有 7 个，选取水平数均为 5，在 5.2.1 节正交试验设计中至少需要 25 个样本点，而由 5.1 节可知均匀设计至少需要 7 个样本点，而在线性回归时回归函数中有 8 个未知参数，则至少需要 8 个样本点，通常均匀设计的试验次数为水平数的倍数，故只需要 10 个样本点即可进行均匀设计.

通过构造均匀设计表 $U_{10}(5^7)$ 得表 5.16.

表 5.16　均匀设计表

试验号	列号						
	1	2	3	4	5	6	7
1	1	2	5	3	2	1	2
2	1	3	4	5	4	1	3

续表

试验号	列号						
	1	2	3	4	5	6	7
3	2	5	3	2	1	2	5
4	2	1	2	5	3	2	1
5	3	2	1	2	5	3	2
6	3	4	5	4	1	3	4
7	4	5	4	1	3	4	5
8	4	1	3	4	5	4	1
9	5	3	2	1	2	5	3
10	5	4	1	3	4	5	4

利用$U_{10}(5^7)$进行均匀设计, 见表 5.17.

表 5.17 均匀设计方案

试验号	因素							脱靶量
	T	α	β	ω	D	k	v	
1	1	2	5	3	2	1	2	2.894514
2	1	3	4	5	4	1	3	3.197158
3	2	5	3	2	1	2	5	3.765579
4	2	1	2	5	3	2	1	2.912632
5	3	2	1	2	5	3	2	2.457553
6	3	4	5	4	1	3	4	4.319135
7	4	5	4	1	3	4	5	3.989538
8	4	1	3	4	5	4	1	3.644026
9	5	3	2	1	2	5	3	4.116086
10	5	4	1	3	4	5	4	3.700124

对脱靶量试验结果表中 10 个点进行线性回归分析. 由于试验中, 各因子间没有相互作用, 故可以考虑简单的七元一次线性模型:

$$Y = \beta_0 + \beta_1 x_1 + \beta_2 x_2 + \cdots + \beta_7 x_7 + \lambda \tag{5.36}$$

对其进行线性拟合可得表 5.18.

表 5.18　回归模型方差分析表

	自由度	误差平方和	均方误差	F值
模型	5	3.0667129	0.613343	10.0209
误差	4	0.2448263	0.061207	
总和	9	3.3115393		

通过表 5.19 可知拟合函数 Y 与仿真模型拟合效果较好.

表 5.19　回归模型参数估计表

项	估计值	标准误差	t 比值	p 值
截距	1.4719229	0.591952	2.49	0.0677
x_1	0.3804799	0.074133	5.13	0.0068
x_2	0.1371603	0.074133	1.85	0.1380
x_3	0.1701159	0.074133	2.29	0.0834
x_4	0.1432317	0.074133	1.93	0.1255
x_5	−0.155084	0.074133	−2.09	0.1046
x_6	0	0		
x_7	0	0		

由于样本点个数较少, 且依据经验保留因素的估计, 得到最终的拟合模型为

$$\begin{aligned} Y = & 0.3804799x_1+0.1371603x_2+0.1701159x_3+0.1432317x_4 \\ & -0.155084x_5+1.4719229 \end{aligned} \tag{5.37}$$

进一步绘图可得图 5.15.

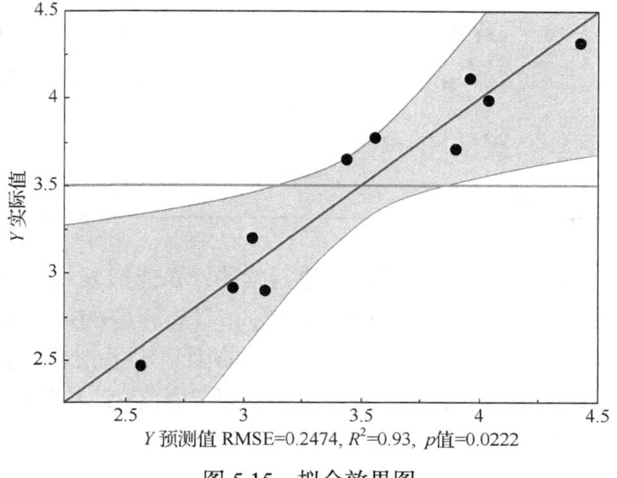

图 5.15　拟合效果图

均方根误差为 0.2474，$R^2 = 0.93 \approx 1$，$p < 0.05$ 可以认为拟合效果较好.

5.2.3 拉丁超立方设计案例分析

针对脱靶量试验设计，影响脱靶量的因素有 7 个，选取水平数均为 5，在 5.2.1 节和 5.2.2 节，正交试验设计中至少需要 25 个样本点，均匀设计需要 10 个样本点，对于 7 因素 5 水平的试验，一般来说，构造至少 8 次试验的拉丁超立方体设计就可以满足一般试验要求．在线性回归时回归函数中有 8 个未知参数，为了保证试验中各因素水平的均匀性，使用拉丁超立方体试验设计 10 个样本点.

首先根据试验因素数与所要求的试验次数构造一个 7 因素 10 水平的拉丁超立方体设计表，见表 5.20 所示.

表 5.20　7 因素 10 水平的拉丁超立方体设计

试验号	拉丁超立方体设计表						
	1	2	3	4	5	6	7
1	0.84	0.23	0.20	0.83	0.86	0.09	0.66
2	0.91	0.80	0.08	0.45	0.40	0.16	0.20
3	0.10	0.09	0.69	0.66	0.78	0.35	0.97
4	0.44	0.41	0.48	0.01	0.12	0.86	0.33
5	0.66	0.11	0.13	0.16	0.66	0.63	0.56
6	0.04	0.79	0.53	0.27	0.41	0.54	0.82
7	0.52	0.61	0.99	0.78	0.99	0.41	0.44
8	0.25	0.90	0.75	0.34	0.55	0.78	0.08
9	0.34	0.39	0.30	0.97	0.04	0.95	0.27
10	0.71	0.52	0.88	0.53	0.24	0.28	0.70

将拉丁超立方体设计表中任意两列进行投影，如选择表 5.20 的第一列和第二列投影可得分布，如图 5.16 所示，可看出其分布具有很好的一维投影均匀性.

根据构造的拉丁超立方体设计表，将对应的因素水平根据取值范围大小等分为 5 个区间，转换为水平编号从 1～5，得到最终 7 因素 5 水平的设计，见表 5.21 所示.

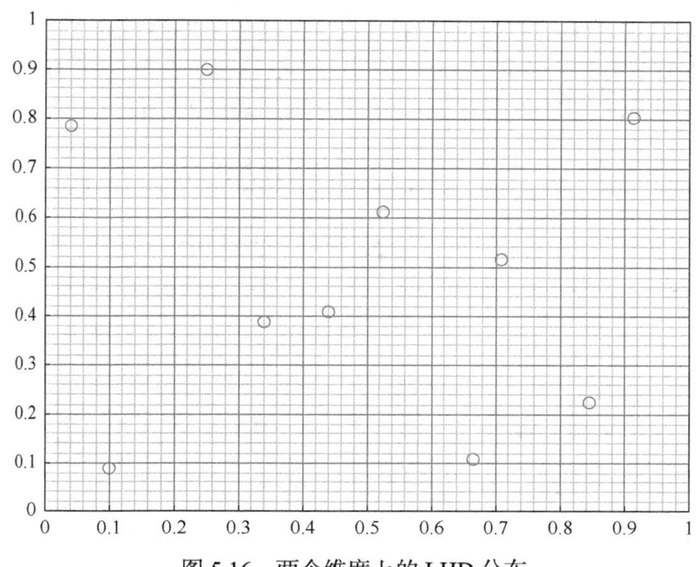

图 5.16　两个维度上的 LHD 分布

表 5.21　7 因素 5 水平的拉丁超立方体设计

试验号	因素						
	T	α	β	ω	D	k	v
1	5	2	2	5	5	1	4
2	5	5	1	3	2	1	1
3	1	1	4	4	4	2	5
4	3	3	3	1	1	5	2
5	4	1	1	1	4	4	3
6	1	4	3	2	3	3	5
7	3	4	5	4	5	3	3
8	2	5	4	2	3	4	1
9	2	2	2	5	1	5	2
10	4	3	5	3	2	2	4

5.2.4　最优回归设计案例分析

最优回归设计一般在物理机理比较明晰的情况下采用，即已知模型的形式为

$$Y_3 = \omega_0 + \omega_1 x_1 + \omega_2 x_2 + \cdots + \omega_7 x_7 + \eta x_5 x_6 \tag{5.38}$$

的七元二次线性模型.

脱靶量试验中影响脱靶量的因素有七个，取各个因素的水平数均为 5，方便计算，由已知模型可知至少需要 8 个样本点，根据 5.1.2 节连续 D-最优设计的理论方法，可得到该试验的 D-最优回归设计方案如表 5.22 所示.

表 5.22　最优设计试验方案

试验号	因素							脱靶量
	T	α	β	ω	D	k	v	
1	5	1	1	1	1	1	5	3.138927
2	5	5	5	5	1	1	1	4.160488
3	1	1	1	1	5	1	1	1.508488
4	1	5	1	1	1	5	5	2.643609
5	1	5	1	5	5	1	5	3.664868
6	1	1	5	5	1	1	5	2.954582
7	1	1	5	5	1	5	1	3.409271
8	5	5	5	1	5	5	5	4.601045

由于已知模型类型，仅需估计模型参数，得到待估模型为

$$\begin{aligned}Y = {}&0.2741364x_1+0.1203385x_2+0.0789949x_3+0.2374066x_4\\&+0.0478765x_5+0.1183196x_6+0.0929986x_7\\&+0.0147252x_5x_6+0.3321861\end{aligned}\tag{5.39}$$

表 5.23 中，由于 $R^2=1$，则可以判断回归方程与真实模型接近一致.

表 5.23　回归模型拟合汇总表

R^2	1
调整 R^2	—
均方根误差	—
响应均值	3.386802
参数个数	9

进一步分析简化后的拟合模型，得图 5.17.

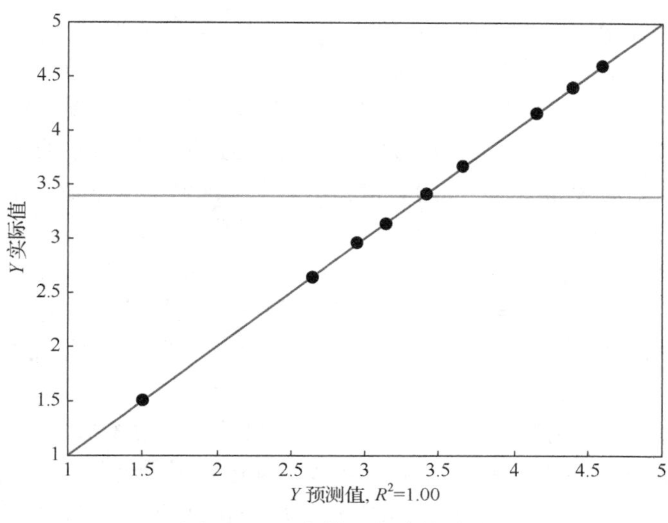

图 5.17　回归模型拟合效果图

从上图可知: 最优设计由于已知模型类型, 所需样本点数较少, 且估计模型的精度非常高.

通过使用三种方法对同一模型的具体试验可得到以下结论:

首先三种方法所得到的回归方程均通过了 F 检验, 证明回归方程模型适用于估计真实模型, 三种试验中 $R_D^2 > R_{均}^2 > R_{正}^2$, 可决系数越大则模型拟合度越好, 当模型已知的情况下应当首选 D-最优设计, 若真实模型是已知的, 那么最优设计是最好的设计, 但当真实模型选错时, 最优设计不够稳健.

正交试验设计、均匀试验设计和拉丁超立方设计都不需要已知模型.

正交设计具有均匀分散、整齐可比的性质, 通过正交设计直观分析表, 可以直接得出试验因素的主次关系, 但均匀设计无法做到这一点, 只能通过对回归模型中变量的选择进行估计, 从而得到主效应和交互关系.

由于正交设计的试验次数取决于最高水平数的平方次, 所以只适用于水平数不高的设计, 而均匀设计的试验次数下限为水平数和因素数中较大的一项, 故均匀设计更适用于多因素多水平的试验.

5.3　小　　结

本章重点针对装备试验单个阶段下初始的探索性试验设计方法进行研究. 试验设计关注的是试验样本量确定和试验方案设计两部分. 在样本量确定方面, 从最终的需求出发, 分别给出了置信区间精度、两类风险、联合要求, 以及 Bayes

试验损失 4 种需求下的最小样本量给定方法，并重点针对服从正态分布和二项分布两种类型的性能指标样本量分别进行了研究.

给出了无任何先验信息下的正交设计、均匀设计、拉丁超立方设计方法，以及有先验模型下的最优设计方法. 从设计表的构造原理以及仿真案例结果来看，正交设计适用于对装备试验性能指标的影响因素较少、水平数选取较少的情况，因为其试验次数随影响因素和水平数的增长呈指数型上升；均匀设计和拉丁方设计比较适用于装备试验性能指标的影响因素较多、水平数也选取较多的情况，且能够保证设计方案在整个样本空间的相对均匀性，不会出现样本点过度集中的现象，对探索性试验设计而言，在不知道任何试验规律的前提下，显然是比较适用的，且均匀设计稳健性好.

在有先验模型的情况下，试验设计方案的目的是通过构造一定的准则来尽可能有效合理地估计准确模型中的未知参数，因此采用最优设计理所当然. 但是，这种试验设计方案的构造，其前提是该先验模型精准，仅需要估计模型中的未知参数. 如果是针对装备试验性能指标中发现了一定效应机理，但是模型并不十分精准的情形，则可以结合正交、均匀、拉丁超立方设计方法得到的试验数据，结合后续 6.2 节研究内容，构建高斯过程代理模型，在精度未达到要求或最优值不理想的情况下采用适应性序贯设计方法.

此外，针对装备试验中，往往定性定量因素并存，且试验区域不规则、存在约束的情况，提出了不规则区域内广义分片均匀设计(FSUDIR)方法. 首先，同时考虑 FSUDIR 每分片子设计的均匀性和含定性定量因素整体设计的均匀性，定义了将整体设计均匀性与各片子设计均匀性以加权形式整合的组合均匀性度量准则 M_c，弥补了常见均匀性偏差无法很好度量 FSUDIR 均匀性的缺陷. 然后对两种在离散不规则区域内生成均匀设计的方法进行了改造，提出分别用分片离散粒子群优化(S-DPSO)和基于离散逆 Rosenblatt 变换(IRT-D)方法来生成 FSUDIR. 与传统设计方法相比，FSUDIR 不再受限于只能在单片不规则区域内或者多片规则区域内生成均匀设计，而是能同时实现多片不规则区域内的均匀分布和整个大设计空间内的均匀分布. 通过数值仿真，证明了不规则区域广义分片均匀设计的方法在多种分片不规则区域和设计点个数的设置下，采样效果都远优于随机采样. 其中分片 DPSO 的采样效果最好，而且具有很好的稳健性，因此，若不考虑时间成本，推荐使用分片 DPSO 算法；如果考虑时间成本，IRT-D 也不失为不错的选择. 通过分片 DPSO 在集群装备性能中的一个算例分析，说明该方法在实际应用中是有效可行的.

5.4 延展阅读——拉丁方的发展

正交表的学名叫正交阵列，正交拉丁方和 Hadamard 是其前身，它是根据均衡分布的思想, 运用组合数学理论构造的一种数学表格.

18 世纪的欧洲, 普鲁士的弗里德里希 · 威廉二世要举行一次与往常不同的 6 列方队的阅兵式, 要求每个方队的行和列都要由 6 种部队的 6 种军官组成, 不得有重复和空缺, 这样在每个方队中, 士兵、军官在行和列中全部排列均衡. 群臣们冥思苦想, 竟无一人能排出这种方队, 后来人们就向著名的数学家欧拉请教. 欧拉发现这是一个不可能完成的任务, 欧拉猜测在 n 为 2,6,10,14,18,$\cdots$ 时, 正交拉丁方阵不存在. 然而到了 20 世纪 60 年代, 人们利用计算机构造出了 n=10 的正交拉丁方阵, 推翻了欧拉的猜测. 现在已经知道, 除了 $n=2,6$ 以外, 其余的正交拉丁方阵都存在, 而且有多种构造方法. $n=2,6$ 时的正交拉丁方阵构造问题于 1901 年被 Gaston Tarry 证明为无解.

针对多精度试验问题, 有学者提出了处理多精度试验的嵌套拉丁超立方体设计(nested Latin hypercube designs, NLHD)[187], 嵌套拉丁超立方体设计保证每层设计均达到最优一维均匀性.

对于试验中存在定性定量因素的问题, 许多学者从设计和建模两方面给出了大量研究成果. 从拉丁超立方体的定义出发提出了分片拉丁超立方体设计. 分片拉丁超立方体设计的每片和整体设计均达到最优一维均匀性. 分片拉丁超立方体设计广泛应用于分批次试验、定性因素存在的试验、模型交叉验证、多源试验等. 在分批次试验中, 每片设计矩阵对应每一批次试验, 独立分析各批次试验时, 其设计矩阵有最优的一维均匀性和良好的抽样性质; 当整体设计矩阵时, 其设计矩阵同样具有最优的一维均匀性和良好的抽样性质. 例如, 利用多台设备同时处理数据时, 分片拉丁超立方体与拉丁超立方体设计有同样的均匀性, 若某台或某几台设备故障无法得到数据时, 根据分片拉丁超立方体设计的余下数据仍旧有一定的均匀性, 而拉丁超立方体设计的均匀性可能会很差. 定性因素存在时, 每片设计矩阵对应每类定性因素组合, 使得每类定性因素组合的设计点和整体的设计点都有最优的一维均匀性和良好的抽样性质. 利用分片设计的一部分数据进行模型建立, 一部分进行模型的验证.

结合灵活的序贯设计的需求, 文献[178]给出了序贯拉丁超立方体设计的概念. 由于拉丁超立方体特殊的一维投影均匀性, 并非每个拉丁超立方体设计均可作为序贯设计的初始设计. 序贯拉丁超立方体初始设计易于完成, 目前能构造三阶段序贯设计, 初始设计为拉丁超立方体设计, 后续设计满足一定的空间填充性质, 该设计的整体也为拉丁超立方体设计.

第 6 章　单阶段适应性序贯试验设计

基于第 5 章选取合适的探索性设计方法在装备单阶段试验中实施并得到试验数据后，可直接采用第 3 章“单阶段试验适应性评估”中的方法对试验指标开展评估. 在单阶段初始探索性试验方案得到的数据评估结果可能会遇到评估精度不满足要求、试验结论不充分、初始试验无法得到显著的响应模型或响应模型过于复杂等情况. 因此，为了通过适应性序贯设计的方法达到节约试验成本的目的，需要在初始探索性试验设计的基础上序贯增加试验样本点解决上述问题. 本章主要研究的就是装备单阶段序贯试验中如何迭代选取样本点的问题.

本章序贯设计的适应性主要体现在两个方面：一是针对不同的评估目标，如参数估计、假设检验或构建模型，分别提出了适用于无模型下的序贯均匀设计和适用于构建高斯过程模型的序贯设计方法；二是在基于高斯过程模型的序贯设计方法中，根据构建模型是为了使模型更为精确，或是为了更快获得最优解，需要构建不同的设计准则进行自适应序贯优化选点.

6.1　无模型的序贯均匀适应性设计

在没有先验机理模型的基础上，若初始试验数据不足以描述因素和响应之间的关系，则需要在原试验区域上序贯添加一些试验点. 本节讨论此种情况下的适应性设计方法，主要采用序贯均匀设计的思路.

6.1.1　水平数不变的行扩充均匀设计

做完试验获取数据后，若发现其数据不足以描述因素和响应之间的关系，则需要在原试验区域上添加一些试验点，称之为行扩充均匀设计[188]. 特别地，若在序贯试验过程中，每一个因素的水平数都保持不变，则称之为水平数不变的行扩充设计. 在实际应用中，二三水平的因素较为常见. 此处，我们以二三水平的行扩充设计方案为例来诠释整个研究过程. 若实际试验选取了高水平设计，则也进行类似推广.

首先，我们考虑初始设计 $U_0 \in U(n, 2^{s_1}3^{s_2})$，即 U_0 为 n 个试验次数，s_1 个 2 水平的因素、s_2 个 3 水平的因素的 U 型设计，$s = s_1 + s_2$. 根据 U 型设计的要求，

若 s_1，$s_2 \geqslant 1$，则 n 是 6 的倍数. 基于初始设计 U_0，若追加试验 $U_1 \in U(n_1, 2^{s_1}3^{s_2})$，则

$$U_r = \begin{pmatrix} U_0 \\ U_1 \end{pmatrix}$$

是一个 U 型行扩充设计. 满足 U 型设计的要求是为了使得设计的均匀性更好. 不妨记所有的行扩充设计为 $R(n+n_1, 2^{s_1}3^{s_2})$. 在选定的均匀性度量准则下，我们要求初始设计 U_0 是一个均匀设计. 由于 U_1 也是一个 U 型设计，则 $R(n+n_1, 2^{s_1}3^{s_2})$ 也是 U 型设计的集合. 设 U_r^* 是 $R(n+n_1, 2^{s_1}3^{s_2})$ 中具有最小偏差的设计，则 U_r^* 是一个二三混合水平的行扩充均匀设计. 当 $s_1 = 0$ 时，U_r^* 变成一个三水平的行扩充均匀设计；当 $s_2 = 0$ 时，U_r^* 变成一个二水平的行扩充均匀设计. 综上，根据二三水平的行扩充设计结构，可以将构造水平数不变的二三水平行扩充均匀设计 U_r^* 的思路概括为如下两个步骤.

(1) 寻找一个初始均匀设计 $U_0 \in U(n, 2^{s_1}3^{s_2})$.

(2) 搜索追加试验 $U_1 \in U(n, 2^{s_1}3^{s_2})$，使整个设计 $U_r^* = \left(U_0^{\mathrm{T}}, U_1^{\mathrm{T}}\right)^{\mathrm{T}}$ 的偏差值达到最小.

在(2)中，可以使用门限接受法作为搜索方法. 对应地，可以写出使用门限接受法来构造二三水平的行扩充均匀设计的算法(算法 6.1).

算法 6.1

输入　初始均匀设计 $U_0 \in U(n, 2^{s_1}3^{s_2})$ 和追加试验次数 n_1
初始化内外循环迭代次数 I, J 和门限值 T_i, $i=1,2,\cdots,I$
产生一个 U 型设计 $U_1 \in U(n_1, 2^{s_1}3^{s_2})$，记 $U_r = (U^{\mathrm{T}}, U_1^{\mathrm{T}})^{\mathrm{T}}$
for $i=1: I$
　for $j=1: J$
　　if WD (U_r) =LBW，结束；否则
　　　产生 $U_{1\text{new}} \in N(U_1)$ 得到 $U_{r\text{new}} = (U_0^{\mathrm{T}}, U_{1\text{new}}^{\mathrm{T}})^{\mathrm{T}}$
　　　if WD$(U_{r\text{new}})$ − WD$(U_r) \leqslant T_i$
　　　　更新 $U_r = U_{r\text{new}}$，$U_1 = U_{1\text{new}}$
　　　end if
　　end if
　end for
end for
输出：$U_r^* = U_r$

在算法 6.1 的第 2 行中，我们可选择 $I \in [10,100], J \in [104,105]$，阈值 $T_1 > T_2 > \cdots > T_I = 0$. 阈值 $T_i > 0$ 是指为了避免陷入局部最优，也接受了一些比当前设计更差的邻域设计，并且阈值变小，可以防止算法陷入无限循环. 起始 U 型设计 U_1 可以随机生成，例如，U_1 的每一列是一个随机排列 $\{0,\cdots,0,1,\cdots,1\}$ 或 $\{0,\cdots,0,1,\cdots,1,2,\cdots,2\}$，分别表示二级因子和三级因子. 在第 6 行中，偏差的下界 LBW 是设计 U_r 的基准，当 U_r 达到下界时，算法停止. 在第 7 行中，$U_{1\text{new}}$ 是从 U_1 的邻域中随机选取的，U_1 的邻域是通过交换 U_1 的随机列中随机选取的两个元素得到的.

6.1.2 水平数增加的行扩充均匀设计

在实际应用中，一些具有高精度样本量约束的序贯试验往往要求因素的水平数逐步地增加，以对应地提高模型的精度或进行高低精度的试验数据分析. 这就需要将在高低精度试验中常用的嵌套设计方案进行类似推广，如: 在某均匀性度量准则的意义下，在后一阶段的追加试验 D_1 中增加指定的水平数，使得设计整体的均匀性度量尽可能地表现良好; 并用前一阶段中低水平设计 D_l 来进行高精度试验，用后一阶段中高水平设计 D_h 来进行快速且低成本的低精度试验，而将后一阶段结束后所得的设计整体 $D = \left(D_0^{\mathrm{T}}, D_1^{\mathrm{T}}\right)^{\mathrm{T}}$ 用于建模和分析.

通过研究发现，将好格子点集中的所有试验点都加上一个同样的向量所得到的新设计，相当于是将原设计按照此向量的方向进行平移，将此向量称为**方向向量**. 当方向向量选择比较恰当时，可以使得平移后计点与原有的设计点都在试验区域上分布均匀. 自然地，可以想到: 在给定初始的好格子点设计的基础上，每一个序贯试验阶段都选择一个合适的方向向量 v，将试验区域上已有的设计点加上此方向向量得到的新的设计点集作为该序贯试验阶段添加的设计点. 这就产生了一个新的问题: 方向向量 v 应当如何选取?

实际上，若在每一个序贯试验阶段都强制地选择同一个方向向量来平移已有的试验点，那么自然地，在经历多轮序贯试验的逐步加点之后所得到的设计整体在试验区域上的分布一定不会十分均匀. 因此，每个序贯试验阶段使用的方向向量 v 都应根据当前区域上试验点的分布情况来进行选择.

图 6.1 中空心圆点表示初始设计 D_0 (包含 64 个试验点的好格子点集)，实心点表示第一个序贯试验阶段中新添加的试验点，星点表示第二个序贯试验阶段中新添加的试验点. 图 6.1 在每一个序贯试验阶段使用了不同的方向向量对试验区域上现存的试验点进行平移，最终得到的设计在试验区域上的分布是较为均匀的.

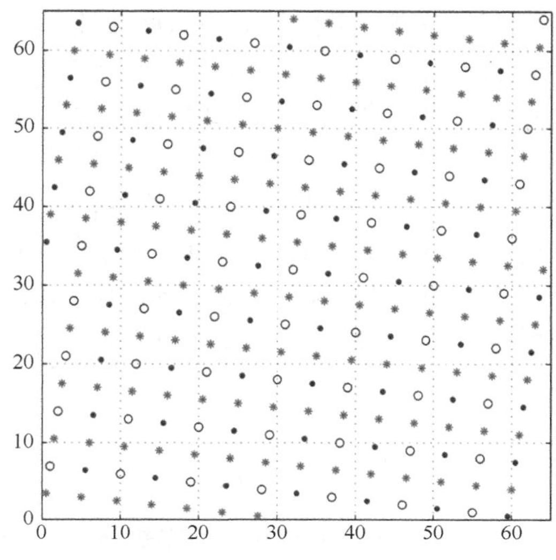

图 6.1　使用不同的方向向量平移所得的设计

实际上，对于任意给定的 s 维初始好格子点设计，一般都可以找到 s 个不同的方向向量，使得在每一轮序贯试验加点过程中，现有的试验点集往一个合适的方向进行平移，从而保证最终所得的设计具有良好的均匀性.

6.1.3　因素数增加的列扩充试验设计

在实际应用中，试验因素个数可能很多，其中有些因素可能是重要的，有些不重要. 一个自然的处理方式是先筛选出部分重要因素，根据筛选出的重要因素再进行设计. 有些情形下，筛选过程中可能把部分重要因素遗漏掉. 因此，在后续追加试验中需要把这些遗漏的重要因素重新考虑在其中，即：考虑在序贯试验中增加因素个数的情形，将这种试验设计称为列扩充设计[189]. 不失一般性，设共考虑 $m+s$ 个因素 $\{x_1,\cdots,x_m,x_{m+1},\cdots,x_{m+s}\}$. 在第一阶段的试验中，可能认为后 s 个因素 $\{x_{m+1},\cdots,x_{m+s}\}$ 不重要，因此在初始试验阶段，只考虑前 m 个因素 $\{x_1,\cdots,x_m\}$，且将后 s 个因素固定到某个特定的水平. 根据初始试验的数据分析结果，可能会发现这 m 个因素不足以用于刻画因素与响应之间的关系. 因此，在追加试验中，不仅需要考虑增加试验点数，还需要将忽略的这 s 个因素也考虑进去. 由于列扩充试验设计的复杂性，目前只考虑水平数不变的序贯试验设计方案；水平数逐步增加的列扩充试验设计的研究是十分具有挑战性的. 由于二三混合水平的情形较为常见，下面仅考虑这种情形下的列扩充设计，其他情形也可以类似地讨论.

设初始阶段系统中共有 $m(=m_1+m_2)$ 个因子，其中前 m_1 个因子是二水平的，

后 m_2 个因子是三水平的. 在序贯试验阶段中, 根据实际情况, 如果考虑添加 n_1 个试验点和 s 个二三混合水平因子, 其中有 s_1 个二水平因子和 s_2 个三水平因子. 为便于表述, 称初始阶段考虑的 m 个因子为初始因子, 序贯试验阶段添加的这 s 个因子为添加因子. 在初始试验阶段, 添加因子会被固定在某个定值. 由于二三水平因子的水平置换不影响其可卷偏差值, 不失一般性, 可以假设在初始的 n 次试验中, 因素 $\{x_{m+1},\cdots,x_{m+s}\}$ 的水平全为 0. 记 $D(n,2^{s_1}3^{s_2})$ 表示前 s_1 个因子的水平取值为 0 和 1, 后 s_2 个因子的水平取值为 0, 1 和 2 的设计全体, 其没有要求是 U 型设计. 下面给出二三混合水平因子的列扩充设计的定义.

定义 6.1 称设计

$$U_c=\begin{pmatrix} U_0 & \mathbf{0}_{n\times s} \\ U_1 & D_1 \end{pmatrix} \tag{6.1}$$

为二三混合水平因子的列扩充设计, 其中 $\mathbf{0}_{n\times s}$ 为零矩阵, $U_0\in U(n,2^{m_1}3^{m_2})$ 为初始阶段中初始因子的设计, $U_1\in U(n_1,2^{m_1}3^{m_2})$ 为序贯阶段中初始因子的设计, 以及 $D_1\in D(n,2^{s_1}3^{s_2})$ 为序贯阶段中添加因子的设计. 记所有二三混合水平因子的列扩充设计为 $C(n+n_1,2^{m_1}3^{m_2}\cdot 2^{s_1}3^{s_2})$.

在二三混合水平因子的列扩充设计中, 由于 U_1 也是 U 型设计, 则当 m_1, $m_2\geqslant 1$ 时, n_1 至少是 6 的倍数. 从均匀性的角度考虑, 往往希望整个二三混合水平因子的列扩充设计 U_c 也是一个 U 型设计, 则要求 $\begin{pmatrix} \mathbf{0}_{n\times s} \\ D_1 \end{pmatrix}$ 也构成一个 U 型设计, 此时 n_1 的次数可能比 n 还要大. 在实际中, 往往 $s_1=0$ 或者 $s_2=0$, 即设计全体退化为 $C(n+n_1,2^{m_1}3^{m_2}\cdot 2^{s})$ 或 $C(n+n_1,2^{m_1}3^{m_2}\cdot 3^{s})$. 进一步地, 若 $m_1=0$, $s_1=0$, 则变为三水平列扩充设计; 若 $m_2=0$, $s_2=0$, 则变为二水平列扩充设计.

从二三混合水平因子的列扩充设计的定义知, 安排第二阶段的追加试后验, 整个试验系统里包含 $m+s$ 个因素, 其中前 m 个是二三混合水平, 后 s 个也是二三混合水平. 由于初始的 n 次试验将 $\{x_{m+1},\cdots,x_{m+s}\}$ 固定为 0, 因此初始设计 U_0 对应的响应值也就是列扩充设计 U_c 的前 n 行 $(U_0\ \ \mathbf{0}_{n\times s})$ 对应的响应值. 若考虑用均匀性准则来选择最佳的列扩充设计, 则可得列扩充均匀设计. 具体定义如下所示:

定义 6.2 在某指定的偏差 F 准则下, 若 $U_c^*=\begin{pmatrix} U_0 & \mathbf{0}_{n\times s} \\ U_1 & D_1 \end{pmatrix}\in C(n+n_1,2^{m_1}3^{m_2}\cdot 2^{s_1}3^{s_2})$ 满足 $F(U_c^*)\leqslant F(U_c)$, 对任意的列扩充设计 $U_c\in C(n+n_1,2^{m_1}3^{m_2}\cdot 2^{s_1}3^{s_2})$ 成立, 则称 U_c^* 为二三混合水平的列扩充均匀设计.

构造列扩充均匀设计 U_c^* 的思路与门限接受法类似, 这里不再赘述.

6.1.4 仿真案例

6.1.4.1 行扩充均匀设计

针对脱靶量试验设计, 其中影响脱靶量的因素有 10 个, 选取水平数均为 3, 由 L_2 星偏差可得到 10 个均匀设计点, 设计表如下:

$$d_0^* = \begin{pmatrix} 2 & 2 & 2 & 2 & 2 & 2 & 2 & 2 & 2 & 2 \\ 2 & 2 & 0 & 0 & 0 & 0 & 0 & 0 & 0 & 0 \\ 0 & 0 & 2 & 2 & 0 & 1 & 0 & 1 & 1 & 1 \\ 1 & 1 & 0 & 1 & 2 & 2 & 1 & 1 & 0 & 1 \\ 0 & 1 & 1 & 1 & 1 & 0 & 2 & 2 & 1 & 0 \\ 1 & 0 & 1 & 0 & 1 & 1 & 1 & 0 & 2 & 2 \end{pmatrix}$$

为了提高评估精度, 考虑补充 $n_1 = 3$ 和 $n_1 = 6$ 个均匀设计点.

由于没有精确响应模型, 可以使用序贯均匀设计以保证试验的稳健性. 序贯均匀设计的思想是在原设计的基础上进一步在试验空间中均匀的补充试验点, 使得序贯设计与原设计的总体偏差较小. 在算法中设 $I = 30, J = 104$. 对于阈值 T_i, 我们在 U_r 的邻域随机得到 K 个设计, 即 $U_{r\text{new},1}, \cdots, U_{r\text{new},K}$, 并计算 K 个差值 $\Delta \text{WD}_i = \text{WD}(U_{r\text{new},i}) - \text{WD}(U_r), i = 1, \cdots, K$. 用大于 0 的差值 ΔWD 的经验分布表示 W. 可以选择阈值 T_1 作为 W 的 t 百分位数, 这意味着为了避免陷入局部最优, 可以接受一些偏差稍高的设计. 对于 T_i, 我们选择 $t = 5$. 设 $T_i = \dfrac{I-i}{I-1} \times T_1, i = 1, \cdots, I$. 在每种情况下, 重复该算法 50 次, 选择最优的结果. 使用门限接受法构造的行扩充均匀设计算法得到序贯均匀设计点, 如表 6.1.

表 6.1　序贯均匀设计点及其偏差情况

n_1	d_1^*	$\text{WD}(d_r^*)$	$\text{LBW}_{1:2}$
3	$\begin{pmatrix} 2 & 0 & 0 & 1 & 1 & 1 & 0 & 2 & 0 & 2 \\ 0 & 1 & 2 & 0 & 0 & 2 & 2 & 0 & 2 & 1 \\ 1 & 2 & 1 & 2 & 2 & 0 & 1 & 1 & 1 & 0 \end{pmatrix}$	4.2566	4.2566
6	$\begin{pmatrix} 1 & 1 & 2 & 0 & 2 & 0 & 0 & 1 & 2 & 0 \\ 2 & 1 & 1 & 2 & 0 & 1 & 2 & 1 & 0 & 2 \\ 0 & 0 & 0 & 1 & 0 & 0 & 1 & 2 & 2 & 2 \\ 0 & 2 & 2 & 2 & 1 & 2 & 1 & 0 & 0 & 0 \\ 2 & 0 & 1 & 1 & 2 & 2 & 0 & 0 & 1 & 1 \\ 1 & 2 & 0 & 0 & 1 & 1 & 2 & 2 & 1 & 1 \end{pmatrix}$	3.6388	3.6388

6.1.4.2　列扩充均匀设计

针对脱靶量试验设计，其中影响脱靶量的因素有 10 个，选取水平数均为 3，由 WD 偏差可得到 6 个均匀设计点 $d_0^* \in u(6;3^{10})$，设计表如下：

$$d_0^* = \begin{pmatrix} 0 & 1 & 0 & 1 & 0 & 1 & 0 & 0 & 2 & 2 \\ 1 & 0 & 1 & 0 & 0 & 0 & 0 & 1 & 0 & 0 \\ 1 & 0 & 0 & 1 & 1 & 2 & 1 & 2 & 1 & 1 \\ 2 & 1 & 1 & 2 & 2 & 1 & 2 & 1 & 1 & 1 \\ 0 & 2 & 2 & 2 & 1 & 0 & 2 & 2 & 2 & 0 \\ 2 & 2 & 2 & 0 & 2 & 2 & 1 & 0 & 0 & 2 \end{pmatrix}$$

现考虑增加 r 个因素，根据列扩充均匀设计的构造算法可以得到 $C(n+n_1;3^{10}\cdot 3^r)$ 序贯均匀设计点如表 6.2.

表 6.2　序贯均匀设计点

$D_3^* \in C_3(6+6;3^{10}\cdot 3^1)$		$D_3^* \in C_3(6+6;3^{10}\cdot 3^2)$		$D_3^* \in C_3(6+6;3^{10}\cdot 3^3)$		$D_3^* \in C_3(6+6;3^{10}\cdot 3^4)$	
d_0^*	$0_{6\times1}$	d_0^*	$0_{6\times2}$	d_0^*	$0_{6\times3}$	d_0^*	$0_{6\times4}$
1120111120	2	1202112102	11	1122110001	121	0202020101	2222
2102001201	1	0110021210	11	0200022111	122	1120211220	2122
0201222100	1	2120110201	22	2100201220	111	2111121120	1211
2021200212	2	0021200112	12	2211100212	222	1221012001	1111
0210110011	1	1211022021	22	0021211100	212	0010102012	1222
1012022022	2	2002201020	21	1012022022	211	2002200212	2111

列扩充均匀设计的偏差情况如表 6.3.

表 6.3　列扩充均匀设计偏差表

n_1	r	LBW_3	$\mathrm{WD}(D_3^*)$	f_3
6	1	5.7673	5.7673	1
6	2	9.1444	9.1444	1
6	3	14.5244	14.5244	1
6	4	23.048	23.0480	1

由上表可知列扩充设计都是均匀设计.

6.2　基于高斯过程模型的适应性序贯设计

基于模型的适应性设计采用代理模型(surrogate model)来近似原系统，进而根据当前模型和适应性设计准则确定下一步试验点，并将新的试验点信息扩增到当前样本集中，实现对代理模型的动态更新，在迭代过程中完成对试验点的高效选取. 与其他代理模型相比，高斯过程(Gussian process, GP)模型能够直接给出未采样处预测的均值和方差，是适应性设计中广泛采用的基本模型，本节主要介绍基于高斯过程模型的适应性设计方法. 其流程可归纳如下:

(1) 确定初始高可信度样本集 $\mathcal{D}_h=\{X_h,Y_h\}$；

(2) 在 $\mathcal{D}_h$ 上确定最优响应值 y^* 及其对应的自变量 x^*；

(3) 根据样本集 $\mathcal{D}_h$ 训练得到一个高斯过程回归模型 $\mathcal{GP}$；

(4) 依次取 $t=1, 2, \cdots$，执行下列循环;

(5) 根据采集函数 $\alpha(x|\mathcal{GP})$ 找到进行第 t 次试验的自变量 x_t；

(6) 在自变量 x_t 处进行仿真试验，得到其响应值 y_t，并将其加入 $\mathcal{D}_h$；

(7) 如果 y_t 优于 y^*，则 $y^*\leftarrow y_t, x^*\leftarrow x_t$；

(8) 结束.

这类方法的优势主要体现在三个方面: ①代理模型的建立为未知试验点处的响应提供了预测，可一定程度上代替试验与仿真结果，为试验设计提供参考，显著降低了总体的试验成本；②充分利用了已有样本的信息，根据适应性设计准则引入的习得函数可在“勘探-开发”中取得平衡，可快速高效地对下一步试验提供指导；③随着新的样本点的加入，代理模型可动态更新，从而更加贴近原系统的模型.

6.2.1 高斯过程模型

在试验中，给定 n 组试验点 $X=\{x_1,\cdots,x_n\}$，将观测结果记为 $Y=\{y_1,\cdots,y_n\}$. 假定装备系统的原函数 $f(x)$ 是一个高斯过程，则从 $f(x)$ 中提取的任何有限样本都服从联合高斯分布. 因此, X, Y 之间的关系可表示为

$$Y\sim N(m(X),K+\sigma_n^2 I) \tag{6.2}$$

其中 $m(X)=\{m(X_1),\cdots,m(X_n)\}$ 是均值向量，$K\in\mathbb{R}^{n\times n}$ 是协方差矩阵. σ_n^2 是由观测或模拟引起的高斯误差，即 $y_i=f(x_i)+\sigma_i$. 矩阵 K 的元素 $k_i, j, \forall i, j\in 1, \cdots, n$ 可以视为取自一个核函数 $k(x_i, x_j)$，它必须是对称正定的.

将一个新的试验点表示为 x_*，其预测响应值为 y_*，则 y_*与 Y 服从下式中定义的联合高斯分布

$$\begin{pmatrix} y_* \\ Y \end{pmatrix}\sim N\left(\begin{pmatrix} m(x_*) \\ m(X) \end{pmatrix},\begin{pmatrix} k(x_*,x_*)+\sigma_n^2 I & k(x_*,X) \\ k(X,x_*) & K+\sigma_n^2 I \end{pmatrix}\right) \tag{6.3}$$

因此，在给定 X, Y 的情况下, y_*的条件分布为

$$\begin{cases} y_* \sim N(\mu(x_*), \sigma^2(x_*)), \\ \mu(x_*) = m(x_*) + k(x_*, X)K_N^{-1}(Y - m(X)), \\ \sigma^2(x_*) = k(x_*, x_*) - k(x_*, X)K_N^{-1}k(X, x_*) \end{cases} \tag{6.4}$$

可以看出，一个高斯过程为一个均值函数和协方差函数唯一的定义. 核函数是一个高斯过程的核心，决定了一个高斯过程的性质. 核函数在高斯过程中通过生成一个协方差矩阵来衡量任意两个点之间的“距离”，不同的核函数有不同的衡量方法，得到的高斯过程的性质也不一样. 例如，最常用的一个核函数为高斯核函数，也称为径向基函数 RBF. 其基本形式如下.

$$K(x_i, x_j) = \sigma^2 \exp\left(-\frac{\|x_i - x_j\|_2^2}{2l^2}\right) \tag{6.5}$$

其中，σ^2 和 l 是高斯核的超参数.

6.2.2 适应性设计准则

在代理模型的基础上，根据一定的适应性设计准则可构建相应的习得函数(acquisition function)，为试验点的选取提供参考.

例如，经典的 EI(expected improvement)准则以快速找到试验空间上的最优点为目的，关注试验点对模型当前最优值的提升的期望，其习得函数为

$$\begin{aligned} \alpha(x) &= E_{f(x)\sim\mathcal{N}(\mu_{t-1}(x),\sigma_{t-1}^2(x))}[\max(f(x) - f_{t-1}^+, 0)] \\ &= (\mu_{t-1}(x) - f_{t-1}^+)\Phi\left(\frac{\mu_{t-1}(x) - f_{t-1}^+}{\sigma_{t-1}(x)}\right) + \sigma_{t-1}(x)\phi\left(\frac{\mu_{t-1}(x) - f_{t-1}^+}{\sigma_{t-1}(x)}\right) \end{aligned} \tag{6.6}$$

其中，$f_{t-1}^+ = \max\limits_{t'=1,\cdots,t-1} f(x_{t'})$，为当前的 $t-1$ 个样本点中的最优值，Φ 和 ϕ 分别表示累积分布概率和密度函数. EI 准则认为对模型当前对最优值提升的期望最大的试验点潜在价值最大，因此，应当在第 t 次试验中选取该试验点进行试验，即第 t 次试验点为

$$\begin{aligned} x_t &= \arg\max_{x\in\mathcal{X}} \alpha(x) \\ &= \arg\max_{x\in\mathcal{X}} (\mu_{t-1}(x) - f_{t-1}^+)\Phi\left(\frac{\mu_{t-1}(x) - f_{t-1}^+}{\sigma_{t-1}(x)}\right) + \sigma_{t-1}(x)\phi\left(\frac{\mu_{t-1}(x) - f_{t-1}^+}{\sigma_{t-1}(x)}\right) \end{aligned} \tag{6.7}$$

适应性准则主要分成两类: (1)基于估计精度. 根据试验点对应响应的预测值、预测方差进行选取，如经典的 EI、PI(probability improvement)、GP-UCB(Gaussian process-upper confidence bound)准则等.

(2) 基于信息增量. 根据当前最佳试验点分布的负差分熵、模型参数与预测

之间的互信息、后验模型分布与当前模型分布之间的 KL 距离等进行选取，如最大熵准则.

6.2.3 仿真案例

6.2.3.1 测试函数

以一维的 Forrester 函数为例，该函数的表达式为

$$f(x)=(6x-2)^2\sin(12x-4),\quad x\in[0,1] \tag{6.8}$$

分别取 x=0.2, 0.5, 0.8, 可得到 3 个试验点，由此可建立代理模型，其近似效果如图 6.2.

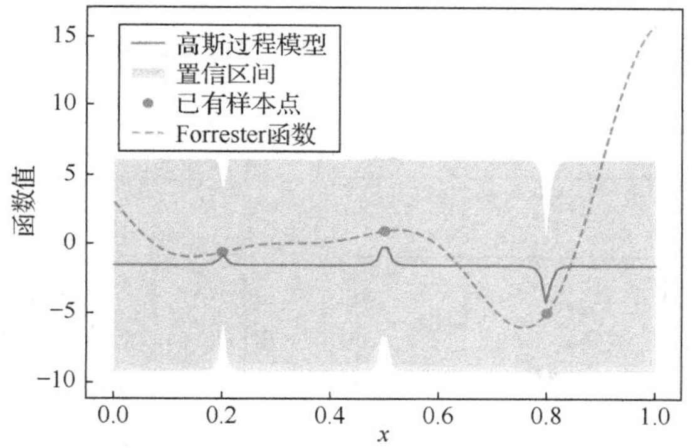

图 6.2　Forrester 函数初始代理模型效果

图中虚线表示的是真实的响应函数，圆点表示在 $x=0.2,0.5,0.8$ 这 3 个样本点处的带噪声的观测值，实线是由样本信息建立的代理模型对各试验点处响应的预测均值，阴影部分是代理模型预测的 3 倍标准差范围内的置信区间.

在这一代理模型的基础上，根据 EI 准则进行适应性试验设计的过程如图 6.3.

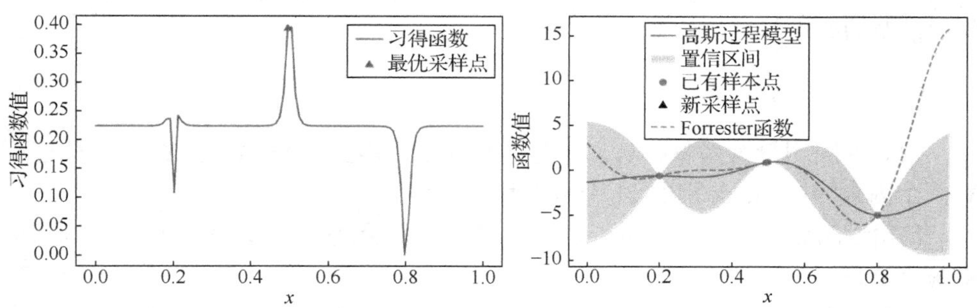

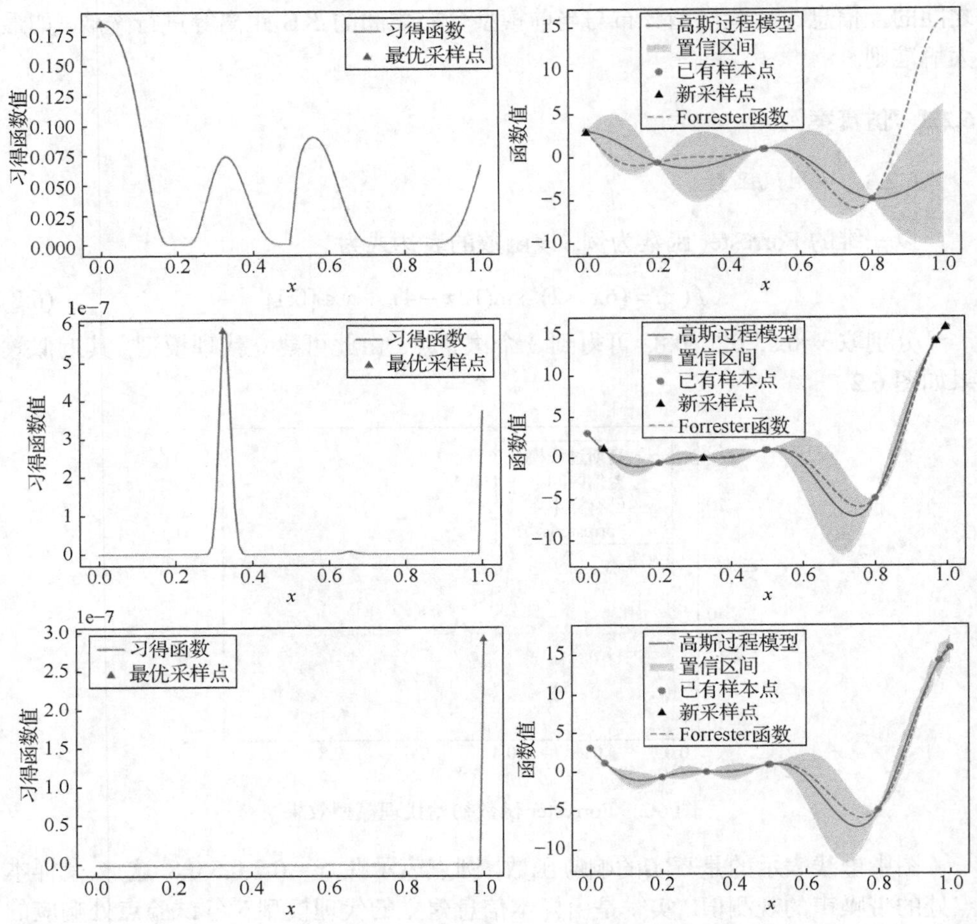

图 6.3　Forrester 函数适应性序贯设计采样点选取与模型效果

图 6.3 分别表示第 1, 2, 6, 7 次添加试验点的过程，左侧为各试验点上根据 EI 准则计算的习得函数值，以及对应的最优点，右侧表示在最优点处进行试验并对代理模型动态更新后的效果.

6.2.3.2　仿真案例

以导弹脱靶量为考核指标，打击空中目标，现考虑目标高度 X_1 和目标速度 X_2 两个因素的影响，分别取 11 个水平和 2 个水平.

初始试验设计　使用好格子点法构建 6 个初始试验，试验设计评判准则为可卷偏差 WD.

建立代理模型　根据初始 6 个试验点 X_0 及其响应数据 Y_0 建立高斯过程模型

$Y_0 = \hat{f}(X_0)$.

选择序贯准则　为优化脱靶量 Y, 选取期望提升(EI)作为序贯准则, 该准则可以在优化目标响应的同时保证模型的总体效果.

试验结果　图 6.4 展示了前 3 次序贯的 EI 准则的等高线图以及依据 EI 准则设计的序贯试验点. 可以看出, 经过 3 次序贯共 9 次试验, 已经较为准确地找到试验响应的极值点.

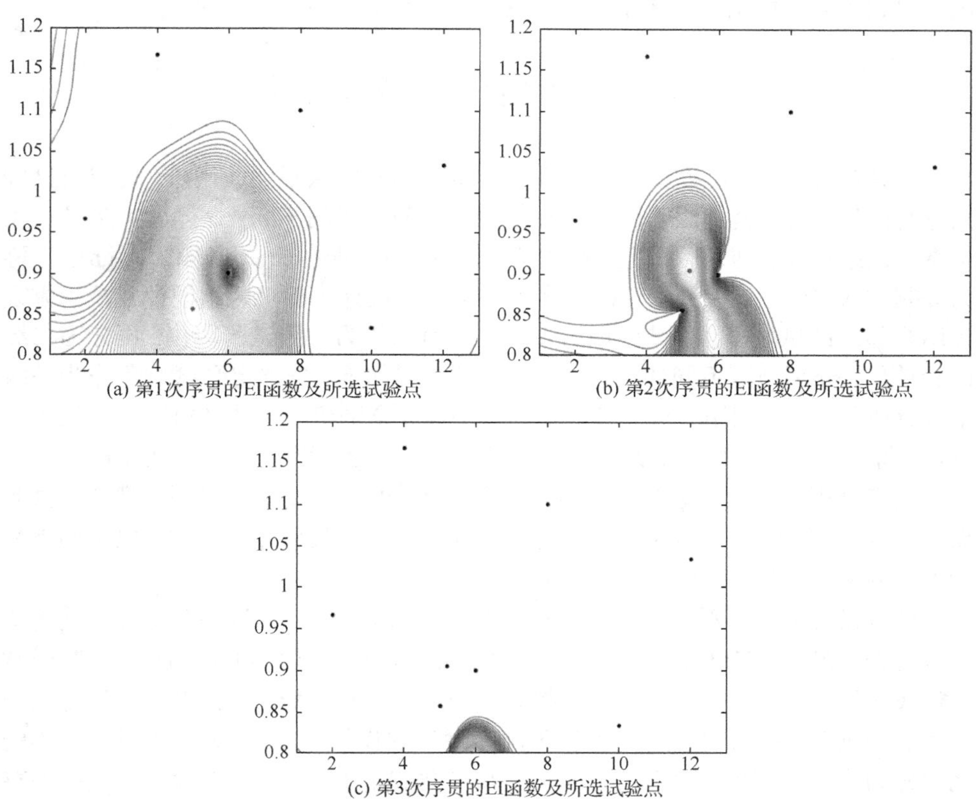

(a) 第1次序贯的EI函数及所选试验点

(b) 第2次序贯的EI函数及所选试验点

(c) 第3次序贯的EI函数及所选试验点

图 6.4　第 1—3 次序贯的 EI 函数及所选试验点

6.3　小　　结

本章重点针对装备试验单个阶段的适应性序贯试验设计方法进行研究.

在无先验机理模型的条件下, 若发现初始试验数据不足以准确描述因素和响应之间的关系, 或指标评估精度未满足给定要求, 可采用序贯均匀适应性设计方法追加试验方案. 若现有因素和水平已经足够反映指标变化规律, 可采用水平数不变的行扩充均匀设计; 若需要对应提高模型的精度或进行高低精度的试验数据分析, 可采用水平数增加的行扩充均匀设计方法; 若发现试验规律中有部分重要因素遗漏, 则可采用因素数增加的列扩充均匀设计方法.

若需要构建装备试验性能指标与影响因素之间较为精准的模型, 发现利用初始探索性试验数据构建的模型并不十分精准或难以找到最优值的情况, 可构建高斯过程模型、选取或构造合适的适应性准则进而自适应加点的序贯设计方法. 测试函数和仿真案例结果证实了该方法的合理性和适用性.

6.4　延展阅读——裂区设计

在某些试验中, 改变试验点之间一些重要因子的水平比较困难, 要求对试验点进行分组, 使得这些因子的水平在组内相同而在组间不同, 这样就产生了一类特殊的区组试验, 即裂区试验. 裂区试验设计(split-plot experiment design), 又称为分割试验设计, 是一种把一个或多个完全随机设计、随机区组设计或拉丁方设计结合起来的试验方法. 其原理为先将受试对象作为一级试验单位, 再分为二级试验单位, 分别施以不同的处理. 具体试验过程如下: 先选定受试对象作为一级单位分成几组, 分别用一级处理的不同水平作完全随机设计或随机区组、拉丁方设计. 每个一级单位再分成几个二级单位, 分别接受二级处理的不同水平.

用来分析裂区试验数据的模型在本质上和分区组试验是一样的, 都是将试验点分成 n 个区组, 每个区组包含 k 个观测值. 裂区试验和分区组试验的不同点在于术语的使用, 以及选择相应试验类型的原因.

裂区设计的术语源自于其最早在农业领域的应用, 因为试验都是在不同地块上进行的. 例如, 在研究不同化肥和品种对农作物产量的影响试验中, 化肥经常通过飞机进行喷洒, 因此大片农田都必须施以同一种化肥. 将施以同一种化肥的一大块地划分为若干小块, 以种植不同品种的农作物. 大的地块称为主区, 小的地块称为裂区或子区. 因为化肥因子的水平被应用于整区, 所以称之为试验的整区因子, 而农作物种类被应用于子区, 称之为子区因子.

在经典裂区设计中, 每一个整区因子的水平组合都包含所有的子区因子的水平组合. 但在裂区响应曲面设计中并没有这样的要求, 比如风洞试验等. 因为对于裂区数据而言, 响应曲面设计模型比经典方差分析模型涉及更少的参数. 另外, 约束极大似然比传统的方差分析在估计方差分量时更为灵活.

著名学者 Cuthbert Daniel 曾经说过, 所有的工业试验都是裂区试验. 虽然这话听起来有些激进, 但一般的试验设计总是会将试验点进行分组, 而在每组内的一个或多个难变因子保持不变, 这样产生的试验设计确实都是裂区设计. 裂区试验相比于完全随机化试验会更加经济, 同时在统计学领域中更有理论优势. 应用裂区设计有时可能导致在不显著增加试验成本的情况下, 增加试验点个数, 所以建议在任何试验的准备阶段中识别出难变因子, 进而讨论裂区设计是否具有优势.

现代生产过程一般需要两个及以上步骤进行, 每个步骤中都有可能包含水平不易改变的因子, 统计学上针对这种情况最有效的设计是在每个步骤重新安排试验单元的顺序, 进而产生双向裂区设计(也称为条区设计等). 双向裂区设计是包含多个随机效应的裂区试验的推广, 是一种较为前沿的方法, 具有重要的现实意义, 与普通的裂区设计相比, 尤其是与完全随机化设计相比, 双向裂区设计的使用可以极大地减少试验所需的时间和成本.

与区组或者(单向)裂区试验设计相比, 关于研究双向裂区设计工业应用的文献较少. Box 和 Jones 进行了相关研究[194], 他们指出双向裂区设计非常适合很多稳健产品的试验, 其中一些是控制因子, 另一些是噪声或环境因子. 若所有的控制因子都作为行因子出现在设计中, 且所有的噪声因子都作为列因子, 反之亦可, 那么双向裂区设计的主要优点就是能够非常有效地估计出这些因子的交互效应, 进而能以较少的成本实现对交互效应的有效控制.

在装备外场试验中, 当遇到地形环境等难变因子时, 可考虑采用裂区设计进行. 但需要注意的是, 若除地形之外, 影响因素较多, 此时采用经典裂区设计所需要的试验样本量较大, 需谨慎使用.

第 7 章　多阶段高低精度试验适应性序贯设计

本章重点研究多阶段装备试验中的高低精度适应性序贯设计问题. 与第 6 章类似, 本章多阶段序贯设计的适应性也体现在两个方面: 一是针对评估目标不同的适应性序贯方法选择; 二是构建高低精度响应曲面模型中的自适应优化序贯选点.

基于 5.1 节探索性设计方法得到装备各阶段试验数据后, 若不关心模型构建, 只关注装备指标的参数估计结果, 则此种情况属于无模型的多阶段数据融合评估, 可采用第 4 章中方法开展评估. 若评估精度未满足指定要求或试验结论不够充分, 则需要在初始探索性试验设计的基础上在多阶段的整个样本空间中考虑一体化序贯增加样本点. 针对上述问题, 本章研究了无模型的嵌套序贯设计方法, 给出了序贯拉丁超立方体设计的构造算法.

若以构建精确的高精度模型或快速寻找最优解为目标, 则需要考虑基于高低精度的响应曲面模型序贯设计方法. 该方法巧妙地结合加性高斯过程和分层 Kriging 构建代理模型, 加性高斯过程模型主要解决装备试验中定性定量因素并存的问题, 分层 Kriging 模型主要解决不同阶段试验之间构建高低精度联合响应曲面的问题. 在此基础上, 本章分别针对规则试验区域和不规则试验区域构建了变精度选点准则, 实现自适应序贯选点优化.

此外, 针对模型构建问题, 本章综合不同试验点的试验成本约束、试验时序信息及物理先验信息, 构建试验响应曲面的基函数, 进行序贯试验方案的优化设计, 提出了基于综合权重及时序约束信息的批序贯设计方法.

7.1　无模型的嵌套序贯设计

针对多阶段装备试验问题, 可以用多层嵌套拉丁方空间填充试验设计方法构造初始探索性试验方案. 利用试验数据进行融合评估后, 若发现参数估计精度未满足要求, 则需要迭代添加试验点. 在无模型构建目标的情形下, 此时利用嵌套的序贯拉丁超立方体设计是一个合适的选择[187].

本节首先介绍嵌套拉丁方空间填充设计, 多层嵌套的空间填充设计可以有效解决多阶段试验数据无法有效验证的问题. 在此基础上, 提出了无模型的序贯嵌套拉丁超立方体设计方法.

7.1.1　嵌套拉丁方空间填充设计

全数字仿真与半实物仿真试验阶段相比较而言，全数字仿真试验属于低精度试验，运行成本较低、实现较易，但其结果的可信度并不能完全保证，往往与真实结果具有一定的差距；半实物仿真试验花费成本相对较高，但其结果的可信度能够得到一定的保证，可视为相对的高精度试验. 同理，外场试验属于高精度试验，但通常需要花费较高的代价；相对而言，全数字仿真与半实物仿真试验则属于低精度试验. 如何将这两类或多类试验很好地结合起来、充分利用其中的数据信息是十分重要的问题. 嵌套拉丁方设计(nested Latin hypercube designs, NLHD)可以很好地解决上述问题，其最大的优点在于：可以保证对于高精度所做的试验，低精度进行了同样的试验，同时两类试验点都有着很好的一维均匀性. 因此，通过嵌套拉丁方设计可以利用高精度试验数据对低精度试验进行有效性验证. 但是，如果试验中两因素关系较为密切，对试验设计点提出了二维均匀性要求时，则需要利用嵌套空间填充设计来进行试验的安排. 设 D_h 和 D_l 分别代表高精度试验和低精度试验的设计矩阵，两者需满足的准则如下：

(1) 矩阵 D_h 的设计点数 n_2 小于矩阵 D_l 的设计点数 n_1；

(2) 矩阵 D_h 嵌套在矩阵 D_l 里，即 $D_h \subset D_l$；

(3) D_h 和 D_l 在低维情况下满足很好的均匀性.

首先，取 D_l 为基于正交阵列的拉丁超立方体(OA-based Latin hypercube)设计矩阵，该设计有很好的均匀性，在一定条件下，对未知模型的估计方差要比拉丁超立方体设计小，图 7.1 为由正交阵列 OA(64,5,8,2)，即有 64 次试验，5 个因素，每

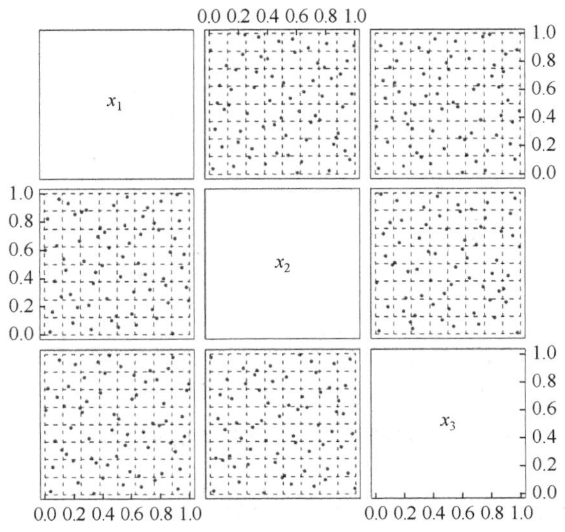

图 7.1　D_l 在前三因素 x_1, x_2, x_3 上的二维投影

个因素水平为 8, 阵列强度为 2 生成的拉丁超立方体设计矩阵 D_l 的二维投影. 图 7.2(a) 为利用最小最大距离准则生成的矩阵 D_h 的二维投影, 图 7.2(b) 为利用嵌套空间填充设计生成的矩阵 D_h 的二维投影, 易知, 图 7.2(b) 中的矩阵 D_h 每行每列有且仅出现一个设计点, 即具有更好的均匀性.

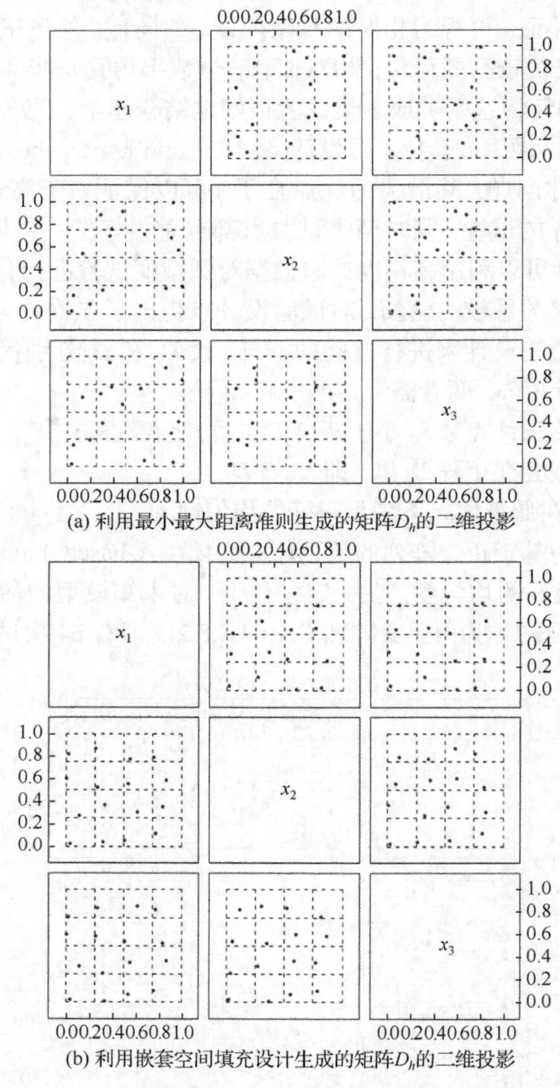

图 7.2　不同准则下生成的矩阵 D_h 的二维投影

7.1.1.1　考虑约束的两层嵌套空间填充设计

装备试验中往往存在很多的约束条件, 最突出的就是外场试验次数受限, 一般需要在既定的范围内，但 NLHD 需要保证低精度试验的试验次数必须是高精度的倍数. 因此更加灵活的嵌套设计是十分必要的. 因此提出一种考虑次数约束的嵌套设计(general nested latin hypercube designs, GNLH)，该设计有着灵活的结构和很好的均匀性，在实际问题中有很好的应用价值[178-180].

1. 两种精度 GNLH 的构造方法

对于正整数 m, n, $l=\mathrm{lcm}(m,n)$ (lcm 表示最小公倍数)，$n'=l/m$, $m'=l/n$. 令 $(n'-m'+1)\times n'$ 的矩阵 M 为如下形式

$$M_{m',n'}=\begin{pmatrix} 1 & 2 & \cdots & n' \\ n' & 1 & \cdots & n'-1 \\ \vdots & \vdots & & \vdots \\ m'+1 & m'+2 & \cdots & m' \end{pmatrix} \tag{7.1}$$

于是，我们所需要的嵌套向量可以由如下四步得到:

(1) 构造 m 维向量 v, v_1 是 $Z_{n'}$ 中的随机数. 对于 $i=2,\cdots,m$，$v_i=M_{m',n'}(r,v_{i-1})$，其中 r 是 $Z_{n'-m'+1}$ 中的一个随机数;

(2) m 维向量 τ 为集合 $\{v_i+n'(i-1)\,|\,i=1,\cdots,m\}$ 中元素的随机排列. 令集合 $S=Z_n\left\backslash\left\{\left[\dfrac{\tau_1}{m'}\right],\cdots,\left[\dfrac{\tau_m}{m'}\right]\right\}\right.$;

(3) $n-m$ 维向量 ρ 为集合 $\{t_i+m'(s_i-1)\,|\,i=1,\cdots,n-m\}$ 中元素的随机排列，其中 t_i 为 $Z_{m'}$ 中的随机数，s_i 是集合 S 以升序排列时的第 i 个元素;

(4) 将向量 τ 和 ρ 堆叠在一起得到 n 维向量 π，即我们所需的嵌套向量.

对于 $n\times d$ 的矩阵 H，如果它每列均为随机得到的 π，则 H 为 GNLH(m,n,d)，其前 m 列也可以构成拉丁超立方体设计. 同时，经过分析可知，在 n 为 m 倍数时，GNLH 与 NLHD 有相同的结构，NLHD 为 GNLH 的特殊情况. 下面给出一个例子来更好地描述 GNLH.

例 7.1　对于 $m=3, n=8, d=1$，一个可能的 GNLH(3,8,1) 为

$$D=(0.898, 0.192, 0.385, 0.842, 0.284, 0.646, 0.523, 0.015)$$

图 7.3 为两层的 GNLH 和 SD 抽样均匀性对比. 可以看到两者在第二层均有很好的均匀性，但在第一层的均匀性上 GNLH 表现更好.

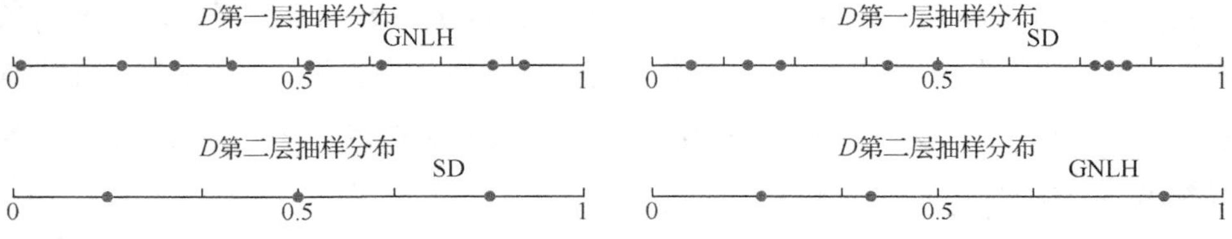

图 7.3　两层的 GNLH 和 SD 抽样均匀性对比

下文的两个定理为 GNLH 的相关性质.

2. 两种精度 GNLH 的统计性质

定理 7.1 GNLH 的两层设计均可以达到最大的一维均匀性.

所谓的最大一维均匀性, 当抽样矩阵投影到任何一维上时, 其 n 个点恰好在 n 个区间 $[0,1/n),\cdots,[(n-1)/n,1)$ 中, 不存在任何两个点出现在同一区间的情况. 而其前 m 个点也恰好在 m 个区间 $[0,1/m),\cdots,[(m-1)/m,1)$ 中.

$h(x)$ 和 $l(x)$ 分别代表高低精度的响应函数, $\hat{\mu}_h = 1/n\sum_{x_i \in D} h(x)$ 和 $\hat{\mu}_l = 1/n\sum_{x_i \in D} l(x_i)$ 时在抽样 D 下高低精度响应函数的估计均值. 于是对于 GNLH 有如下结论.

定理 7.2 如果 $h(X)$ 对其每个分量均为单调函数, 则 $\mathrm{var}_{\mathrm{GNLH}}(\hat{\mu}_h) \leqslant \mathrm{var}_{\mathrm{IID}}(\hat{\mu}_h)$.

由于一般用 i.i.d 表示独立同分布, 因此, 定理 7.2 中, IID 表示独立同分布的简单随机抽样方法.

7.1.1.2 多层嵌套空间填充设计

装备试验中往往包含数值仿真试验、半实物仿真试验、挂飞试验、实际外场试验等多阶段多精度试验, 因此进行多层嵌套空间填充设计的研究也十分有必要.

1. 多种精度 GNLH 的构造方法

本节给出了构造多种精度 GNLH 的算法, 同时对其一些抽样性质进行了讨论. 首先对于算法中使用到的符号进行说明. Z_n 表示整数集合 $\{1,\cdots,n\}$. 对于向量 v, $v(i)$ 表示其第 i 个元素. 对于矩阵 $A, A(i,j)$ 为第 i 行 j 列元素.

对于给定的整数 $u \geqslant 3, 0 < m_1 < \cdots < m_u$, 算法 7.1 给出了 u 种精度下的 GNLH 构造方法, 其中第 i 层设计的试验次数为 m_i. 在算法 7.1 中及后文中, l_i 表示 $m_1,\cdots,m_i$ 的最小公倍数. M 为 7.1.1.1 节定义的循环矩阵. 对于 $j=1,\cdots,u-1$, v_j 为 l_j 维随机向量, 其中 $v_j(1)$ 服从 Z_{l_{i+1}/l_j} 上的离散均匀分布, 对于 $i=2,\cdots,l_j$, $v_j(i) = M_{l_{i+1}/m_{i+1}, l_{i+1}/l_i}(r_i, v_j(i-1))$, 其中 r_i 服从 $Z_{l_{j+1}/l_j - l_{j+1}/m_{j+1}+1}$ 上的离散均匀分布.

容易看出, 该算法有效需满足的条件是: 对于 $i=1,\cdots,u-1$, m_{i+1} 是 m_i 的倍数或 $m_{i+1} \geqslant l_i$, 由于实际应用中, 高精度与低精度试验的试验点一般差距较大, 故大多数的试验可以满足上述两个条件. 同时, 对于 $j=1,\cdots,u-1$, 根据 l_j 维向量 v_j 的定义可知, 其元素均属于 Z_{l_{j+1}/l_j}. 再由 τ_1 的元素均属于 Z_{m_1} 可以得出 τ_{j+1} 的元素均属于 $Z_{l_{j+1}}$, 因此, 算法 7.1 第 7 行中元素 $v_j(\tau_j(k))$ 对任意的 $j=1,\cdots,u-1$ 均存在. 下面用一个例子来更好地说明该算法的流程.

算法 7.1　构造多层 GNLH

输入　嵌套矩阵的层数和各层的试验次数

输出　多层嵌套设计

1. 向量 τ_1 是 Z_{m_1} 中元素的随机排列
2. **for**　j 从 1 到 $u-1$ **then**
3. 　对于 $k=1,\cdots,m_j$
4. **if**　m_{j+1} 是 m_j 的倍数 **then**
5. 　　$\tau_{j+1}(k)=l_{j+1}\left(\tau_j(k)-1\right)/l_j+r_k$，$r_k\in Z_{l_{j+1}/l_j}$ 为随机数
6. **elseif**　$m_{i+1}\geqslant l_i$　**then**
7. 　　$\tau_{j+1}(k)=l_{j+1}\left(\tau_j(k)-1\right)/l_j+v_j\left(\tau_j(k)\right)$
8. **end if**
9. 　　τ_{j+1} 的后 $m_{i+1}-m_i$ 个元素为集合 $\left\{r_i+l_{j+1}\left(s_i-1\right)/m_{j+1}, i=1,\cdots,m_{j+1}-m_j\right\}$ 的随机排列，其中 s_i 是以降序排列时集合 $Z_{m_{j+1}}\Big\backslash\left\{\left[m_{j+1}\tau_{j+1}(1)/l_{j+1}\right],\cdots,\left[m_{j+1}\tau_{j+1}\left(m_j\right)/l_{j+1}\right]\right\}$ 的第 i 个元素，$r_i\in Z_{l_{j+1}/m_{j+1}}$ 为随机数
10. **end for**
11. 令 $d^{(1)}=\left(\tau_u-\varepsilon\right)/l_u$，其中 m_u 维向量 ε 服从 $(0,1]^{m_u}$ 上的均匀分布
12. 重复步骤 1—11 得到 $d^{(2)},\cdots,d^{(p)}$
13. 则 $D=\left(d^{(1)},\cdots,d^{(p)}\right)$ 为多层嵌套设计

例 7.2　对于 $u=3, m_1=2, m_2=5, m_3=13, p=1$，随机生成 $\tau_1=(2,1)^{\mathrm{T}}$，且 v_1 来自于矩阵 $M_{2,5}$. 随机构造后得向量 $v_1=(4,2)^{\mathrm{T}}$. 则

$$\tau_2(1)=5\left(\tau_1(1)-1\right)+v_1\left(\tau_1(1)\right)=7$$

同理，$\tau_2(2)=4$. 由算法 7.1 第 9 行随机生成 τ_2 剩余的 3 个元素，得 $\tau_2=(7,4,9,2,6)^{\mathrm{T}}$. v_2 来自于矩阵 $M_{10,13}$. 随机构造后得向量 $v_2=(1,13,10,8,6,4,2,2,12,9)^{\mathrm{T}}$. 则

$$\tau_3(1)=13\left(\tau_2(1)-1\right)+v_2\left(\tau_2(1)\right)=80$$

同理，可以得到

$$\tau_2=(80,47,116,26,69,124,31,95,15,90,105,60,3)^{\mathrm{T}}$$

则嵌套向量 $d=\left(\tau_3-\varepsilon\right)/130$. 图 7.4 显示了嵌套向量 d，即多层 GNLH 的一维

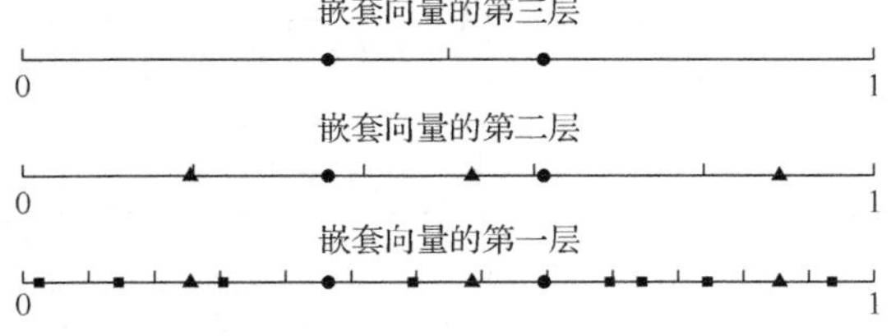

图 7.4　多层 GNLH 的一维均匀性

投影均匀性. 可知, 对任一层, 其均可满足在任一区间中有且仅有一个点.

2. 多种精度 GNLH 的统计性质

进一步, 对于多层 GNLH 的性质有如下定理.

定理 7.3　对于给定的整数 $u \geqslant 3$，$0 < m_1 < \cdots < m_u$，l 为 $m_1, \cdots, m_u$ 的最小公倍数, 则嵌套向量 τ_u 满足

(1) 对于任意的 $k = 1, \cdots, u$，$i, j = 1, \cdots, m_u$ 且 $i \neq j$，有

$$\lceil \tau(i) m_k / l \rceil \neq \lceil \tau(j) m_k / l \rceil$$

(2) 对于 $i = 1, \cdots, m_u$，$a = 1, \cdots, l$，有

$$P\{\tau_u(i) = a\} = 1 / (m_u l)$$

关于多层 GNLH 设计 $D = \left(d^{(1)}, \cdots, d^{(p)}\right)$ 有如下两个定理.

定理 7.4　对于 $i = 1, \cdots, u, j = 1, \cdots, p$，$\left\{d^{(j)}(1), \cdots, d^{(j)}(m_i)\right\}$ 满足在任一区间 $[0, 1/m_i), \cdots, [(m_i - 1)/m_i, 1)$ 中有且仅有一个设计点.

定理 7.5　对于 $i = 1, \cdots, m_u$，$\left\{d^{(1)}(i), \cdots, d^{(p)}(i)\right\}$ 服从 $[0,1)^p$ 上的均匀分布.

于是, 依据设计多层 GNLH 的估计量 $\hat{\mu}$ 是 μ 的无偏估计.

7.1.1.3　各类设计方法的模拟比较与分析

对于高低精度试验的设计矩阵, 有四种方法可以选择. 首先是简单随机抽样, 并利用其前 m 行作为高精度的试验点, 该方法用 IID 表示; 其次是拉丁超立方体抽样, 用 LHD 来表示; 再次为 SD 方法; 最后为设计矩阵 GNLH. 利用两组函数来比较这四种方法的优劣.

$$\begin{aligned} \text{M1:}\quad h(x) &= \ln\left(1/\sqrt{x_1} + 1/\sqrt{x_2}\right) \\ l(x) &= \ln\left(0.98/\sqrt{x_1} + 0.95/\sqrt{x_2}\right) \end{aligned} \tag{7.2}$$

$$\begin{aligned} \text{M2:}\quad h(x) &= \frac{2\pi x_3 (x_4 - x_6)}{\ln(x_2/x_1)\left[1 + \dfrac{2 x_3 x_7}{\ln(x_2/x_1) x_1^2 x_8} + x_3/x_5\right]} \\ l(x) &= \frac{5\pi x_3 (x_4 - x_6)}{\ln(x_2/x_1)\left[1.5 + \dfrac{2 x_3 x_7}{\ln(x_2/x_1) x_1^2 x_8} + x_3/x_5\right]} \end{aligned} \tag{7.3}$$

图 7.5 和图 7.6 分别为在 M1 和 M2 下不同方法估计 μ_h 和 μ_l 的均方误差.

从两图中可以得到: ①IID 方法的均方误差最大; ②在估计 μ_h 时, SD 和 GNLH 的均方误差均比 LHD 要小; ③在估计 μ_l 时, 若 n 为 m 的倍数, GNLH 与 SD 有几乎相同的均方误差; ④在估计 μ_l 时, 若 n 不是 m 的倍数, GNLH 比 SD 有更小的均方误差.

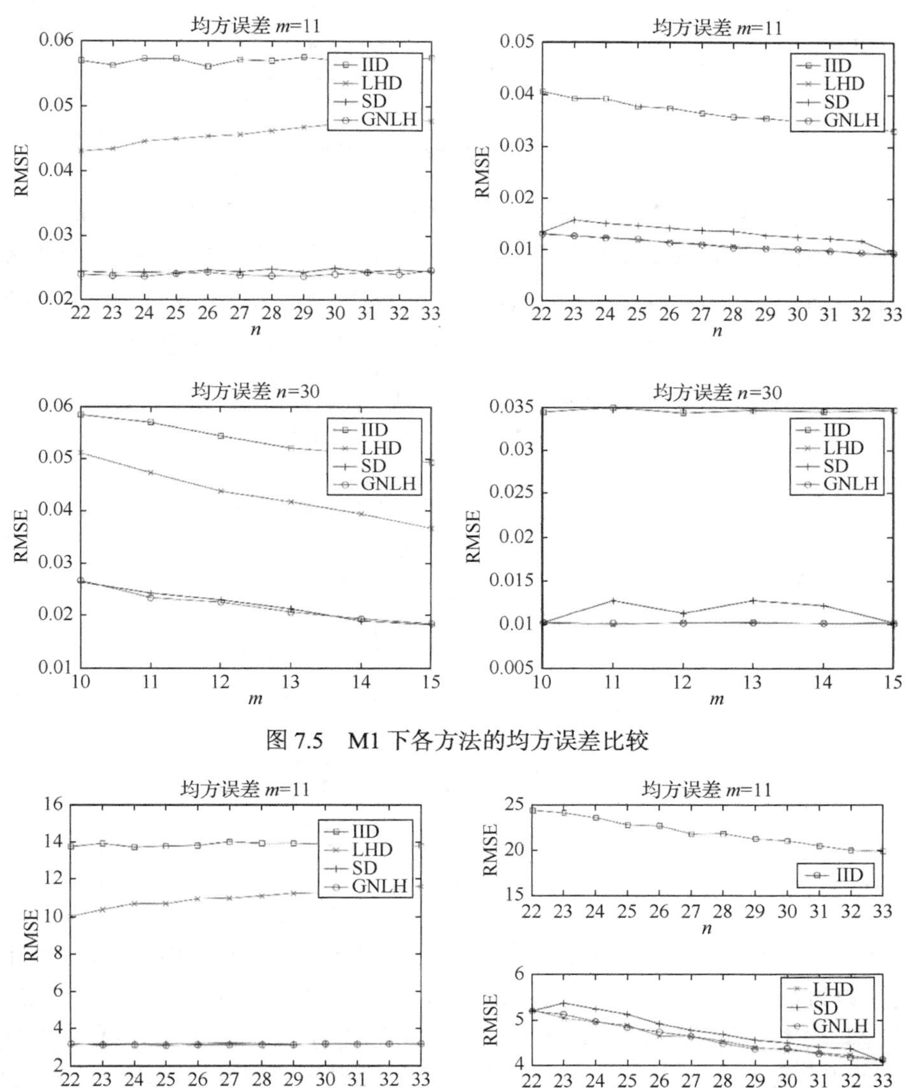

图 7.5　M1 下各方法的均方误差比较

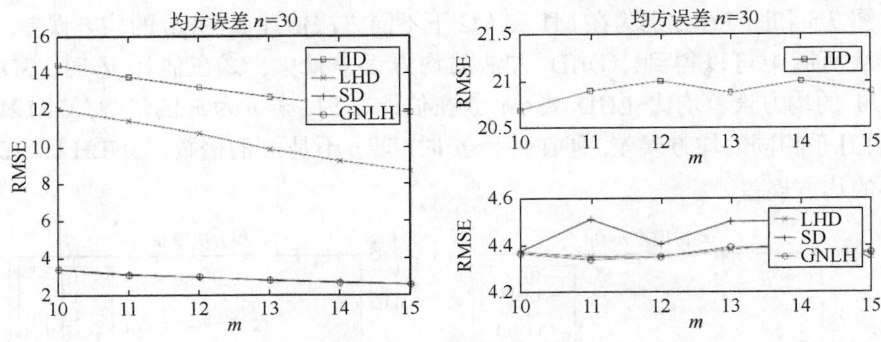

图 7.6　M2 下各方法的均方误差比较

多种精度的试验方法有 IID, LHD, SD 和多层 GNLH 四种，令 $h_1(x),\cdots,h_u(x)$ 代表由高到低不同精度试验的响应函数，$\hat{\mu}_k = 1/n\sum_{x_i \in D} h_k(x)$ 是在抽样 D 下响应函数 $h_k(x)$ 的估计均值. 利用估计的均方误差(root mean square error, RMSE)来对四种方法进行对比. 类似地，利用两组函数来比较这四种方法的优劣.

$$\text{M1:} \quad h_1(x) = \ln\left(1/\sqrt{x_1} + 1/\sqrt{x_2}\right)$$

$$h_2(x) = \ln\left(0.98/\sqrt{x_1} + 0.95/\sqrt{x_2}\right)$$

$$h_3(x) = \ln\left(1.02/\sqrt{x_1} + 1.02/\sqrt{x_2}\right)$$

$$\text{M2:} \quad h_1(x) = \frac{2\pi x_3\left(x_4 - x_6\right)}{\ln\left(x_2/x_1\right)\left[1 + \dfrac{2x_3x_7}{\ln\left(x_2/x_1\right)x_1^2x_8} + x_3/x_5\right]}$$

$$h_2(x) = \frac{5\pi x_3\left(x_4 - x_6\right)}{\ln\left(x_2/x_1\right)\left[1.5 + \dfrac{2x_3x_7}{\ln\left(x_2/x_1\right)x_1^2x_8} + x_3/x_5\right]}$$

$$h_3(x) = \frac{7\pi x_3\left(x_4 - x_6\right)}{\ln\left(x_2/x_1\right)\left[2.5 + \dfrac{3x_3x_7}{\ln\left(x_2/x_1\right)x_1^2x_8} + x_3/x_5\right]}$$

图 7.7 和图 7.8 分别为在 M1 和 M2 下不同方法估计 μ_i 的均方误差. 其中选定的参数为 $m_1 = 2, m_2 = 5, m_3 = 13$，每类试验进行 2000 次，得出各方法的 RMSE 后进行对比. 从两图中可以得到：①IID 方法的均方误差最大；②在高精度试验中，SD 和多层 GNLH 均比 LHD 表现好，其原因在于这两者子矩阵比 LHD 的子矩阵有更好的均匀性；③在估计 μ_1 时，多层 GNLH 与 SD 有几乎相同的均方误差；④在估计 μ_2 和 μ_3 时，多层 GNLH 比 SD 有更小的均方误差，原因在于多层

GNLH 比 SD 在整体上有更好的均匀性; ⑤在估计 μ_3 时, 多层 GNLH 和 LHD 有相同的 RMSE, 这是因为多层 GNLH 和 LHD 的全矩阵有相同的均匀性.

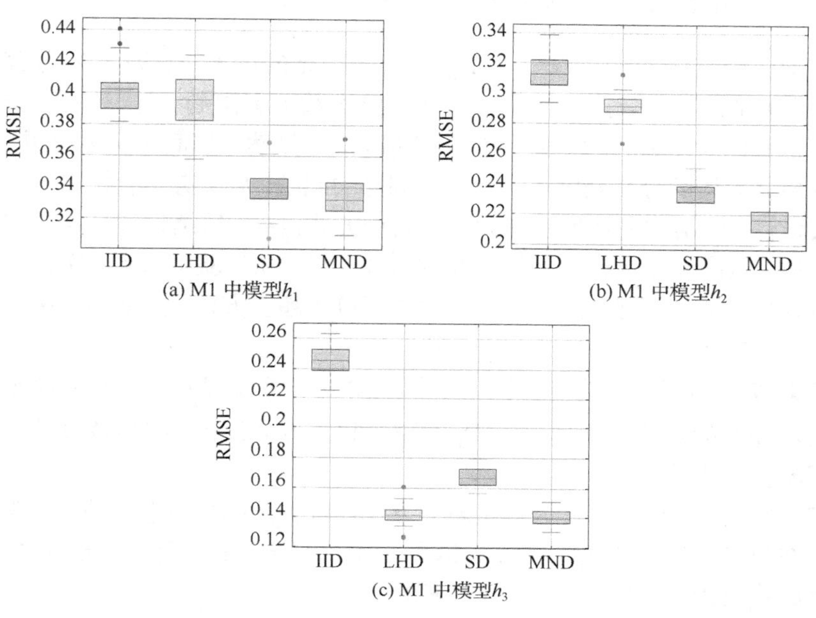

(a) M1 中模型h_1　(b) M1 中模型h_2　(c) M1 中模型h_3

图 7.7　M1 下各方法 RMSE 比较

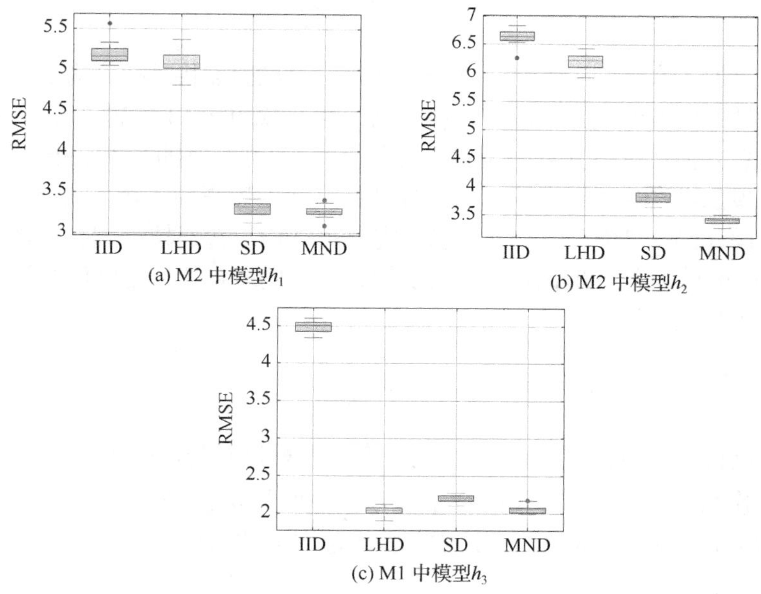

(a) M2 中模型h_1　(b) M2 中模型h_2　(c) M1 中模型h_3

图 7.8　M2 下各方法 RMSE 比较

7.1.2 序贯嵌套拉丁超立方体设计

7.1.2.1 序贯拉丁超立方体定义

对于嵌套结构 $D_1 \subset D_2 \subset \cdots \subset D_m$，$D_1$ 为初始的试验点，D_1 / D_2 为后续试验点，以此类推. 但嵌套拉丁超立方体在试验次数上有限制：对于任意的 $i=1,\cdots,m-1$，嵌套结构中 D_{i+1} 的行数需为 D_i 的倍数，这显然不能满足实际应用. 构造基于拉丁超立方体的分片全因子设计面临同样的问题. 后又有学者提出了一种灵活的序贯设计，该结构的初始设计为拉丁超立方体设计，后续设计满足一定的空间填充性质，但该设计的整体非拉丁超立方体设计. 从经验上来看，序贯拉丁超立方体设计性质要优于独立随机抽样，而劣于拉丁超立方体设计抽样. 以下给出序贯拉丁超立方体的定义.

定义 7.1 对于 m 阶段的序贯设计 $D_1, D_2, \cdots, D_m, D_i$ 为第 i 轮次的设计矩阵. 若满足对任意的 $i=1,\cdots,m$ 有 $\bigcup_{k=1}^{i} D_k$ 为拉丁超立方体设计，则称该设计组合为序贯拉丁超立方体设计.

容易看出，如果使用普通拉丁超立方体设计作为初始试验的设计矩阵，可能会导致在第二阶段试验无法加点的情况. 例如，对于两因素的试验，初始试验安排两次试验，随机生成设计矩阵 $H:\text{LHD}(2,2)$，为

$$H=\begin{pmatrix} 0.71 & 0.42 \\ 0.26 & 0.53 \end{pmatrix}$$

若需追加 3 次试验，则在 H 基础上加入三个试验点将其扩充为 5 次拉丁超立方体设计是不可能的. 因为对于 H 第二列元素 0.42 和 0.53 均属于(2/5, 3/5]，但 5 次拉丁超立方体设计仅允许一个点在区间(2/5, 3/5]中. 因此需要提出新的设计矩阵或约束追加试验次数. 本节介绍一种结构灵活的序贯拉丁超立方体设计，首先给出初始设计的构造算法，并分析和研究该类结构与普通拉丁超立方体设计的异同，阐述该设计的若干理论性质. 在该初始设计的基础上，提供后续设计的构造算法并分析其理论性质.

7.1.2.2 序贯拉丁超立方体设计的构造

对于进行 m 次的序贯试验，n_i 表示第 i 阶段试验的试验次数，$n=\sum_{i=1}^{m} n_i$ 表示总试验次数. 因此，需要新的拉丁超立方体结构保证:初始设计为拉丁超立方体，加入后续试验点后的整体设计亦为拉丁超立方体结构.

1. 初始设计矩阵构造

算法 7.2　初始设计矩阵构造算法

输入　初始试验的试验次数 n_1，因子个数 p，距离参数 n_f

输出　初始试验的设计矩阵 D_1

1: **for** $l=1,\cdots,p$ **do**

2: 　α_1 由均匀分布 $U(0,1/n_1]$ 随机抽样产生

3: 　**for** $i=1,\cdots,n_1-1$ **do**

4:

$$\alpha_{i+1}=\alpha_i+\frac{1}{n_1}-\frac{\epsilon n_f}{n_1\left(n_1+n_f\right)}+\frac{1}{n_1}\mathbb{I}\left(\alpha_i-\frac{i-1}{n_1}-\frac{\epsilon n_f}{n_1\left(n_1+n_f\right)}\leqslant 0\right)$$

5: 　end for

6: 　$\alpha=\left(\alpha_1,\cdots,\alpha_{n_1}\right)^{\mathrm{T}}$

7: 　对向量 α 中元素随机排列后得到另一 n_1 维向量 $D_1^{(l)}$

8: **end for**

9: $D_1=\left(D_1^{(1)},\cdots,D_1^{(p)}\right)$. D_1 即为初始试验的设计矩阵;

10: ϵ 由均匀分布 $U(0,1]$ 随机产生

算法 7.2 第 4 步中，$\mathbb{I}(z\leqslant 0)$为示性函数，满足

$$\mathbb{I}(z\leqslant 0)=\begin{cases}1, & z\leqslant 0,\\ 0, & z>0\end{cases}\tag{7.4}$$

对 $l=1,\cdots,p$，设计矩阵 D_1 的任一列 $D_1^{(l)}$ 中任相邻两元素间距离不小于 $1/\left(n_1+n_f\right)$，故:

当 $n_f=0$ 时，有 $\alpha_{i+1}=\alpha_i+1/n_1$，即 $D_1^{(l)}$ 中相邻两个元素的距离为 $1/n_1$.

当 $n_f\to+\infty$ 时，D_1 结构趋近于 n_1 次的随机拉丁超立方体设计.

对比了解不同 n_f 选择下的初始设计 D_1 抽样性质，并对 n_f 的选择给出建议. 下面给出初始设计具体例子.

例 7.3　考虑 $n_1=3,n_f=1,p=2,\alpha=\left(\alpha_1,\alpha_2,\alpha_3\right)^{\mathrm{T}}$ 是三维向量. α_1 产生自均匀分布 $U(0,1/3]$，选 $\alpha_1=0.2376$. 根据算法 7.2 中的第 4 行，有

$$\alpha_2=\alpha_1+\frac{1}{3}-\frac{\epsilon}{12}+\frac{1}{3}\times\mathbb{I}\left(\alpha_1-\frac{\epsilon}{12}\leqslant 0\right)\tag{7.5}$$

ϵ 为从均匀分布 $U(0,1]$ 中的随机采样，随机选取后得到 $\alpha_2=0.5292$. 同理，得到

$\alpha_3 = 0.8233$. 对 α 进行随机排列后得到 $D_1^{(1)} = (0.8233, 0.2376, 0.5292)^{\mathrm{T}}$. 同样，构造设计矩阵第二列 $D_1^{(2)} = (0.9723, 0.6470, 0.0238)^{\mathrm{T}}$. 易知，$D_1 = \begin{pmatrix} 0.8233 & 0.9723 \\ 0.2376 & 0.6470 \\ 0.5292 & 0.0238 \end{pmatrix}$ 为 3 次拉丁超立方体设计.

2. 后续设计矩阵构造

在算法 7.2 构造的初始设计矩阵 D_1 基础上，给出第二阶段试验设计点的构造方法. 令 $n_2 > n_f$ 为第二阶段试验点数，$N_2 = n_1 + n_2$，对于任意的 $j = 1, \cdots, N_2$，令事件 A_j 表示向量 α 中有元素落在区间 $\left((j-1)/N_2, j/N_2\right]$ 中，即

$$A_j = \left\{\alpha \mid \exists \alpha_i \in \left((j-1)/N_2, j/N_2\right], i = 1, \cdots, n_1\right\} \tag{7.6}$$

事件 A_j 发生时向量 α 有且仅有一个点落在区间 $\left((j-1)/N_2, j/N_2\right]$ 中. 于是，当事件 A_j 发生时，令 $X_j = \alpha_i$. 事件 A_j^{c} 表示向量 α 无点落在区间 $\left((j-1)/N_2, j/N_2\right]$ 中.

令函数 $\varphi_j^{(1)}(x)$，$\varphi_j^{(2)}(x)$ 分别为

$$\varphi_j^{(1)}(x) = P\{X_j < x \mid A_j \cap A_{j+1}^{\mathrm{c}}\}, \text{ 其中 } j = 1, \cdots, N_2 - 1, \ x \in ((j-1)/N_2, j/N_2]$$

$$\varphi_j^{(2)}(x) = P\{X_j < x \mid A_j \cap A_{j-1}^{\mathrm{c}}\}, \text{ 其中 } j = 1, \cdots, N_2, \ x \in ((j-1)/N_2, j/N_2]$$

易知，$\varphi_j^{(1)}(x)$ 为 A_j 和 A_{j+1}^{c} 同时发生时 X_j 的条件分布函数，$\varphi_j^{(2)}(x)$ 为 A_j 和 A_{j-1}^{c} 同时发生时 X_j 的条件分布函数. 利用函数 $\varphi_j^{(1)}(x)$ 和 $\varphi_j^{(2)}(x)$，给出构造第二阶段试验设计点的算法.

对于任意的 $n_2 \geqslant n_f$ 和 $j = 1, \cdots, n_1 + n_2$, $D_1^{(l)}$ 不超过 1 个元素在区间 $\left((j-1)/(n_1+n_2), j/(n_1+n_2)\right]$ 中. 因此，算法 7.3 中 n_2 的取值范围为 $\left[n_f, +\infty\right)$.

算法 7.3 第二阶段设计矩阵构造算法

输入 第二阶段试验的试验次数 n_2，初始试验的设计矩阵 D_1

输出 第二阶段试验的设计矩阵 D_2

由 D_1 得到初始试验的试验次数 n_1 和因子个数 p，$N_2 = n_1 + n_2$

for $l = 1, \cdots, p$ **do**

  $k = 1$

  for $i = 1, \cdots, N_2$ **do**

    if $D_1^{(l)}$ 中无元素落在区间 $\left((j-1)/N_2, j/N_2\right]$ 中 **then**

ϵ 为 $U(0,1]$ 的随机抽样点
if $\epsilon < 0.5$ **then**
go to Left-half 算法(算法 7.4)
else
go to Right-half 算法(算法 7.5)
end if
$k = k + 1$
end if
end for
$\beta = \left(\beta_1, \cdots, \beta_{n_2}\right)^{\mathrm{T}}$
对向量 β 随机排列后得到向量 $D_2^{(1)}$
end for
$D_2 = \left(D_2^{(1)}, \cdots, D_2^{(p)}\right)$, D_2 即为第二阶段试验的设计矩阵

算法 7.4 Left-half 算法

if $j = 1$ **then**
$\beta_k = \epsilon/(2N_2)$;
else if $D_1^{(l)}$ 有元素 x 在区间$((j-2)/N_2, (j-1)/N_2]$中 **then**
$\beta_k = \varphi_{j-1}^{(1)}(x)/(2N_2) + (j-1)/N_2$;
else if $\beta_{k-1} < (2j-3)/(2N_2)$ **then**
$\beta_k = \epsilon/(2N_2) + (j-1)/N_2$;
else
$\beta_k = \beta_{k-1} + 1/(2N_2)$;
end if
ϵ 服从$(0,1]$上的均匀分布

算法 7.5 Right-half 算法

if $j = N_2$ **then**
$\beta_k = (2N_2 - 1 + \epsilon)/(2N_2)$;
else if $D_1^{(l)}$ 有元素 x 在区间 $(j/N_2, (j+1)/N_2]$ 中 **then**
$\beta_k = \varphi_{j+1}^{(2)}(x)/(2N_2) + (2j-1)/(2N_2)$;
else
$\beta_k = (2j - 1 + \epsilon)/(2N_2)$;
end if
ϵ 服从$(0,1]$上的均匀分布

7.2　基于高低精度的响应曲面模型序贯设计

为更准确地给出因素与响应之间的关系，提出了基于高低精度的响应曲面模型序贯试验设计方案. 首先，采用初始均匀定性定量试验设计方案，分别对全数字仿真、半实物仿真两阶段进行初始采样和数值分析，得到低精度、高精度的定性定量采样点数据集. 然后，利用加性高斯过程对低精度的定性定量数据集构建代理模型，结合分层 Kriging 模型的思想，将所得模型作为高精度函数代理模型的趋势，再次用加性高斯过程对高精度的数据集进行建模，得到高精度定性定量因素函数的初始代理模型. 接着，给出无约束、有不规则区域约束情况下的变精度定性定量选点准则，分别称之为变精度 EI 选点准则、适应度函数选点准则，通过最大化选点准则确定下一个设计点的位置、定性因素取值和精度，将新采样点及其响应值加入原采样数据集、重建代理模型. 继续选择下一个样本点，并更新代理模型，直至满足停止准则，找到高精度函数的最优解，有效提升响应曲面的预测能力.

7.2.1　针对定性定量因素和高低精度函数的代理模型

1. 加性高斯过程模型

考虑含 s 个定量因素 $x=(x_1,\cdots,x_s)^{\mathrm{T}}$，$t$ 个定性因素 $z=(z_1,\cdots,z_t)^{\mathrm{T}}$ 的计算机试验设计，其中第 k 个定性因素 z_k 的水平数为 m_k. 输入和输出分别记为 $w=(z^{\mathrm{T}},x^{\mathrm{T}})^{\mathrm{T}}$，$Y$. 假设已有的样本数据为 $(w_j^{\mathrm{T}},y_j)(j=1,\cdots,n)$，用加性高斯过程(additive Gaussian process, AGP)对输入 w 与输出 Y 之间的关系进行建模:

$$Y(z_1,\cdots,z_t,x)=\mu+G_1(z_1,x)+\cdots+G_t(z_t,x) \tag{7.7}$$

其中 μ 是整体均值，$G_k(k=1,\cdots,t)$ 是均值为 0、方差为 σ_k^2、协方差函数为 ϕ_k 的相互独立的高斯过程. 设 $T_k=(\tau_{u,v}^{(k)})$ 为定性因素 $z_k(k=1,\cdots,t)$ 的 m_k 个水平之间的相关性矩阵，那么对于输入 $w_1=(z_1^{\mathrm{T}},x_1^{\mathrm{T}})^{\mathrm{T}}=(z_{11},\cdots,z_{1t},x_{11},\cdots,x_{1s})^{\mathrm{T}}$ 和 $w_2=(z_2^{\mathrm{T}},x_2^{\mathrm{T}})^{\mathrm{T}}=(z_{21},\cdots,z_{2t},x_{21},\cdots,x_{2s})^{\mathrm{T}}$，它们的协方差函数 ϕ_k 为

$$\begin{aligned}&\phi_k(G_k(z_{1k},x_1),G_k(z_{2k},x_2))\\&=\sigma_k^2\mathrm{cov}(G_k(z_{1k},x_1),G_k(z_{2k},x_2))=\sigma_k^2\tau_{z_{1k},z_{2k}}^{(k)}R(x_1,x_2\mid\theta^{(k)})\end{aligned} \tag{7.8}$$

其中 $R(x_1,x_2\mid\theta^{(k)})$ 表示由定量因素部分带来的相关性，与相关性参数向量 $\theta^{(k)}$ 有关. 通常采用高斯相关函数，即

$$R(x_1,x_2\mid\theta^{(k)})=\exp\left\{-\sum_{i=1}^{s}\theta_i^{(k)}(x_{1i}-x_{2i})^2\right\} \tag{7.9}$$

那么响应 Y 是均值为 0 的高斯过程, 其协方差为

$$\begin{aligned}\phi(Y(w_1),Y(w_2))&=\mathrm{cov}(Y(z_1,x_1),Y(z_2,x_1))\\&=\sum_{k=1}^{t}\sigma_k^2\tau_{z_{1k},z_{2k}}^{(k)}R(x_1,x_2\mid\theta^{(k)})\\&=\sum_{k=1}^{t}\sigma_k^2\tau_{z_{1k},z_{2k}}^{(k)}\exp\left\{-\sum_{i=1}^{s}\theta_i^{(k)}(x_{1i}-x_{2i})^2\right\}\end{aligned} \tag{7.10}$$

记 $Y_0=Y(w_0)$ 为在新点 $w_0=(z_0^{\mathrm{T}},x_0^{\mathrm{T}})^{\mathrm{T}}$ 处输出的预估值, 记 $y_n=(y_1,\cdots,y_n)^{\mathrm{T}}$ 是关于输入 $(w_1^{\mathrm{T}},\cdots,w_n^{\mathrm{T}})^{\mathrm{T}}$ 的 n 个输出. 基于 AGP, 可得 $Y_0\mid y_n$ 满足正态分布, 其中均值和方差分别为

$$E\left(Y_0\mid y_n\right)=\mu_{0\mid n}=\mu+r_0^{\mathrm{T}}\boldsymbol{\Phi}^{-1}\left(y_n-\mu\mathbf{1}_n\right) \tag{7.11}$$

$$\mathrm{var}\left(Y_0\mid y_n\right)=\sigma_{0\mid n}^2=\sum_{k=1}^{t}\sigma_k^2-r_0^{\mathrm{T}}\boldsymbol{\Phi}^{-1}r_0 \tag{7.12}$$

其中 $\boldsymbol{\Phi}$ 是 y_n 的协方差矩阵, $r_0=(\phi_{01},\cdots,\phi_{0n})^{\mathrm{T}}$, $\mathbf{1}_n$ 为 n 维元素均为 1 的向量, $\mathbf{1}_n=(1,\cdots,1)_{n\times 1}^{\mathrm{T}}$.

$$\phi_{0j}=\phi(Y(w_0),Y(w_j))=\sum_{k=1}^{t}\sigma_k^2\tau_{z_{0k},z_{jk}}^{(k)}\exp\left\{-\sum_{i=1}^{s}\theta_i^{(k)}(x_{0i}-x_{ji})^2\right\} \tag{7.13}$$

显然 $Y_0\mid y_n$ 的均值和方差中包含 μ, $\sigma^2=\left(\sigma_1^2,\cdots,\sigma_t^2\right)$, $T=\left(T_1,\cdots,T_t\right)$, $\theta=\left(\theta^{(1)},\cdots,\theta^{(t)}\right)$ 这些参数, 即总共有 $1+t+\sum_{k=1}^{t}m_k\left(m_k-1\right)/2+st$ 个未知参数, 通过极大似然估计方法对这些参数进行估计:

$$\left\{\hat{\mu},\hat{\sigma}^2,\hat{T},\hat{\theta}\right\}=\underset{\mu,\sigma^2,T,\theta}{\operatorname{argmax}}\left[-\frac{1}{2}\ln|\boldsymbol{\Phi}|-\frac{1}{2}\left(y_n-\mu\mathbf{1}_n\right)^{\mathrm{T}}\boldsymbol{\Phi}^{-1}\left(y_n-\mu\mathbf{1}_n\right)\right] \tag{7.14}$$

2. 分层 Kriging 模型

分层 Kriging 模型是一种更简单实用的多精度代理模型, 其核心思想是 “趋势模型” 加 “修正模型”. 以高低两个精度模型的数据为例,

$$\begin{aligned}&S_{\mathrm{lf}}=\left[x_{\mathrm{lf}}^{(1)},\cdots,x_{\mathrm{lf}}^{(n_{\mathrm{lf}})}\right]^{\mathrm{T}}\in\mathbb{R}^{n_{\mathrm{lf}}\times m},\quad y_{S,\mathrm{lf}}=\left[y_{\mathrm{lf}}^{(1)},\cdots,y_{\mathrm{lf}}^{(n_{\mathrm{lf}})}\right]^{\mathrm{T}}\in\mathbb{R}^{n_{\mathrm{lf}}\times m}\\&S=\left[x^{(1)},\cdots,x^{(n)}\right]^{\mathrm{T}}\in\mathbb{R}^{n\times m},\quad y_S=\left[y^{(1)},\cdots,y^{(n)}\right]^{\mathrm{T}}\in\mathbb{R}^{n\times m}\end{aligned} \tag{7.15}$$

上式中, S_{lf} 和 S 分别表示由低精度样本点、高精度样本点组成的设计, 其样本点

个数分别为 n_{lf}, n，$y_{S,\mathrm{lf}}$ 和 y_S 分别为在低精度、高精度样本点处的输出响应.

分层 Kriging 模型首先用高斯过程模型对低精度样本点数据集建模:

$$Y_{\mathrm{lf}}(x)=\beta_{0,\mathrm{lf}}+Z_{\mathrm{lf}}(x) \tag{7.16}$$

其中，$\beta_{0,\mathrm{lf}}$ 未知，Z_{lf} 是一个平稳的随机过程. 对上述模型拟合之后，可得到在任意点 x 处的低精度函数预估值为

$$\hat{y}_{\mathrm{lf}}(x)=\beta_{0,\mathrm{lf}}+r_{\mathrm{lf}}^{\mathrm{T}}(x)R_{\mathrm{lf}}^{-1}\left(y_{S,\mathrm{lf}}-\beta_{0,\mathrm{lf}}\mathbf{1}\right) \tag{7.17}$$

其中 $\beta_{0,\mathrm{lf}}=(\mathbf{1}^{\mathrm{T}}R_{\mathrm{lf}}\mathbf{1})^{-1}\mathbf{1}^{\mathrm{T}}R_{\mathrm{lf}}^{-1}y_{S,\mathrm{lf}}$，$R_{\mathrm{lf}}^{-1}\in\mathbb{R}^{n_{\mathrm{lf}}\times n_{\mathrm{lf}}}$ 表示低精度样本点之间的相关性矩阵，$\mathbf{1}\in\mathbb{R}^{n_{\mathrm{lf}}}$ 是元素全部为 1 的列向量，$r_{\mathrm{lf}}\in\mathbb{R}^{n_{\mathrm{lf}}}$ 表示未知点 x 与低精度样本点之间的相关性向量. 预估值的均方差为

$$\mathrm{MSE}(\hat{y}_{\mathrm{lf}}(x))=s_{\mathrm{lf}}^2(x)=\sigma_{\mathrm{lf}}^2\left[1-r_{\mathrm{lf}}^{\mathrm{T}}R_{\mathrm{lf}}^{-1}r_{\mathrm{lf}}+\frac{(r_{\mathrm{lf}}^{\mathrm{T}}R_{\mathrm{lf}}^{-1}\mathbf{1}-1)^2}{1^{\mathrm{T}}R_{\mathrm{lf}}^{-1}1}\right] \tag{7.18}$$

然后以 $\hat{y}_{\mathrm{lf}}$ 为模型的趋势，基于高精度样本点数据集 (S,y_S) 对高精度函数建模如下:

$$Y(x)=\beta_0\hat{y}_{\mathrm{lf}}+Z(x) \tag{7.19}$$

其中 β_0 反映了高低精度函数的相关性. 通过最小化预估量的均方差，可以得到在任意点 x 处的高精度函数预估值:

$$\hat{y}(x)=\beta_0\hat{y}_{\mathrm{lf}}+r^{\mathrm{T}}(x)R^{-1}\left(y_S-\beta_0F\right) \tag{7.20}$$

其中 F 是一个 n 维列向量，它的每个元素是拟合出来的低精度模型在高精度采样点处的预估值. $R\in\mathbb{R}^{n\times n}$ 表示高精度样本点之间的相关性矩阵，$r\in\mathbb{R}^n$ 是未知点 x 与高精度样本点之间的相关性向量.

分层 Kriging 模型预估值的均方差为

$$\mathrm{MSE}(\hat{y}(x))=s^2(x)=\sigma^2\left[1-r^{\mathrm{T}}R^{-1}r+\frac{(r^{\mathrm{T}}R^{-1}F-\hat{y}_{\mathrm{lf}}(x))^2}{F^{\mathrm{T}}R^{-1}F}\right] \tag{7.21}$$

β_0 和 σ^2 可以通过极大似然估计得到

$$\beta_0(\theta)=(F^{\mathrm{T}}R^{-1}F)^{-1}F^{\mathrm{T}}R^{-1}y_S \tag{7.22}$$

$$\sigma_2(\theta,\beta_0)=\frac{1}{n}\left(y_S-\beta_0F\right)^{\mathrm{T}}R^{-1}\left(y_S-\beta_0F\right) \tag{7.23}$$

这里未知的超参数 θ 是一个空间关联函数，通过求解下面优化问题的数值解得到

$$\theta=\arg\max_{\theta}\{-n\ln\sigma^2(\theta)-\ln|R(\theta)| \tag{7.24}$$

7.2.2　基于加性高斯过程和分层 Kriging 模型的多精度序贯优化

考虑解决如下优化问题:

$$
\begin{aligned}
&\min \quad y(z,x) \\
&\text{w.r.t.}\ x_{\text{low}} \leqslant x \leqslant x_{\text{up}}, z \in \{z^{(1)},\cdots,z^{(u)}\} \\
&\text{低精度目标函数} y_{\text{lf}}(z,x) \text{存在}
\end{aligned}
\tag{7.25}
$$

其中, w.r.t. 表示的是 with respect to, $y(z,x)$ 表示目标函数, 由高精度的数值分析评估可得; $y_{\text{lf}}(z,x)$ 表示低精度目标函数, 由低精度的数值分析评估可得. x_{low}, x_{up} 分别为 s 个定量因素 $x=(x_1,\cdots,x_s)^{\text{T}}$ 设计变量的下限、上限, $\{z^{(1)},\cdots,z^{(u)}\}$ 为 t 个定性因素 $z=(z_1,\cdots,z_t)^{\text{T}}$ 的 u 个水平组合集合.

与传统多精度优化算法框架相同, 基于加性高斯过程和分层 Kriging 模型的多精度代理模型的优化算法的基本流程主要包括初始高低精度样本点的选择、多精度代理模型的构建、优化选点准则、停止准则四个方面, 下面分别对其进行阐述.

1. 试验设计与初始采样

基于代理模型的优化算法, 第一步是用试验设计的方法选择初始样本点. 由于起初没有任何关于模型的先验信息, 要想通过尽可能少的样本点得到更多信息, 最常采用的一类试验设计方法是空间填充设计, 比如拉丁超立方体设计和均匀设计. 本章将采用第 3 章中提到的最优广义分片拉丁超立方体设计作为计算机仿真(低精度函数)的初始设计点, 用分片 DPSO 算法得到的 FSUDIR 作为半实物仿真(高精度函数)的初始设计点, 记为 S_{lf}, S_{hf}, 采样点个数分别记为 n_{lf}, n_{hf}, 响应值分别记为 $y_{S,\text{lf}}$, $y_{S,\text{hf}}$. 则有

$$
\begin{aligned}
S_{\text{lf}} = T_{\text{lf}} &= \begin{pmatrix} A_{1,\text{lf}} & D_{1,\text{lf}} \\ \vdots & \vdots \\ A_{u,\text{lf}} & D_{u,\text{lf}} \end{pmatrix} \in \mathbb{R}^{n_{\text{lf}}\times(s+t)} \\
S_{\text{hf}} = T_{\text{hf}} &= \begin{pmatrix} A_{1,\text{hf}} & D_{1,\text{hf}} \\ \vdots & \vdots \\ A_{u,\text{hf}} & D_{u,\text{hf}} \end{pmatrix} \in \mathbb{R}^{n_{\text{hf}}\times(s+t)}
\end{aligned}
\tag{7.26}
$$

其中

$$
A_{i,\text{lf}} = (\underbrace{z^{(i)};z^{(i)};\cdots;z^{(i)}}_{n_{i,\text{lf}}\text{个}z^{(i)}}), \quad i=1,\cdots,u \tag{7.27}
$$

$$A_{i,\mathrm{hf}} = (\underbrace{z^{(i)}; z^{(i)}; \cdots; z^{(i)}}_{n_{i,\mathrm{hf}}\text{个}z^{(i)}}), \quad i = 1, \cdots, u \tag{7.28}$$

$n_{i,\mathrm{lf}}, n_{i,\mathrm{hf}}$ 分别表示低精度函数、高精度函数在第 i 片定性因素水平组合上的采样数目，满足 $\sum_{i=1}^{u} n_{i,\mathrm{lf}} = n_{\mathrm{lf}}, \sum_{i=1}^{u} n_{i,\mathrm{hf}} = n_{\mathrm{hf}}$.

2. 多精度定性定量代理模型的构建

(1) 用加性高斯过程对低精度样本点数据集构建低精度定性定量代理模型:

$$Y_{\mathrm{lf}}(z_1, \cdots, z_t, x) = \mu_{\mathrm{lf}} + G_{1,\mathrm{lf}}(z_1, x) + \cdots + G_{t,\mathrm{lf}}(z_t, x) \tag{7.29}$$

得到在任意点 $w_0 = (z_0^{\mathrm{T}}, x_0^{\mathrm{T}})^{\mathrm{T}}$ 处的低精度函数预估均值和方差为

$$\hat{y}_{\mathrm{lf}}(w_0) = \mu_{\mathrm{lf}} + r_{\mathrm{lf}}^{\mathrm{T}}(w_0) \Phi_{\mathrm{lf}}^{-1} \left(y_{S,\mathrm{lf}} - \mu_{\mathrm{lf}} 1_{n_{\mathrm{lf}}} \right) \tag{7.30}$$

$$\mathrm{MSE}(\hat{y}_{\mathrm{lf}}(w_0)) = s_{\mathrm{lf}}^2(w_0) = \sum_{k=1}^{t} \sigma_{k,\mathrm{lf}}^2 - r_{\mathrm{lf}}^{\mathrm{T}} \Phi_{\mathrm{lf}}^{-1} r_{\mathrm{lf}} \tag{7.31}$$

(2) 以低精度定性定量代理模型 $\hat{y}_{\mathrm{lf}}$ 作为高精度定性定量代理模型的趋势，结合高低精度样本点数据集用加性高斯过程对高精度定性定量因素的试验响应建模:

$$Y_{\mathrm{hf}}(z_1, \cdots, z_t, x) = \beta \hat{y}_{\mathrm{lf}}(z_1, \cdots, z_t) + G_{1,\mathrm{hf}}(z_1, x) + \cdots + G_{t,\mathrm{hf}}(z_t, x) \tag{7.32}$$

得到在任意点 $w_0 = (z_0^{\mathrm{T}}, x_0^{\mathrm{T}})^{\mathrm{T}}$ 处的高精度函数预估均值和方差为

$$\hat{y}_{\mathrm{hf}}(w_0) = \beta \hat{y}_{\mathrm{lf}} + r_{\mathrm{hf}}^{\mathrm{T}}(w_0) \Phi_{\mathrm{hf}}^{-1} \left(y_{S,\mathrm{hf}} - \beta F \right) \tag{7.33}$$

$$\mathrm{MSE}(\hat{y}_{\mathrm{hf}}(w_0)) = s_{\mathrm{hf}}^2(w_0) = \sum_{k=1}^{t} \sigma_{k,\mathrm{hf}}^2 - r_{\mathrm{hf}}^{\mathrm{T}} \Phi_{\mathrm{hf}}^{-1} r_{\mathrm{hf}} \tag{7.34}$$

其中 F 是一个 $n_{\mathrm{hf}} \times 1$ 的列向量，表示近似的低精度代理模型在高精度采样点处的预估值.

3. 无约束下的变精度定性定量 EI 选点准则

以往大部分变精度选点准则的目标是通过序贯设计和采样使得低精度函数模型更接近高精度模型，并最终让低精度函数模型达到最优，而选点准则变精度期望改善(VF-EI)的目标是在逼近高精度函数的过程中尽可能多地采集低精度的样本点，并最终使得高精度函数模型达到最优. 基于 VF-EI, 本节给出无约束下的变精度定性定量选点准则 $\mathrm{EI}_{\mathrm{vf,qq}}(z, x, l)$:

$$\mathrm{EI}_{\mathrm{vf,qq}}(z, x, l) = \begin{cases} \left(y_{\min} - \hat{y}_{\mathrm{hf}}(z, x) \right) \Phi(N) + s(z, x, l) \phi(N), & s(z, x, l) > 0, \\ 0, & s(z, x, l) = 0 \end{cases} \tag{7.35}$$

其中，

$$N = \frac{y_{\min} - \hat{y}_{\mathrm{hf}}(z,x)}{s(z,x,l)} \tag{7.36}$$

$y_{\min}$ 是已观测到的最小的高精度样本点响应值. $s^2(z,x,l)$ 反映了缺失不同精度的样本点数据给高精度函数预估值带来的不确定性:

$$s^2(z,x,l) = \begin{cases} \beta s_{\mathrm{lf}}^2(z,x), & l=1\text{对应低精度水平}, \\ s_{\mathrm{hf}}^2(z,x), & l=2\text{对应高精度水平} \end{cases} \tag{7.37}$$

对于无约束的优化问题，新采样点的定性因素水平取值 z 、空间位置 x 和精度 l 可以通过求解下面的子优化问题确定:

$$z,x,l = \mathop{\arg\max}_{z\in\{z^{(i)},\cdots,z^{(u)}\},x_{\mathrm{low}}\leqslant x\leqslant x_{\mathrm{up}},l=1,2} \mathrm{EI}_{\mathrm{vf,qq}}(z,x,l) \tag{7.38}$$

如果求解结果为 $l=1$，说明加入低精度的采样点对高精度代理模型精度的提升程度最大；如果求解结果为 $l=2$，说明加入高精度的采样点对高精度代理模型精度的提升程度最大. 将新采样点及其数值分析结果添加到已有数据集中，基于更新后的数据集重新构建代理模型.

4. 停止准则

按最优解是否已知为基准，多精度优化中的停止准则主要有以下两种类型:

(1) 由于测试函数最优解已知，按照经典的 EI 算法收敛条件 $\varepsilon_1 = 10^{-4}$ 来判断算法是否停止:

$$\left|f_{\min} - f_{\mathrm{hf}}(\mathrm{best})\right| \leqslant \varepsilon_1 \tag{7.39}$$

这里 $f_{\min}$ 表示已知最优解，$f_{\mathrm{hf}}(\mathrm{best})$ 表示由当前构建的高精度高斯过程模型(也称 HK 模型)拟合的目标函数的最小值.

(2) 由于在工程实例中真实最优解是未知的，因此采用最后 3 次序贯更新过程中拟合出来的目标函数的最小值作为收敛条件 $\varepsilon_2 = 10^{-4}$ 来判断算法是否停止:

$$\left|y_n - y_{n-1}\right| \leqslant \varepsilon_2, \quad \left|y_{n-1} - y_{n-2}\right| \leqslant \varepsilon_2 \tag{7.40}$$

这里 n 表示当前算法的序贯更新次数，y_n 表示的是高精度代理模型在第 n 次序贯更新中拟合的目标函数的最小值.

7.2.3　不规则区域下的多精度定性定量适应性序贯优化

考虑在不规则区域内解决如下优化问题:

$$\begin{aligned}&\min \quad y(z,x)\\&x_{\text{low}} \leqslant x \leqslant x_{\text{up}}, z \in \{z^{(1)},\cdots,z^{(u)}\}\\&\text{s.t.} \ \ g_i(x) \leqslant 0, i=1,\cdots,u\\&\text{在} y_{\text{lf}}(z,x) \text{的协助下}\end{aligned} \tag{7.41}$$

其中，$g_i(x)$ 表示定性因素的第 i 个水平组合对应的试验区域约束，u 表示定性因素的水平组合数目，其余符号与(7.25)中的约束优化问题对应符号的含义相同.

(7.41)的求解过程与(7.25)基本相同，只是选点准则有所差别，求解基本步骤总结如下:

(1) 用 5.1.3 节中的两阶段定性定量均匀填充试验设计方案生成定性定量低精度、高精度的初始采样点，分别用低精度、高精度数值分析对其响应值进行评估;

(2) 利用加性高斯过程对低精度样本点数据集建模，之后结合分层 Kriging 模型的思想，共同利用高低精度数据对高精度样本点数据集建模;

(3) 构造适用于不规则区域约束的变精度定性定量因素选点准则，通过最大化选点准则确定下一个采样点的定性定量因素取值和精度. 下面介绍以适应度函数为选点准则的方法.

定义一个示性函数 $I(z^{(i)},x)$:

$$I\left(z^{(i)},x\right)=\begin{cases}1, & g_i(x)\leqslant 0,\\0, & g_i(x)>0,\end{cases} \quad i=1,\cdots,u \tag{7.42}$$

即当点 $(z^{(i)},x)$ 中的定量因素取值 x 满足第 i 片区域约束时，$I(z^{(i)},x)$ 标记为 1，不满足时，$I(z^{(i)},x)$ 标记为 0.

构造衡量适应性的适应度函数为

$$\text{fitness}(z^{(i)},x,l)=\text{EI}_{\text{vf,qq}}\left(z^{(i)},x,l\right)\cdot I(z^{(i)},x) \tag{7.43}$$

于是将有约束的优化问题转变成了如下无约束的优化问题:

$$z,x,l=\underset{z\in\{z^{(i)},\cdots,z^{(u)}\},x_{\text{low}}\leqslant x\leqslant x_{\text{up}},l=1,2}{\arg\max} \ \text{fitness}(z^{(i)},x,l) \tag{7.44}$$

(4) 更新采样数据集，重建代理模型，直到满足停止准则.

7.2.4 仿真算例

7.2.4.1 一维测试函数仿真

Forrester 函数常作为变精度优化中的测试函数，但是只含有一个定量因素、不含定性因素，求解的数学模型为

$$\begin{aligned} \min_{x\in[0,1]} \quad & y_{\mathrm{hf}} = (5x-2)^2 \sin(9x-4) \\ & y_{\mathrm{lf}} = 0.5 y_{\mathrm{hf}} + 10(x-0.5) - 5, \quad x \in [0,1] \end{aligned} \tag{7.45}$$

该函数的理论最优解为 $x^* = 1$，对应的最优函数值为–8.630318.

对一维的高低精度 Forrester 函数进行简单改造，使其形式中也包含定性因素，于是考虑如下含一个定性因素 z 和一个定量因素 x 的高低精度函数:

$$\begin{aligned} \min \quad & y_{\mathrm{hf}} = (5x-2)^z \sin(9x-4) \\ & y_{\mathrm{lf}} = 0.5 y_{\mathrm{hf}} + 10(x-0.5) - 5 \\ & z \in \{1,2\}, \quad x \in [0,1] \end{aligned} \tag{7.46}$$

其中定性因素 z 可取 1，2 两个水平，该函数的理论最优解为 $(z^*, x^*) = (2,1)$，对应的最优函数值为–8.630318. 考虑采用停止准则(7.39)，且取 $\varepsilon_1 = 0.01$.

由于事先并不知道定性因素取哪个水平时目标函数最优，所以在选取采样点时，不管是低精度函数还是高精度函数，对应定性因素不同水平的采样点数是相同的.

因试验区域规则，假设初始低精度、高精度样本点分别由最优 FSLHD(6,6;2,1)、最优 FSLHD(2,2;2,1) 给出.

图 7.9 按定性因素水平的不同取值，展示了改造后 Forrester 高低精度函数的真实曲线、采样情况和建模结果. 图 7.9(a) 画出了定性因素 $z=1$ 时的情况，图 7.9(b) 画出了定性因素 $z=2$ 时的情况. 图 7.9 中浅色虚线、深色虚线分别表示真实的高精度函数、低精度函数，浅色实线、深色实线分别表示用初始样本点数据集构建的初始低精度、初始 HK 模型，“+”和“○”分别表示低精度采样点、高精度采样点.

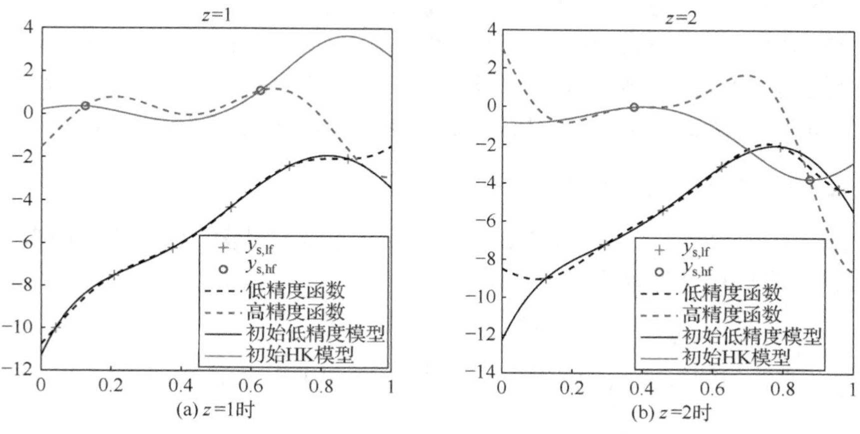

图 7.9　一维情形下高低精度函数、初始高低精度采样点及代理模型

图 7.10 展示了优化选点迭代的过程, 浅色虚线、深色虚线分别表示高精度函数、低精度函数, “+”表示本轮加入的是低精度函数采样点, “○”表示本轮加入的是高精度函数采样点, 采样标记旁边的数字表示该点是在第几轮迭代中加入的. 若标记出现在图 7.10(a)中, 表示加入点的定性因素部分水平取值为 $z=1$; 若标记出现在图 7.10(b)中, 表示加入点的定性因素部分水平取值为 $z=2$. 从图 7.10 可看出, 前 2 个加入的点都是 $z=2$ 时的高精度样本点, 第 3 个加入的点是 $z=1$ 时的低精度样本点, 第 4 个加入的点是 $z=2$ 时的低精度样本点, 第 5 个加入的点是 $z=1$ 时的高精度样本点, 第 6 个加入的点是 $z=2$ 时的低精度样本点, 第 7 个加入的点是 $z=2$ 时的高精度样本点.

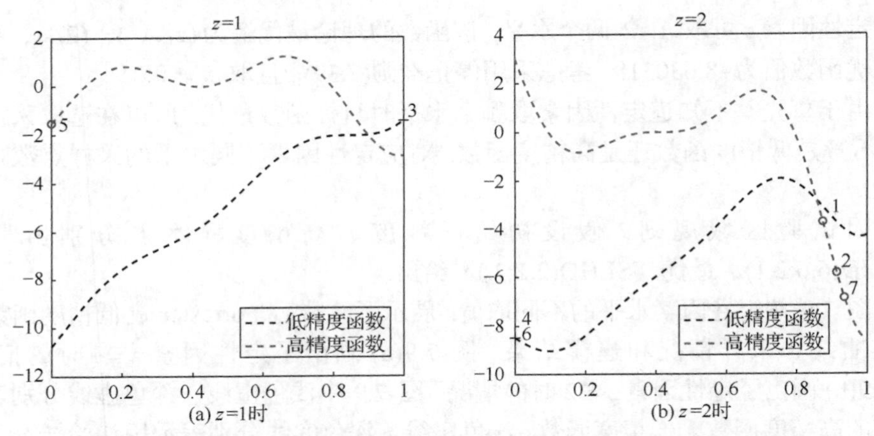

(a) $z=1$时 (b) $z=2$时

图 7.10 一维情形下优化过程中每次选点的定性因素水平、位置、精度

由该例子可得, 本节提出的变精度定性定量 EI 选点准则是可行的, 即能确定下一个点的定性因素水平、定量因素位置以及数值分析的精度, 而且从图 7.10 的加点分布情况来看, 加入的点中定性因素水平为 2 的点比水平为 1 的点要多, 说明整个优化进程是向着全局最优逼近的. 传统的高低精度选点准则只能对定量因素进行加点, 而无法对定性定量因素同时存在的高低精度试验优化选点.

7.2.4.2 二维测试函数仿真

Gano 2 函数是一个常见的二维测试函数, 原函数只含有两个定量因素, 不含定性因素, 求解的数学模型为

$$\begin{aligned} \min \quad & f(x)=4x_1^2+x_2^3+x_1x_2 \\ & f_{\text{lf}}(x)=4(x_1+0.1)^2+(x_2-0.1)^3+x_1x_2+0.1 \\ \text{w.r.t.} \quad & x_1, x_2 \in [0.1,10] \end{aligned} \tag{7.47}$$

容易得到其最优解在 $x^*=(0.1,0.1)$ 处取得, 对应的最优函数值为 0.051.

对二维 Gano 2 函数进行简单改造，使其形式中也包含定性因素，求解如下数学模型：

$$\begin{aligned} \min \quad & f(x) = 4x_1^z + x_2^3 + x_1x_2 \\ & f_{\text{lf}}(x) = 4(x_1+0.1)^z + (x_2-0.1)^3 + x_1x_2 + 0.1 \\ \text{w.r.t.} \quad & z \in \{1.5, 2\}, x_1, x_2 \in [0.1, 10] \end{aligned} \tag{7.48}$$

其中定性因素 z 可取 1.5，2 两个水平. 在问题(7.48)中，试验区域是规则的，故可用最优 FSLHD 生成高低精度函数的初始采样点. 容易得到该高精度函数的最优解为 0.051，在点 $(x_1^*, x_2^*, z^*) = (0.1, 0.1, 2)$ 处取得.

假设低精度函数、高精度函数的初始采样点数分别为 24, 6, 且每个精度下定性因素的不同水平取值对应的采样点数是相同的. 图 7.11 画出了改造后的 Gano 2 高低精度函数的真实等高线图，并分别用记号“○”和“+ ”标注出了高精度函数、低精度函数的初始采样点，高精度采样点由最优 FSLHD(3,3;2,2)给出，低精度采样点由最优 FSLHD(12,12;2,2)给出. 图 7.11(a)(b)展示了低精度函数在定性因素不同水平取值下的等高线图和采样点，图 7.11(c)(d)展示了高精度函数在定性因素不同水平取值下的等高线图和采样点.

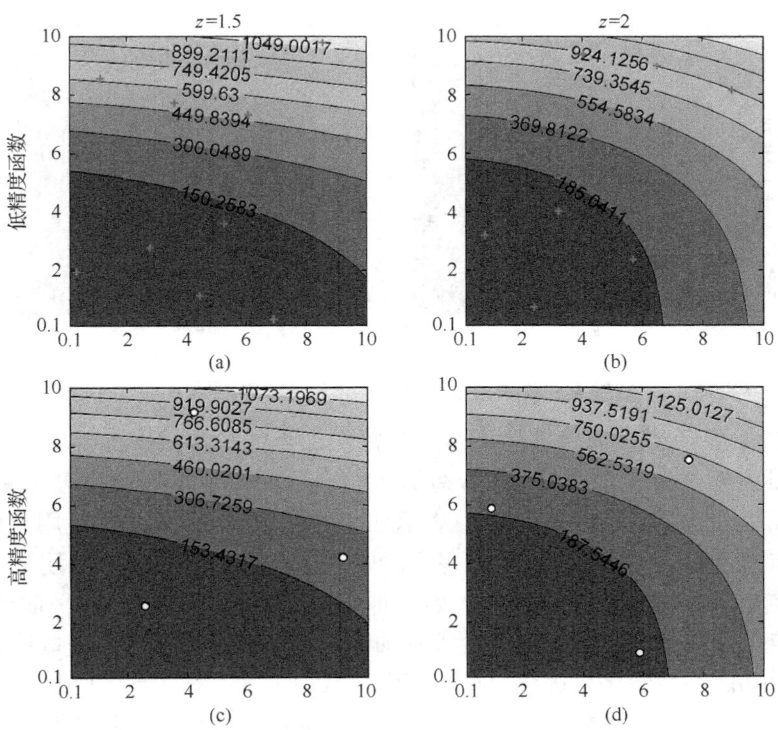

图 7.11　二维无约束情形下高低精度函数的等高线图和初始采样点分布

图 7.12 是对初始高低精度采样点数据构建多精度定性定量代理模型后得到的低精度模型、HK 模型的等高线图，其中图 7.12(a)(b)分别是 $z=1.5$, $z=2$ 时低精度模型的等高线图，图 7.12(c)(d)分别是 $z=1.5$, $z=2$ 时 HK 模型的等高线图. 由于优化目标是求解高精度函数的最优值，故只比较初始 HK 模型的等高线图(图 7.12(c)(d))和高精度函数的真实等高线图(图 7.11(c)(d))即可. 从等高线的形状和数值可以看出两者差异较大，说明仅对初始均匀采样数据进行建模后所得目标函数的拟合效果欠佳.

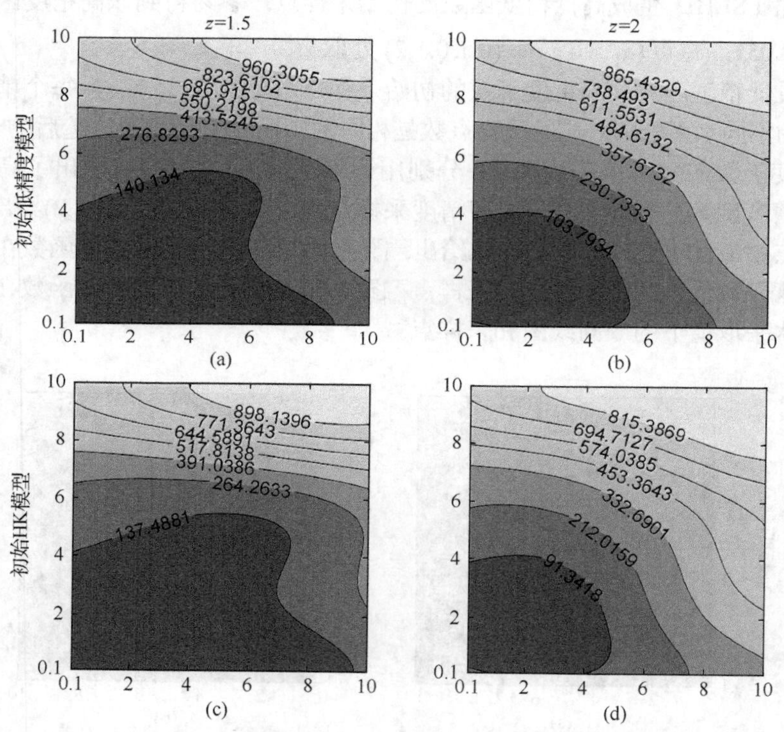

图 7.12　二维无约束情形下初始低精度模型、HK 模型的等高线图

图 7.13 展示了直至满足停止准则时每次加点的分布情况，包括定性因素水平、定量因素位置、精度，标记旁边的数字表示该点是在第几轮迭代中加入的. 若所加点出现在图 7.13(a)或(b)中，表示加入的是低精度的采样点，用“+”表示；若所加点出现在图 7.13(c)或(d)中，表示加入的是高精度的采样点，用“○”表示. 若所加点出现在图 7.13(a)或(c)中，表示加入点的定性因素部分水平取值为 1.5；若所加点出现在图 7.13(b)或(d)中，表示加入点的定性因素部分水平取值为 2. 由图 7.13 可知，在后续序贯优化选点过程中一共加了 5 个样本点，其中 3 个低精度采样点，2 个高精度采样点；随着优化的进行，选择的采样点越来越集中分布在点(0.1,0.1,2)附近，说明优化是朝着找到最优解的方向进行的.

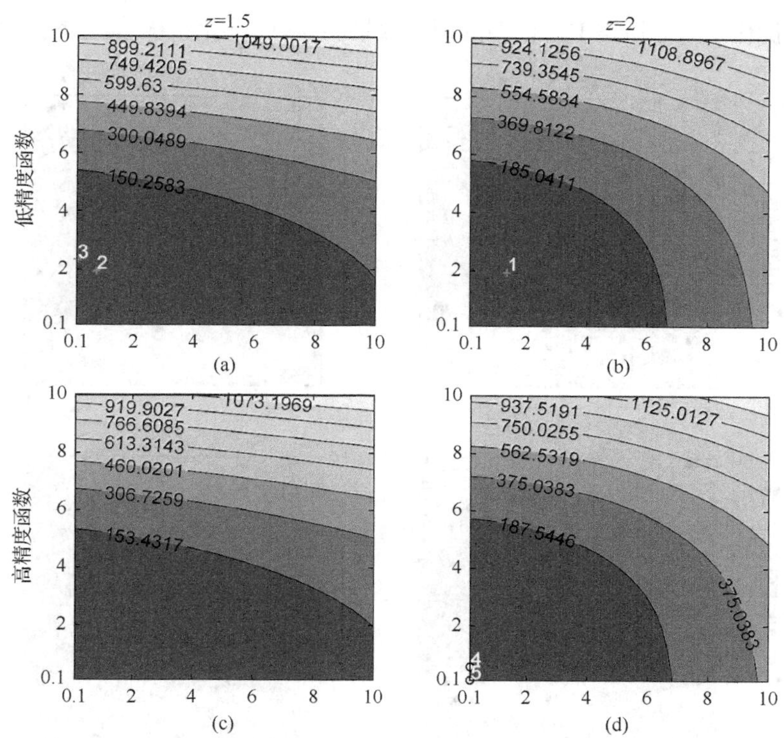

图 7.13　二维无约束情形下优化过程中每次选点的定性因素水平、位置、精度

表 7.1 列出了在无约束情形下优化二维测试函数的过程中每次选点的位置、精度，拟合出来的高精度目标函数的最佳观测值，以及与最优解的差值. 可以看到最后一个加入的采样点即为目标函数达到最优时的各因素取值，且所得优化结果即为高精度函数的真实最优解 0.051.

表 7.1　二维测试函数的基于变精度 EI 选点准则的搜索过程

迭代	位置(x,z)	精度水平	最佳观测值	与最优解的差值
1	(1.3185,1.9332,2)	1(低)	6.2438	6.1928
2	(0.7376,1.9427,1.5)	1(低)	3.0661	3.0151
3	(0.1000,2.3248,1.5)	1(低)	−3.9284	3.9794
4	(0.1000,0.5572,2)	2(高)	−0.1117	0.1627
5	(0.1000,0.1000,2)	2(高)	0.0510	0

图 7.14 画出了序贯优化结束时低精度模型、HK 模型的等高线图. 将图 7.12、图 7.14 中的 HK 模型的等高线图与图 7.11 中的高精度函数的等高线图进行对比，容易看出图 7.14 中的 HK 模型比图 7.12 中的 HK 模型更接近真实的目标

函数, 即优化结束时所得 HK 模型的拟合效果明显好于初始 HK 模型的拟合效果.

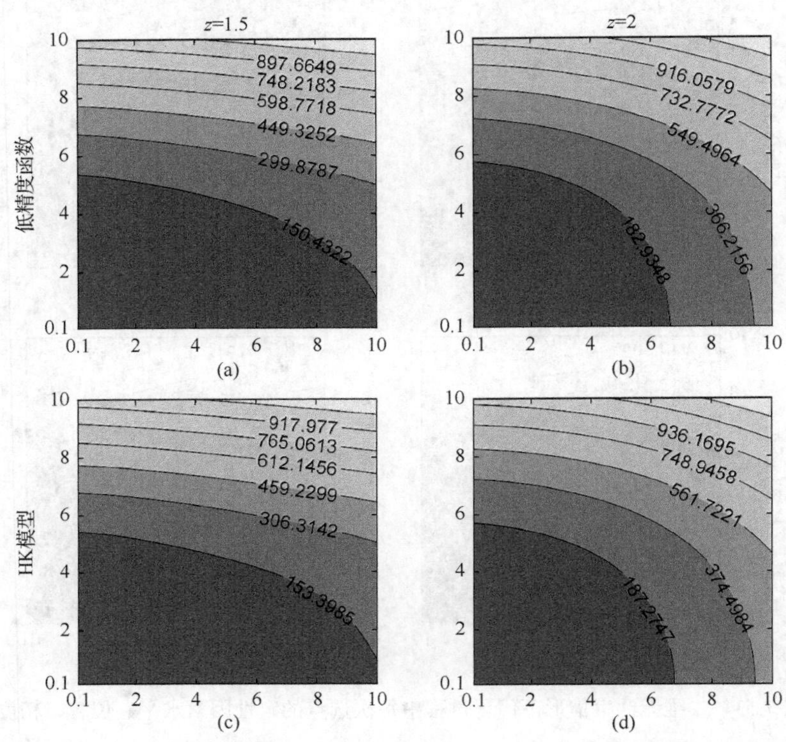

图 7.14 二维无约束情形下优化结束时低精度模型、HK 模型的等高线图

为了从数学上说明这一点, 选择均方根误差(RMSE)作为拟合高精度函数准确程度的评价指标, RMSE 的计算表达式为

$$\mathrm{RMSE}=\sqrt{\frac{1}{\left|W_{\mathrm{pred}}\right|}\sum_{\omega\in W_{\mathrm{pred}}}\left(\hat{y}(\omega)-y(\omega)\right)^{2}} \tag{7.49}$$

其中 W_{pred} 为所有测试点 ω 的集合, $\hat{y}(\omega)$、$y(\omega)$ 分别表示测试点 ω 处的估计值和真实值, RMSE 越小, 表示拟合的模型越准确. 在问题(7.47)中, 测试点集为定性因素水平取值分别为 1.5, 2 时试验区域内的一系列格子点, 测试点集大小为 $2\times 10000=20000$. 计算可得初始 HK 模型、序贯优化选点结束时的 HK 模型的 RMSE 分别为 74.8017, 6.0629, 即通过序贯加点可以大大降低 RMSE 值, 提高模型的拟合效果. 进一步证明了无约束下的变精度定性定量 EI 选点准则可以有效指导选点进程.

接着, 为了说明适应度函数选点准则的可行性, 对不规则区域下的 Gano 2 函数进行了仿真分析, 优化的问题为

$$\begin{aligned}
\min \quad & f(x) = 4x_1^z + x_2^3 + x_1x_2 \\
& f_{\mathrm{lf}}(x) = 4(x_1+0.1)^z + (x_2-0.1)^3 + x_1x_2 + 0.1 \\
\text{w.r.t.} \ & z \in \{1.5, 2\}, x_1, x_2 \in [0.1, 10] \\
\text{s.t.} \ & g(x) = \frac{1}{x_1} + \frac{1}{x_2} - 2 \leqslant 0
\end{aligned} \tag{7.50}$$

其中 $g(x)$ 表示不规则区域的边界. 问题(7.50)中的试验区域是不规则的, 故可用 5.1.3.4 节中的 S-DPSO 算法生成高低精度函数的初始采样点. 加入约束后目标函数的最优解为 $f^* = 5.6684$, 在点 $(x_1^*, x_2^*, z^*) = (0.8846, 1.1500, 2)$ 处取得.

假设低精度函数、高精度函数的初始采样点数分别为 18 和 6, 且每个精度下定性因素的不同水平取值对应的采样点数是相同的. 图 7.15 画出了 Gano 2 高低精度函数的等高线图、约束区域边界和初始的高低精度采样点分布情况, 其中图形左下角的被浅化了的区域表示不可行区域, “○” 表示高精度采样点, “+” 表示低精度采样点, 可以看到所有初始采样点都在可行域内. 图 7.15(a)(b)分别展示了低精度函数在定性因素水平取值为 $z=1.5$、$z=2$ 时的等高线图和采样点, 图 7.15(c)(d)分别展示了高精度函数在定性因素水平取值为 $z=1.5, z=2$ 时的等高线图和采样点.

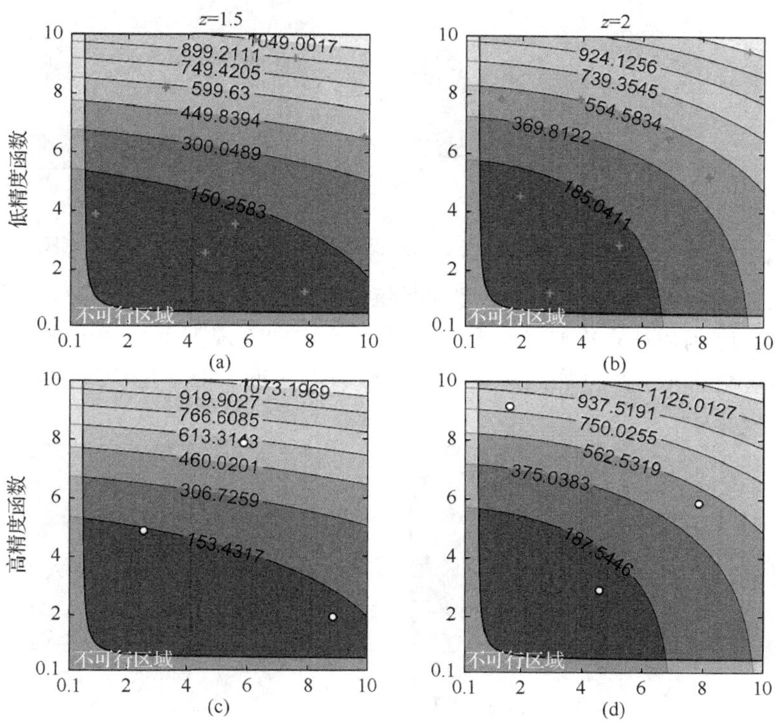

图 7.15　二维区域约束条件下高低精度函数的等高线图和初始采样点分布

图 7.16 画出了对初始采样数据进行建模后得到的低精度模型、HK 模型在定性因素不同水平取值下的等高线图. 将图 7.16(c)(d)与图 7.15(c)(d)进行比较, 可以看出, 两者等高线的形状和数值存在一定程度的差别, 说明通过初始采样得到的 HK 模型与真实高精度函数模型尚有一定差距.

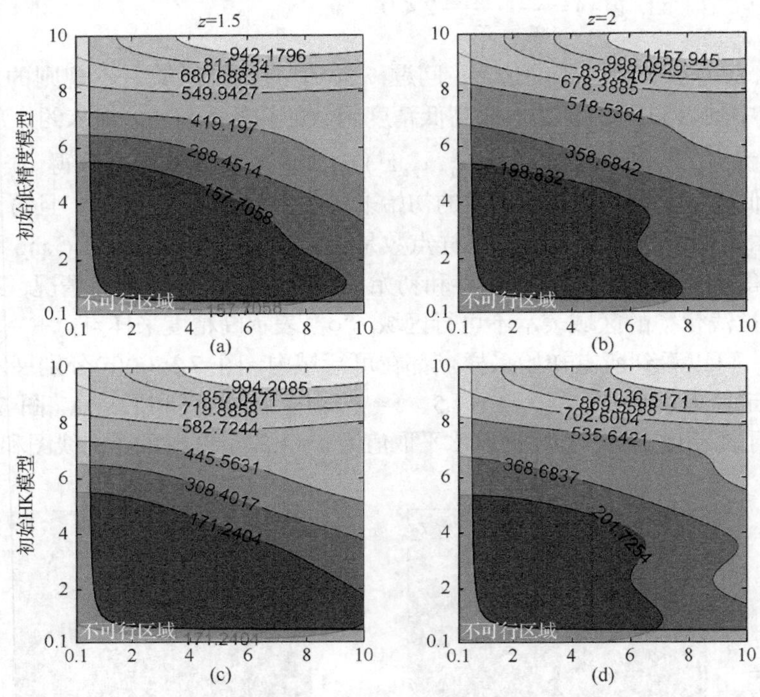

图 7.16 二维区域约束条件下初始低精度模型、HK 模型的等高线图

图 7.17 展示了直至满足停止准则时每次加点的分布情况, 证明了本节所提出的基于适应度函数选点准则的序贯方法确实能实现不规则可行域内高低精度样本点的序贯优化选取, 并且加入的点有向区域边界逼近、探索最优解的趋势.

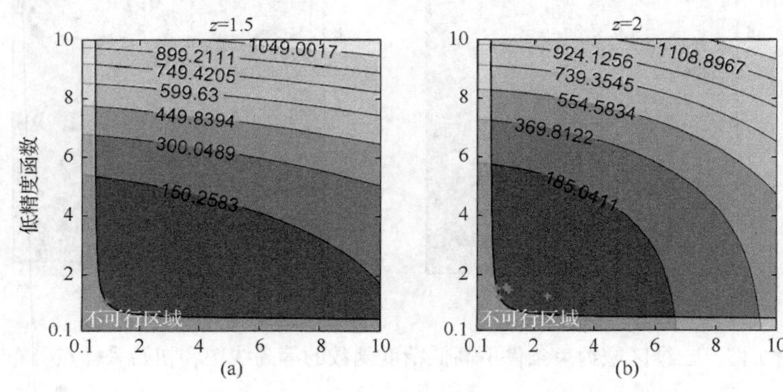

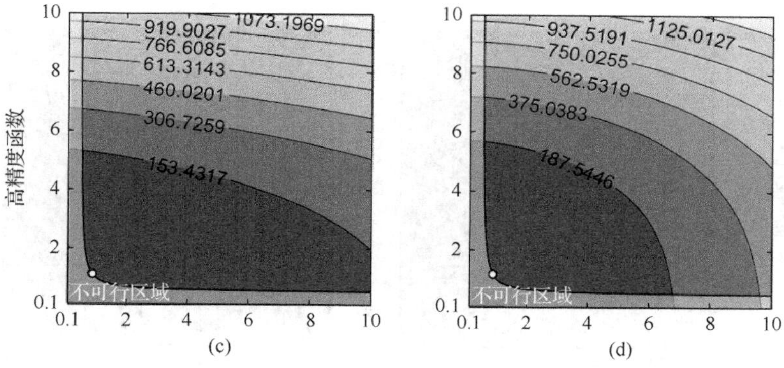

图 7.17　二维区域约束条件下优化过程中每次选点的定性因素水平、位置、精度

表 7.2 列出了在有不规则区域约束条件下的具体加点情况，拟合出来的最佳观测值以及最佳观测值与最优解的差值情况. 可以看到一共加了 11 个采样点，最终优化结果为 5.6717，与真实最优解的差值为 0.0033.

表 7.2　二维测试函数的基于适应度函数选点准则的搜索过程

迭代	位置(x,z)	精度水平	最佳观测值	与最优解的差值
1	(2.4368,1.2720,2)	1(低)	7.5697	1.9013
2	(1.1639, 1.4814, 2)	1(低)	3.9469	1.7215
3	(1.0862, 1.5724, 2)	1(低)	31.8131	26.1447
4	(1.0523, 1.5508, 2)	1(低)	2.7732	2.8952
5	(0.7398, 1.5425, 2)	1(低)	3.2822	2.3862
6	(0.9110, 1.1083, 1.5)	2(高)	5.8666	0.1982
7	(0.9127, 1.1058, 1.5)	2(高)	5.8414	0.1730
8	(0.9172, 1.0993, 1.5)	2(高)	5.8474	0.1790
9	(0.9110, 1.1083, 1.5)	1(低)	5.8567	0.1883
10	(0.8433 1.2281, 2)	1(低)	2.0803	3.5881
11	(0.8638, 1.1871, 2)	2(高)	5.6717	0.0033

图 7.18 画出了序贯优化结束时所得到的低精度模型、HK 模型的等高线图. 测试点集为定性因素水平取值分别为 1.5，2 时落在不规则试验区域内的一系列格子点，测试点集大小为 $2\times 8491=16982$. 计算可得初始 HK 模型、序贯优化选点结束时的 HK 模型的 RMSE 分别为 59.8665，2.1901，该结果说明基于适应度函数选点准则加点之后能大大降低模型的 RMSE 值，提高了模型的拟合效果.

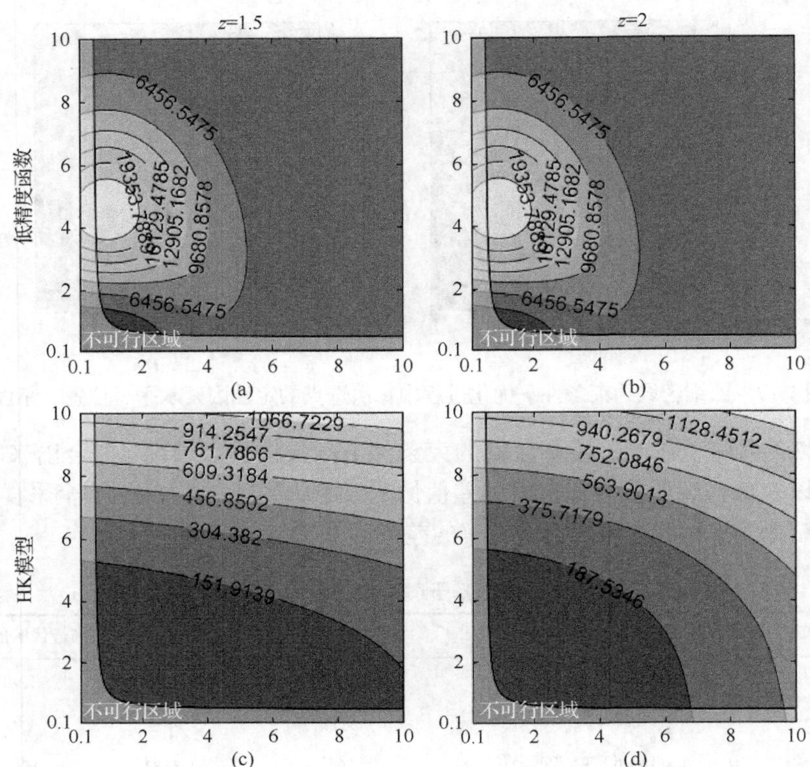

图 7.18　二维区域约束条件下优化结束时低精度模型、HK 模型的等高线图

7.2.4.3　应用案例仿真

以导引头抗干扰性能指标评估为例. 将导引头的距离跟踪精度 y 作为响应指标, 并考虑 y 与信噪比 x_1 、干扰带宽 x_2 这两个定量因素有关, 基于已有数据, 拟进行响应曲面建模. 由经验得知, 高精度函数、低精度函数可表示为

$$
\begin{gathered}
y_{\mathrm{hf}}=\frac{60}{\sqrt{x_1 x_2}} \\
y_{\mathrm{lf}}=\frac{1}{2} y_{\mathrm{hf}}+\frac{50}{\sqrt{x_1}\left(x_2+5\right)} \\
x_1 \in[10,50], \quad x_2 \in[60,100]
\end{gathered} \tag{7.51}
$$

容易得到其最优解为 $x_{\text{best}}=(50,100)$, 于是考虑用停止准则. 图 7.19 给出了高(左)、低(右)精度函数的等高线图和初始采样点, 高低精度的初始采样点数量分别为 6, 12. 图 7.20(a) 画出了优化结束时得到的高精度函数代理模型的等高线图, 图 7.20(b) 描绘出了后续序贯选点优化直至达到停止准则时加入采样点的分布情

况，一共加了 3 个点，其中 1 个低精度采样点，2 个高精度采样点. 从图 7.20 中可以看出，在该问题背景下优化的效率很高，只通过加入少量的设计点就找到了全局最优.

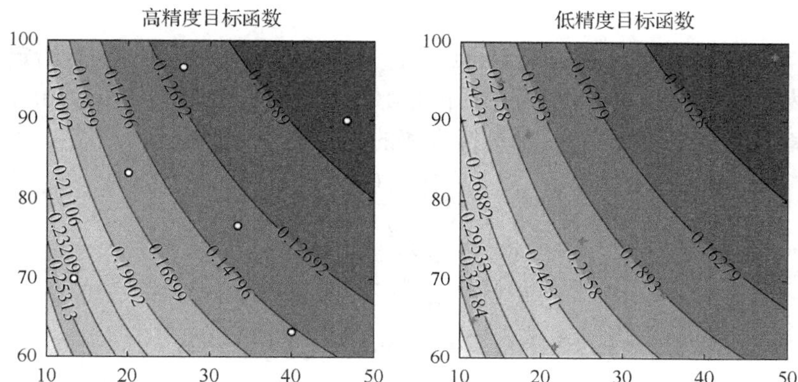

图 7.19　距离跟踪精度与信噪比、干扰带宽之间的高低精度函数等高线图及初始采样点

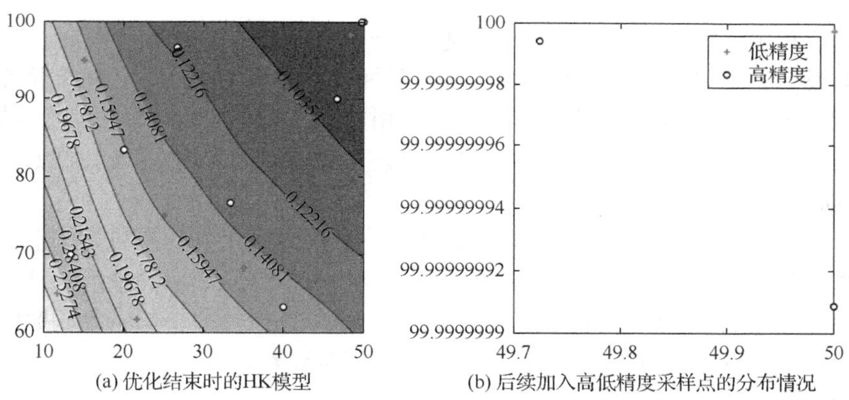

图 7.20　优化结束时所得 HK 模型及选点情况

距离跟踪精度是评价导引头抗干扰能力的一个有效指标，对于主动雷达导引头而言，在压制噪声干扰场景下，雷达的距离跟踪精度，即测距误差，与信噪比、干扰带宽密切相关，通过对大量的试验数据进行响应曲面拟合，发现其函数关系可近似表示为

$$\sigma = \frac{c}{2B\sqrt{s}} \tag{7.52}$$

其中 σ 表示距离跟踪精度，B 表示干扰带宽，s 表示信噪比，c 是常数.

为了验证多精度定性定量响应曲面序贯优化设计在实际算例中的应用，基于上式，考虑如下的高低精度函数作为原模型进行仿真:

$$
\begin{aligned}
f(x,z) &= \frac{3000}{\sqrt{x_1 x_2}} + 2z - 1 \\
f_{\mathrm{lf}}(x,z) &= \frac{5}{6} f(x,z) + \frac{100}{x_1} + \frac{200}{x_2}
\end{aligned}
\tag{7.53}
$$

其中信噪比 x_1 和干扰带宽 x_2 为定量因素，干扰样式 z 为定性因素. 若给定 x_1 的取值范围为[10, 50]、x_2 的取值范围为[60, 100]、z 的水平取值集合为{0, 1}，下面求解距离跟踪精度的最小值，那么待求解的优化问题可表示为

$$
\begin{aligned}
\min f(x,z) &= \frac{3000}{\sqrt{x_1 x_2}} + 2z - 1 \\
f_{\mathrm{lf}}(x,z) &= \frac{5}{6} y_{\mathrm{hf}} + \frac{100}{x_1} + \frac{200}{x_2} \\
z \in \{0,1\}, &\quad x_1 \in [10,50], \quad x_2 \in [60,100]
\end{aligned}
\tag{7.54}
$$

考虑了两种不同场景下的压制噪声干扰态势，对应的 z 的取值分别为 0, 1. 容易得到问题的最优解在 $\left(x_1^*, x_2^*, z^*\right) = (50,100,0)$ 时取得，为 $f^* = 3.242641$，于是在序贯优化过程中采用本章提出的停止准则.

假设低精度函数、高精度函数的初始采样点数分别为 24, 6，且每个精度下定性因素的不同水平取值对应的采样点数是相同的. 问题(7.54)中的试验区域是规则的，故低精度、高精度的初始采样点分别可由最优 FSLHD(12,12;2,2)、最优 FSLHD(3,3;2,2)给出.

图 7.21 给出了距离跟踪精度与信噪比、干扰带宽、干扰态势之间的高低精度函数的等高线图和初始采样点，其中“○”和“+”分别表示高精度、低精度采样点. 图 7.21(a)(b) 分别展示了定性因素取值为 $z=0, z=1$ 关于低精度函数的初始采样点和等高线图，图 7.21(c)(d) 分别展示了定性因素取值为 $z=0, z=1$ 关于高精度函数的初始采样点和等高线图.

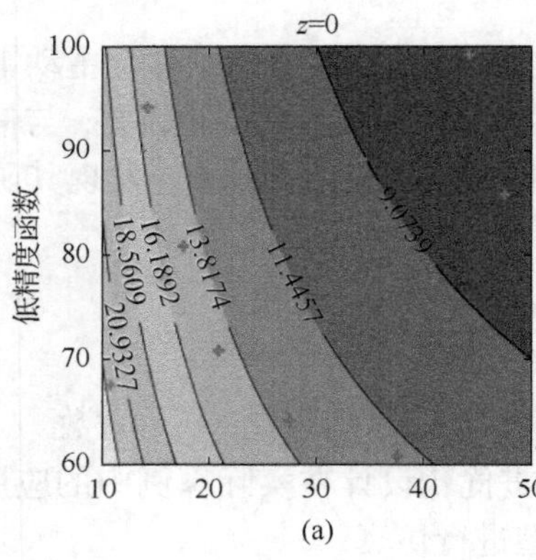

(a)

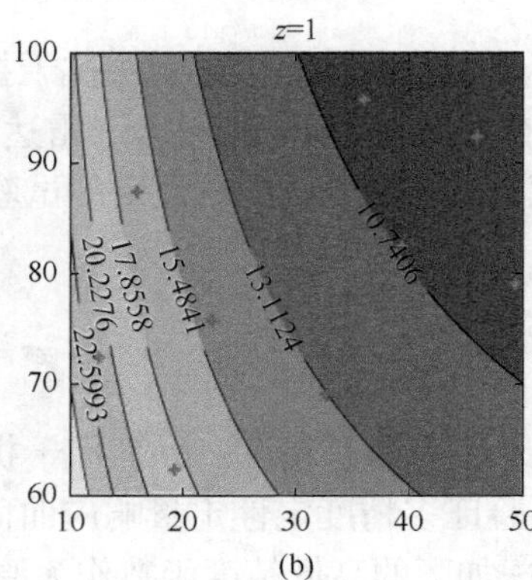

(b)

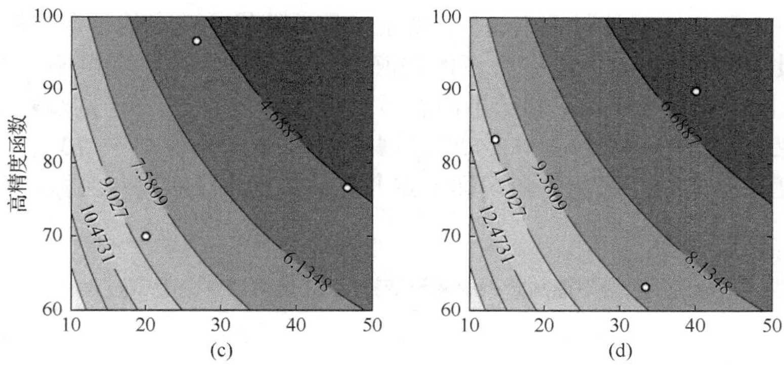

图 7.21　指标与信噪比、干扰带宽、干扰态势之间的高低精度函数等高线图及初始采样点

图 7.22 描绘出了直至达到停止准则时后续加入采样点的分布情况, “+” 表示加入的是低精度采样点, “○” 表示加入的是高精度采样点. 从图 7.22 可看到后续优化过程中一共加了 5 个采样点, 其中 2 个为低精度采样点, 3 个为高精度采样点, 且所有加入点的定性因素取值均为 0.

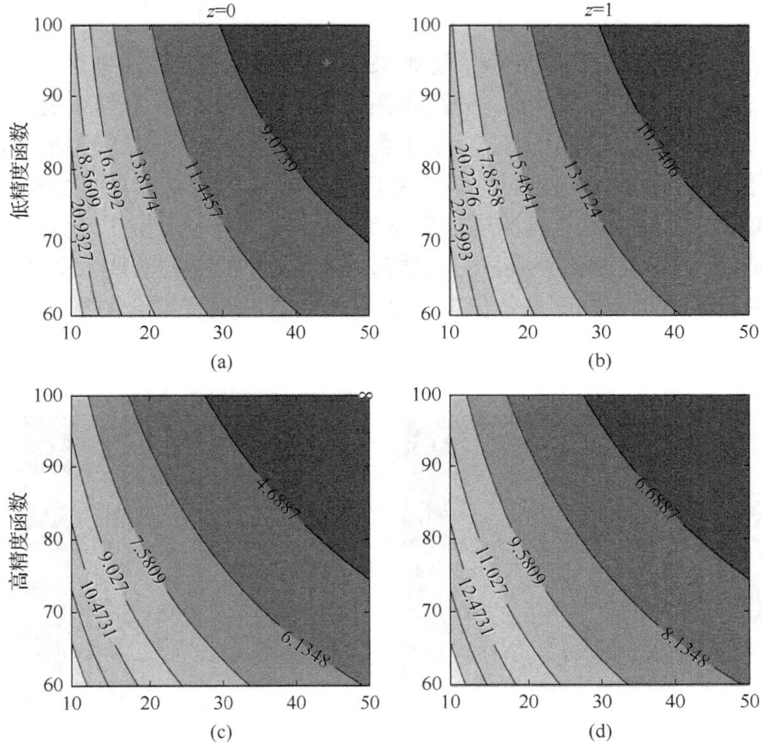

图 7.22　应用算例分析中的变精度优化选点情况

表 7.3 列出了具体的搜索过程，展示了每一轮优化选点的位置与精度、HK 模型的最佳观测结果以及与最优解的差值. 从表 7.3 可看出，随着不断加入新的采样点，HK 模型的最佳观测结果向着最优解 3.242641 的方向逐步降低，直至优化结束时得到的最优解为 3.2426，与真实最优解的差值小于 10^{-5}，说明本节的变精度加点准则方法能够实现样本点的有效添加，帮助找到目标函数的全局最优.

表 7.3　应用算例分析中基于变精度 EI 选点准则的搜索过程

迭代	位置(x,z)	精度水平	最佳观测值	与最优解的差值
1	(44.3419,94.7265,0)	1(低)	3.8889	0.6463
2	(44.5791,100.0000,0)	1(低)	3.7582	0.5156
3	(49.0174,99.9995,0)	2(高)	3.2655	0.0229
4	(49.0174,99.9950,0)	2(高)	3.2506	0.0080
5	(49.9999,99.9999,0)	2(高)	3.2426	10^{-5}

图 7.23、图 7.24 分别展示了初始采样、多精度序贯采样结束时得到的低精度模型和 HK 模型的等高线图. 分别将图 7.23、图 7.24 中的等高线图与图 7.21 中的等高线图进行直观对比，可以看出经初始采样后所得 HK 模型的等高线图与高精度函数的实际等高线图在整体形状走势上有一定差异，而优化采样结束时所得 HK 模型的等高线图与真实函数模型更为相似. 进一步地，以规则试验区域内的一系列格子点作为测试点集，发现通过序贯优化加点使得 HK 模型 RMSE 值从 0.7970 降至 0.4168，这从数值上证明了加点之后模型拟合的准确程度得到了提升.

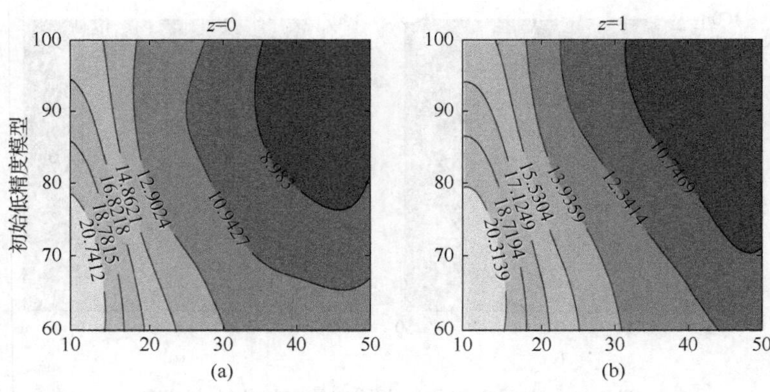

(a) (b)

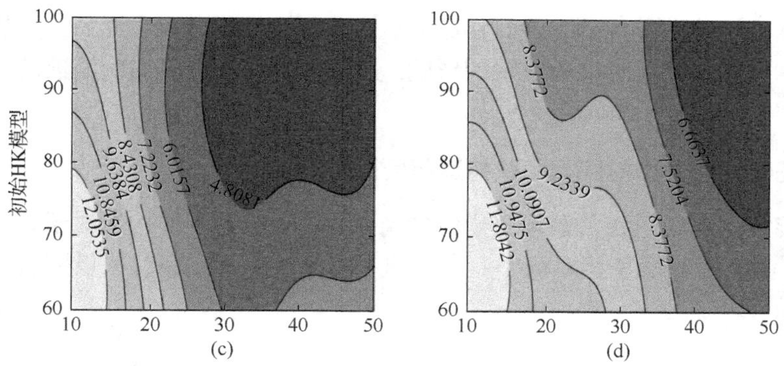

图 7.23　应用算例分析中初始采样得到的低精度模型和 HK 模型的等高线图

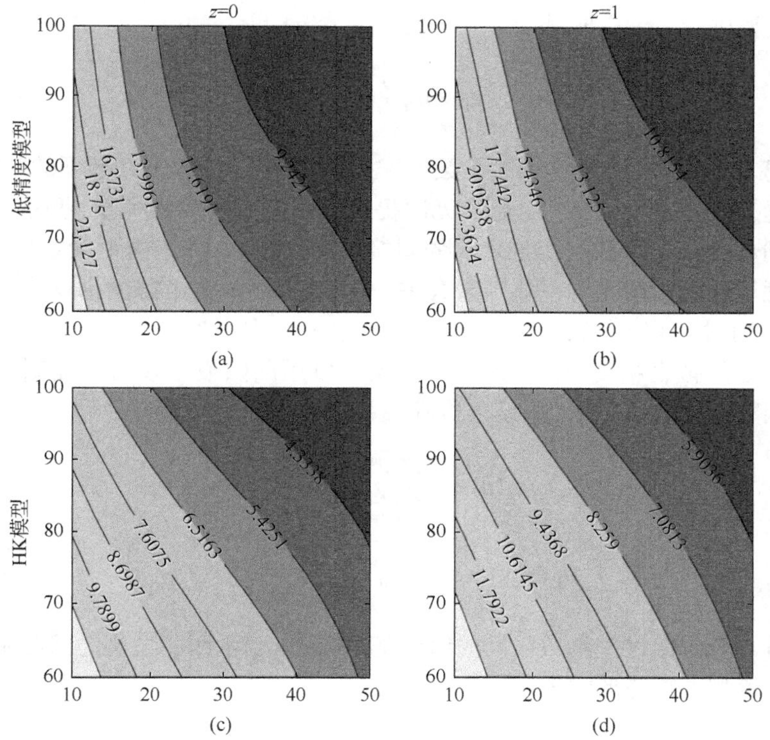

图 7.24　应用算例分析中优化结束时得到的低精度模型和 HK 模型的等高线图

7.3　综合权重及时序约束信息的批序贯设计

本节将重点考虑不同试验点的试验成本及试验时序信息，在性能指标与影响因素间的响应模型未知情况下，结合物理先验信息，构建试验响应曲面的基函数，进行一体化试验方案的优化设计, 基于结构化稀疏建模和参数估计, 分析不同试验点成本及试验时序对试验方案的影响, 并在理论上分析其响应函数的期望预测性能[181].

7.3.1　基于先验信息的回归函数构造与问题

在装备系统的内在关系本身未知的情形下, 响应模型的构造对于试验设计十分重要. 由于回归模型相对简单、易于进行分析与解释, 因此假设装备系统性能响应关系可表示为

$$y(x)=f(x,\beta)+\varepsilon$$

由于非线性模型最优设计在理论上的困难, 本节考虑用基于物理先验的基函数线性模型进行表示, 即

$$y(x)=\sum_{i=1}^{m}g_i(x)\beta_i+\varepsilon,\quad \varepsilon\sim N\left(0,\sigma^2\right) \tag{7.55}$$

其中 g_i 是基于先验信息确定的基函数, 上述模型也包含变量非线性项的回归模型.

在复杂装备系统分析中, 通常无法提供准确的真实模型类型, 只能通过先验信息得到部分自变量和因变量之间的间接关系, 例如, 雷达测距误差与平台速度及加速度、环境信杂比等主要因素有关, 但很难给出完整的测距误差的全因素影响函数. 这种情形下最优回归设计在实现上会有很多困难.

在一定的拟合精度下, 考虑内在关系可以用回归模型较为准确刻画的情况. 即对基函数进行扩展, 得到系统的内在关系表示为

$$\begin{aligned}y&=\gamma_0+\sum_{i=1}^{m}g_i(x)\gamma_i+\sum_{i=1}^{m}\sum_{j=1}^{m}g_i(x)g_j(x)\gamma_{ij}+\cdots+\varepsilon\\&\triangleq\sum_{k=1}^{q}\beta_k f_k(x)+\varepsilon\triangleq\beta^{\mathrm{T}}f(x)+\varepsilon\end{aligned} \tag{7.56}$$

其中, $f(x)$ 表示给定基函数之间的组合基函数, q 表示回归模型的回归系数个数.

观测模型的矩阵形式为

$$Y=F(\xi_N)\beta+e,\quad \mathrm{cov}(e)=\sigma^2 I_N \tag{7.57}$$

此基函数所含项数较多, 且不同实际批次试验中, 对不同的系数激发的程度不同. 比如在某些批次试验下, 某些相关因素取值为 0, 相应的影响未被激发, 其对应参数在此情形下无法被求解出来. 另外, 针对方差齐性的估计对各个设计支撑点一视同仁, 对每个点赋予了相同的权值, 但在试验设计实际问题中, 针对全数字仿真试验、半实物仿真试验、实装试验等不同类型不同批次的试验, 点与点

之间的成本和重要程度并不相同. 由此, 我们引入稀疏成分分析方法和加权估计进行一体化试验设计和参数估计.

7.3.2 加权 D-最优设计

实际试验实施中, 全数字仿真试验、半实物仿真试验、实装试验等不同类型的试验是可按照批序贯的形式进行的, 因此试验设计可考虑由成本低的试验开始, 得到初始的试验设计点和回归函数估计, 然后逐步结合高成本的半实物试验和实物试验精化试验模型, 进行批次序贯优化, 最后得到最佳的回归模型估计结果.

很显然, 针对方差齐性的最小二乘估计(least squares estimation, LSE)估计对各个支撑点一视同仁, 对每个点赋予了相同的权值, 但在试验设计实际问题中, 针对全数字仿真试验、半实物仿真试验、实装试验等不同类型的试验, 点与点之间的成本和重要程度并不相同. 直观地, 在试验成本较低的区域可以设置更多估计点, 估计精度可能更高, 而对试验成本高的区域则试验点设置较少, 可适当放宽精度要求, 可对最小残差平方和估计进行加权.

定义 7.2 使偏差向量的长度平方和的期望 $E\left(\| Y-F\left(\xi_N\right)\beta \|^2\right)$ 达到最小的值 $\hat{\beta}$ 称为 β 的加权最小残差平方和估计(WLSE).

定义 7.2 实际上是对支撑点的长度偏差进行加权, 权重为该点的成本. 如果点的权重为 $\varphi_i=\varphi\left(z_i\right)=\varphi\left(z_{1i},z_{2i},\cdots,z_{pi}\right)$, 则 $\hat{\beta}$ 满足

$$\min E(\|Y-F(\xi_N)\beta\|^2)=\sum_{i=1}^{N}(y_i-\beta^{\mathrm{T}}f(z_i))^2\varphi_i \tag{7.58}$$

因为

$$\sum_{i=1}^{N}(y_i-\beta^{\mathrm{T}}f(z_i))^2\varphi_i=\sum_i\left(y_i\sqrt{\varphi_i}-\beta^{\mathrm{T}}f(z_i)\sqrt{\varphi_i}\right)^2=\sum_i(\tilde{y}_i-\beta^{\mathrm{T}}\tilde{f}(z_i))^2 \tag{7.59}$$

令 $A=\operatorname{diag}\left(\sqrt{\varphi_1},\sqrt{\varphi_2},\cdots,\sqrt{\varphi_N}\right)$, 有

$$\tilde{Y}=AY,\quad \tilde{f}(x)=Af(x),\quad \tilde{F}\left(\xi_N\right)=AF\left(\xi_N\right) \tag{7.60}$$

则(7.58)写为

$$\min\| \tilde{Y}-\tilde{F}\left(\xi_N\right)\beta \|^2 \tag{7.61}$$

于是, 考虑参数估计问题:

$$\tilde{Y}=\tilde{F}(\xi_N)\beta+e,\quad \operatorname{cov}(e)=\sigma^2 I_N \tag{7.62}$$

根据高斯-马尔可夫假设，其值为

$$\begin{aligned}\hat{\beta} &= \left(\tilde{F}(\xi_N)^{\mathrm{T}}\tilde{F}(\xi_N)\right)^{-1}\left(\tilde{F}(\xi_N)^{\mathrm{T}}\tilde{Y}\right) = \left[\left(AF(\xi_N)\right)^{\mathrm{T}}\left(AF(\xi_N)\right)\right]^{-1}\cdot\left(AF(\xi_N)\right)^{\mathrm{T}}(AY)\\ &= \left[F(\xi_N)^{\mathrm{T}}A^{\mathrm{T}}AF(\xi_N)\right]^{-1}F(\xi_N)^{\mathrm{T}}A^{\mathrm{T}}AY\\ &= \left[F(\xi_N)^{\mathrm{T}}\Phi F(\xi_N)\right]^{-1}F(\xi_N)^{\mathrm{T}}\Phi Y\end{aligned} \tag{7.63}$$

其中，$\Phi = A^{\mathrm{T}}A = \mathrm{diag}(\varphi_1,\varphi_2,\cdots,\varphi_N)$.

定理 7.6　如果不同试验点 z_i 处的权重为 $\varphi_i = \varphi(z_i)$，$\Phi = \mathrm{diag}(\varphi_1,\varphi_2,\cdots,\varphi_N)$，线性回归模型(7.57)中 β 的最小期望残差平方和估计 $\hat{\beta}$ 满足：$E(\hat{\beta}) = \beta$；$\mathrm{cov}(\hat{\beta}) = \sigma^2(F(\xi_N)^{\mathrm{T}}\Phi F(\xi_N))^{-1}$.

证明　模型(7.62)与如下模型等价:

$$y = \beta^{\mathrm{T}}f(x) + \frac{1}{\sqrt{\varphi(x)}}\varepsilon = \beta^{\mathrm{T}}f(x) + \tilde{\varepsilon},\quad \mathrm{cov}(\tilde{\varepsilon}) = \sigma^2/\varphi(x), \tag{7.64}$$

这是一个异方差的线性回归模型，相应的观测矩阵为

$$Y = F(\xi_N)\beta + \tilde{e},\quad E(\tilde{e}) = 0,\quad \mathrm{cov}(\tilde{e}) = \sigma^2\Phi^{-1} \tag{7.65}$$

于是，$E(Y) = F(\xi_N)\beta$，$\mathrm{cov}(Y) = \mathrm{cov}(e) = \sigma^2\Phi^{-1}$，

$$\begin{aligned}E(\hat{\beta}) &= E\left[\left(F(\xi_N)^{\mathrm{T}}\Phi F(\xi_N)\right)^{-1}F(\xi_N)^{\mathrm{T}}\Phi Y\right]\\ &= \left(F(\xi_N)^{\mathrm{T}}\Phi F(\xi_N)\right)^{-1}F(\xi_N)^{\mathrm{T}}\Phi F(\xi_N)\beta = \beta\end{aligned} \tag{7.66}$$

所以 $\hat{\beta}$ 的 WLSE 也是 β 的无偏估计.

$$\begin{aligned}\mathrm{cov}(\hat{\beta}) &= \mathrm{cov}\left(\left(F(\xi_N)^{\mathrm{T}}\Phi F(\xi_N)\right)^{-1}F(\xi_N)^{\mathrm{T}}\Phi Y\right)\\ &= \left(F(\xi_N)^{\mathrm{T}}\Phi F(\xi_N)\right)^{-1}F(\xi_N)^{\mathrm{T}}\Phi\mathrm{cov}(Y)\Phi F(\xi_N)\left(F(\xi_N)^{\mathrm{T}}\Phi F(\xi_N)\right)^{-1}\\ &= \sigma^2\left(F(\xi_N)^{\mathrm{T}}\Phi F(\xi_N)\right)^{-1}F(\xi_N)^{\mathrm{T}}\Phi\Phi^{-1}\Phi F(\xi_N)\left(F(\xi_N)^{\mathrm{T}}\Phi F(\xi_N)\right)^{-1}\\ &= \sigma^2\left(F(\xi_N)^{\mathrm{T}}\Phi F(\xi_N)\right)^{-1}\end{aligned} \tag{7.67}$$

为构造异方差模型的 D-最优设计，首先令 $d(x,\xi) = f(x)^{\mathrm{T}}M_p^{-1}(\xi)f(x)$，有下述定理成立.

定理 7.7　一个设计 ξ^* 是 D-最优 $\left(\xi^*=\arg\max\limits_{\xi}|M(\xi)|\right)$ 当且仅当下述结论等价:

(1) $\xi^*=\arg\min\limits_{\xi}\max\limits_{x\in\Omega}\varphi(x)d(x,\xi)$ (arg 表示变量取值);

(2) $\max\limits_{x\in\Omega}\varphi(x)d\left(x,\xi^*\right)=m$，其中 m 为未知参数的个数.

定义 7.3　如果试验设计 ξ_N 中点 z_i 处有权重 $\varphi_i=\varphi(z_i)$，则方差齐性的线性回归模型:

$$Y=F(\xi_N)\beta+e,\quad \operatorname{cov}(e)=\sigma^2 I_N \tag{7.68}$$

考虑权重信息后的信息矩阵为 $M_p(\xi_N)=F(\xi_N)^{\mathrm{T}}\Phi F(\xi_N)$，其中 $\Phi=\operatorname{diag}(\varphi_1,\varphi_2,\cdots,\varphi_N)$.

具体地，信息矩阵为

$$\begin{aligned}
M_p(\xi_N)&=\tilde{F}(\xi_N)^{\mathrm{T}}\tilde{F}(\xi_N)=F(\xi_N)^{\mathrm{T}}\Phi F(\xi_N)=\sum_{j=1}^{N}\tilde{f}(z_j)^{\mathrm{T}}\tilde{f}(z_j)\\
&=\sum_{j=1}^{N}\left(\sqrt{\varphi_j}f(z_j)\right)^{\mathrm{T}}\left(\sqrt{\varphi_j}f(z_j)\right)\\
&=\sum_{j=1}^{N}\varphi_j f(z_j)^{\mathrm{T}}f(z_j)=N\sum_{j=1}^{n}\varphi_j p_j f(z_j)^{\mathrm{T}}f(z_j)
\end{aligned}\tag{7.69}$$

为与标准的最优设计相区别，下面称 $M_p(\xi_N)$ 为线性模型(7.68)的加权信息矩阵.

7.3.3　批序贯空间加权的约束试验最优方案设计

1. 建模及求解流程

基于超完备基函数的试验设计中，考虑结合加权最优设计、结构化稀疏成分分析、利用高斯过程来搜索曲面极值点的优势，进行融合的批序贯最优试验设计.

目前，进行 S 次批序贯处理的加权最优设计模型如下

$$\min_{\beta}J(\beta)=\sum_{s=1}^{S}\|Y_s-\tilde{F}(\xi_{N_s})\beta_s\|_2^2+\lambda\|\beta_s\|_p^p \tag{7.70}$$

其中

$$(Y_1,\cdots,Y_S)=\tilde{F}\left(\xi_{N_s}\right)(\beta_1,\cdots,\beta_S) \tag{7.71}$$

为结构化的矩阵，不同批次下参数 β_s 的分量有联系且为零项可能不完全相同，表明大多数参数在不同批次试验下都有所体现，但可能存在某些因素在某些试验条件下未被充分激发，此时该影响因素对应的 β_s 的某一分量取值为零. 在考虑试验

因素范围的前提下，影响因素的变化这类先验是可部分取得的.

(1) 当 $s=1$ 时，第一批次试验，考虑约束取定 N，结合超完备基的试验设计矩阵，根据信息矩阵进行加权，对试验点 $\xi_N=\{z_1,z_2,\cdots,z_N\}$ 进行位置优化，得到 N 个初步的设计点

$$\xi_N^{\mathrm{c}}=\arg\max_{\xi^{\mathrm{c}}}\det M_{\mathrm{I}}\left(\xi^{\mathrm{c}}\right),\quad \text{其中 } \xi_N=\{z_1,z_2,\cdots,z_N\}$$

$$M(\xi)=\sum_{j=1}^{n}p_j f\left(z_j\right)^{\mathrm{T}}\Phi f\left(z_j\right)=\frac{1}{N}\tilde{F}\left(\xi_N\right)^{\mathrm{T}}\tilde{F}\left(\xi_N\right)$$

(2) 进行系数 β 的加权稀疏优化，得到响应函数的初步估计.

(3) 当 $s=2$ 时，基于响应函数的初步估计，结合下一批序贯试验的采样点试验区域，进行设计点的估计，此过程利用高斯过程来完成搜索曲面极值点.

(4) 结合第二批采样和参数估计的先验约束，进行系数的稀疏优化，得到非零系数项的初步估计.

(5) 基于非零系数项，重新利用稀疏优化方法得到新的基函数和参数估计，得到新的响应函数.

(6) 当 $s=3,\cdots$ 时，重复(3)—(5)过程. 直到遍历所有试验区域.

2. 性能分析

经典的 D-最优设计和基于稀疏成分分析的批序贯空间加权 D-最优设计提供了两种试验方案，根据试验点可以获得参数 β 的不同估计结果，从而建立试验区间上的预测模型.

批序贯空间加权优于经典的 D-最优设计导出的预测模型.

对一个试验设计 ξ，记 β 的估计为 $\beta^E(\xi)$，如 WLSE 为 $\hat{\beta}(\xi)$，β 的 LSE 为 $\beta^*(\xi)$，定义点 x 处的加权预测方差为 $\operatorname{var}_W\left(\hat{y}(x),\beta^E(\xi)\right)=\varphi(x)\operatorname{var}\left[\hat{y}(x),\beta^E(\xi)\right]$.

定理 7.8 对于线性回归模型(7.55)，如果加权权重函数为 $\varphi(x)$，那么由批序贯空间加权 D-最优设计 ξ_{pD} 导出的预测模型最大加权预测方差小于标准 D-最优设计 ξ_D 的最大加权预测方差. 即 $\max\limits_{x\in\Omega}\operatorname{var}_W\left(\hat{y}(x),\hat{\beta}\left(\xi_{pD}\right)\right)\leqslant\max\limits_{x\in\Omega}\operatorname{var}_W\left(\hat{y}(x),\beta^*\left(\xi_D\right)\right)$.

证明 设批序贯空间加权 D-最优设计 ξ_{pD} 的设计矩阵为 $F\left(\xi_{pD}\right)$，并根据试验结果得出 β 的 WLSE 为 $\hat{\beta}\left(\xi_{pD}\right)$. 对试验区间的任意点 x，关于响应的预测值为 $\hat{y}=\hat{\beta}^{\mathrm{T}}\left(\xi_{pD}\right)f(x)$，于是有

$$E(\hat{y})=E\left(\hat{\beta}^{\mathrm{T}}\left(\xi_{pD}\right)f(x)\right)=\beta^{\mathrm{T}}f(x)=E(y) \tag{7.72}$$

$$\operatorname{var}(\hat{y})=\operatorname{var}\left(\hat{\beta}^{\mathrm{T}}\left(\xi_{pD}\right)f(x)\right)=\sigma^2 f^{\mathrm{T}}(x)\left[M_p\left(\xi_{pD}\right)\right]^{-1}f(x) \tag{7.73}$$

于是对于点 x，预测模型是无偏的. 且相应的加权预测方差为

$$\mathrm{var}_W\left(\hat{y}(x),\hat{\beta}\left(\xi_{pD}\right)\right)=\sigma^2 f^{\mathrm{T}}(x)\left[M_p\left(\xi_{pD}\right)\right]^{-1} f(x)\cdot\varphi(x)=\sigma^2\varphi(x)d(x,\xi_{pD}) \quad (7.74)$$

对标准 D-最优设计 ξ_D 和相应的最小二乘估计, 加权预测方差为

$$\mathrm{var}_W\left(\hat{y}(x),\beta^*\left(\xi_D\right)\right)=\sigma^2 f^{\mathrm{T}}(x)\left[F\left(\xi_D\right)^{\mathrm{T}}F\left(\xi_D\right)\right]^{-1} f(x)\cdot\varphi(x) \quad (7.75)$$

考虑模型: $y=\beta^{\mathrm{T}}f(x)+\dfrac{1}{\sqrt{\lambda(x)}}\varepsilon,\ \varepsilon\sim N\left(0,\sigma^2\right)$, 令 $\tilde{y}=\hat{y}\sqrt{\lambda(x)}$.

对于标准 D-最优设计 ξ_D，可以分别获得参数 β 的 WLSE 为 $\hat{\beta}\left(\xi_D\right)$，LSE 为 $\beta^*\left(\xi_D\right)$，对 $\tilde{y}$ 的预测方差分别为

$$\mathrm{var}\left(\tilde{y}(x),\hat{\beta}\left(\xi_D\right)\right)=\sigma^2 f^{\mathrm{T}}(x)\left[M_p\left(\xi_D\right)\right]^{-1} f(x)\cdot\varphi(x)=\sigma^2\varphi(x)d(x,\xi_D) \quad (7.76)$$

$$\mathrm{var}\left(\tilde{y}(x),\beta^*\left(\xi_D\right)\right)=\sigma^2 f^{\mathrm{T}}(x)\left[M\left(\xi_D\right)\right]^{-1} f(x)\cdot\varphi(x) \quad (7.77)$$

所以 $\mathrm{var}_W\left(y(x),\beta^*\left(\xi_D\right)\right)=\mathrm{var}\left(\tilde{y}(x),\beta^*\left(\xi_D\right)\right)$.

另一方面, 根据 Gauss-Markov 定理, WLSE 具有最小的方差, 于是

$$\mathrm{var}\left(\tilde{y}(x),\hat{\beta}\left(\xi_D\right)\right)\leqslant\mathrm{var}\left(\tilde{y}(x),\beta^*\left(\xi_D\right)\right) \quad (7.78)$$

根据定理 7.7, $\xi_{pD}=\arg\min\limits_{\xi}\max\limits_{x\in\Omega}\varphi(x)d(x,\xi)$，所以

$$\max_{x\in\Omega}\mathrm{var}_W\left(\hat{y}(x),\hat{\beta}\left(\xi_{pD}\right)\right)\leqslant\max_{x\in\Omega}\mathrm{var}\left(\tilde{y}(x),\hat{\beta}\left(\xi_D\right)\right)\leqslant\max_{x\in\Omega}\mathrm{var}_W\left(\hat{y}(x),\beta^*\left(\xi_D\right)\right) \quad (7.79)$$

不同的系数激发状态下, 不同批次试验下, 稀疏成分分析求解参数比传统最小二乘方法优.

结论 7.1　D-最优设计的初始都应是非退化的, 如果模型驱动的基函数维数高于采样点数, 则信息矩阵退化, 最小二乘法无法求解. 即设计 $\xi=\left(z_1,z_2,\cdots,z_n\right)$ 中, 若谱点数 $n<q$，则 $M(\xi)$ 是退化矩阵, 最小二乘法无法求解.

由于性能指标与影响因素间的响应模型未知, 即便实际非零参数少, 但在试先验, 依据先验信息和模型驱动的基函数构造所对应的参数数目增多, 信息矩阵极易退化.

结论 7.2　在经典统计方法如最小二乘可以求解的情形下, 若模型有较强的稀疏性(稀疏度较大), 且不同批次的对应参数有相应的变化, 结合先验信息的结构化稀疏成分分析参数估计优于经典最小二乘估计, 此时非零系数更集中, 参数估计的精度高.

7.3.4 仿真算例

考虑组合响应模型:

$$y = x_1 \sin(4x_1) + 1.1x_2 \sin(2x_2) + \sin x_1 \sin(2x_2), \quad x_1 \in [0,5], \quad x_2 \in [0,5] \tag{7.80}$$

其真实的函数如图 7.25 所示.

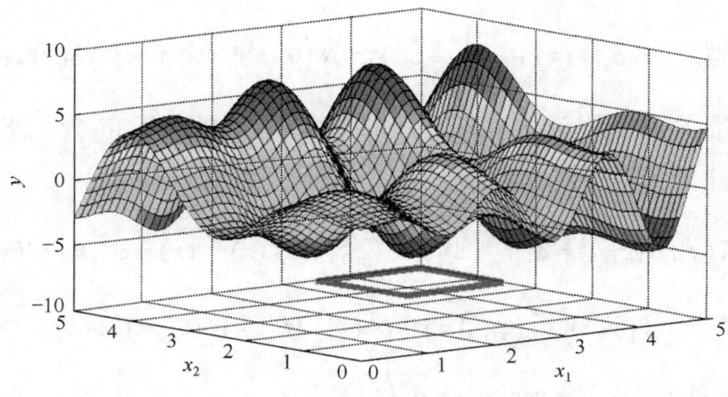

图 7.25 响应模型三维图

将其设为未知函数. 已知响应变量 y 与自变量 x_1, x_2, $\sin x_1$, $\sin 2x_1$, $\sin 3x_1$, $\sin 4x_1$, $\sin x_2$, $\sin 2x_2$, $\sin 3x_2$, $\sin 4x_2$ 相关, 且未知函数可以用二次回归模型准确地刻画, 则回归函数的维数是

$$m = 1 + C_{10}^1 + C_{10}^2 + C_{10}^1 = 66 \tag{7.81}$$

考虑到试验成本和时序因素, 直接在全因素区域选取最优设计试验点进行试验不可行. 于是, 将试验分为两阶段:

- 第一阶段为等效试验(小尺度试验), 其因素区域为 $[0,3.5]\times[0,3.5]$. 该类试验除随机误差以外还存在模型误差, 其响应函数为

$$y_1 = x_1 \sin(4x_1) + 1.1x_2 \sin(2x_2) + \varepsilon_1, \quad \varepsilon_1 \sim N(0, \sigma_1) \tag{7.82}$$

- 第二阶段为实装试验, 其因素区域为 $[3.5,5]\times[3.5,5]$. 该类试验是高成本、高精度的实物试验, 仅存在较小的随机误差, 但只能进行少量试验, 其响应函数为

$$y = x_1 \sin(4x_1) + 1.1x_2 \sin(2x_2) + \sin x_1 \sin(2x_2) + \varepsilon_2, \quad \varepsilon_1 \sim N(0, \sigma_2) \tag{7.83}$$

1. 第一阶段试验设计与分析

a) 试验设计优化结果

选定试验次数为 30 次. 将最优设计与基于遗传算法的最大熵设计的优化结果进行对比(如图 7.26).

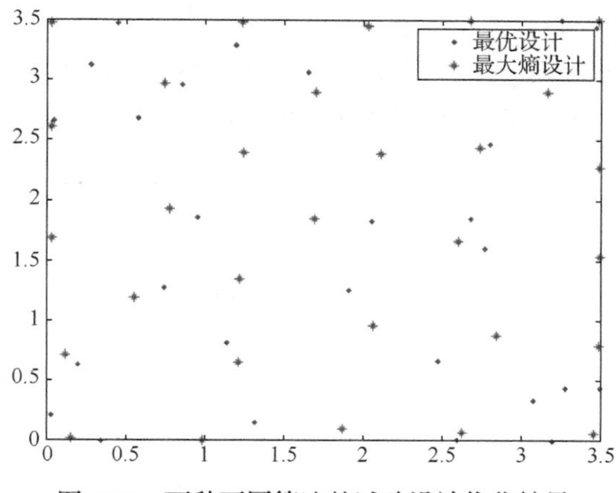

图 7.26　两种不同算法的试验设计优化结果

b) 模型参数估计及精度评价

对不同的试验设计考虑采用匹配投影方法(match projection, MP)方法，参数估计结果为

最优设计：$\tilde{y}_{\text{MP1}} = 1.0004x_1 \sin 4x_1 + 1.1014x_2 \sin 2x_2$

最大熵设计：$\tilde{y}_{\text{MP2}} = 0.9988x_1 \sin 4x_1 + 1.0960x_2 \sin 2x_2$

采用均方误差(MSE)来衡量模型的精度

$$\text{MSE} = \frac{1}{n_{\text{error}}} \sum_{i=1}^{n_{\text{error}}} \left(y_i - \hat{y}_i \right)^2 \tag{7.84}$$

其中，n_{error} 是随机验证点的数目，y_i 和 $\hat{y}_i$ 分别为验证点的响应值和预测值. 显然，MSE 越小，模型的精度越高. 取验证次数为 100 次. 结果如图 7.27 所示，可见 D-最优设计显著优于最大熵设计.

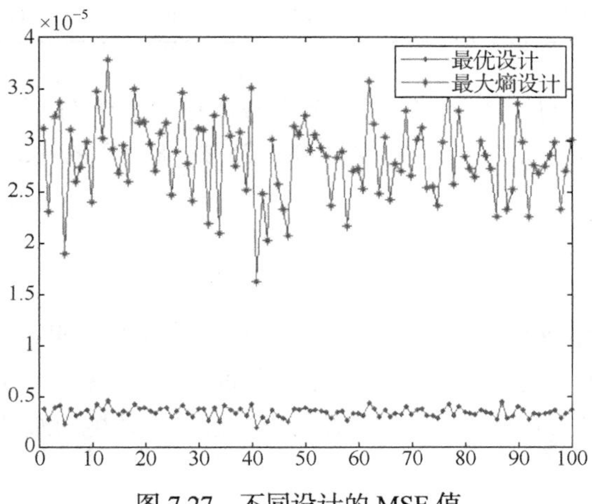

图 7.27　不同设计的 MSE 值

c) 不同试验点数的参数估计结果

通过模型的精度检验, 可知利用最优设计进行试验设计, 拟合的精度很高. 就该模型讨论不同试验点数的参数估计结果. 如图 7.28 所示.

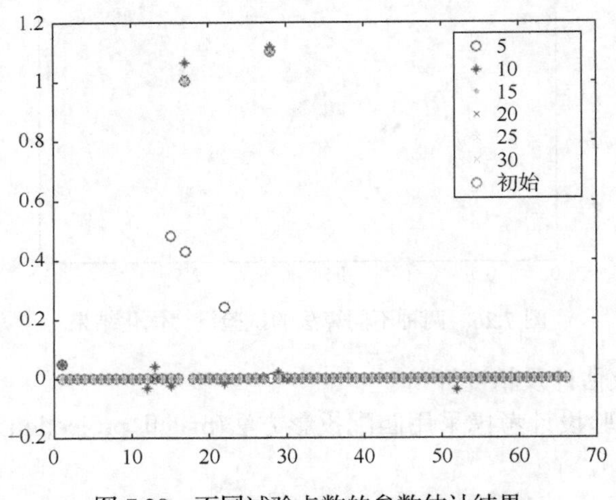

图 7.28 不同试验点数的参数估计结果

由图容易看出, 当试验点数为 5 个时, 模型几乎不能被稀疏重构; 当试验点为 10 个时, 利用 MP 算法可以对模型进行重构, 但是模型的可解释性较差, 拟合精度不高; 当试验点数为 15 个时, 利用 MP 算法可以达到较好的拟合效果. 同样地, 利用 MSE 来衡量参数估计的精度, 如表 7.4 所示.

表 7.4 不同试验点数的参数估计精度

	5	10	15	20	25	30
MSE	806.4912	2.4169	0.0375	0.0189	0.0145	0.0036

由此可以看出, 对于本问题, 当试验点数超过 15 个时, 提高拟合精度, 需要增加较多的试验点数, 例如欲将精度从 0.0375 提高一个数量级, 试验点数需要增加一倍.

2. 第二阶段试验设计与分析

a) 搜索曲面极值点

通过第一阶段试验设计与分析, 得到了模型参数的初步估计, 将其定义域扩展到第二阶的采样点区域. 利用高斯过程所搜曲面在 $[3.5,5]\times[3.5,5]$ 范围内的极值点, 其结果如图 7.29 所示, 并将极值点作为第二阶段的试验点.

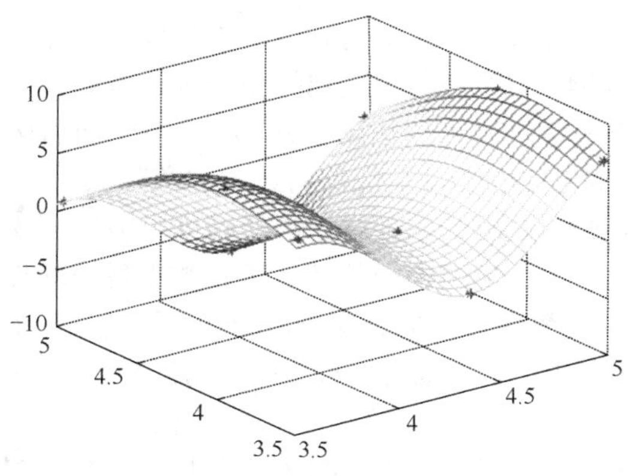

图 7.29　高斯搜索极值点

b) 模型参数的加权估计

第二阶段的试验点数为 9 个, 结合第一阶段和第二阶段两批试验点, 通过加权估计, 可筛选出系数非零项. 基于非零系数项, 只选用第二阶段试验点利用稀疏优化方法得到非零基函数的参数估计, 从而对模型进行重新拟合, 最终估计结果为

$$\tilde{y} = 1.0001x_1 \sin 4x_1 + 1.0997x_2 \sin 2x_2 + 0.9898 \sin x_1 \sin 2x_2 \tag{7.85}$$

采用均方误差(MSE)来衡量模型的精度, MSE = 0.0027.

7.4　小　　结

本章重点针对装备试验多阶段的高低精度适应性序贯设计与评估方法进行研究. 装备的性能试验有两个重要特点: 一是小子样性, 即系统级的外场高精度试验只能少量执行; 二是试验具有多源性, 可通过全数字仿真、半实物仿真等内场低精度试验大量施行. 针对这两个主要特性, 多阶段高低精度试验适应性序贯设计与评估的主要宗旨应是尽可能节省试验成本, 并尽量体现先验信息的影响, 对多阶段试验区别对待, 提升模型估计精度.

针对无模型情况, 基于嵌套拉丁方空间填充设计实施, 利用嵌套的序贯拉丁超立方体设计迭代序贯添加试验点, 并构造了设计算法, 以期提高参数估计精度. 通过嵌套空间填充设计产生试验点后, 可首先进行计算机的模拟试验和低精度的实体试验, 对试验结果进行分析后评估试验精度, 并对低精度和高精度的试验点进行分析, 根据得到的试验结果进一步分析试验精度, 同时研究最终试验与真实情况下的差异和装备试验的可信度. 对所做试验进行分析后, 根据量化差距安排补充后续试验, 以达到所需要的精度要求. 对于嵌套设计而言, 利用低精度试验的设计矩阵进行试验，若试验结果未达到所要求精度，可利用上一层的设计矩阵，即较高精度的试验点继续试验．利用这样的结构进行试验带来的好处是所有试验综合来看时，在整个试验区域可以达到很好的均匀性，而后续的试验带来了更高的精度，在满足试验精度的前提下，能够将试验次数降低．

针对构建模型问题，提出了一种基于高低精度响应曲面模型的序贯设计与评估方法．介绍了对含定性定量因素的单精度试验数据建模的加性高斯过程方法和对多精度定量因素试验数据建模的分层 Kriging 模型方法．在此基础上，提出了基于加性高斯过程和分层 Kriging 模型的多精度定性定量序贯设计方法，给出了无约束条件下和有不规则区域约束的条件下的变精度定性定量因素选点准则．该方法有效地解决了普通加性高斯过程不能对多精度的定性定量因素试验数据建模的问题，同时还解决了常见变精度选点准则无法直接用于规则区域、不规则区域下含定性定量因素的序贯试验选点优化问题．数值仿真和应用算例分析的结果表明了该方法不仅能够求解不同维数下的测试函数的最优值，而且在基于实际背景的应用算例中也能发挥效用．在实际应用情形下，通常也可采用批量序贯的方法进行加点，其构造的适应性准则不会改变，方法也是共通的．

此外，根据 DOE 的思想，从信息产生的角度研究试验，提高效费比，提出了综合权重及时序信息的约束批序贯最优试验方案设计．重点考虑不同试验点的试验成本及试验时序信息，在性能指标与影响因素间的响应模型未知情况下，结合物理先验信息，构建试验响应曲面的基函数，进行序贯试验方案的优化设计，基于结构化稀疏建模和参数估计，分析不同试验点成本及试验时序对试验方案的影响，并在理论上分析了其响应函数的期望预测性能．

7.5　延展阅读——稳健设计

稳健试验设计是正交试验设计的新发展，是寻求最佳系统、最优产品的一种现代设计方法和质量管理技术．

稳健性(robustness)在某些领域也叫鲁棒性，是对误差因素变化的不敏感性，或对各种干扰的抗性．稳健设计(也称为鲁棒设计、健壮设计、robust 设计)，是在日本学者田口玄一提出的三次设计法上发展起来的低成本、高稳定性的产品设计方法，是使干扰对产品的设计、开发、制造和使用的作用效果最小，从而使其质量特性达到最优的设计．对产品的质量特性而言，正常情况下很难用消除各种干扰的影响来实现其稳定性，而稳健设计则通过尽量弱化各种干扰的作用，使产品的质量特性不受干扰的影响而变化．这样，就会使产品性能对原材料的改变、制造上的变差和使用环境的变化都不敏感，从而为设计者、生产者、使用者和社会带来满意的经济效益和社会效益．

例如，x 为可控的设计因素，z 为不可控的噪声因素(分散性无法控制)，产品质量 y 受设计因素和噪声因素综合影响. 通过合理调整设计因素 x，可以使得 y 对噪声因素 z 不再敏感，从而获得较好的产品质量稳健性.

在稳健性优化设计中，通常利用质量特性值与目标值的接近程度来衡量产品质量的好坏. 质量特性接近目标响应值多，表明产品质量好；偏离目标响应值多，说明质量差. 假设产品质量特性为 y，目标值为 y_0，计算的过程中考虑到随机性，如果利用产品质量的评价损失进行计算，则

$$E\{L(y)\}=E\{(y-y_0)^2\}=E\{(y-\overline{y})^2+(\overline{y}-y_0)^2\}=\sigma_y^2+\delta_y^2$$

其中，$\overline{y}$ 为期望值，$L(y)$ 为质量损失函数.

如果使产品的质量水平高而且稳定，那就必须使产品的质量损失减小. 即产品质量指标的绝对偏差要减小，产品质量波动也要同时减小. 因此，在实际的工程应用中，一般稳健性设计满足以下两个要求：

(1) 方差尽可能小：$\sigma_y^2=E\{(y-\overline{y})^2\}$；

(2) 同时使得 $\delta_y^2=(\overline{y}-y_0)^2$ 达到其最小值.

这两个设计要求在稳健设计中都是比较重要的. 常规的优化设计中所用的参数一般都采用平均值，这里的参数包括材料参数和工艺参数. 这些参数和制造工艺过程中会产生一些误差，包括系统误差、测量误差等. 通过确定性优化设计得到的最优参数组合具有一定的偶然性，而且确定性优化得到的最优解通常会落在约束条件的边界上. 实际产品生产中，各个工艺参数是会发生波动的，这些不确定性因素可能会导致在最优解时得到的产品质量性能超过边界条件. 在很多情况下，通过传统优化设计得到的最优解，它的值很难达到设计值. 在稳健性优化设计中，通常利用数学模型进行优化，并在其中增加目标及设计变量的均值与方差.

有关稳健设计的方法大体上可分为两类：一类是以经验或半经验设计为基础的传统的稳健设计方法，主要有田口稳健设计法、响应曲面法、双响应曲面法、广义线性模型法等；另一类是以工程模型为基础与优化技术相结合的稳健优化设计方法，主要有容差多面体法、灵敏度法、变差传递法、随机模型法等. 在装备研制过程中，通常可采用稳健设计方法降低对设计变量波动的敏感性.

7.6　延展阅读——Kriging 模型的由来

Kriging 模型是一种通过已知试验点信息来预测未知试验点上响应的无偏估计模型，最早是由南非矿业工程师 D. G. Krige 于 1951 年提出.

在兰德金矿北部的矿业城市 Krugersdorp(克鲁格斯多普)长大的 Krige 一生与地质工作密不可分. 在大学期间, 他学习了采矿工程专业, 并在 1938 年大学毕业后进入了公司, 在金矿矿山进行调查、取样和矿床评价工作. 1943 年他进入政府采矿工程部门, 部分工作是为采矿公司发放采矿租约用地许可证. 他注意到许多深部金矿的确定仅仅根据有限的几个钻孔资料, 而没有任何科学分析, 这对矿业公司进行后续开采而言无疑具有极大的风险, 但当时却没有什么好的解决办法, 这激起他对矿床评价的研究兴趣. 当时有一个深部钻探项目要确定兰德金矿向西部的延伸情况, 采矿公司向政府采矿部门申请用地以开辟新的金矿田, Krige 有机会参与其中. 他花费了大量时间精力分析、收集、使用资料统计模型确定深部金矿的分布情况, 这种统计模式后来证明切实可行.

Krige 的方法以数理统计为基础, 这种方法当时在世界上还少为人知. 在经典统计学理论中, 变量具有随机性与独立性两个基本特点, 虽然看似无序, 实则受一定的规则控制. 以样品品质为例, 距离越近的样品相关程度越高, 越远则相关程度越低. 假设空间有一未知点, 在已知它周围若干点的品质值的条件下, 该如何科学合理地估计这一未知点的品质呢? Krige 根据与估计点的距离赋予已知点一定的权重, 距离越近, 权重值所占比例越大, 越远则越小, 这样就形成了一个相邻样品的权重线性组合. 接下来还有一些问题: 应该使用多少样品? 估计点与已知点的最大距离是多少? 这些相关的问题, 都可以通过 Krige 方法予以解决.

1951 年, Krige 发表了他前期在这方面的开创性研究成果, 取得广泛影响. 20 世纪 70 年代, 法国的数学家 G. Matheron 对 D. G. Krige 的研究成果进行了进一步的系统化、理论化, 并将其命名为 Kriging 模型. 1989 年 Sacks 等将 Kriging 模型推广至试验设计领域, 形成了基于计算机仿真和 Kriging 模型的计算机试验设计与分析方法, 沿用至今.

第 8 章　装备试验适应性序贯设计与评估案例分析

装备试验鉴定贯穿于装备采办与发展的全寿命过程, 是检验装备性能是否满足作战要求的重要技术手段.

本章通过装备性能试验在“全数字仿真、半实物仿真、外场实装试验”不同阶段的“中间验证”和“摸边探底”案例, 将适应性序贯设计与评估方法应用于试验的单个阶段或多个阶段中, 以鉴定装备的命中精度性能.

8.1　“中间验证”试验评估案例

8.1.1　案例背景与流程

本节以某型导弹的落点偏差数据为例, 介绍“中间验证”试验评估流程. 由于试验成本等各种因素的限制, 在导弹试验中, 外场实装试验样本量往往很少, 很难达到规定的战技指标, 因此需要结合全数字仿真试验数据和半实物仿真试验数据来进行综合评估. 由于试验条件的限制, 全数字仿真试验数据、半实物仿真试验数据与外场实装试验数据之间往往存在一定的误差. 如果直接使用全数字仿真试验和半实物仿真试验数据来进行综合评估, 会影响最终评估的准确性, 因此需要对这两类数据进行等效折合. 此外, 这两类试验数据的样本量较大, 如果直接用来评估, 会淹没外场实装试验小样本数据, 因此需要选取合适的样本量.

案例流程及使用方法如下所示:

(1) 根据评估精度要求, 按照 2.1.1.1 节 2.中给定单侧置信上限要求, 计算确定外场实装试验所需样本量.

(2) 判断已有外场实装试验样本量是否满足需求. 若满足, 则直接利用外场实装试验样本, 根据 3.1 节选用正态分布指标的参数估计方法进行评估, 结束.

(3) 外场实装试验样本量不满足需求时, 从全数字仿真和半实物仿真试验样本中选取缺失数量的等效折合样本.

(4) 分别将全数字仿真和半实物仿真试验的等效折合样本与外场实装试验样本进行一致性检验, 采用 4.3.1 节 Mann-Whitney 秩和检验和 4.3.2 节 Kruskal-Wallis 秩和检验两种方法进行检验, 若通过检验, 则可以从相应阶段的试验中选取等效折合样本, 优先从可信度高的试验类型中进行选取.

(5) 从全数字仿真、半实物仿真试验的等效折合样本中选取代表点, 采用 4.5 节先验数据代表点选取方法(本案例由于全数字仿真试验等效折合样本未通过一致性检验, 因此只从半实物仿真试验的等效折合样本中选取对应代表点).

(6) 结合全数字仿真、半实物仿真试验选取的等效折合样本代表点, 以及外场实装试验样本, 利用 4.6 节 "融入先验代表点的 Bayes 融合推断" 方法, 进行融合评估, 得到评估结论.

(7) 结束.

8.1.2 样本量确定

某型导弹落点偏差的试验数据如图 8.1 所示. "○" 表示外场实装试验样本点, 样本量为 5; "*" 表示半实物仿真试验样本点, 可信度设为 0.8, 样本量为 50; "+" 表示全数字仿真试验样本点, 可信度设为 0.7, 样本量为 100. 评估指标要求为落点纵向偏差与横向偏差的均值不超过 5, 评估置信度不低于 95%.

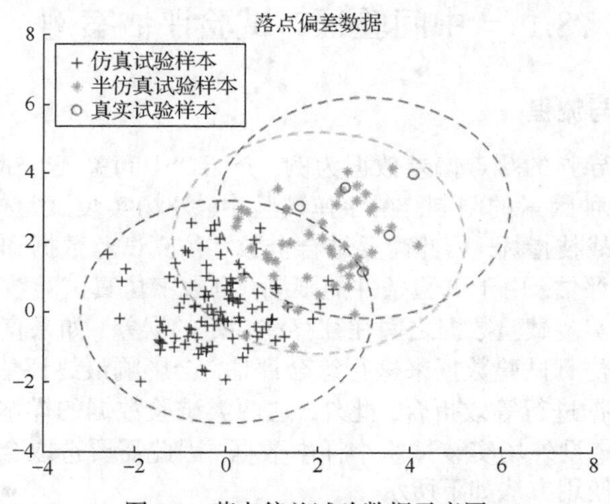

图 8.1 落点偏差试验数据示意图

本案例中, 将落点横向偏差均值和纵向偏差均值作为评估的精度指标. 为方便计算, 假设横向偏差和纵向偏差相互独立. 若不独立, 则可通过解耦合(坐标旋转)使其独立.

记导弹落点的正态分布类性能指标为 μ, 要求其在置信水平 γ 下不高于 μ_U. 假设指标服从正态分布 $N(\mu, \sigma^2)$, 则 μ 在置信水平 γ 下的单侧置信上限为

$$\bar{X}+S\times\frac{t_{\alpha}(n-1)}{\sqrt{n}} \tag{8.1}$$

其中, $\bar{X}$ 为样本均值, S 为样本标准差, $t_{\alpha}(n-1)$ 为自由度为 $(n-1)$ 的 t 分布的 α 分位点.

对式(8.1)进行整理, 得

$$\bar{X}+S\times\frac{t_\alpha(n-1)}{\sqrt{n}}\leqslant\mu_U$$

$$\Rightarrow\frac{\mu_U-\bar{X}}{S}\geqslant\frac{t_\alpha(n-1)}{\sqrt{n}} \tag{8.2}$$

使用外场实装试验的样本计算 $\bar{X}$ 和 S，分别对横向和纵向进行计算，取两者的最小值，作为式(8.2)中 $\bar{X}$ 与 S 的估计量，计算可得，最小样本量为 10. 而由于此时外场实装试验样本量只有 5 个，不满足样本要求，因此需要从全数字仿真试验和半实物仿真试验的等效折合样本中选取 5 个试验样本来进行融合评估.

8.1.3 等效折合样本的一致性检验

全数字仿真试验和半实物仿真试验的等效折合样本如图 8.2 所示. “○” 表示外场实装试验样本点，样本量为 5; “*” 表示半实物仿真试验的等效折合样本点，可信度为 0.8，样本量为 50; “+” 表示全数字仿真试验的等效折合样本点，可信度为 0.7，样本量为 100.

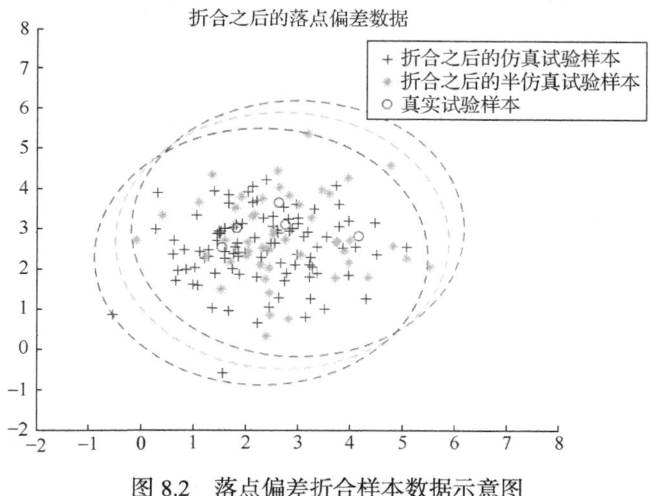

图 8.2　落点偏差折合样本数据示意图

针对落点横向偏差和纵向偏差指标，分别对全数字仿真样本、半实物仿真样本与实装试验样本进行秩和检验和 Kolmogorov-Smirnov 检验，秩和检验和 KS 检验的显著性水平均取 0.01. 检验结果如表 8.1 所示.

表 8.1　全数字仿真与半实物仿真数据一致性检验结果

	全仿(横向)	全仿(纵向)	半仿(横向)	半仿(纵向)
秩和检验	0	1	0	0
KS 检验	0	1	0	0

表 8.1 中, 0 表示通过检验, 1 表示不通过检验. 可以看出, 折合之后的全数字仿真落点纵向偏差试验数据未通过一致性检验, 因此不能用来进行评估, 只能使用半实物仿真试验折合样本进行融合评估. 而半实物仿真试验的样本量远大于外场实装试验的样本量, 因此需要从半实物仿真试验样本中选取 5 个代表点, 来进行评估.

8.1.4 代表点选取

为达到战技指标, 评估所需的最小样本量为 10, 已有 5 个外场实装试验样本, 因此半实物仿真样本中需要选取的样本数量为 5. 按照 4.5.1 节 "代表点选取优化流程" 进行半实物仿真样本代表点选取, 结果如图 8.3 所示. 图中, "○" 表示外场实装试验样本点, 样本量为 5; "*" 表示根据 50 个半实物仿真试验等效折合样本选取的代表点, 可信度为 0.8, 样本量为 5.

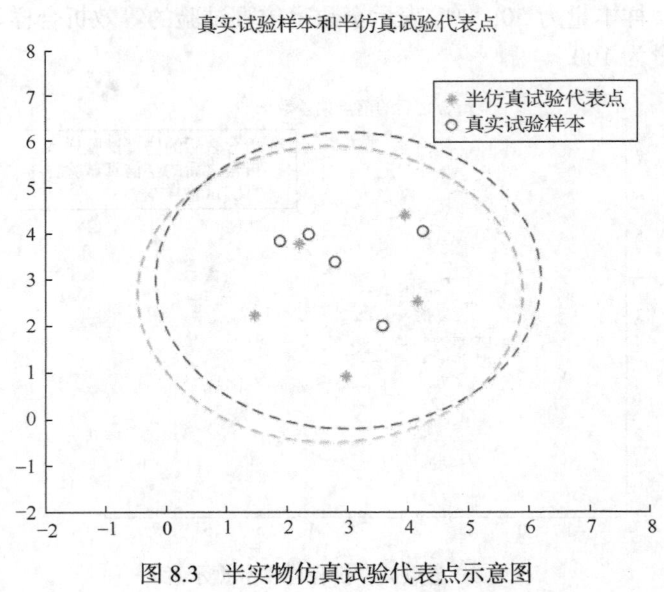

图 8.3 半实物仿真试验代表点示意图

8.1.5 Bayes 融合评估

将半实物仿真试验的 5 个代表点作为先验数据, 结合外场实装试验的 5 个样本, 按照 4.6.1.1 节 "正态分布参数的 Bayes 估计" 进行融合评估. 由于半实物仿真试验的可信度为 0.8, 且缺乏物理可信度的相关度量, 因此最终可信度系数即取为 0.8, 得到最终融合评估结果为落点偏差的横向均值为 3.28, 方差为 1.86; 纵向均值为 3.47, 方差为 2.78.

8.2 单阶段“摸边探底”无模型适应性序贯设计与评估案例

8.2.1 案例背景与流程

针对精确制导导弹命中精度性能评估，研究全数字仿真试验导弹命中概率评估结果，满足在估计的置信区间宽度不大于 0.15 的条件下，命中精度评估结果置信度不低于 0.95 的要求.

估计某型精确制导导弹的命中概率，将是否命中作为响应变量，脱靶量为辅助响应变量，影响因子主要有目标因素(目标距离、目标朝向、目标速度、目标大小、目标机动情况)；环境因素(操作手的熟练程度、光照条件、环境特征)；干扰因素(干扰情况、干扰数量、干扰时间).

案例流程及使用方法如下所示:

(1) 根据任务目标，结合专家经验，分析梳理影响指标的重要因素，根据影响程度大小或实际场景，确定各因素的水平.

(2) 采用 2.1.1.2 节中基于先验信息和置信区间的样本量确定方法计算二项分布指标评估所需样本量.

(3) 根据所需样本量总量需求适当规划，按照 5.1.1.2 节中的均匀设计方法设计初始试验方案.

(4) 根据试验方案获得的试验数据进行分析，基于 C_p 准则(可参考文献[7] 3.3.4 节)进行自变量筛选，并结合专家经验，获取重要影响因素.

(5) 针对初始试验方案获得的试验结果，按照 4.4.3.4 节方法计算基于样本误差来源的可信度，再根据 4.4 节方法计算复合可信度，在此基础上采用 4.6.1.2 节方法进行命中概率评估.

(6) 根据区间精度要求计算评估结果置信度，判断评估结果置信度是否满足要求. 若未满足要求，采用 6.1 节序贯均匀设计方法设计序贯试验方案，获得试验数据后，重复(4)—(6).

(7) 评估结果置信度满足要求，结束.

8.2.2 试验设计因素梳理

根据收集到的关于目标、环境、干扰的 11 个因素进行设计评估.

初步分析发现环境特征因素属于可控协变量因素，应针对每一种环境特征条件(环境特征 1、环境特征 2、环境特征 3、环境特征 4、环境特征 5)，估计导弹命中概率指标.

对实际中不可能出现的因素水平组合, 应予以删除.

最终, 针对目标距离、目标朝向、目标速度、目标大小、目标机动情况、操作手的熟练程度、光照条件、干扰情况、干扰数量、干扰时间 10 个因素进行试验设计, 其水平分布如下:

目标距离 X1: 近距离、中距离、远距离

目标朝向 X2: 朝向 1、朝向 2、朝向 3、朝向 4、朝向 5

目标速度 X3: 慢速、快速

目标大小 X4: 小目标、中目标、大目标

光照条件 X5: 白天、晚上

操作手的熟练程度 X6: 新手、中等熟练、高度熟练

目标机动情况 X7: 有机动、无机动

干扰情况 X8: 有干扰、无干扰

干扰数量 X9: 数量 1、数量 2、数量 3、数量 4

干扰时间 X10: 时间 1、时间 2、时间 3、时间 4

8.2.3 样本量确定

通过计算可得到同一环境特征条件下, 试验样本量下限的确定公式为

$$n \geqslant \frac{(Z_{\alpha/2})^2 \cdot p(1-p)}{e^2} \tag{8.3}$$

其中, $Z_{\alpha/2}$ 为标准正态分布的 $\alpha/2$ 分位数.

由于命中概率指标的真值未知, 取 $p=0.5$, $\alpha=0.05$, 在区间宽度小于 0.15(即 $e=0.075$)的精度要求下预估样本量下限, 从而可计算得到样本量下限为 384. 因此在探索阶段, 某一环境特征条件下需要 384 个样本点以达到区间宽度小于 0.15 的要求.

8.2.4 初始试验设计

无任何先验信息的情况下, 在数字仿真阶段希望能更全面地摸清装备边界性能, 让试验样本覆盖尽可能多的条件组合, 因此我们在全试验区域采用均匀设计方法进行试验设计. 同时希望通过序贯试验尽可能地减小样本量, 因此在初步阶段采用均匀设计对 10 个因素指标设计 150 个样本点, 具体如表 8.2.

表 8.2 均匀设计点

序号	X1	X2	X3	X4	X5	X6	X7	X8	X9	X10	序号	X1	X2	X3	X4	X5	X6	X7	X8	X9	X10
1	1	2	2	1	2	3	2	2	2	1	3	1	4	2	3	2	2	1	2	4	2
2	1	3	1	2	2	3	2	2	3	2	4	1	5	2	1	2	2	1	2	1	3

续表

序号	X1	X2	X3	X4	X5	X6	X7	X8	X9	X10
5	1	1	1	2	2	1	1	2	2	3
6	1	2	2	3	1	1	2	2	4	4
7	1	3	2	1	1	3	2	1	1	4
8	1	5	1	1	1	3	2	1	2	1
9	1	1	2	2	1	2	1	1	3	1
10	1	2	2	3	1	2	1	1	4	2
11	1	3	1	1	2	1	1	1	2	2
12	1	4	2	2	2	1	2	1	3	3
13	1	5	2	3	2	1	2	2	4	3
14	1	1	1	1	2	3	1	2	1	4
15	1	2	2	2	2	3	1	2	2	4
16	1	4	1	2	2	2	1	2	4	1
17	1	5	1	3	1	2	2	2	1	2
18	1	1	2	1	1	1	2	2	2	2
19	1	2	1	2	1	1	2	1	3	3
20	1	3	1	3	1	3	1	1	4	3
21	1	4	2	1	1	3	1	1	2	4
22	1	5	1	2	2	2	1	1	3	4
23	1	1	1	3	2	2	2	1	4	1
24	1	3	2	3	2	2	2	1	1	1
25	1	4	1	1	2	1	2	1	2	2
26	1	5	1	2	2	1	1	2	4	2
27	1	1	2	3	1	3	1	2	1	3
28	1	2	1	1	1	3	2	2	2	3
29	1	3	1	2	1	2	2	2	3	4
30	1	4	2	3	1	2	2	2	4	4
31	1	5	1	1	1	1	1	2	1	1
32	1	2	2	1	1	1	1	1	3	1
33	1	3	2	2	2	3	1	1	4	2
34	1	4	1	3	2	3	2	1	1	3
35	1	5	2	1	2	3	2	1	2	3
36	1	1	2	2	2	2	2	1	3	4
37	1	2	1	3	2	2	1	1	1	4
38	1	3	2	1	1	1	1	2	2	1
39	1	4	2	2	1	1	1	2	3	1
40	1	1	1	2	1	3	2	2	4	2
41	1	2	2	3	1	3	2	2	1	2
42	1	3	2	1	1	2	1	2	3	3
43	1	4	1	2	1	2	1	2	4	3
44	1	5	2	3	2	1	1	2	1	4
45	1	1	2	1	2	1	2	1	2	4
46	1	2	1	2	2	3	2	1	3	1
47	1	3	2	3	2	3	2	1	1	1
48	1	5	1	3	2	3	1	1	2	2
49	1	1	1	1	1	2	1	1	3	2
50	1	2	2	2	1	2	1	1	4	3
51	2	3	1	3	1	1	2	2	1	4
52	2	4	1	1	1	1	2	2	2	4
53	2	5	2	2	1	3	2	2	4	1
54	2	1	1	3	2	3	1	2	1	1
55	2	2	1	1	2	2	1	2	2	2
56	2	4	2	1	2	2	2	2	3	2
57	2	5	1	2	2	1	2	1	4	3
58	2	1	1	3	2	1	2	1	2	3
59	2	2	2	1	2	1	1	1	3	4
60	2	3	1	2	1	3	1	1	4	4
61	2	4	2	3	1	3	1	1	1	1
62	2	5	2	1	1	2	2	1	2	1
63	2	1	1	2	1	2	2	2	4	2
64	2	3	2	2	1	1	2	2	1	2
65	2	4	2	3	2	1	1	2	2	3
66	2	5	1	1	2	3	1	2	3	3
67	2	1	2	2	2	3	1	2	4	4
68	2	2	2	3	2	2	2	2	2	1
69	2	3	1	1	2	2	2	2	3	1
70	2	4	2	2	2	2	1	1	4	2
71	2	5	2	3	1	1	1	1	1	2
72	2	2	1	3	1	1	1	1	2	3
73	2	3	2	1	1	3	2	1	4	3
74	2	4	2	2	1	3	2	1	1	4
75	2	5	1	3	1	2	2	1	2	4
76	2	1	2	1	2	2	1	2	3	1
77	2	2	1	2	2	1	1	2	4	1
78	2	3	1	3	2	1	1	2	1	2

续表

序号	X1	X2	X3	X4	X5	X6	X7	X8	X9	X10	序号	X1	X2	X3	X4	X5	X6	X7	X8	X9	X10
79	2	4	2	1	2	3	2	2	3	2	115	3	5	1	2	1	2	1	2	2	1
80	2	1	1	1	2	3	2	2	4	3	116	3	1	1	3	1	1	1	2	3	2
81	2	2	1	2	1	2	2	2	1	3	117	3	2	2	1	1	1	1	2	4	2
82	2	3	2	3	1	2	1	1	2	4	118	3	3	1	2	1	1	2	2	1	3
83	2	4	1	1	1	2	1	1	3	4	119	3	4	1	3	2	3	2	2	2	4
84	2	5	1	2	1	1	2	1	1	1	120	3	1	2	3	2	3	2	1	4	4
85	2	1	2	3	1	1	2	1	2	2	121	3	2	1	1	2	2	1	1	1	1
86	2	2	1	1	1	3	2	1	3	2	122	3	3	2	2	2	2	1	1	2	1
87	2	3	1	2	2	3	1	1	4	3	123	3	4	2	3	2	1	1	1	3	2
88	2	5	2	2	2	2	1	1	1	3	124	3	5	1	1	2	1	2	1	4	2
89	2	1	1	3	2	2	1	2	3	4	125	3	1	2	2	1	3	2	1	2	3
90	2	2	1	1	2	1	2	2	4	4	126	3	2	2	3	1	3	1	2	3	3
91	2	3	2	2	2	1	2	2	1	1	127	3	3	1	1	1	2	1	2	4	4
92	2	4	1	3	1	3	2	2	2	1	128	3	5	2	1	1	2	1	2	1	4
93	2	5	2	1	1	3	1	2	3	2	129	3	1	2	2	1	2	2	2	2	1
94	2	1	2	2	1	3	1	2	1	2	130	3	2	1	3	2	1	2	2	3	1
95	2	2	1	3	1	2	1	1	2	3	131	3	3	2	1	2	1	2	2	1	2
96	2	4	2	3	1	2	2	1	3	3	132	3	4	2	2	2	3	1	2	2	2
97	2	5	2	1	1	1	2	1	4	4	133	3	5	1	3	2	3	1	1	3	3
98	2	1	1	2	2	1	1	1	1	4	134	3	1	2	1	2	2	1	1	4	4
99	2	2	2	3	2	3	1	1	3	1	135	3	2	2	2	1	2	2	1	1	4
100	2	3	2	1	2	3	1	1	4	1	136	3	4	1	2	1	1	2	1	3	1
101	3	4	1	2	2	2	2	2	1	2	137	3	5	2	3	1	1	2	1	4	1
102	3	5	2	3	2	2	2	2	2	3	138	3	1	1	1	1	3	1	1	1	2
103	3	1	2	1	1	1	2	2	3	3	139	3	2	1	2	1	3	1	2	2	2
104	3	3	1	1	1	1	1	2	4	4	140	3	3	2	3	1	3	2	2	3	3
105	3	4	2	2	1	1	1	2	2	4	141	3	4	1	1	2	2	2	2	1	3
106	3	5	1	3	1	3	1	2	3	1	142	3	5	1	2	2	2	2	2	2	4
107	3	1	1	1	1	3	2	1	4	1	143	3	1	2	3	2	1	1	2	3	4
108	3	2	2	2	2	2	2	1	1	2	144	3	3	1	3	2	1	1	2	4	1
109	3	3	1	3	2	2	2	1	2	2	145	3	4	1	1	2	3	1	1	1	1
110	3	4	1	1	2	1	1	1	4	3	146	3	5	2	2	1	3	2	1	3	2
111	3	5	2	2	2	1	1	1	1	3	147	3	1	1	3	1	2	2	1	4	2
112	3	2	1	2	2	3	2	1	2	4	148	3	2	1	1	1	2	2	1	1	3
113	3	3	1	3	2	3	2	1	3	4	149	3	3	2	2	1	1	1	1	2	3
114	3	4	2	1	1	2	2	2	4	1	150	3	4	1	3	1	1	1	1	3	4

8.2.5　重要影响因素分析

根据 150 个样本和对应脱靶量响应指标进行影响因素分析. 首先, 根据相关系数分析 10 个单因素对响应的影响程度, 选取前 7 个重要因素{X5, X4, X10, X1, X2, X7, X3}纳入回归模型中; 其次, 根据相关系数分析所有因素的交互作用对响应的影响程度, 选取前 7 个重要交互项{(X1,X2), (X3,X4), (X1,X3), (X7,X8), (X1,X4), (X2,X3), (X3,X8)}纳入回归模型中; 然后, 对含有重要单因素和交互项的回归模型基于 C_p 准则进行自变量筛选, 得到最优模型, 最优模型中含有的变量项即为重要影响因素{X1, X2, X3, X4, X7, X8, X10}; 最后, 根据专家经验加入重要影响因素, 得到最终的重要因素集合{X1, X2, X3, X4, X6, X7, X8, X9, X10}.

下一阶段的序贯设计可以依据重要影响因素针对性地设计试验点.

8.2.6　初始试验评估

8.2.6.1　复合可信度计算

由于在各个环境特征下, 结果服从不同的二项分布, 因此对得到的样本点依据环境特征进行分类评估.

此次设计评估中仅针对数字仿真进行, 因此仿真数据的复合可信度采用其机理系数. 因素水平均匀程度结果见表 8.3, 各环境特征条件下的数据复合可信度结果如表 8.4.

表 8.3　因素水平均匀程度结果

环境特征	环境特征 1	环境特征 2	环境特征 3	环境特征 4	环境特征 5
均匀性偏差	8.9666	7.0018	6.6432	7.8583	10.8262

表 8.4　复合可信度结果

环境特征	环境特征 1	环境特征 2	环境特征 3	环境特征 4	环境特征 5
复合可信度	0.7105	0.7389	0.7442	0.7264	0.6845

8.2.6.2　基于复合可信度的数据评估

依据二项分布参数估计方法, 可计算各环境特征下命中概率, 其评估结果如表 8.5 所示.

表 8.5　命中概率估计结果

环境特征	P 的点估计值	0.95 区间估计
环境特征 1	0.8211	(0.7126,0.9295)
环境特征 2	0.8098	(0.7035,0.9161)
环境特征 3	0.7998	(0.6931,0.9065)
环境特征 4	0.6932	(0.5847,0.8017)
环境特征 5	0.6026	(0.4958,0.7094)

8.2.6.3　评估结果的置信度

置信度结果如表 8.6 所示.

表 8.6　命中概率估计区间的置信度

环境特征	样本量	$d = 0.15$	
		置信度	该置信度下的区间估计
环境特征 1	150	0.902	(0.7709,0.9210)
环境特征 2	150	0.896	(0.7738,0.9239)
环境特征 3	150	0.883	(0.7664,0.9164)
环境特征 4	150	0.855	(0.6165,0.7664)
环境特征 5	150	0.832	(0.5230,0.6731)

从上表中可以看出, 在区间宽度为 0.15 的精度要求时, 5 类环境特征都没有达到置信度 0.95 的要求, 因此需要序贯选点进行补充设计.

8.2.7　适应性序贯试验设计与评估

8.2.7.1　序贯均匀设计

序贯均匀设计是在初始试验点选出的重要影响因素基础之上进行的均匀设计, 设计出的试验点不仅在本次序贯试验中是均匀的, 同时与之前的设计点之间也是均匀的. 初始试验点得到的重要因素集合为{X1, X2, X3, X4, X6, X7, X8, X9, X10}. 对每一种环境特征条件, 采用序贯均匀设计 50 个样本点, 设计表如表 8.7 所示.

表 8.7　第一次序贯均匀设计点

序号	X1	X2	X3	X4	X6	X7	X8	X9	X10	序号	X1	X2	X3	X4	X6	X7	X8	X9	X10
1	1	4	2	1	2	2	2	2	3	26	2	5	2	1	1	2	1	1	4
2	1	3	2	2	3	2	1	3	1	27	2	3	2	1	2	2	2	2	2
3	1	1	2	2	1	2	2	4	4	28	2	2	2	2	1	2	1	4	1
4	1	5	1	3	3	2	1	2	2	29	2	1	1	3	2	2	2	1	3
5	1	4	1	3	1	2	2	3	1	30	2	4	1	3	3	2	1	2	1
6	1	2	1	1	2	2	1	4	3	31	2	3	1	1	2	2	1	3	4
7	1	1	2	2	1	2	2	1	2	32	2	2	2	1	3	2	2	1	2
8	1	5	2	2	2	2	1	3	4	33	2	5	2	2	1	2	1	2	1
9	1	3	2	3	3	2	2	4	2	34	3	4	2	3	3	2	2	3	3
10	1	2	1	3	1	2	1	1	1	35	3	2	2	3	1	2	1	4	2
11	1	5	1	1	3	2	1	2	3	36	3	1	1	1	2	2	2	2	4
12	1	4	1	2	1	2	2	4	2	37	3	5	1	1	3	2	1	3	2
13	1	3	2	2	2	1	1	1	4	38	3	3	1	2	2	2	2	4	1
14	1	1	2	3	1	1	2	2	3	39	3	2	2	2	3	1	1	1	3
15	1	5	2	3	2	1	1	3	1	40	3	1	2	3	1	1	2	3	2
16	1	4	1	1	3	1	2	1	3	41	3	4	2	1	3	1	2	4	4
17	2	2	1	2	2	1	1	2	2	42	3	3	1	1	1	1	1	1	3
18	2	1	1	2	3	1	2	3	4	43	3	1	1	2	2	1	2	2	1
19	2	4	1	3	1	1	1	4	3	44	3	5	1	2	3	1	1	4	4
20	2	3	2	3	2	1	2	2	1	45	3	4	2	3	2	1	2	1	2
21	2	2	2	1	1	1	2	3	4	46	3	2	2	1	3	1	1	2	4
22	2	5	2	1	2	1	1	4	2	47	3	1	2	1	1	1	2	4	3
23	2	4	1	2	3	1	2	1	4	48	3	5	1	2	3	1	1	1	1
24	2	3	1	3	2	1	1	3	3	49	3	3	1	2	1	1	2	2	4
25	2	1	1	3	3	1	2	4	1	50	3	2	1	3	2	1	1	3	2

8.2.7.2　序贯评估

将初始设计点和所有序贯设计点一起进行评估，评估方法同上，结果见表 8.8.

表 8.8 序贯评估结果

环境特征	点估计	给定 95% 置信度下的区间估计	样本量	复合可信度	给定区间宽度要求 $d = 0.15$	
					置信度	该置信度下区间估计
环境特征 1	0.8343	(0.7636,0.8946)	200	0.7384	0.999	(0.7522,0.9018)
环境特征 2	0.8338	(0.7883,0.8748)	200	0.7098	0.975	(0.7538,0.8984)
环境特征 3	0.8177	(0.7623,0.8672)	200	0.7342	0.995	(0.7358,0.8856)
环境特征 4	0.7049	(0.6145,0.7872)	200	0.7276	0.909	(0.6275,0.7773)
环境特征 5	0.5370	(0.4590,0.6110)	200	0.6853	0.956	(0.4616,0.6115)

从上表中可以看出，在区间宽度为 0.15 的精度要求时，环境特征 4 仍然没有达到置信度 0.95 的要求，因此需要继续针对性地对环境特征 4 序贯选点进行补充设计.

8.2.7.3 再次序贯均匀设计

第二次序贯设计仅需在未达到置信度要求的环境特征 4 给出设计点. 试验点不仅在本次序贯试验中是均匀的，同时与之前的设计点之间也是均匀的. 继续采用序贯均匀设计 50 个样本点，设计表见表 8.9.

表 8.9 第二次序贯均匀设计点

序号	X1	X2	X3	X4	X6	X7	X8	X9	X10	序号	X1	X2	X3	X4	X6	X7	X8	X9	X10
1	1	4	2	1	2	2	2	2	3	13	1	3	2	2	2	1	1	1	4
2	1	3	2	2	3	2	1	3	1	14	1	1	2	3	1	1	2	2	3
3	1	1	2	2	1	2	2	4	4	15	1	5	2	3	2	1	1	3	1
4	1	5	1	3	3	2	1	2	2	16	1	4	1	1	3	1	2	1	3
5	1	4	1	3	1	2	2	3	1	17	2	2	1	2	2	1	1	2	2
6	1	2	1	1	2	2	1	4	3	18	2	1	1	2	3	1	2	3	4
7	1	1	2	2	1	2	2	1	2	19	2	4	1	3	1	1	1	4	3
8	1	5	2	2	2	2	1	3	4	20	2	3	2	3	2	1	2	2	1
9	1	3	2	3	3	2	2	4	2	21	2	2	2	1	1	1	2	3	4
10	1	2	1	3	1	2	1	1	1	22	2	5	2	1	2	1	1	4	2
11	1	5	1	1	3	2	1	2	3	23	2	4	1	2	3	1	2	1	4
12	1	4	1	2	1	2	2	4	2	24	2	3	1	3	2	1	1	3	3

续表

序号	X1	X2	X3	X4	X6	X7	X8	X9	X10	序号	X1	X2	X3	X4	X6	X7	X8	X9	X10
25	2	1	1	3	3	1	2	4	1	38	3	3	1	2	2	2	2	4	1
26	2	5	2	1	1	2	1	1	4	39	3	2	2	2	3	1	1	1	3
27	2	3	2	1	2	2	2	2	2	40	3	1	2	3	1	1	2	3	2
28	2	2	2	2	1	2	1	4	1	41	3	4	2	1	3	1	2	4	4
29	2	1	1	3	2	2	2	1	3	42	3	3	1	1	1	1	1	1	3
30	2	4	1	3	3	2	1	2	1	43	3	1	1	2	2	1	2	2	1
31	2	3	1	1	2	2	1	3	4	44	3	5	1	2	3	1	1	4	4
32	2	2	2	1	3	2	2	1	2	45	3	4	2	3	2	1	2	1	2
33	2	5	2	2	1	2	1	2	1	46	3	2	2	1	3	1	1	2	4
34	3	4	2	3	3	2	2	3	3	47	3	1	2	1	1	1	2	4	3
35	3	2	2	3	1	2	1	4	2	48	3	5	1	2	3	1	1	1	1
36	3	1	1	1	2	2	2	2	4	49	3	3	1	2	1	1	2	2	4
37	3	5	1	1	3	2	1	3	2	50	3	2	1	3	2	1	1	3	2

8.2.7.4　再次序贯评估

再一次将初始设计点和所有序贯设计点一起进行评估，评估方法同上，结果见表 8.10.

表 8.10　第二次序贯评估结果

环境特征	点估计	0.95 区间估计	样本量	复合可信度	$d = 0.15$	
					置信度	该置信度下区间估计
环境特征 1	0.8343	(0.7636,0.8946)	200	0.7384	0.999	(0.7522,0.9018)
环境特征 2	0.8338	(0.7883,0.8748)	200	0.7098	0.975	(0.7538,0.8984)
环境特征 3	0.8177	(0.7623,0.8672)	200	0.7342	0.995	(0.7358,0.8856)
环境特征 4	0.7776	(0.7242,0.8268)	250	0.7494	0.996	(0.6972,0.8473)
环境特征 5	0.5370	(0.4590,0.6110)	200	0.6853	0.956	(0.4616,0.6115)

从上表中可以看出，在区间宽度为 0.15 的精度要求时，5 个环境特征的置信度都达到 0.95 的要求，因此全数字仿真阶段试验终止.

8.3 多阶段“摸边探底”无模型适应性序贯设计与评估案例

8.3.1 案例背景与流程

本节案例在 8.2 节仅针对全数字仿真试验数据评估的基础上, 增加了半实物仿真阶段试验, 对命中精度评估结果的置信度提出了更高的要求.

针对某型精确制导导弹命中精度性能评估, 已有全数字仿真试验数据(见 8.2 节), 现研究半实物仿真试验的设计方法, 给出导弹命中概率评估结果, 满足在估计的置信区间宽度不大于 0.15 的条件下, 命中精度评估结果置信度不低于 0.95 的要求.

估计某型精确制导导弹的命中概率, 将是否命中作为响应变量, 脱靶量为辅助响应变量, 影响因子主要有目标因素(目标距离、目标朝向、目标速度、目标大小、目标机动情况); 环境因素(操作手的熟练程度、光照条件、环境特征); 干扰因素(干扰情况、干扰数量、干扰时间).

案例流程及使用方法如下所示:

(1) 根据任务目标, 基于全数字仿真试验数据分析结果, 结合专家经验, 梳理影响指标的重要因素及水平;

(2) 采用 Monte-Carlo 仿真方法(可参考文献[7] 6.1 节)对脱靶量进行半实物仿真样本采样, 按照 4.3.1 节 Mann-Whitney 秩和检验方法将采样数据与全数字仿真试验结果一致性检验, 确定半实物仿真试验最小样本量阈值;

(3) 基于已有全数字仿真试验样本, 采用 6.1 节中行扩充均匀设计半实物仿真试验方案, 获得样本;

(4) 按照 4.3.1 节 Mann-Whitney 秩和检验方法将半实物仿真样本与全数字仿真试验样本进行一致性检验, 判断是否能够进行融合评估;

(5) 若能进行融合评估, 按照 4.4.3.4 节方法计算基于样本误差来源的可信度, 再根据 4.4 节方法计算复合可信度, 否则结束;

(6) 采用 4.6.1.2 节方法进行命中概率评估, 并根据区间精度要求计算评估结果置信度, 判断评估结果置信度是否满足要求, 结束.

8.3.2 试验设计因素梳理

根据全数字仿真试验重要影响因素分析得到最终的重要因素集合为{X1, X2, X3, X4, X6, X7, X8, X9, X10}.

8.3.3　样本量确定

欲将全数字仿真数据信息融入半实物仿真数据以达到减小样本量的目的，则需要半实物仿真数据样本量满足融合样本量阈值条件，因而将半实物仿真阶段样本量下限定为样本量阈值.

采用仿真方法进行样本量阈值模拟. 假定全数字仿真试验脱靶量总体服从正态分布 $N(\mu_1,\sigma^2)$，μ_1,σ^2 的值依据全数字仿真样本得到. 同时假定半实物仿真试验总体服从正态分布 $N(\mu_2,\sigma^2)$，其中 $\mu_2=\lambda\mu_1$. 随机生成半实物仿真 3—100 个样本，与全数字仿真数据进行一致性检验，模拟得到拒绝原假设的样本量阈值.

各个环境特征条件下的半实物仿真样本量阈值见表 8.11.

表 8.11　半实物仿真在各环境特征下的样本量阈值

环境特征	环境特征 1	环境特征 2	环境特征 3	环境特征 4	环境特征 5
样本量阈值	33	31	24	45	57

8.3.4　序贯均匀试验设计

基于全数字仿真试验的样本点，采用行扩充均匀设计方法设计半实物仿真样本点.

8.3.5　数据融合条件判定

(a) 各个环境特征下的半实物仿真样本量分布以及样本量阈值见表 8.12.

表 8.12　半实物仿真在各环境特征下的样本量及其阈值

环境特征	环境特征 1	环境特征 2	环境特征 3	环境特征 4	环境特征 5
样本量	60	60	60	60	60
样本量阈值	33	31	24	45	57

从上表可知，所有环境特征的样本量均达到样本阈值的要求. 因此，以一致性假设检验的结论判定全数字仿真数据和半实物仿真数据是否能融合的方法是可靠的.

(b) 各个环境特征下，数据一致性检验 p 值见表 8.13.

表 8.13　数据一致性检验 p 值

环境特征	环境特征 1	环境特征 2	环境特征 3	环境特征 4	环境特征 5
检验 p 值	0.6485	0.8058	0.0977	0.9672	2.9312e–40

从上表可知，在显著性水平 0.05 下，环境特征 1、环境特征 2、环境特征 3、环境特征 4 的数仿和半仿总体的一致性检验都通过，环境特征 5 没有通过，因此除了环境特征 5，其余 4 个环境特征样本均可以进行融合评估.

8.3.6 复合可信度计算

因素水平均匀程度结果如表 8.14，半实物仿真在各环境特征条件下的复合可信度结果如表 8.15.

表 8.14 因素水平均匀程度结果

环境特征	环境特征 1	环境特征 2	环境特征 3	环境特征 4	环境特征 5
均匀性偏差	10.5582	7.2417	7.5090	8.1459	16.9701

表 8.15 复合可信度结果

环境特征	环境特征 1	环境特征 2	环境特征 3	环境特征 4	环境特征 5
复合可信度	0.6882	0.7254	0.7315	0.7222	0.6054

8.3.7 基于复合可信度的 Bayes 融合估计

根据 4.6.1.2 二项分布参数的 Bayes 估计的公式，可计算各环境特征下命中概率估计，结果如表 8.16.

表 8.16 命中概率估计结果

环境特征	全数字仿真复合可信度	半实物仿真复合可信度	P 的点估计值	0.95 区间估计
环境特征 1	0.7084	0.6882	0.8095	(0.7575,0.8575)
环境特征 2	0.7398	0.7254	0.8333	(0.7802,0.8799)
环境特征 3	0.7342	0.7315	0.8208	(0.7681,0.8681)
环境特征 4	0.7294	0.7222	0.7819	(0.7297,0.8299)
环境特征 5	0.6853	0.6054	0.5563	(0.5076,0.6075)

8.3.8 评估结果的置信度

评估结果置信度如表 8.17 所示.

表 8.17　命中概率估计区间的置信度

环境特征	全数字仿真样本量	半实物仿真样本量	$d=0.15$	
			置信度	该置信度下区间估计
环境特征 1	200	150	0.9790	(0.7284,0.8783)
环境特征 2	200	150	0.9690	(0.7573,0.8955)
环境特征 3	200	150	0.9570	(0.7388,0.8883)
环境特征 4	250	150	0.9670	(0.7030,0.8501)
环境特征 5	0	150	0.8530	(0.4876,0.6375)

从上表中可以看出, 在区间宽度为 0.15 的精度要求时, 环境特征 1、环境特征 2、环境特征 3、环境特征 4 都达到置信度 0.95 的要求, 环境特征 5 由于不能将全数字仿真样本融入半实物仿真数据中, 因此评估置信度未达到要求.

8.4　多阶段“摸边探底”有模型适应性序贯设计与评估案例

8.4.1　案例背景与流程

针对某型号精确制导导弹命中精度性能评估, 研究全数字仿真试验、半实物仿真试验在某一环境特征下的综合设计方法, 摸清导弹命中精度, 探索装备的性能极值.

案例流程及使用方法如下所示:

(1) 根据任务目标, 结合专家经验, 分析梳理影响指标的重要因素和取值范围;

(2) 针对全数字仿真试验, 采用 5.1.1.3 节拉丁超立方体设计来设计初始试验方案;

(3) 根据初始试验方案获得的试验数据, 采用 3.3.1 节高斯过程模型构建低精度代理模型;

(4) 采用 6.2 节基于高斯过程模型的适应性序贯设计方法, 选取期望提升(expected improvement, EI)作为序贯准则, 探索脱靶量指标的性能边界;

(5) 针对半实物仿真试验, 采用 5.1.1.3 节拉丁超立方体设计来设计初始试验方案;

(6) 结合全数字仿真和半实物仿真试验数据, 构建多精度代理模型, 本例中采用的是 Co-Kriging 模型, 也可采用 7.2.2 节中的加性高斯过程或分层 Kriging 模型进行构建;

(7) 选取序贯准则, 本例中采用了增广 EI 准则, 也可采用 7.2.2 节中变精度期望改善(VF-EI)准则, 进行多精度模型的适应性序贯设计, 探索脱靶量指标的性能边界;

(8) 结束.

若只需要基于单阶段试验进行摸边探底，可以参照上述流程中的(1)—(4)施行即可.

8.4.2　试验设计因素梳理

根据收集到的目标距离、目标朝向、目标大小、目标机动情况、发射角度、操作手的熟练程度、光照条件、干扰情况、干扰时间、干扰数量等 10 个因素进行评估设计. 由于高斯模型的因变量和自变量为数值型，于是对分类型因素进行数值化处理，最终得到 11 个因素作为设计变量，选取脱靶量为因变量. 设计变量的实际物理含义和取值范围如表 8.18 所示.

表 8.18　设计变量的物理含义和取值范围

设计变量	物理含义	范围
X1	目标距离	[1,13]
X2	目标纵向位置	[0.8,1.2]
X3	目标横向位置	[0.8,1.2]
X4	目标大小	[1,6]
X5	目标机动情况	[30,160]
X6	发射角度	[−26,6,26.6]
X7	操作熟练程度	[0.5,10]
X8	光照程度	[0,1]
X9	干扰源干扰程度	[4,32]
X10	干扰时间	[1,10]
X11	干扰数量	[0,10]

由于设计变量的取值范围跨度比较大，比如光照程度取值为[0,1]，但是发射角度的取值范围是[−26.6,26.6]，这种“狭窄”的设计空间会影响代理模型的构建，进而影响试验设计的效果. 为避免这种影响，先将设计空间做归一化处理，将其映射到各维度在同一数量级的超立方体空间上:

$$
\begin{aligned}
&[0.5,1]\times[0.5,1]\times[0.5,1]\times[0.5,1]\times[0.5,1]\times[0.5,1]\\
&\times[0.5,1]\times[0.5,1]\times[0.5,1]\times[0.5,1]\times[0.5,1]
\end{aligned}
$$

8.4.3　全数字仿真阶段序贯试验

8.4.3.1　*初始试验设计*

在全数字仿真阶段，我们的目的是更全面地摸清装备的性能，让试验样本覆盖尽可能多的条件组合. 考虑到本案例是 11 维度的试验设计问题, 为了让试验样本在全空间内分布得尽量均匀, 采用拉丁超立方体设计方法采集初始样本点 D_1, 获得对应的响应值 z_1, 具体数据如表 8.19 所示.

表 8.19　全数字仿真的初始设计点

序号						D_1						z_1
1	4.4	1.6	2.4	2.0	4.3	5.9	0.6	2.0	3.3	1.1	1.2	63.32
2	9.9	1.7	0.8	4.3	2.8	10.2	5.4	0.8	5.0	3.3	1.6	68.23
3	10.6	1.8	2.3	3.9	0.9	4.0	2.9	0.6	0.7	1.8	2.0	70.85
4	2.0	2.3	1.1	5.2	2.6	8.0	7.8	1.1	1.8	2.3	1.3	55.78
5	10.2	1.8	1.1	2.9	3.3	3.8	9.2	1.2	2.9	3.5	2.1	66.83
6	5.7	2.1	2.2	2.3	2.1	3.7	1.2	1.0	5.5	4.4	1.6	81.28
7	5.2	1.6	2.5	5.6	2.2	5.6	8.7	0.9	4.1	2.6	1.5	70.16
8	3.0	1.4	1.7	3.2	2.0	13.0	2.2	1.9	0.6	3.7	2.4	67.84
9	10.0	0.7	1.8	0.8	2.9	11.8	7.6	1.7	3.0	1.9	1.8	68.43
10	8.2	1.9	1.7	3.2	1.5	13.0	4.4	0.9	3.9	1.5	1.0	64.47
11	2.6	0.6	1.2	5.1	2.8	11.6	4.1	2.3	5.1	1.8	2.6	58.84
12	4.9	0.6	1.3	0.6	3.3	7.3	1.5	2.0	4.2	3.9	2.6	74.82
13	3.9	2.4	0.6	2.6	4.4	11.5	1.4	1.3	3.7	0.7	1.3	52.77
14	11.2	2.3	1.1	2.6	2.5	8.3	1.7	2.1	4.7	4.0	3.7	68.00
15	9.1	1.3	1.6	5.8	2.1	7.1	5.6	2.4	4.4	0.5	1.4	50.19
16	8.0	2.2	0.7	2.8	1.2	1.2	6.6	2.0	3.1	1.5	4.3	54.31
17	5.5	1.3	0.8	3.6	2.7	11.8	0.9	2.5	2.5	2.0	0.7	52.31
18	10.8	0.8	2.4	2.7	3.6	11.2	8.5	1.4	2.0	3.1	4.1	77.75
19	2.2	0.9	1.1	3.1	1.0	2.9	1.8	1.8	2.3	3.5	3.4	68.49
20	1.7	0.5	1.2	3.8	3.1	10.6	1.6	1.8	4.6	1.1	3.5	62.37
21	9.8	1.2	1.0	5.3	1.1	6.4	3.6	0.8	4.3	2.2	3.7	67.63
22	7.1	2.0	2.2	0.9	3.9	13.2	4.5	2.2	1.0	0.7	3.7	59.98
23	10.5	1.1	2.1	4.8	3.7	9.0	8.8	1.0	3.4	3.3	2.1	73.99
24	9.3	1.4	1.1	4.8	1.8	7.0	5.6	1.7	4.8	3.7	3.0	67.53
25	6.1	0.7	1.5	6.2	0.7	12.2	6.9	1.4	3.6	3.2	3.3	68.05
26	8.7	0.7	1.4	3.3	2.0	8.8	1.1	1.4	4.8	1.0	2.3	65.74
27	5.9	1.7	1.0	1.9	1.3	0.9	7.0	2.1	1.6	0.9	1.1	49.89
28	7.9	0.9	1.7	1.1	1.7	10.7	9.4	1.2	2.4	4.4	2.2	78.33
29	10.4	2.0	0.5	4.4	1.8	2.7	2.7	2.0	4.2	0.7	2.5	48.99
30	3.1	2.3	1.9	5.4	4.3	6.0	5.9	1.2	2.2	0.6	3.7	57.78
31	5.3	0.9	1.7	6.5	0.9	12.8	5.0	2.3	1.4	4.2	1.9	63.79
32	1.0	1.4	1.1	1.9	4.0	13.3	7.3	2.2	3.0	2.3	2.7	58.82

续表

序号	D_1											z_1
33	9.6	1.7	2.4	3.6	3.0	1.5	4.2	1.1	0.5	3.1	3.1	75.16
34	5.6	0.5	2.0	2.2	0.6	6.5	2.5	2.2	3.1	2.5	0.8	66.78
35	9.5	1.4	0.9	5.2	3.5	3.5	3.4	1.5	3.4	1.1	1.0	54.81
36	7.8	0.6	2.0	1.7	0.8	6.3	8.5	1.4	5.0	3.6	3.1	78.87
37	6.7	1.8	0.9	6.0	2.4	8.4	5.8	1.9	4.1	2.3	0.9	52.40
38	8.4	1.4	1.9	4.6	2.6	2.4	7.1	1.3	3.9	2.1	4.0	68.93
39	8.8	1.2	1.3	4.4	3.2	9.5	7.0	2.0	2.1	1.7	3.2	58.11
40	6.3	1.9	1.9	0.9	3.7	4.3	4.7	1.7	3.5	1.4	4.2	67.82
41	4.7	0.8	1.8	4.3	3.4	8.1	4.3	0.5	4.5	3.0	4.2	80.75
42	7.4	1.0	0.6	1.3	3.6	12.2	3.1	2.0	1.5	1.3	0.8	54.76
43	3.2	0.8	2.1	3.0	2.9	1.8	8.4	1.1	4.9	3.4	3.4	78.91
44	6.3	1.5	0.6	1.8	3.3	5.4	1.9	1.1	2.6	4.0	2.7	72.66
45	2.4	1.6	1.8	1.8	3.8	9.6	4.8	1.1	5.3	3.4	1.2	73.77
46	6.8	1.1	1.7	2.2	1.2	7.4	6.0	1.7	0.8	4.2	1.7	71.27
47	5.0	1.7	1.5	5.4	2.9	6.8	6.2	1.3	0.6	3.6	4.1	67.17
48	1.6	2.3	2.4	5.7	4.1	6.7	3.0	1.9	4.5	0.6	1.5	54.89
49	7.1	2.1	1.5	2.4	1.9	5.1	3.3	2.1	4.0	4.1	2.9	68.63
50	1.7	0.8	2.3	3.8	0.7	2.1	3.7	2.4	2.6	2.5	3.6	67.42
51	4.5	2.3	1.2	5.0	2.3	9.7	1.5	2.4	1.3	2.0	3.8	53.45
52	4.0	1.7	0.7	0.7	1.5	3.3	5.0	1.6	2.7	3.0	2.5	63.88
53	3.6	1.2	1.4	6.0	1.6	2.5	6.3	0.7	5.2	2.5	1.8	67.50
54	0.8	2.2	1.6	5.3	2.6	4.7	2.1	0.6	3.8	1.2	1.0	61.33
55	9.0	1.9	2.5	1.5	2.3	1.1	4.8	0.6	1.7	2.4	2.5	77.37
56	4.0	1.0	0.7	2.3	3.9	9.9	5.3	2.4	4.4	1.5	2.0	54.18
57	8.6	1.1	2.2	2.9	3.6	8.5	2.8	2.3	2.0	1.6	2.9	63.77
58	8.2	1.0	1.4	1.1	3.5	11.4	3.8	0.6	3.2	1.1	2.0	70.65
59	11.4	1.1	0.5	1.7	1.9	4.5	7.7	1.6	3.5	2.8	4.4	66.60
60	3.4	0.8	0.8	4.6	2.2	11.1	7.2	0.7	2.8	4.1	0.8	69.64
61	1.1	0.5	1.9	6.3	0.6	5.0	2.5	1.7	0.8	2.7	0.9	62.83
62	6.5	2.4	1.4	6.1	1.7	4.0	3.9	0.9	2.7	4.5	0.6	67.42
63	8.4	1.2	1.2	4.5	3.4	9.2	3.6	1.0	4.3	2.0	4.4	69.35
64	4.1	0.6	2.1	1.2	3.8	1.9	6.7	1.3	2.5	3.6	4.3	81.70
65	4.6	1.5	1.6	4.1	0.5	10.3	6.5	1.8	1.9	4.3	1.2	65.86
66	3.8	2.1	1.5	5.9	3.2	4.9	2.6	2.1	3.6	1.3	2.8	53.67
67	10.1	1.5	1.0	4.1	3.9	10.5	8.1	0.9	1.9	2.6	4.0	67.58

续表

序号					D_1							z_1
68	7.6	2.0	2.0	2.8	2.2	9.8	6.5	0.7	3.3	1.6	2.8	66.11
69	3.5	1.8	1.3	4.7	1.0	7.9	5.5	1.9	0.7	2.9	3.3	59.61
70	1.4	1.0	1.2	1.0	4.0	7.0	3.9	1.6	2.1	2.7	3.0	68.76
71	10.5	2.2	2.1	6.2	1.3	13.5	9.3	0.8	4.9	3.9	1.9	71.94
72	7.7	1.5	2.0	4.2	2.0	8.9	9.5	1.6	0.9	3.8	1.6	67.12
73	4.3	1.0	2.3	3.3	2.9	7.5	4.2	0.5	0.9	2.8	0.7	75.45
74	6.2	1.5	1.8	1.6	3.1	9.3	7.4	1.5	3.7	2.1	2.2	67.29
75	2.1	2.5	0.5	4.8	1.6	8.7	0.6	1.4	1.8	1.8	1.3	51.63
76	8.9	1.3	2.1	3.4	3.4	12.7	0.8	2.3	5.2	3.2	4.2	72.74
77	6.6	2.0	0.9	3.1	4.2	10.1	8.2	0.9	4.6	2.2	0.7	61.14
78	11.0	1.5	1.0	1.6	4.5	3.2	3.2	1.0	1.2	4.3	3.5	77.19
79	0.7	1.1	0.8	5.1	0.9	1.3	4.6	1.8	2.8	2.8	3.2	60.30
80	10.9	2.1	1.3	3.5	1.4	11.0	8.0	1.1	1.1	1.2	1.9	56.82
81	2.9	1.9	2.4	1.3	1.4	0.7	7.5	0.7	4.0	0.8	2.4	70.08
82	2.4	0.6	2.3	1.3	4.2	7.8	5.8	0.8	2.3	3.2	4.5	84.93
83	2.5	2.3	1.5	2.4	0.6	1.0	5.2	2.5	1.5	0.9	4.3	52.24
84	6.9	1.8	2.0	2.5	1.2	6.1	1.2	1.5	2.4	3.7	2.3	85.38
85	5.4	2.2	0.6	2.1	4.4	5.3	8.9	2.4	2.2	3.9	3.9	58.93
86	9.7	0.8	0.9	6.4	2.5	0.6	6.4	1.7	1.3	2.9	1.4	58.19
87	3.3	1.6	0.9	5.5	1.0	5.6	3.3	0.7	3.8	4.0	0.6	68.18
88	4.9	2.1	2.5	5.6	3.8	10.8	9.0	0.6	2.9	3.0	2.8	72.19
89	5.8	1.9	2.3	0.6	1.1	3.0	5.1	2.3	1.0	4.4	2.2	71.77
90	7.3	1.3	1.8	1.4	1.4	5.8	0.7	1.9	1.4	4.2	3.4	76.32
91	9.3	2.4	1.6	3.5	4.2	1.6	2.0	2.4	1.7	1.6	0.5	51.44
92	1.3	0.7	1.0	4.0	1.7	3.4	6.1	0.5	1.6	0.6	2.6	61.48
93	1.2	1.0	2.1	4.0	0.8	4.5	8.7	1.6	1.1	1.7	4.1	64.76
94	11.5	0.9	1.5	3.7	4.5	12.5	8.0	1.0	5.1	1.3	3.9	68.56
95	11.1	2.1	0.7	0.6	1.9	12.4	1.0	1.5	3.2	0.8	3.5	59.80
96	1.9	1.7	2.2	0.9	2.7	2.2	8.2	2.2	5.4	3.5	3.9	73.18
97	0.9	2.4	1.3	5.7	2.5	2.7	7.5	1.2	5.3	2.6	1.7	59.99
98	7.5	2.5	0.6	6.3	3.0	4.3	2.2	1.3	5.4	1.9	1.1	53.75
99	2.7	1.2	1.6	5.9	4.1	12.0	9.1	1.3	4.7	2.2	3.2	64.11
100	0.5	2.4	0.7	4.9	2.4	2.0	2.4	2.2	1.2	1.0	3.0	45.40

注：表格中样本空间集保存一位小数，指标 z_1 保存两位小数.

8.4.3.2 低精度代理模型的构建

根据试验数据 (D_1, z_1)，可建立高斯过程回归模型 $f(x) \sim \mathcal{GP}(\mu, V)$，该模型在样本点 x_* 处的预测响应值及其方差可表示如下:

$$\begin{cases} \hat{\mu}(x_*) = k_{*0}^{\mathrm{T}} K_0 + \sigma_n^2 I^{-1} z_1, \\ V\left[\hat{\mu}(x_*)\right] = k_{**} - k_{*0}^{\mathrm{T}} K_0 + \sigma_n^2 I^{-1} \end{cases} \tag{8.4}$$

其中，$k_{*0} = k(x_*, D_1)$，$K_0 = k(D_1, D_1)$ 分别表示 x_* 与 D_1，D_1 与 D_1 之间的协方差，由核函数 $k(\cdot,\cdot)$ 确定.

8.4.3.3 基于代理模型的适应性序贯设计

针对设计点 D_1 下的响应脱靶量 z_1，选取期望提升作为序贯准则，其表达式:

$$\begin{aligned} &\mathrm{EI}(x) \\ &= E\{\max(z_{\min} - \hat{\mu}(x), 0)\} \\ &= (z_{\min} - \hat{\mu}(x))\Phi\left(\frac{z_{\min} - \hat{\mu}(x)}{V(x)}\right) + V(x)\phi\left(\frac{z_{\min} - \hat{\mu}(x)}{V(x)}\right) \end{aligned} \tag{8.5}$$

其中，$z_{\min}$ 表示现有响应矩阵 z_1 中的最小值，Φ 和 ϕ 分别是正态分布函数和正态密度函数，$V(x)$ 表示预测方差. 利用 EI 准则采点，不断更新数据集 (D_1, z_1)，可以得到导弹性能的边界值，如表 8.20 和表 8.21 所示.

表 8.20　导弹性能(脱靶量)下界探索过程

过程序号						D_1						z_1
1	0.5	2.5	0.5	6.5	1.3	13.5	9.5	2.5	0.5	0.5	0.5	30.45
2	0.5	2.5	0.5	6.5	0.5	11.3	9.5	2.5	0.5	0.5	0.5	30.41
3	0.5	2.5	0.5	6.5	2.4	13.5	9.5	2.5	0.5	0.5	0.5	30.60
4	0.5	2.5	0.5	6.5	4.5	9.7	9.5	2.5	0.5	0.5	0.5	31.01
5	0.5	2.5	0.5	6.5	0.5	13.5	9.5	2.5	0.5	0.5	0.5	**30.35**

表 8.21　导弹性能(脱靶量)上界探索过程

过程序号						D_1						z_1
1	11.5	0.5	2.5	0.5	3.8	0.5	0.5	0.5	5.5	4.5	4.5	100.28
2	11.5	0.5	2.5	0.5	4.5	0.5	0.5	0.5	5.0	4.5	4.5	99.99
3	11.5	0.5	2.5	0.5	0.6	0.5	0.5	0.5	5.5	4.5	4.5	99.84
4	11.5	0.5	2.5	0.5	4.5	11.7	0.5	0.5	5.5	4.5	4.5	100.04
5	9.3	0.5	2.5	0.5	4.5	0.5	0.5	0.5	5.5	4.5	4.5	100.05

续表

过程序号						D_1						z_1
6	9.3	0.5	2.5	0.5	1.9	0.5	0.5	0.5	5.5	4.5	4.5	99.68
7	11.5	0.5	2.5	0.5	4.5	0.5	0.5	0.5	5.5	4.5	4.5	**100.38**
8	11.5	0.5	2.5	0.5	1.6	12.5	0.5	0.5	5.5	4.5	4.5	99.62
9	7.2	0.5	2.5	0.5	4.5	0.5	0.5	0.5	5.5	4.5	4.5	99.71
10	9.4	0.5	2.5	0.5	4.5	10.4	0.5	0.5	5.5	4.5	4.5	99.75
11	11.5	0.5	2.5	0.5	4.5	0.5	0.5	0.5	5.5	4.5	4.2	99.91
12	11.5	0.5	2.5	0.5	4.5	3.8	0.5	0.5	5.5	4.5	4.5	100.28

最终得到命中精度性能范围[30.35,100.38].

8.4.4 半实物仿真阶段序贯试验

8.4.4.1 初始试验设计

由于全数字仿真已经给出了一组样本量为 100 的数据，这里只需要对半实物仿真系统采集样本，依然使用拉丁超立方体抽样，得到表 8.22 中的 25 个高精度试验设计点和响应值.

表 8.22　半实物仿真的初始设计点

序号						D_2						z_2
1	0.8	1.5	0.7	4.4	2.9	5.9	9.1	1.4	2.1	3.6	4.1	96.45
2	7.6	2.4	2.1	0.7	3.8	2.7	4.2	2.3	3.3	3.2	4.3	89.22
3	8.9	1.7	2.0	0.8	2.8	4.2	5.7	1.7	5.1	0.8	1.7	45.89
4	3.4	1.0	0.8	1.9	4.5	0.6	0.6	0.6	5.0	2.9	1.8	79.11
5	6.6	1.3	1.0	4.8	3.6	11.8	2.6	0.9	3.6	1.6	3.8	78.87
6	7.0	2.4	1.7	1.9	1.7	1.9	7.9	1.0	4.8	4.0	4.0	105.22
7	5.3	1.4	1.6	6.1	4.2	5.0	4.5	0.8	3.9	3.8	0.9	67.15
8	8.5	1.8	1.2	3.4	1.9	9.4	1.2	2.4	4.3	2.5	3.3	80.98
9	1.5	1.9	2.4	2.7	0.9	12.3	2.8	2.1	2.2	4.1	4.4	65.61
10	2.6	2.1	0.6	6.3	1.3	2.1	2.0	1.7	3.1	1.5	3.2	106.00
11	9.8	0.6	1.4	1.0	2.4	11.4	7.5	1.9	5.3	2.2	3.7	26.07
12	1.2	2.2	1.9	5.7	1.5	3.8	3.2	1.3	4.7	0.9	2.9	77.19
13	9.7	1.7	0.8	4.9	2.3	6.9	1.7	1.6	3.3	2.7	1.4	81.10
14	10.8	0.8	1.1	4.1	2.1	7.6	5.5	1.9	4.2	2.0	1.1	27.78
15	8.2	1.5	1.5	4.2	4.0	10.1	8.1	2.1	1.9	1.0	2.8	44.88
16	4.2	0.7	0.6	2.4	0.6	8.6	7.3	1.1	2.6	2.9	2.4	61.27

续表

序号	D_2											z_2
17	3.9	1.1	2.3	1.4	3.5	6.6	5.9	1.8	2.8	3.3	2.5	26.13
18	3.1	0.6	0.9	3.9	2.1	12.6	1.5	2.2	1.5	1.3	1.6	30.25
19	5.3	2.3	1.3	5.1	4.2	5.4	3.6	2.5	0.8	4.2	0.6	96.29
20	1.9	2.0	2.4	5.8	0.8	3.2	4.9	0.9	1.2	4.4	2.2	71.71
21	5.9	1.3	1.3	3.1	2.7	1.2	9.3	0.5	2.4	1.9	2.6	62.36
22	4.6	2.2	1.7	1.7	3.1	9.2	6.9	1.2	0.6	1.3	1.1	80.28
23	10.5	1.2	1.8	5.5	1.4	10.7	6.6	0.7	1.4	3.5	2.1	45.16
24	5.0	1.7	1.5	5.4	2.9	6.8	6.2	1.3	0.6	3.6	4.1	61.25
25	0.5	1.6	0.5	0.9	0.5	0.5	0.5	1.2	0.5	0.5	0.7	44.23

注: 表格中样本空间集保存一位小数, 指标 z_1 保存两位小数.

8.4.4.2 多精度代理模型构建

多精度代理模型可以融合不同精度的试验数据, 充分利用高低精度数据的各自优势, 使得低精度数据用于降低建模成本, 高精度数据用于提高预测精度, 其关键是如何处理高精度和低精度数据的关系.

多精度代理模型利用高精度数据来修正低精度数据建立的代理模型, 进而实现数据融合, 其数据融合方式可以分为四种类型: 空间映射法、乘法修正法、加法修正法和综合修正法. 空间映射法的核心思想是将高精度输入向量转换为低精度输入向量, 这种技术允许输入向量和具有不同的维度. 其他三种方法都可以统一表达为下式:

$$f_l(x)=\rho f_{l-1}(x)+\delta_l(x)$$

其中, ρ 是乘法因子, 用于修正高低精度之间的倍数关系, 而 $\delta_l(x)$ 是加法因子, 用于修正高低精度之间的加性关系. Co-Kriging 模型是一种基于综合修正法的多精度代理模型方法, 于 2000 年由 Kennedy 和 O'Hagan(AR1 框架)提出, 并成为近 20 年来研究多精度数据建模的主流框架.

1. 模型构建

假设 Co-Kriging 模型为

$$f_l(x)=\rho_l(x)f_{l-1}(x)+\delta_l(x),\qquad l=2,3,\cdots,m$$

其中 l 对应各层精度, 最低层为 1, 最高层为 m. $\rho_l(x)$ 是规模参数, 在 AR1 框架中将其认为是一个待估计的常数, $\delta_l(x)$ 是描述“差异”的函数, 可通过 Kriging 模型对其建模, 如下所示:

$$\delta_l(x)=b_l(x)^{\mathrm{T}}\beta_l+Z_l(x),\qquad l=2,3,\cdots,m$$

式中，$b_l(x)$ 和 β_l 分别是基函数和回归参数，$Z_l(x)$ 是一个零均值的平稳高斯过程，核函数选取高斯核：

$$\operatorname{cov}(\delta_l(x),\delta_l(x'))=\sigma_l^2\exp\left[-\sum_{j=1}^{d}\theta_{l,j}(x_j-x'_j)\right]$$

其中，σ_l^2 是高斯过程的方差，$\theta_{l,j}$ 是待估计的超参数.

在本节中，考虑只有两个精度的数据融合问题. 使用符号 $A_l(D_i,D_j)$ 表示使用第 l 个精度的核函数，计算设计点 D_i 与 D_j 之间的相关性矩阵. 在假设所有超参数都已知的情境下，可以计算出后验高斯分布.

预测均值表达为

$$\hat{f}_m(x)=h_m(x)^{\mathrm{T}}\hat{\beta}+t_m(x)^{\mathrm{T}}V^{-1}(z-H\hat{\beta})$$

其中，基函数向量和矩阵分别为

$$h_m(x)=(\rho h(x)^{\mathrm{T}},h(x)^{\mathrm{T}})$$

$$H=\begin{bmatrix} h(D_1) & \mathbf{0} \\ \rho h(D_2) & h(D_2) \end{bmatrix}$$

相关性矩阵为

$$V=\begin{bmatrix} \sigma_1^2A_1(D_1,D_1) & \rho\sigma_1^2A_1(D_1,D_2) \\ \rho\sigma_1^2A_1(D_2,D_1) & \rho^2\sigma_1^2A_1(D_2)+\sigma_2^2A_2(D_2) \end{bmatrix}$$

而相关性向量

$$t_m(x)^{\mathrm{T}}=(\rho\sigma_1^2A_1(\{x\},D_1),\quad \rho^2\sigma_1^2A_1(\{x\},D_2)+\sigma_2^2A_2(\{x\},D_1))$$

表征了输入与已有设计点之间的相关性. 而参数 $\hat{\beta}$ 可以通过广义最小二乘计算而来：

$$\hat{\beta}=(\hat{\beta}_1,\hat{\beta}_2)^{\mathrm{T}}=(H^{\mathrm{T}}V^{-1}H)^{-1}H^{\mathrm{T}}V^{-1}z$$

预测方差的表达式为

$$\begin{aligned} c(x)=&A_2(x)+\rho^2A_1(x)-t_m(x)^{\mathrm{T}}V^{-1}t_m(x)\\ &+(h_m(x)-t_m(x)^{\mathrm{T}}V^{-1}H)^{\mathrm{T}}(H^{\mathrm{T}}V^{-1}H)^{-1}(h_m(x)-t_m(x)^{\mathrm{T}}V^{-1}H)\end{aligned}$$

代表了每一个设计点的预测误差.

2. 超参数估计

由于 δ_l 与 Z_l 的马尔可夫性，超参数的估计可以分阶段独立进行.

先计算低精度相关的超参数，使得下式最小:

$$\ln|A_1(D_1)| + n_1 \ln\sigma_1^2 + (z_1 - \hat{\beta}_1 l_{n_1})^{\mathrm{T}} \{\sigma_1^2 A_1(D_1)\}^{-1}(z_1 - \hat{\beta}_1 l_{n_1})$$

可以得到 σ_1^2 和 θ_1 的值. 之后在 σ_1^2 和 θ_1 的值已给出的情况下，计算高精度的超参数，即使得下式最小:

$$\ln|A_2(D_2)| + n_2 \ln\sigma_2^2 + (d_2 - \hat{\beta}_2 l_{n_2})^{\mathrm{T}} \{\sigma_2^2 A_2(D_2)\}^{-1}(d_2 - \hat{\beta}_2 l_{n_2})$$

其中

$$d_2 = z_2 - \rho z_1(D_2)$$

可以得到 ρ, σ_2^2 和 θ_2 的值.

8.4.4.3 基于多精度代理模型的适应性序贯设计

采用增广的 EI 准则(AEI)[195]做多精度序贯设计，序贯采点结果如表 8.23 和表 8.24 所示.

表 8.23 导弹性能(脱靶量)多精度序贯设计的上界探索

序号	D_2											z_2
1	10.5	1.2	1.8	5.5	1.4	10.7	6.6	0.7	1.4	3.5	2.1	45.16
2	2.0	2.3	1.1	5.2	2.4	8.0	7.6	1.0	1.8	2.3	1.2	107.05
3	2.9	0.8	2.3	1.4	4.1	7.5	5.7	1.1	2.5	3.3	4.0	26.61
4	2.0	2.3	1.1	5.2	2.5	8.0	7.6	1.0	1.8	2.3	1.2	107.02
5	7.6	2.4	2.1	0.7	3.8	2.7	4.2	2.3	3.3	3.2	4.3	89.22
6	0.9	0.5	0.5	0.5	0.5	0.5	0.5	0.9	1.6	0.5	2.0	54.48
7	2.0	2.2	1.1	5.1	2.4	8.0	7.5	1.0	1.8	2.4	1.1	107.43
8	7.3	0.9	2.3	2.5	1.1	13.5	3.9	1.4	3.8	0.5	3.4	8.69
9	0.9	0.5	0.5	0.5	0.5	0.5	0.5	0.9	1.6	0.5	2.0	54.69
10	7.4	0.8	2.2	2.6	1.1	13.5	3.8	1.5	3.7	0.5	3.5	10.02
11	11.1	2.3	1.1	2.6	2.4	8.3	1.7	2.1	4.6	3.9	3.6	113.83
12	0.5	0.5	0.5	0.5	0.7	0.9	1.5	0.5	0.5	0.5	0.5	54.70
13	0.5	0.5	0.5	0.5	0.7	0.9	1.6	0.5	0.5	0.5	0.5	54.69
14	5.4	2.2	0.6	2.1	4.4	5.3	8.9	2.4	2.2	3.9	3.9	114.32
15	7.5	1.0	2.1	2.8	1.1	13.4	3.9	1.3	3.8	0.5	3.0	19.70
16	2.2	2.5	0.5	4.7	1.6	8.6	0.6	1.3	1.8	1.7	1.4	**133.75**
17	7.3	0.8	2.3	2.5	1.1	13.5	3.9	1.4	3.7	0.5	3.5	10.19
18	10.5	1.2	1.8	5.5	1.4	10.7	6.6	0.7	1.4	3.5	2.1	45.63
19	2.2	2.5	0.5	4.7	1.6	8.6	0.5	1.2	1.8	1.7	1.4	133.63
20	1.6	2.3	0.5	5.7	1.9	2.0	2.1	1.9	2.0	1.3	3.1	115.71

表 8.24　导弹性能(脱靶量)多精度序贯设计的下界探索

序号	D_2											z_2
1	11.4	0.9	2.0	3.5	3.3	8.3	8.5	1.5	0.9	2.3	0.7	9.17
2	0.5	1.6	0.5	1.0	0.5	0.5	0.5	1.2	0.5	0.5	0.7	44.15
3	7.3	0.9	2.3	2.5	1.1	13.5	3.9	1.4	3.8	0.5	3.4	**8.69**
4	8.7	0.7	1.4	3.3	2.0	8.8	1.1	1.4	4.8	1.0	2.3	62.72
5	2.4	0.6	2.3	1.3	4.2	7.8	5.8	0.8	2.3	3.2	4.5	88.59
6	0.5	0.5	0.6	0.5	0.5	0.5	0.5	0.5	0.9	0.5	0.5	58.85
7	1.4	0.5	0.5	1.2	0.5	0.5	0.5	0.5	0.5	0.5	0.5	53.02
8	1.2	2.2	1.9	5.7	1.5	3.8	3.2	1.3	4.7	0.9	2.9	53.45
9	0.5	0.5	0.5	0.5	0.5	0.8	0.5	0.5	0.9	0.5	0.5	119.97

最终得到导弹脱靶量响应范围[8.69,133.75].

利用全数字仿真数据建立的低精度响应模型，探索到的性能极值为[30.35,100.38]. 而结合了两阶段数据的多精度适应性序贯优化方法得到装备的性能极值为[8.69,133.75].

8.4.4.4　结合多阶段试验数据评估的优势

为了进一步说明基于模型的多阶段适应性序贯设计评估的优势，我们比较了仅用高精度试验数据进行评估的成本和极值探索结果，其中半实物仿真和全数字仿真的代价比为 4:1. 装备性能极值探索结果如表 8.25 所示.

表 8.25　导弹性能(脱靶量)极值探索

(a) 上界探索

	结合两阶段数据评估		单阶段数据评估	
	半实物仿真	全数字仿真	半实物仿真	全数字仿真
初始设计点数	25	100	50	0
序贯加点数	20	20	50	0
总成本	300		400	
优化结果	133.75		123.67	

(b) 下界探索

	结合两阶段数据评估		单阶段数据评估	
	半实物仿真	全数字仿真	半实物仿真	全数字仿真
初始设计点数	25	100	50	0
序贯加点数	42	8	50	0
总成本	376		400	
优化结果	8.69		19.49	

注：半实物仿真和全数字仿真的代价比为 4:1.

结合了数字仿真和半实物仿真数据的适应性评估方法的精度和代价都优于仅用半实物仿真评估的序贯优化结果. 在代价方面, 结合两阶段试验数据减少了成本; 而在精度方面, 结合两阶段数据探索到了更加广泛的全局极值.

8.5 小　结

“适应性序贯” 概念体现在设计和评估的更新迭代过程中. 它既可用于某个为满足特定需求的 “最小试验样本量确定→装备试验适应性序贯设计→装备试验适应性评估” 的单阶段试验适应性设计与评估过程中, 又可用于满足特定需求的 “最小联合试验样本量确定→装备试验适应性序贯设计→装备试验适应性融合评估” 多个递进试验阶段中, 还可以用于装备性能响应从 “无模型→有模型”、试验目标从 “摸边→探底” 的多个递进阶段的序贯设计与评估过程中.

本章分别对某装备命中精度性能试验面向 “全数字仿真、半实物仿真、外场实装试验” 多个阶段的 “中间验证”, 以及面向 “全数字仿真→半实物仿真” 的单阶段和两个递进阶段试验进行适应性序贯设计与评估的 “摸边探底” 案例进行了阐述.

“中间验证” 试验评估案例中, 试验目标是考核最终导弹的落点偏差均值. 考核样本覆盖了全数字仿真、半实物仿真和外场实装试验 3 个阶段, 且全数字仿真和半实物仿真试验样本量远大于外场实装试验样本量, 仅用 Bayes 方法融合评估存在 “湮没” 外场实装试验样本的风险. 因此本案例首先根据评估精度要求计算外场实装试验所需样本量, 由于实际样本量未达到要求, 因此采用代表点方法从符合一致性检验的半实物仿真折合样本中补充对应数量的样本, 之后进行 Bayes 融合评估, 得到稳健的融合评估结论.

“摸边探底” 试验设计与评估案例中, 在单阶段数字仿真阶段, 试验的目标是全面摸清装备边界性能, 即设计的试验样本尽可能多地覆盖样本空间. 且该阶段未获得任何先验信息, 因而在该阶段试验中采用无模型的均匀设计方法进行试验设计. 为了达到试验精度要求且尽可能地减少试验样本点, 在该阶段进行了序贯均匀补点和序贯评估. 最终五种环境特征下的数字仿真评估结果达到了置信区间不宽于 0.15 且置信度大于 0.95 的精度要求. 除此之外, 单阶段的序贯设计减少了约三分之一的试验样本量.

在 “全数字仿真→半实物仿真” 为满足同一精度要求的两阶段递进试验中, 在数字仿真的基础上, 对半实物仿真试验进行适应性序贯均匀试验, 在获得两阶段试验数据后, 通过数据融合条件判定、数据复合可信度计算以及基于复合可信度的 Bayes 融合估计, 得到四种环境特征下的半实物仿真评估结果, 达到了置信区间不宽于 0.15 且置信度大于 0.95 的精度要求. 融合了全数字仿真试验信息后，半实物仿真阶段使用适应性序贯设计与评估方法，减少了约 60%的试验样本量.

在“全数字仿真→半实物仿真”的具有“摸边→探底”两个试验目标的递进阶段试验中，基于数字仿真试验数据的良好基础，试验者对该装备的命中精度有了一定的了解. 因此，在半实物仿真阶段，试验的目标是探索装备的性能极值. 结合两阶段数据的多精度适应性序贯优化方法的精度和代价明显优于单阶段评估的序贯优化结果. 结合两阶段试验数据能在更小的代价成本下，获得更高精度的性能极值.

本章案例展示了如何将适应性序贯设计与适应性评估方法应用于多阶段试验. 适应性序贯试验设计与评估是一种理论方法框架，其试验流程不是固定不变的. 随着试验目标变化，或者在单阶段就需要实现多个目标，可以在单阶段试验中就实现从“无信息先验”到“有信息先验”，从“无模型”到“有模型”，从“单目标”到“多目标”的适应性变化. 当实际问题出现更多更强的约束时，如试验样本空间为离散点集情形、因素指标为定性定量相结合的情形、响应为多指标情形等，序贯设计和评估方法都可以根据具体情况适应性地进行方法调整.

8.6　延展阅读——无人机作战试验设计

当前，无人机能够执行纵深打击、情报侦察、战场监视、打击时敏目标，以及空中加油等多种任务，能够极大提升有人-无人混合编队中有人机和无人机的协同作战能力，并有效提高混合编队的可操作性、战斗力和机组人员的生存能力. 无人机的空对地使命可能包括近距离空中支援、远程火力打击和协同打击，未来，其使命还可能扩展到空对空作战能力、进攻性制空作战和防御性制空作战能力. 本节延展阅读的研究目标是探讨如何通过使用仿真、试验设计和数据分析对舰载无人机进行评估[196].

在舰载机协同打击想定下，利用无人机进行空对地攻击，同时战斗机执行进攻性制空作战. 研究的具体问题包括:

(1) 如何组合有人机和无人机，以使任务的成功率最大?

(2) 在无人机完成使命时，哪些因素会降低有人机和无人机的损失率?

具体使命想定为：舰载机战斗群驶向红方海岸附近. 情报显示红方将在海岸线附近重建一个陆基反舰导弹系统.

(1) 红方兵力.

红方的防御包括两个飞机中队. 所有飞机从已知的、位于海岸附近的机场起飞. 红方飞机定期沿着海岸线附近执行空中巡逻任务并有警戒飞机可以在短时间内从机场起飞. 此外，红方拥有一个预警探测系统，具有对目标进行分类以及针对目标进行空中通信和地面控制拦截的能力.

(2) 蓝方兵力.

舰载机编队由三个中队的战术飞机组成. 两类有人战术飞机配置空对空武器系统, 主要负责保护攻击飞机. 无人驾驶攻击飞机配备空对地武器系统, 有利于回避对方目标区域的重大威胁.

(3) 地形和范围.

作战区域是一个边长为 500 海里的正方形区域, 红方位于区域北边, 蓝方位于南边. 红方飞机在机场待命, 可以对任何接近其海岸的威胁进行快速响应. 红方飞机场位于东北海岸, 将派遣飞机拦截入境的空中威胁.

(4) 使命.

蓝方空中打击编队实施协同空袭威胁目标的行动. 主要目标是在海岸附近的反舰导弹系统. 两类有人战术飞机将针对其遇到的任何敌方飞机展开进攻性空中防御. 无人驾驶攻击飞机将使用制导炸弹攻击目标.

在该背景下, 可采用基于 Agent 的仿真系统建立仿真想定, 通过试验设计技术来实现无人机在不同参数和环境下的作战试验, 并得到仿真结果. 试验需要研究红蓝双方 36 个具有不同取值范围的因素对仿真结果的影响. 即使只对蓝方无人机的 8 个因素及其水平进行研究, 不同的组合数量也高达 1.145 万亿! 因此, 采用近似正交拉丁超立方进行试验设计, 可将试验方案缩减到 240 种方案进行仿真试验.

长期以来, 经验值是一般以 2 架无人机为一个小组或独立执行任务. 通过对仿真结果进行回归建模分析, 针对两个研究问题, 最终得到如下优化的建议或结论:

(1) 当响应因子为目标毁伤率时, 回归模型分析表明若无人机的数量为 3 架或者更多, 任务成功率递增明显. 无人机机载武器系统的命中概率、无人机武器数量和隐身性能是影响任务成功的显著性因子.

(2) 当响应因子为蓝方飞机的生存率时, 回归分析表明若无人机数量为 3 架或者更多, 不会使蓝方生存率明显增长, 但有人机数量为 4—9 架时明显提升了蓝方飞机的生存率, 有人机机载武器系统的命中概率是影响蓝方飞机生存率的显著因子.

(3) 基于装备失效性的事实, 建议无人机以 4 架飞机为一个编队执行任务, 从而最大化目标毁伤率和蓝方生存率.

(4) 当蓝方有人机用于进攻性制空作战抵御大量对方飞机时, 应该至少以 4 架为一个编队执行任务. 在此基础上, 通过编队内增加飞机数量难以显著提高蓝方生存率.

(5) 武器系统的命中概率是影响目标毁伤率和蓝方生存率的一个主要因素. 隐身性是影响目标毁伤率和蓝方生存率的一个重要因素.

参 考 文 献

[1] 曹裕华. 装备试验设计与评估[M]. 北京: 国防工业出版社, 2016.

[2] 王正明, 刘吉英, 武小悦. 装备试验科学方法论[M]. 北京: 科学出版社, 2023.

[3] 杨廷梧. 复杂武器系统试验理论与方法[M]. 北京: 国防工业出版社, 2018.

[4] 方开泰, 刘民千, 周永道. 试验设计与建模[M]. 北京: 高等教育出版社, 2011.

[5] 任露泉. 试验设计及其优化[M]. 北京: 科学出版社, 2009.

[6] 金振中, 李晓斌. 战术导弹试验设计[M]. 北京: 国防工业出版社, 2013.

[7] 王正明, 卢芳云, 段晓君. 导弹试验的设计与评估[M]. 3 版. 北京: 科学出版社, 2022.

[8] McKay M D, Beckman R J, Conover W J. A comparison of three methods for selecting values of input variables in the analysis of output from a computer code[J]. Technometrics, 1979, 21(2): 239-245.

[9] Qian P Z G. Sliced Latin hypercube designs[J]. Journal of the American Statistical Association, 2012, 107(497): 393-399.

[10] Han G, Santner T J, Notz W I, et al. Prediction for computer experiments having quantitative and qualitative input variables[J]. Technometrics, 2009, 51(3): 278-288.

[11] Deng X, Lin C D, Liu K W, et al. Additive Gaussian process for computer models with qualitative and quantitative factors[J]. Technometrics, 2017, 59(3): 283-292.

[12] Qian P Z G, Wu H Q, Wu C F J. Gaussian process models for computer experiments with qualitative and quantitative factors[J]. Technometrics, 2008, 50(3): 383-396.

[13] Deng X W, Hung Y, Lin C D. Design for computer experiments with qualitative and quantitative factors[J]. Statistica Sinica, 2015, 25(4): 1567-1581.

[14] He Y Z, Lin C D, Sun F S. On construction of marginally coupled designs[J]. Statistica Sinica, 2017, 27(2): 665-683.

[15] Joseph V R, Gul E, Ba S. Designing computer experiments with multiple types of factors: The MaxPro approach[J]. Journal of Quality Technology, 2019, 52(4): 343-354.

[16] Kong X S, Ai M Y, Tsui K L. Flexible sliced designs for computer experiments[J]. Annals of the Institute of Statistical Mathematics, 2017, 70(3): 631-646.

[17] Xu J, He X, Duan X J, et al. Sliced Latin hypercube designs for computer experiments with unequal batch sizes[J]. IEEE Access, 2018, 6: 60396-60402.

[18] Zhang J, Xu J, Jia K, et al. Optimal sliced Latin hypercube designs with slices of arbitrary run sizes[J]. Mathematics, 2019, 7(9): 854.

[19] Chuang S C, Hung Y C. Uniform design over general input domains with applications to target region estimation in computer experiments[J]. Computational Statistics and Data Analysis, 2010, 54(1): 219-232.

[20] 李博文. 不规则区域均匀试验设计方法及应用研究[D]. 长沙: 国防科技大学, 2021.

[21] Johnson M E, Moore L M, Ylvisaker D. Minimax and maximin distance designs[J]. Journal of Statistical Planning and Inference, 1990, 26(2): 131-148.

[22] Morris M D, Mitchell T J. Exploratory designs for computational experiments[J]. Journal of

Statistical Planning and Inference, 1995, 43(3): 381-402.

[23] Chen R B, Hsu Y W, Hung Y, et al. Discrete particle swarm optimization for constructing uniform design on irregular regions[J]. Computational Statistics and Data Analysis, 2014, 72: 282-297.

[24] Chen R B, Li C H, Hung Y, et al. Optimal noncollapsing space-filling designs for irregular experimental regions[J]. Journal of Computational and Graphical Statistics, 2019, 28(1): 74-91.

[25] Chen R B, Li C H, Hung Y, et al. Optimal noncollapsing space-filling designs for irregular experimental regions[J]. Journal of Computational and Graphical Statistics, 2019, 28(1): 74-91.

[26] Draguljić D, Santner T J, Dean A M. Noncollapsing space-filling designs for bounded nonrectangular regions[J]. Technometrics, 2012, 54(2): 169-178.

[27] Zhang M, Zhang A J, Zhou Y D. Construction of uniform designs on arbitrary domains by inverse Rosenblatt transformation[C]//Fan J, Pan J. Contemporary Experimental Design, Multivariate Analysis and Data Mining. Cham: Springer, 2020: 111-126.

[28] Qian P Z G. Nested Latin hypercube designs[J]. Biometrika, 2009, 96(4): 957-970.

[29] He X, Qian P Z G. Nested orthogonal array-based Latin hypercube designs[J]. Biometrika, 2011, 98(3): 721-731.

[30] Qian P Z G, He X. A central limit theorem for nested or sliced Latin hypercube designs[J]. Statistica Sinica, 2016: 1117-1128.

[31] Rennen G, Husslage B, Van Dam E R, et al. Nested maximin Latin hypercube designs[J]. Structural and Multidisciplinary Optimization, 2010, 41(3): 371-395.

[32] Husslage B, Van Dam E R, Den Hertog D. Nested maximin Latin hypercube designs in two dimensions[J]. Discussion Paper / Center for Economic Research, 2005, 1: 0924-7815.

[33] Haaland B, Qian P Z G. An approach to constructing nested space-filling designs for multifidelity computer experiments[J]. Statistica Sinica, 2010, 20(3): 1063-1075.

[34] Chen D J, Xiong S F. Flexible nested Latin hypercube designs for computer experiments[J]. Journal of Quality Technology, 2017, 49(4): 337-353.

[35] Jones D R, Perttunen C D, Stuckman B E. Lipschitzian optimization without the Lipschitz constant[J]. Journal of Optimization Theory and Applications, 1993, 79(1): 157-181.

[36] Jones D R. Direct global optimization algorithm[C]//Floudas C A, Pardalos P M. Encyclopedia of Optimization. Boston: Springer, 2001: 431-440.

[37] Sergeyev Y D, Kvasov D E. Global search based on efficient diagonal partitions and a set of Lipschitz constants[J]. SIAM Journal on Optimization, 2006, 16(3): 910-937.

[38] Paulavičius R, Žilinskas J. Simplicial Lipschitz optimization without the Lipschitz constant[J]. Journal of Global Optimization, 2014, 59(1): 23-40.

[39] Liu H T, Xu S L, Wang X F, et al. A global optimization algorithm for simulation-based problems via the extended Direct scheme[J]. Engineering Optimization, 2015, 47(11): 1441-1458.

[40] Paulavičius R, Chiter L, Žilinskas J. Global optimization based on bisection of rectangles, function values at diagonals, and a set of Lipschitz constants[J]. Journal of Global Optimization, 2018, 71(1): 5-20.

[41] Gablonsky J M, Kelley C T. A locally-biased form of the DIRECT algorithm[J]. Journal of Global Optimization, 2001, 21(1): 27-37.

[42] Paulavičius R, Sergeyev Y D, Kvasov D E, et al. Globally-biased Disimpl algorithm for expensive global optimization[J]. Journal of Global Optimization, 2014, 59(2): 545-567.

[43] Mockus J. On the Pareto optimality in the context of lipschitzian optimization[J]. Informatica, 2011, 22(4): 521-536.

[44] Liu Q F, Zeng J P, Yang G. MrDirect: A multilevel robust DIRECT algorithm for global optimization problems[J]. Journal of Global Optimization, 2015, 62(2): 205-227.

[45] Liu Q F, Yang G, Zhang Z Z, et al. Improving the convergence rate of the DIRECT global optimization algorithm[J]. Journal of Global Optimization, 2017, 67(4): 851-872.

[46] Mockus J, Paulavičius R, Rusakevičius D, et al. Application of reduced-set Pareto-Lipschitzian optimization to truss optimization[J]. Journal of Global Optimization, 2017, 67(1): 425-450.

[47] Stripinis L, Paulavičius R, Žilinskas J. Improved scheme for selection of potentially optimal hyper-rectangles in DIRECT[J]. Optimization Letters, 2018, 12(7): 1699-1712.

[48] Paulavičius R, Sergeyev Y D, Kvasov D E, et al. Globally-biased BIRECT algorithm with local accelerators for expensive global optimization[J]. Expert Systems with Applications, 2020, 144: 113052.

[49] Liuzzi G, Lucidi S, Piccialli V. A Direct-based approach exploiting local minimizations for the solution of large-scale global optimization problems[J]. Computational Optimization and Applications, 2010, 45(2): 353-375.

[50] Fedorov V V, Hackl P. Model-oriented design of experiments[J]. Springer Science & Business Media, 2012, 125.

[51] Narayan A, Zhou T. Stochastic collocation on unstructured multivariate meshes[J]. Communications in Computational Physics, 2015, 18(1): 1-36.

[52] Guo L, Narayan A, Yan L, et al. Weighted approximate fekete points: Sampling for least-squares polynomial approximation[J]. SIAM Journal on Scientific Computing, 2018, 40(1): A366-A387.

[53] Kang X N, Deng X W. Design and analysis of computer experiments with quantitative and qualitative inputs: A selective review[J]. Wiley Interdisciplinary Reviews-Data Mining and Knowledge Discovery, 2020, 10(3): 1-9.

[54] Zhang Y L, Notz W I. Computer experiments with qualitative and quantitative variables: A review and reexamination[J]. Quality Engineering, 2015, 27(1): 2-13.

[55] Zhou Q, Qian P Z G, Zhou S Y. A simple approach to emulation for computer models with qualitative and quantitative factors[J]. Technometrics, 2011, 53(3): 266-273.

[56] Zhang Q, Chien P, Liu Q, et al. Mixed-input Gaussian process emulators for computer experiments with a large number of categorical levels[J]. Journal of Quality Technology, 2021, 53(4): 410-420.

[57] Li Y X, Zhou Q. Pairwise meta-modeling of multivariate output computer models using nonseparable covariance function[J]. Technometrics, 2016, 58(4): 483-494.

[58] Zhang Y C, Tao S Y, Chen W, et al. A latent variable approach to Gaussian process modeling with qualitative and quantitative factors[J]. Technometrics, 2020, 62(3): 291-302.

[59] Morris M D. Gaussian surrogates for computer models with time-varying inputs and outputs[J]. Technometrics, 2012, 54(1): 42-50.

[60] Morris M D. Maximin distance optimal designs for computer experiments with time-varying inputs and outputs[J]. Journal of Statistical Planning and Inference, 2014, 144(1): 63-68.

[61] Iooss B, Ribatet M. Global sensitivity analysis of computer models with functional inputs[J]. Reliability Engineering & System Safety, 2009, 94(7): 1194-1204.

[62] Fruth J, Roustant O, Kuhnt S. Support indices: Measuring the effect of input variables over their supports[J]. Reliability Engineering & System Safety, 2015, 78(3): 453-458.

[63] Deschrijver D, Crombecq K, Nguyen H M, et al. Adaptive sampling algorithm for macromodeling of parameterized s-parameter responses[J]. IEEE Trans. Microwave Theory Tech., 2011, 59(1): 39-45.

[64] Liu H T, Ong Y S, Cai J F. A survey of adaptive sampling for global metamodeling in support of simulation-based complex engineering design[J]. Structural and Multidisciplinary Optimization, 2018, 57: 393-416.

[65] Jones D R. A taxonomy of global optimization methods based on response surfaces[J]. Journal of Global Optimization, 2001, 21(4): 345-383.

[66] Srinivas N, Krause A, Kakade S M, et al. Gaussian process optimization in the bandit setting: No regret and experimental design[C]//Proceedings of the 27th International conference on machine learning, ACM, 2010: 1015-1022.

[67] Shewry M C, Wynn H P. Maximum entropy sampling[J]. Journal of Applied Statistics, 1987, 14(2): 165-170.

[68] Jin R C, Chen W, Sudjianto A. On sequential sampling for global metamodeling in engineering design[C]//ASME 2002 International Design Engineering Technical Conferences and Computers and Information in Engineering Conference, Montreal, Canada. ASME, 2002: 539-548.

[69] Beck J, Guillas S. Sequential design with mutual information for computer experiments (MICE): Emulation of a tsunami model[J]. SIAM/ASA Journal on Uncertainty Quantif., 2016, 4(1): 739-766.

[70] Xiong Y, Chen W, Apley D, et al. A non-stationary covariance-based Kriging method for metamodelling in engineering design[J]. Int. J. Numer. Methods Eng., 2007, 71(6): 733-756.

[71] Gramacy R B, Lee H K H. Adaptive design and analysis of supercomputer experiments[J]. Technometrics, 2009, 51(2): 130-145.

[72] Liu Y, Liao S Z. Granularity selection for cross-validation of SVM[J]. Information Sciences, 2017, 378: 475-483.

[73] Lam C Q , Notz W I. Sequential adaptive designs in computer experiments for response surface model fit[J]. Ohio State University, 2008.

[74] Lin Y, Mistree F, Allen J K, Tsui K-L, Chen V C. A sequential exploratory experimental design method: Development of appropriate empirical models in design[C]//ASME 2004 International Design Engineering Technical Conferences and Computers and Information in Engineering Conference, Salt Lake City, Utah, USA, ASME, 2004: 1021-1035.

[75] Loeppky J L, Moore L M, Williams B J. Batch sequential designs for computer experiments[J].

Journal of Stat. Plan. Inference, 2010, 140(6): 1452-1464.

[76] Williams B J, Loeppky J L, Moore L M, et al. Batch sequential design to achieve predictive maturity with calibrated computer models[J]. Reliab. Eng. Syst. Saf., 2011, 96(9): 1208-1219.

[77] Atamturktur S, Williams B, Egeberg M, et al. Batch sequential design of optimal experiments for improved predictive maturity in physics-based modeling[J]. Struct. Multidiscip Optim., 2013, 48(3): 549-569.

[78] Welch W J, Schonlau M. Computer experiments and global optimization[D]. Waterloo: University of Waterloo, 1997.

[79] Fedorov V V .Theory of Optimal Experiments[M]. New York: Academic Press, 1972.

[80] Ponweiser W, Wagner T, Vincze M. Clustered multiple generalized expected improvement: A novel infill sampling criterion for surrogate models[C]//2008 IEEE Congress on Evolutionary Computation (IEEE World Congress on Computational Intelligence), 2008: 3515-3522.

[81] Ginsbourger D, Le Riche R, Carraro L. Kriging Is Well-Suited to Parallelize Optimization[M]//Tenne Y, Goh C-K. Computational Intelligence in Expensive Optimization Problems. Berlin, Heidelberg: Springer, 2010: 131-162.

[82] Thomas D, Krause A, Joel W B. Parallelizing exploration-exploitation tradeoffs in Gaussian process Bandit optimization[J]. Journal of Machine Learning Research, 2014, 15(1): 3873-3923.

[83] González J, Dai Z W, Hennig P, et al. Batch Bayesian optimization via local penalization[J]. Statistics 2, 2015.

[84] Liu J F, Jiang C, Zheng J. Batch Bayesian optimization via adaptive local search[J]. Applied Intelligence, 2021, 51(3): 1280-1295.

[85] Devabhaktuni V K, Zhang Q J. Neural network training-driven adaptive sampling algorithm for microwave modeling[C]//2000 30th European Microwave Conference, Paris, France, IEEE, 2000: 1-4.

[86] Shahsavani D, Grimvall A. An adaptive design and interpolation technique for extracting highly nonlinear response surfaces from deterministic models[J]. Reliab. Eng. Syst. Saf., 2009, 94(7): 1173-1182.

[87] Braconnier T, Ferrier M, Jouhaud J C, et al. Towards an adaptive POD/SVD surrogate model for aeronautic design[J]. Comput Fluids, 2011, 40(1): 195-209.

[88] Taddy M A, Gramacy R B, Polson N G. Dynamic trees for learning and design[J]. 2009. DOI:10.48550/arXiv.0912.1586.

[89] Al-Khairullah N A, Al-Baldawi T H K. Bayesian computational methods of the Logistic regression model[J]. Journal of Physics Conference Series, 2021, 1804(1): 12073.

[90] Yang C Q, Feng L, Zhang H, et al. A Novel data fusion algorithm to combat false data injection attacks in networked radar systems[J]. IEEE Transactions on Signal and Information Processing Over Networks, 2018, 4(1): 125-136.

[91] Liang C, Yan Z G, Liu M F, et al. Improved angle data fusion method for multimode compound seeker[J]. Optik, 2021, 242: 167066.

[92] Li M M, Zhang X Y. Information fusion in a multi-source incomplete information system based on information entropy[J]. Entropy, 2017, 19(11): 570.

[93] Reissland T, Michler F, Scheiner B, et al. Postprocessing and evaluation for a radar-based true-speed-over-ground estimation system[J]. IEEE Microwave and Wireless Components Letters, 2021, 31(11): 1251-1254.

[94] Chen G Y, Zhong J R, Zhang X C, et al. Estimation of tensile strengths of metals using spherical indentation test and database[J]. International Journal of Pressure Vessels and Piping, 2021, 189: 104284.

[95] Senyuk M, Rajab K, Safaraliev M, et al. Evaluation of the fast synchrophasors estimation algorithm based on physical signals[J]. Mathematics, 2023, 11(2): 256.

[96] Ren Y H, Su L, Sun W J, et al. Estimation of direct current resistance online for new energy vehicles[J]. Journal of Power Sources, 2023, 555: 232388.

[97] Kemache N, Hacib T, Grimes M, et al. A fast and robust method for estimating the parameters of ground penetrating radar waves of concrete structures[J]. Russian Journal of Nondestructive Testing, 2023, 59(3): 381-391.

[98] Gokcesu H, Ercetin O, Kalem G, et al. QoE evaluation in adaptive streaming: Enhanced MDT with deep learning[J]. Journal of Network and Systems Management, 2023, 31(2): 41.

[99] Xu Q J, Fu R, Wu F W, et al. Roadside estimation of a vehicle's center of gravity height based on an improved single-stage detection algorithm and regression prediction technology[J]. IEEE Sensors Journal, 2021, 21(21): 24520-24530.

[100] Mayworm R C, Alvarenga A V, Costa-Felix R P B. A metrological approach to the time of flight diffraction method (ToFD)[J]. Measurement, 2021, 167: 108298.

[101] Pallotta L. Reciprocity evaluation in heterogeneous polarimetric SAR images[J]. IEEE Geoscience and Remote Sensing Letters, 2022, 19: 4000705.

[102] Yilmaz S H G, Zarro C, Hayvaci H T, et al. Adaptive waveform design with multipath exploitation radar in heterogeneous environments[J]. Remote Sensing, 2021, 13(9): 1628.

[103] Chi B W, Zhang J X, Lu L J, et al. A reflection symmetric target extraction method based on hypothesis testing for PolSAR calibration[J]. Remote Sensing, 2023, 15(5): 1252.

[104] Passos D, Passos F G O, Dos Santos Silva B, et al. Modeling the performance of the link quality hypothesis test estimator mechanism in wireless networks[J]. Wireless Networks, 2021, 27(6): 4065-4081.

[105] Liu Y Y, Zhang P C, Liu J, et al. Exploiting fine-grained channel/hardware features for PHY-layer authentication in MmWave MIMO systems[J]. IEEE Transactions on Information Forensics and Security, 2023, 18: 4059-4074.

[106] Mukherjee S. Machine Learning Based Efficient Automated NDE Methods for Defect Diagnostics[M]. Pro Quest Dissertations and Theses Global, 2023.

[107] Fernandes T E, de Aguiar E P. A new model to prevent failures in gas turbine engines based on TSFRESH, self-organized direction aware data partitioning algorithm and machine learning techniques[J]. Journal of the Brazilian Society of Mechanical Sciences and Engineering, 2021, 43(5): 261.

[108] Rao D V, Ravishankar M. A methodology for optimal deployment and effectiveness evaluation of air defence resources using game theory[J]. Sadhans-Academy Proceedings in Engineering

Sciences, 2020, 45(1): 60.
[109] Lan X, Li W, Wang X L, et al. MIMO radar and target Stackelberg game in the presence of clutter[J]. IEEE Sensors Journal, 2015, 15(12): 6912-6920.
[110] Zhang X X, Ma H, Wang J L, et al. Game theory design for deceptive jamming suppression in polarization MIMO radar[J]. IEEE Access, 2019, 7: 114191-114202.
[111] 赫彬, 苏洪涛. 认知雷达抗干扰中的博弈论分析综述[J]. 电子与信息学报, 2021, 43(5): 1199-1211.
[112] Bachmann D J, Evans R J, Moran B. Game theoretic analysis of adaptive radar jamming[J]. IEEE Transactions on Aerospace and Electronic Systems, 2011, 47(2): 1081-1100.
[113] Bhavathankar P, Mondal A, Misra S. Topology control in the presence of jammers for wireless sensor networks[J]. International Journal of Communication Systems, 2017, 30(13).
[114] Wang B, Chen X, Xin F M, et al. MI-Based robust waveform design in radar and jammer games[J]. Complexity, 2019, 2019: 4057849.
[115] 武小悦, 刘琦. 装备试验与评价[M]. 北京: 国防工业出版社, 2008.
[116] 傅惠民, 敖亮. 区间数据整体估计方法[J]. 航空动力学报, 2007, 22(2): 175-179.
[117] 李云雁, 胡传荣. 试验设计与数据处理[M]. 3 版. 北京: 化学工业出版社, 2017.
[118] 郁浩, 都业宏, 宋广田, 等. 基于贝叶斯分析的武器装备试验设计与评估[M]. 北京: 国防工业出版社, 2018.
[119] 刘琦, 冯文哲, 王囡. Bayes 序贯试验方法中风险的选择与计算[J]. 系统工程与电子技术, 2013, 35(1): 223-229.
[120] Müller P, Berry D A, Grieve A P, et al. Simulation-based sequential Bayesian design[J]. Journal of Statistical Planning & Inference, 2007, 137(10): 3140-3150.
[121] 张金槐, 张士峰. 验前大容量仿真信息"淹没"现场小子样试验信息问题[J]. 飞行器测控学报, 2003, 9: 1-6.
[122] 张金槐. 张金槐教授论文选集[M]. 长沙: 国防科技大学出版社, 1999.
[123] 唐雪梅, 张金槐, 等. 武器装备小子样试验分析与评估[M]. 北京:国防工业出版社, 2001.
[124] 谢红卫, 孙志强, 李欣欣, 等. 多阶段小样本数据条件下装备试验评估[M]. 北京: 国防工业出版社, 2016.
[125] 曹裕华, 李巧丽, 高化锰, 等. 体系化装备试验与评估[M]. 北京:国防工业出版社, 2019.
[126] 陈家鼎. 序贯分析[M]. 北京: 北京大学出版社, 1995.
[127] Wald A. Sequential Analysis[M]. New York: Wiley & Sons, Inc, 1947.
[128] 陈希孺. 数理统计引论[M]. 北京: 科学出版社, 1999.
[129] 孙晓峰, 赵喜春. 导弹试验中序贯检验及序贯截尾检验方案的优化设计[J]. 战术导弹技术, 2001(1): 9-16.
[130] IEC 61123. Reliability testing-Compliance test plans for success ratio[S]. 2019.
[131] 濮晓龙, 闫章更, 茆诗松, 等. 计数型序贯网图检验[J]. 华东师范大学学报(自然科学版), 2006, 125: 63-71.
[132] 濮晓龙, 闫章更, 茆诗松, 等. 基于瑞利分布的计量型序贯网图检验[J]. 华东师范大学学报(自然科学版), 2006(5): 87-92.
[133] Galván E, Mooney P. Neuroevolution in deep neural networks: Current trends and future

challenges[J]. IEEE Transactions on Artificial Intelligence, 2021, 2(6): 476-493.

[134] Tomczak E. Application of ANN and EA for description of metal ions sorption on chitosan foamed structure—Equilibrium and dynamics of packed column[J]. Computers & Chemical Engineering, 2010, 35(2): 226-235.

[135] Capra M, Bussolino B, Marchisio A, et al. Hardware and software optimizations for accelerating deep neural networks: Survey of current trends, challenges, and the road ahead[J]. IEEE Access, 2020, 8: 225134-225180.

[136] Lin H J, Dai H D, Mao Y H, et al. An optimized radial basis function neural network with modulation-window activation function[J]. Soft Computing-A Fusion of Foundations, Methodologies & Applications, 2024, 28(5): 4631-4648.

[137] Caraka R E, Lee Y, Chen R-C, et al. Using hierarchical likelihood towards support vector machine: Theory and its application[J]. IEEE Access, 2020, 8: 194795-194807.

[138] Zhao J T, Sheng Y H. Uncertain support vector machine based on uncertain set theory[J]. Journal of Intelligent & Fuzzy Systems, 2023, 45(2): 2133-2144.

[139] 周奇，杨扬，宋学官，等. 变可信度近似模型及其在复杂装备优化设计中的应用研究进展[J]. 机械工程学报, 2020, 56(24): 219-245.

[140] Song X G, Lv L Y, Sun W, et al. A radial basis function-based multi-fidelity surrogate model：Exploring correlation between high-fidelity and low-fidelity models[J]. Structural and Multidisciplinary Optimization, 2019, 60(3)：965-981.

[141] Fernández-Godino M G, Dubreuil S, Bartoli N. Linear regression-based multifidelity surrogate for disturbance amplification in multiphase explosion[J]. Structural and Multidisciplinary Optimization, 2019, 60(6)：2205-2220.

[142] Jiang P, Xie T L, Zhou Q, et al. A space mapping method based on Gaussian process model for variable fidelity metamodeling[J]. Simulation Modelling Practice and Theory, 2018, 81：64-84.

[143] Zhou Q, Jiang P, Shao X Y, et al. A variable fidelity information fusion method based on radial basis function[J]. Advanced Engineering Informatics, 2017, 32：26-39.

[144] Bertram A, Zimmermann R. Theoretical investigations of the new Co-Kriging method for variable-fidelity surrogate modeling[J]. Advances in Computational Mathematics, 2018, 44(6)：1693-1716.

[145] Hanuka A, Duris J, Shtalenkova J, et al. Online tuning and light source control using a physics-informed Gaussian process adi[J]. arXiv Preprint arXiv:1911.01538, 2019.

[146] Cheng C Q. Multi-scale Gaussian process experts for dynamic evolution prediction of complex systems[J]. Expert Systems with Applications, 2018, 99: 25-31.

[147] Gardner J R, Pleiss G, Wu R H, et al. Product kernel interpolation for scalable Gaussian processes[J]. arXiv preprint arXiv, 2018: 1802.08903.

[148] Guo L, Narayan A, Yan L, et al. Weighted approximate fekete points: Sampling for least-squares polynomial approximation[J]. SIAM Journal on Scientific Computing, 2018, 40(1): A366-A387.

[149] Kumar V, Singh V, Srijith P K, et al. Deep Gaussian processes with convolutional kernels[J].

Statistics, 2018: 1467-5463.

[150] Wang B L, Yan L, Duan X J, et al. An integrated surrogate model constructing method: Annealing combinable Gaussian process[J]. Information Sciences, 2022, 591: 176-194.

[151] Wang B L, Sha R, Yan L, Duan X J, et al. Gradient-based adaptive sampling framework and application in the laser-driven ion acceleration[J]. Structural and Multidisciplinary Optimization, 2023, 66(10): 217.

[152] Wang B L, Duan X J, Yan L, et al. Rapidly tuning the PID controller based on the regional surrogate model technique in the UAV formation[J]. Entropy, 2020, 22(5): 527.

[153] 董光玲, 姚郁, 贺风华, 等. 制导精度一体化试验的 Bayesian 样本量计算方法[J]. 航空学报, 2015, 36(2): 575-584.

[154] 茆诗松. 贝叶斯统计[M]. 北京: 中国统计出版社, 1999.

[155] 张尧庭, 陈汉峰. 贝叶斯统计推断[M]. 北京: 科学出版社, 1991.

[156] Waltz E, Llinas J. Multisensor data fusion[J]. The Journal of Navigation, 1991, 44(2): 281-282.

[157] 韩崇昭, 朱洪艳, 段战胜. 多源信息融合[M]. 3 版. 北京: 清华大学出版社, 2022.

[158] Berger J O. Statistical Decision Theory and Bayesian Analysis[M]. 2nd ed. New York: Springer-Verlag, 1985.

[159] Leonard T, Hsu J S J. Bayesian Methods: An Analysis for Statisticians and Interdisciplinary Researchers[M]. Cambridge: Cambridge University Press, 1999.

[160] Boos D, Stefanski L. Efron's bootstrap[J]. Significance, 2010, 7(4): 186-188.

[161] 段晓君, 王正明. 小子样下的 Bootstrap 方法[J]. 弹道学报, 2003, 15(3): 1-5.

[162] 邓海军, 查亚兵. Bayes 小子样鉴定中仿真可信度研究[J]. 系统仿真学报, 2005, 17(7): 1566-1568.

[163] 孙慧玲, 胡伟文, 刘海涛. 基于插值法的 Bayes Bootstrap 方法的改进[J]. 统计与决策, 2017, (9): 74-77.

[164] Sargent R G. Verification and validation of simulation models[C]. Proc. of WSC' 94, 1994.

[165] Law A M, McComas M G. How to build valid and credible simulation models[C]. Proceeding of the 2001 Winter Simulation Conference, 2001: 22-29.

[166] 张湘平, 张金槐, 谢红卫. 关于样本容量、验前信息与 Bayes 决策风险的若干讨论[J]. 电子学报, 2003, 31(4): 536-538.

[167] 王国富, 任海平, 彭伟锋. 先验信息有偏时 Bayes 估计的 PPC 优良性条件[J]. 中南大学学报(自然科学版), 2004, 35(4): 686-689.

[168] 段晓君, 刘博文, 晏良, 等. 一种基于代表点优化的 Bayes 融合评估方法[P]. 中国专利: CN107766884A, 2018-03-06.

[169] Liu B W, Duan X J, Yan L. A novel Bayesian method for calculating circular error probability with systematic-biased prior information[J]. Mathematical Problems in Engineering, 2018, 2018(PT.9): 1-9.

[170] Qian P Z G. Sliced Latin hypercube designs[J]. Journal of the American Statistical Association, 2012, 107(497): 393-399.

[171] Hedayat A S, Sloane N J A, Stufken J. Orthogonal Arrays: Theory and Applications[M]. New York: Springer Science & Business Media, 1999.

[172] Owen A B. Orthogonal arrays for computer experiments, integration and visualization[J]. Statistica Sinica, 1992, 2(2): 439-452.
[173] Bush K A. Orthogonal arrays of index unity[J]. The Annals of Mathematical Statistics, 1952, 23(3): 426-434.
[174] Sun F S, Liu M Q, Lin D K J. Construction of orthogonal Latin hypercube designs [J]. Biometrika, 2009, 96(4): 971-974.
[175] Sun F S, Liu M Q, Lin D K J. Construction of orthogonal Latin hypercube designs with flexible run sizes[J]. Journal of Statistical Planning and Inference, 2010, 140(11): 3236-3242.
[176] 刘晓路, 陈英武, 荆显荣, 等. 优化拉丁方试验设计方法及其应用[J]. 国防科技大学学报, 2011, 33(5): 73-77.
[177] 吕聪聪. 不规则区域下含定性定量因素的试验设计方法研究[D]. 长沙: 国防科技大学, 2022.
[178] 徐琎. 复杂结构拉丁超立方体设计理论与应用[D]. 长沙: 国防科技大学, 2019.
[179] Xu J, Duan X J, Wang Z M, et al. A general construction for nested Latin hypercube designs[J]. Statistics & Probability Letters, 2018, 134: 134-140.
[180] 徐琎, 段晓君, 王正明, 等. 灵活的多层嵌套拉丁超立方体设计构造[J]. 国防科技大学学报, 2019, 41(3): 174-175.
[181] 段晓君, 李为峰. 综合时序信息的试验优化设计及稀疏求解[J]. 飞行器测控学报, 2015, 34 (4): 309-317.
[182] Thomas D, Krause A, Burdick J W. Parallelizing exploration-exploitation tradeoffs in Gaussian process bandit optimization[J]. The Journal of Machine Learning Research, 2014, 15(1): 3873-3923.
[183] Zhan D W, Qian J C, Cheng Y S. Pseudo expected improvement criterion for parallel EGO algorithm[J]. Journal of Global Optimization, 2017, 68(3): 641-662.
[184] 段晓君, 王刚. 基于复合等效可信度加权的 Bayes 融合评估方法[J]. 国防科技大学学报, 2008, 30(3): 90-94.
[185] 刘博文. 基于等效映射的命中精度一致性分析及评估方法[D]. 长沙: 国防科技大学, 2018.
[186] Lv C C, Chen X, Duan X J, et al. Performance analysis of UAV swarm based on experimental design with qualitative and quantitative factors[C]//Proceedings of 2022 International Conference on Autonomous Unmanned Systems, Xi’an, 2022.
[187] Qian P Z G. Nested Latin hypercube designs[J]. Biometrika, 2009, 96(4): 957-970.
[188] Liu J Q, Ou Z J, Li H Y. Uniform row augmented designs with multi-level[J]. Communications in Statistics-Theory and Methods, 2021, 50(15): 3491-3504.
[189] Yang F, Zhou Y D, Zhang A J. Mixed-level column augmented uniform designs[J]. Journal of Complexity, 2019, 53: 23-39.
[190] Buhmann M D. Radial Basis Functions: Theory and Implementations[M]. Cambridge: Cambridge University Press, 2003.
[191] Basheer I A, Hajmeer M. Artificial neural networks: Fundamentals, computing, design, and application [J]. Journal of Microbiological Methods, 2000, 43(1): 3-31.

[192] Cervantes J, García-Lamont F, Rodríguez-Mazahua L, et al. A comprehensive survey on support vector machine classification: Applications, challenges and trends[J]. Neurocomputing, 2020, 408: 189-215.

[193] Choi S K, Grandhi R V, Canfield R A, et al. Polynomial chaos expansion with Latin hypercube sampling for estimating response variability[J]. AIAA Journal, 2004, 42 (6): 1191-1198.

[194] Box G, Jones S. Split-plot designs for robust product experimentation[J]. Journal of Applied Statistics, 1992, 19(1): 3-26.

[195] Huang D, Allen T T, Notz W I, et al. Global optimization of stochastic black-box systems via sequential Kriging Meta-models[J]. Journal of Global Optimization, 2006, 34(3): 441-466.

[196] 李群, 黄建新, 朱一凡, 等. 基于 ABMS 的体系计算实验方法及应用[M]. 北京: 电子工业出版社, 2018.